모아 전기응용 기술사 1

이 책의 차례

CHAPTER 01 전기기본이론

1. 전기의 정의 … 8
2. 전기장과 자기장 … 10
3. 유전체 … 12
4. 정전 유도 및 전자 유도 … 13
5. 히스테리시스 곡선 … 17
6. 저항의 접속 … 19
7. 서미스터 및 휘스톤 브리지 … 20
8. 전압(Voltage)의 종류 … 22
9. 저항(Resistance) … 23
10. 저항과 온도 … 25
11. 전류의 발열작용과 전력량 … 26
12. 키르히호프의 법칙 … 27
13. 발전기 원리와 사인파 교류 … 28
14. 저항, 인덕턴스, 콘덴서 회로 … 32
15. 전력과 역률 … 34
16. 3상 교류의 발생 … 37
17. 열전 효과 … 41
18. 표피 효과 및 근접 효과 … 43
19. 맥스웰 방정식 … 45
20. 변위전류 … 47

CHAPTER 02 조명설비

1. 조명의 용어 설명 … 50
2. 조명 기본 이론 … 53
3. 입사각 여현(코사인)의 법칙 … 57
4. 글레어(Glare) … 58
5. VDT 장애 … 60
6. 발광원리 … 63
7. 방전원리 … 64
8. 방전등의 방전특성 … 67
9. 램프의 방전 … 68
10. 방전등의 종류 … 72
11. 무전극 방전등 … 74
12. OLED … 76
13. LED의 종류 및 백색광 출력 … 79
14. 배광에 따른 조광방식 분류 … 80
15. 조도계산 및 조명설계 … 81
16. 구역공간법(ZCM법) … 83
17. 명시 조명과 분위기 조명 … 85
18. 건축화 조명 … 86
19. 박물관 및 미술관 조명 … 87
20. 수중조명 … 92
21. 고천장 조명 설계(체육관, 공장 등) … 95
22. 터널조명 … 97
23. 터널조명의 기준 … 99
24. 경관조명의 설계 및 계획 … 101
25. 경관조명의 광해(光害) … 105
26. 인공조명에 의한 빛 공해방지법 … 107
27. 업무용 빌딩(OA) 조명설계 및 계획 … 110
28. 조명자동제어 … 113
29. 공연장의 조명설비에 대한 전원설비 … 117

CHAPTER 03 동력설비

1. 전동기 종류 및 원리 120
2. 모터의 정격 121
3. 직류 전동기 122
4. BLDC MOTOR의 특성과 특징 125
5. 유도전동기(Induction Motor)의 원리 127
6. 단상 유도전동기 128
7. 3상 유도전동기 129
8. 동기전동기(Synchronous Motor) 132
9. 동기기의 난조(Hunting) 134
10. 동기기의 위상특성 135
11. 전동기 기동방식의 목적 및 고려사항 136
12. 전동기 기동방식의 종류 138
13. 유도전동기 기동과 역률의 관계 142
14. 직류전동기 속도제어 방식 143
15. 농형 유도전농기 속노제어 방식 146
16. 권선형 유도전동기 속도제어 방식 148
17. 인버터 제어방식(VVVF) 150
18. 인버터 구성과 보호회로 152
19. PWM제어 인버터 154
20. 제곱저감토크 부하의 에너지 절약 157
21. VVVF방식 채용 시 문제점과 대책 158
22. 전동기 벡터제어 159
23. 전동기 속도제어시스템 성능평가 지표 163
24. 유도전동기 제동방식 164
25. 고효율 전동기 165
26. 전동기의 효율적 운용방안 166
27. 전동기의 기여전류와 과도리액턴스 167

CHAPTER 04 수변전설비-계획

1. 수변전 설비의 계획 170
2. 수전방식 174
3. 스포트네트워크 수전방식 177
4. 변전시스템 선정 180
5. 변전실 계획 182
6. 예비변압기 인터록 185
7. 수변전설비 표준결선도 186
8. 수변전설비 기기 188
9. 수변전설비 지중 인입선로 계획 190
10. GIS(Gas Insulated Switchgear) 193
11. GIS 예방진단기술 197

CHAPTER 05 변압기

1. 변압기 선정 시 고려사항 200
2. 변압기 용량선정 202
3. 변압기 용량산출 방법 204
4. 변압기 운전 중 적정용량 판단 206
5. 변압기의 과부하 운전조건 208
6. 변압기 임피던스 210
7. 변압기 병렬운전 213
8. 변압기의 결선방식의 특징 216
9. 변압기 V결선 217
10. 단권 변압기 220
11. 권수비 1:1 변압기 221
12. 변압기의 극성 및 변위 222
13. 변압기의 손실 224
14. 고효율 변압기 226

15. 변압기의 냉각방식	229
16. 변압기 단락강도시험	231
17. 기준충격절연강도(BIL)	233
18. 변압기 절연방식	236
19. 변압기의 K-Factor	238
20. 변압기 누설전류의 영향	240
21. 변압기 열화진단	241

CHAPTER 06 차단기

1. 차단기의 정격	244
2. 차단기의 종류	248
3. 수변전설비 개폐기	252
4. 자동고장구분개폐기(ASS)	256
5. ATS와 CTTS	258
6. 전력퓨즈(PF: Power Fuse)	260
7. 전력퓨즈(PF)의 전류-시간 특성	264
8. 전력퓨즈(PF)의 문제점과 대책	266
9. TRV(Transient Recovery Voltage: 과도회복전압)	267
10. 차단기 개폐 과전압	268
11. 직류고속 차단기 자기유지현상	270
12. 반도체 GTO(Gate Turn off Thyristor) 직류차단기	271
13. 저압회로의 과전류 보호협조	272
14. 배선용차단기(MCCB) 차단협조	273
15. 저압전로의 지락보호	275
16. 누전차단기	276
17. 누전경보기	282
18. 영상변류기(ZCT)	286

CHAPTER 07 CT · PT

1. 변성기	292
2. 변류기의 특성	294
3. 계측기용과 보호용 변류기	298
4. 변류기의 과전류 특성영역	299
5. 이중비 CT	301
6. CT 2차 개방	303
7. 변성기 계산문제	305

CHAPTER 08 콘덴서

1. 콘덴서의 역률개선	308
2. 콘덴서 설치 시 효과	310
3. 콘덴서 구성	313
4. 콘덴서 개폐 시 특이사항	316
5. 역률제어 기기의 종류 및 특징	319
6. OCP(Optimal Capacitor Placement)	323
7. SVC(Static Var Compensator)	324
8. FACTS(Flexible AC Transmission System)	326
9. 전력제어설비의 진해콘덴서	327
10. 콘덴서 용량계산	328
11. 역률요금제도 변경	332

CHAPTER 09 예비전원

1. 비상발전기 — 336
2. 비상발전기 용량선정 — 338
3. 발전기 용량 선정 시 특수부하 고려 — 344
4. 가스터빈 발전기 — 346
5. 소방전원 우선보존형 발전기 — 349
6. UPS(Uninterruptible Power Supply) 원리 및 구성 — 351
7. UPS 동작방식(급전방식) — 353
8. UPS 시스템 분류 및 용량선정 — 354
9. 회전형 UPS(Dynamic UPS) — 356
10. UPS, VVVF, CVCF — 358
11. 축전지 — 359
12. 축전지 용량산출 방법 — 362
13. 축전지 충전방식 — 367
14. 축전지 자기방전 & 설페이션 — 368

CHAPTER 10 보호협조

1. 접지·비접지계통의 보호방식 — 372
2. 전력설비의 접지계통(중성점접지, 직접접지&비접지계통) — 377
3. 전력설비의 접지계통 비교 — 380
4. 보호계전의 기본이론 — 381
5. 고장전류의 기본이론 — 385
6. 단락전류의 종류 — 388
7. 고장전류 계산 — 390
8. 단락전류 대책 — 392
9. 초전도 전류제한기기 — 397
10. 저압회로의 단락(과전류)보호 방식 — 398
11. **저압용 단락보호기의 종류와 특징** — 400
12. GPT의 중성점 불안정 현상 — 401

CHAPTER 11 감전보호

1. 전격 및 감전사망   404
2. 인체의 감전 및 허용전류 한계   407
3. 인체 저항과 감전   410
4. 인체의 감전 시 전기적 특성   412
5. 감전사고의 특징   415
6. 감전사고의 현장   416
7. 감전사고의 응급조치   419
8. 의료쇼크   422
9. 의료기기에서의 감전사고   423
10. KS C IEC 60364 감전보호 방식   426
11. 안전전압(SELV, PELV, FELV)   430
12. 접촉전압과 보폭전압   432

CHAPTER 12 전기응용 계산문제

CHAPTER 13 KEC 전기철도 분야

Chapter 01

전기기본이론

1. 전기의 정의

1. 전기의 정의

   1) 물질의 구조

      ① 모든 물질은 매우 작은 분자 또는 원자의 집합

      ② 원자: 원자핵과 그 주위를 둘러싸고 있는 전자로 구성

   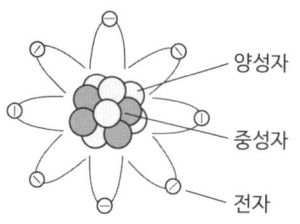

   [그림] 원자의 구조

   2) 전하와 전류

      ① 대전: 물질이 전자를 잃거나 얻는 것

      ② 전하: 대전에 의해서 물체가 띠고 있는 전기

         • 양(+), 음(-)전하

         • 단위: 쿨롱(Coulomb, [C])

         • 전자 1개의 전기량 = 1.60219×10^{-19} [C]

      ③ 전류: 전하의 흐름. 전하가 일정한 방향으로 연속적으로 이동하는 것
         단위시간 동안 이동한 전하량. 어떤 도체의 단면을 1초간에 통과하는 전하량

         $$I = \frac{Q}{t} \ [A][C/\sec]$$

      ④ 자유전자: 원자핵의 구속력을 벗어나서 자유로이 이동하는 전자

      ⑤ 이온: 분자 또는 원자가 양전기 또는 음전기를 띤 상태

      ⑥ 전하의 이동

         • 도체에서 전하의 이동속도는 초당 수 mm 정도로 작은 움직임이다.

         • 단, 연결된 도체에서의 전하의 이동은 물이 가득찬 파이프에서 한쪽에 힘을 가하면 반대편에 나타나는 형상과 유사하여, 도체 내부에 전하의 전파는 빛의 속도로 이동한다.

   3) 쿨롱의 법칙

      ① 두 전하가 있을 때 다른 종류의 전하는 흡인력이 작용하고, 같은 종류의 전하는 반발력이 작용한다.

      ② 두 전하 사이에 작용하는 힘은 두 전하 $Q_1[C]$, $Q_2[C]$의 곱에 비례하고, 두 전하 사이의 거리 r[m]의 제곱에 반비례한다.

      $$F = k\frac{Q_1 Q_2}{r^2} = \frac{1}{4\pi\varepsilon} \cdot \frac{Q_1 Q_2}{r^2} = \frac{1}{4\pi\varepsilon_0 \varepsilon_R} \cdot \frac{Q_1 Q_2}{r^2} \ [N]$$

      여기서, F: 두 전하 사이에 작용하는 힘[N]. 전기력, k: 비례상수

$$k = \frac{1}{4\pi\varepsilon} \text{ (진공 중의 비례상수} = 9 \times 10^9\text{)}$$

r : 두 전하 사이의 거리[m], Q_1, Q_2: 전하 [C]

ε: 유전율[F/m], $\varepsilon = \varepsilon_0 \cdot \varepsilon_R$ (ε_0: 진공의 유전율 = 8.855×10^{-12} [F/m])

③ 비유전율: 물질의 유전율과 진공의 유전율과의 비
- 진공 중의 비유전율: $\varepsilon_R = 1$
- 공기 중의 비유전율: $\varepsilon_R = 1.00059 ≒ 1$

④ 유전율(誘電率: Permittivity)
- 유전율은 전기를 유도하는 정도라고 할 수 있다.
- 유전율이 크면 전기가 잘 통한다고 볼 수 있다.

※ **핀치 효과[Pinch effect]**

1) 도체에 직류를 인가하면 전류와 수직방향으로 원형 자계가 생겨 전류에 구심력이 작용하여 도체 단면이 수축하면서 도체 중심 쪽으로 전류가 몰리는 현상을 의미한다.
2) 즉, 용융한 막대 모양의 금속에 대전류가 흐르고 있을 때 어떤 원인으로 단면이 작은 곳이 생기면 거기에서 강력한 전류력에 의해 수축되어 절단되는 현상이다.
3) 기체 중을 흐르는 전류는 동일 방향의 평행 전류 간에 작용하는 흡인력에 의해 중심을 향해서 수축하려는 성질이 있다. 이것을 핀치 효과라 하고, 고온의 플라스마를 용기에 봉해 넣는 데 이용한다.

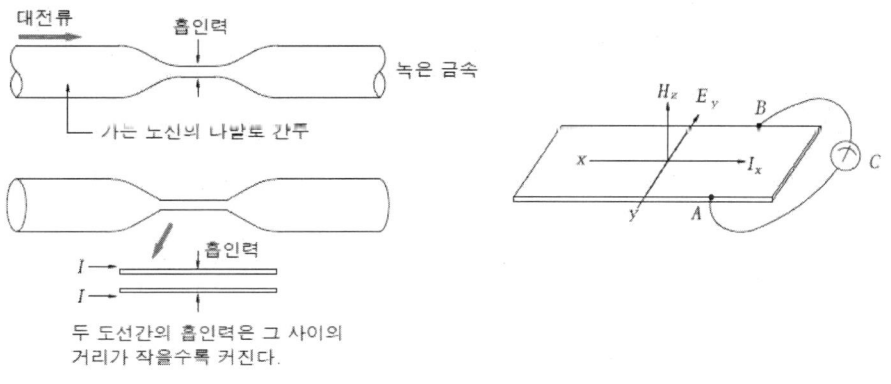

[그림1] 핀치 효과　　　　　　[그림2] 홀 효과

※ **홀 효과[Hall effect]**

1) 자기장 속의 도체에서 자기장의 직각방향으로 전류가 흐르면 자기장과 전류 모두에 직각방향으로 전기장이 나타나는 현상이다. 또한 간이 자장 검출기, 방위 검출기 등에 쓰인다.
2) [그림2]와 같이 전류 Ix에 수직으로 자장 Hz인가 시, Hx와 Ix의 수직 방향인 기전력 Ey가 발생하여 접속된 도체 ACB에 전류가 흐른다.

2. 전기장과 자기장

1. 자기장

1) 자기장

① 자기력선: 자기장의 크기와 방향을 표시하는 가상의 선

② 자속: 자극에서 나오는 전체의 자기력선의 수
   기호는 ∅, 단위는 [Wb]

③ 자기력: 자기에 작용하는 힘. F=mH[N]

④ 자기장, 자장: 자기력이 작용하는 공간

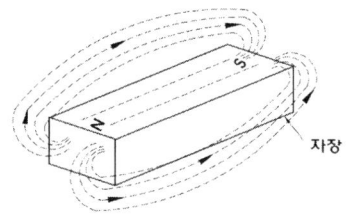

2) 전류에 의한 자기장

① 앙페르의 오른나사의 법칙: 전류에 의한 자기장의 방향을 결정하는 법칙

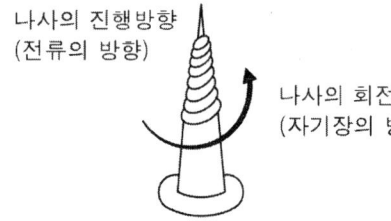

- 전류의 방향: 오른나사의 진행방향
- 자기장의 방향: 오른나사의 회전방향

② 비오-사바르의 법칙: 전류에 의해 발생되는 자기장의 크기를 결정하는 법칙

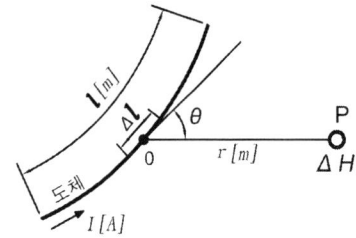

$$\Delta H = \frac{I \Delta l}{4\pi r^2} \sin\theta \ [AT/m]$$

- 자기장 ⊿H의 방향은 앙페르의 오른나사의 법칙에 따른다.

2. 전기장

1) 전기장과 전기력선

① 전기력선: 전기장의 상태를 나타낸 가상의 선, 전계의 성질을 파악하기 위한 가상의 선 수

② 전속: 전극에서 나오는 전체의 전기력선 수. 기호는 Ψ(플라일), 단위는 쿨롱(Coulomb. [C])

③ 전기장: 전기력이 작용하는 공간, 전하의 힘이 작용하는 공간. E[V/m]

2) 도체와 전기저항

① 전도전자: 전류가 흐르는 데 도움을 주는 자유전자

② 평균 자유 행정: 금속 결정 내의 전자운동은 불규칙한 운동으로서, 운동하는 전자가 이온과 충돌하면 자신의 운동에너지를 상실함과 동시에 -E 방향으로 이동하게 되는데, 이 충돌 사이의 평균거리를 가리킨다.

③ 전류 밀도: 1[m²]의 도체 단면적을 통과하는 전류의 크기

$$\Delta H = \frac{I \Delta l}{4\pi r^2} \sin\theta \ [AT/m]$$

J: 전류밀도[A/m²]
A: 도체 단면적[m²]
I: 전류의 크기[A]

3. 유전체

1. 유전체

1) 유전체
① 전기적 성질을 유도하는 물질이며, 전기적 성질은 절연체와 유사하지만, 그 목적이 다르다.
② 전기장 속에서 분극을 하여 +극, -극으로 배열을 한다.
③ 유전체 내부에서 극성이 반대인 $+q$와 $-q$의 1쌍의 전하를 쌍극자라 한다.

2) 유전분극
① 전기장 내에서 유전체 내부의 분자들이 전기장의 방향대로 정렬(+++, ---)하는 현상을 의미한다.
② 직류에서는 축적능력을 높일 수 있고, 교류에서는 손실을 발생시킨다.

2. 유전손실

1) 유전손(Dielectric loss), 유전손실, 유전체손실이라고 한다.
2) 유전체에 교번하는 전기장을 가할 때 내부에서 전기에너지가 열로 변환되어 발생되는 손실을 의미한다.
3) 유전체에 교류전압 인가 시 전하의 변위에 의한 마찰 등으로 발생하는 에너지의 손실이다.

※ 케이블의 전력손실

저항손, 유전체손, 연피손

※ 케이블의 열화 진단법
- 정전상태: 절연저항측정법, 유전정접법, 직류누설전류법, 직류고전압시험법, 직류내전압법
- 활선상태: 직류성분법, 활선 $\tan\delta$법, 직류중첩법, 교류중첩법, 저주파중첩법

1) 유전정접법($\tan\delta$법)
쉴링브리지를 이용하여 케이블에 상용주파교류 인가 시 Void에서 국부방전이 생길 때 발생하는 유전손을 측정하여 절연체 손상을 진단한다.

2) 활선$\tan\delta$법
교류전계 인가 시 전기적 에너지가 열에너지로 변화하는 과정에서 발생하는 손실량을 $\tan\delta$라고 한다. 케이블 인가전압과 차폐접지선에 흐르는 전류의 위상파를 측정하여 $\tan\delta$를 산정하여 열화상태를 판정한다.

4. 정전 유도 및 전자 유도

1. 정전 유도

1) 정전기: 대전에 의하여 얻어진 전하가 절연체 위에서 더 이상 이동하지 않고 정지하고 있는 것
2) 정전기력: 두 전하 사이에 작용하는 힘. 전기력, 정전력
3) 대전: 어떤 물질이 양(+)전기나 음(-)전기를 띠는 현상
4) 정전유도: 대전체 A에 대전되지 않은 도체 B를 가까이 하면 A에 가까운 쪽에는 다른 종류의 전하가, 먼 쪽에는 같은 종류의 전하가 나타나는 현상

[그림] 도체의 정전유도

> ※ **정전 유도 전압**
> 선로의 영상전압과 통신선과의 "상호캐패시턴스" 불평형에 의해서 통신선에 유도되는 전압
> $I_{cs} = \dot{I_a} + \dot{I_b} + \dot{I_c}$
> $E_s = \dfrac{C_a E_a + C_b E_b + C_c E_c}{C_a + C_b + C_c + C_2}$

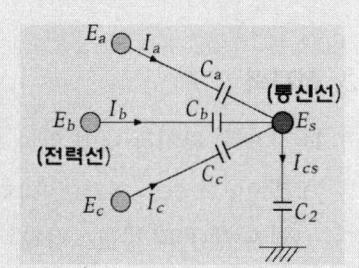

5) 커패시턴스

① 커패시턴스: 전극이 전하를 축적하는 능력의 정도를 나타내는 상수로서 전극의 형상 및 전극 사이를 채운 유전체의 종류에 따라 결정되는 값

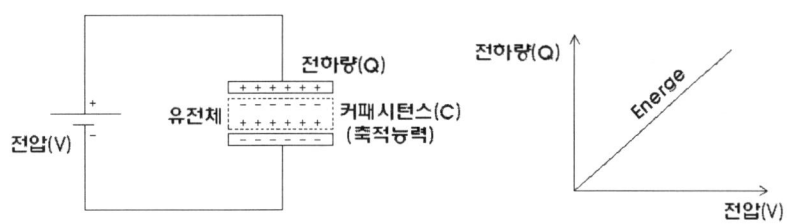

$$Q = C \cdot V , \quad C = \dfrac{Q}{V} [F]$$

- 전하량 Q [$C: coulomb$]
- 커패시턴스(축적능력) C [$F: Farad$]

② 두 도체 사이에 1[V] 인가 시 1[C]의 전하가 축적된 경우의 정전용량. 1[F, 패럿, Farad]

$$1[\mu F] = 10^{-6}[F], \quad 1[nF] = 10^{-9}[F], \quad 1[pF] = 10^{-12}[F]$$

③ 정전 에너지: 콘덴서를 충전할 때 발생하는 에너지

$$W = \frac{1}{2}QV = \frac{1}{2}CV^2 = \frac{Q^2}{2C} [J]$$

④ 커패시터

2개의 도체 사이에 유전체를 넣어 커패시턴스 작용하도록 만들어진 장치. 콘덴서

⑤ 큰 정전용량 얻는 방법

극판의 면적을 넓게 함, 극판 간의 간격을 좁게 함, 비유전율이 큰 절연체를 사용함

> ※ **전기 2중층 커패시터(EDLC, Electric double-layer capacitor)**
> 전극과 전계액의 계면에 양극의 전하를 축적할 수 있도록 한 커패시터. 기존의 커패시터에 비해 에너지 밀도가 높다.

2. 전자력

1) 전자력: 자기장 내에 있는 도체에 전류를 흘릴 때 작용하는 힘

2) 플레밍의 왼손 법칙: 전자력의 방향을 결정하는 법칙   예) 전동기
   엄지-힘(F)의 방향, 검지-자기장(B)의 방향, 중지-전류(I)의 방향

3) 전자력의 크기: $F = BlI [N]$, 직각이 아닌 경우는 $F_\theta = BlI \sin\theta [N]$

4) 평행도체 힘의 방향

   ① 2개의 도체에 동일한 방향의 전류가 흐르면 흡인력이 형성

   ② 2개의 도체에 반대 방향의 전류가 흐르면 반발력이 형성

5) 전류의 단위 1[A](전류의 정량적 크기)

   무한히 긴 2개의 왕복 도선을 진공 중(또는 공기 중)에 1[m]의 간격을 유지하여 양 도선에 전류를 흐르게 할 때 양 도선 사이의 흡인력 또는 반발력의 크기가 전선 1[m]당 $2 \times 10^{-7}[N]$이 되게 하는 전류

3. 전자 유도

1) 전자 유도

   ① 전자 유도: 코일을 관통하는 자속을 변화시킬 때 기전력이 발생하는 현상. 즉, 코일의 자속 변화에 따라 코일에 기전력이 유도되는 현상을 의미

   ② 유도 기전력: 전자 유도에 의해 발생된 기전력

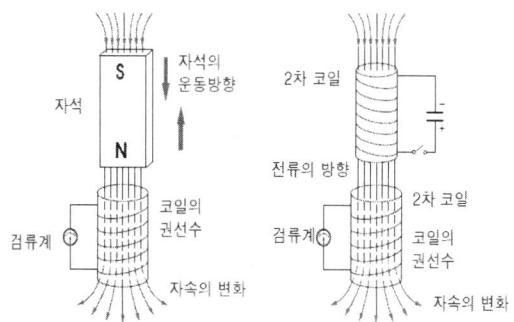

③ 렌츠의 법칙: 자속 변화에 의한 유도 기전력의 방향 결정. 즉, 유도 기전력은 자신의 발생 원인이 되는 자속의 변화를 방해하려는 방향으로 발생
④ 유도 기전력의 방향: 유도 기전력은 코일을 지나는 자속이 증가될 때에는 자속을 감소시키는 방향으로, 감소될 때에는 자속을 증가시키는 방향으로 발생
⑤ 패러데이의 전자 유도 법칙: 자속 변화에 의한 유도 기전력의 크기를 결정하는 법칙
⑥ 유도기전력의 크기

$$e = 코일권수 \times 매초 변화 자속 = -N\frac{d\varnothing}{dt}\,[V]$$

(단, e: 유도 기전력[V], dt: 시간의 변화량[s], N: 코일권수, $d\varnothing$: 자속의 변화량[Wb]
음(-)의 부호: 유도 기전력이 발생하는 방향)

※ **전자 유도 전압**

전력선과 통신선의 전자적인 결합에 의해서 통신선에 이상전압, 전류를 유도한다.

$E_m = -j\omega M \ell (I_a + I_b + I_c)$
$\quad\; = -j\omega M \ell (3I_o)$

단, M: 상호인덕턴스[H/km]
$\quad\; \ell$: 양선의 병행 길이[km]

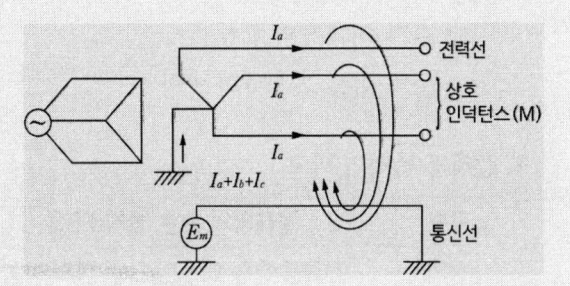

2) 자기 유도 현상
① 자기 유도: 코일에 흐르는 전류가 변화하면 코일 중의 자속이 변화되어 코일 자신에 기전력이 유도되는 현상
② 자기 인덕턴스: 코일의 자체 유도 능력 정도를 나타내는 양. 기호는 L, 단위는 헨리[H]
③ 코일에 발생되는 유도 기전력: $e = -L\frac{dI}{dt}\,[V]$
④ 축적되는 에너지 크기: $W = \frac{1}{2}LI^2\,[J]$

여기서, W: 축척에너지[J], L: 자기 인덕턴스[H], I: 전류[A]

3) 상호 유도 현상
① 상호 유도: 한쪽 코일의 전류가 변화할 때 다른 쪽 코일에 유도기전력이 발생하는 현상
② 상호 인덕턴스: 1차 전류의 시간 변화량과 2차 유도 전압의 비례상수. 기호는 M, 단위는 헨리[H]

③ 2차 코일에 발생되는 유도기전력

$$e_2 = -M\frac{dI_1}{dt}[V]$$

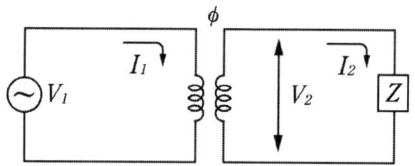

※ Summary
- 전자유도: 코일의 자속변화에 유도기전력이 발생하는 현상
- 자기유도: 코일의 전류변화에 자속이 변화되어 유도기전력이 발생하는 현상
- 상호유도: 한쪽 코일에 전류변화시 다른쪽 코일에 유도기전력이 발생하는 현상

4) 유도 기전력의 방향

① 플레밍의 오른손 법칙: 도체 운동에 의한 유도 기전력의 방향을 결정하는 법칙
- 엄지-도체의 운동방향
- 검지-자기장의 방향
- 중지-유도 기전력의 방향

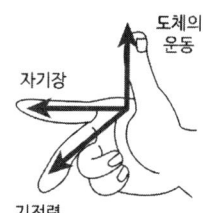

※ 플레밍 법칙의 비교

구분	플레밍의 왼손 법칙(FBI)	플레밍의 오른손 법칙
정의	전류를 흘릴 때 작용하는 힘의 방향	도체 운동 시 유도 기전력 방향
적용	전동기(전자력)	발전기(유도 기전력)
구성 요소	F – 힘 방향 B – 자기장 방향 I – 전류 방향	(F)M – 운동 방향(운동속도 v) B – 자기장 방향 e – 유도 기전력 방향

5) 맴돌이 전류(와전류: Eddy current)

① 도체의 내부 안에서 만들어지는 전류로, 도체 전체가 아닌 일부분에 소용돌이 모양으로 흐르는 전류로서, 도체 내부를 지나는 자기력선속의 변화로 인해서 생기는 전류를 말한다.

② 맴돌이 전류손: 금속 내부 자속이 변화하면 유도 기전력이 발생하여 전류가 흐를 때 줄열이 생겨 발생하는 손실이다.

③ 철심을 중첩하여 사용하면 맴돌이 전류는 감소한다.

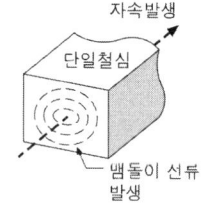

[그림] 도체에 맴돌이 전류

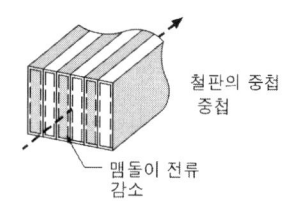

[그림] 자석에 움직임에 따른 맴돌이 전류

5. 히스테리시스 곡선

1. 자화 곡선

1) 전자석: 철심이 전류에 의해 자화되어 자석이 된 것을 말한다.
2) 자화 곡선: 자기장 H[A/m]에 대해 철심 중의 자속 밀도 B[Wb/m^2]가 변화되는 상태. B-H 곡선이라고 한다.

2. 히스테리시스 현상

1) 전자석에 의해 자계강도를 변화시킬 수 있는 자계의 안에서 전혀 자화하지 않는 강자성체를 두고 자계강도를 0으로부터 조금씩 높여가면 그림과 같이 그래프의 o점 → a점과 같이 강자성체의 자속밀도가 높아져 간다. 이 곡선을 자화곡선이라고 한다.
2) 자속밀도가 높아지면 아무리 자계강도를 높이더라도 자속밀도가 높아지지 않는다(a점). 이 상태를 포화라고 하며, 이때의 자속밀도 Bm을 포화자속밀도 또는 최대자속밀도라고 한다.

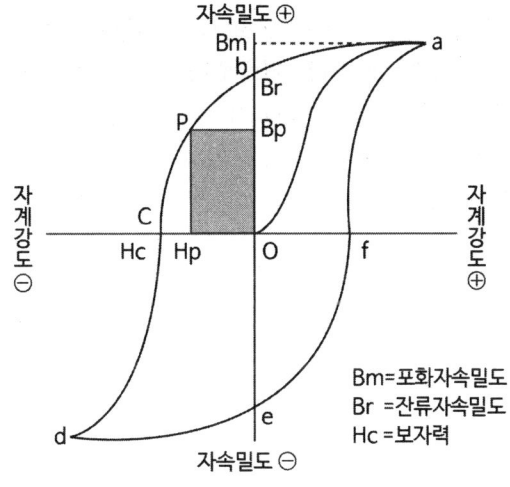

[그림] 히스테리시스 곡선

3) 이런 상태로부터 자계강도를 저하시켜 가면 자속밀도는 저하하게 되지만 자계강도가 0이 되어도 강자성체에는 자속밀도가 남는다(b점). 이것이 잔류자기로 그때의 자속밀도 Br을 잔류자속밀도라고 한다. 그리고 나서 자계의 방향을 반대로 하여 자계강도를 높여가면 결국에는 강자성체의 자속밀도가 0이 된다(c점). 이때의 자계강도 Hc를 보자력(保磁力)이라고 한다. 이렇게 자속밀도가 저하하여 가는 작용을 감자작용이라고 하며, 그래프 b점 → c점이 그리는 곡선을 감자곡선이라고 한다.

4) 계속적으로 자계강도를 높여가면 강자성체는 역방향으로 자화되어 포화한다(d점). 다시 한 번 자계의 방향을 반대로 하여 자계강도를 높이면 강자성체의 자속밀도가 변화하고 최초의 포화점으로 돌아온다(d점-e점-f점-a점). 이러한 그래프 전체의 궤적을 히스테리시스 곡선(Hysteresis loop, 히스테리시스 루프)이라고 하며, 이러한 현상을 히스테리시스 현상이라고 한다.

※ 변압기의 손실

1) 무부하손(철손)
  - 히스테리시스손(Ph)
  - 와류손
  - 유전체손
2) 부하손(동손)
  - 저항손
  - 와류손
  - 표류부하손

※ 히스테리시스손(Hysteresis Loss)

1) 철심이 자화하면서 자속밀도가 증가하는 데 필요한 에너지 손실을 말한다.
2) 철심에 교번자장이 유도되었을 경우 자속변화에 따라 열에 의해서 발생한다.
3) 히스테리시스손 $P_h = k_h \cdot f \cdot B_m^{1.6}\,[W/m^3]$

  k_h : 재료의 종류에 따른 정수(규소강판 1.6~2.0)

  B_m : 최대자속밀도[Wb/m^2]

6. 저항의 접속

1. 직렬 접속

$$R = \frac{V}{I} = \frac{(R_1 + R_2 + R_3)I}{I} = R_1 + R_2 + R_3 \, [\Omega]$$

2. 병렬 접속

$$\frac{1}{R} = \frac{1}{R_1} + \frac{1}{R_2} + \frac{1}{R_3},$$

저항이 2개인 경우 $R = \dfrac{R_1 \cdot R_2}{R_1 + R_2}$

$$I_1 = \frac{V}{R_1} = \frac{R_2}{R_1 + R_2} I \, [A] \, , \quad I_2 = \frac{V}{R_2} = \frac{R_1}{R_1 + R_2} I \, [A]$$

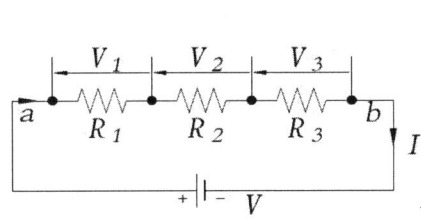

[그림1] 직렬회로

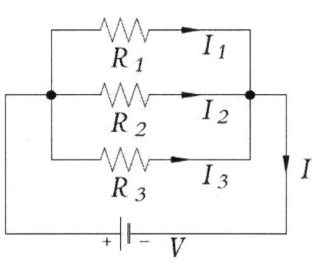

[그림2] 병렬회로

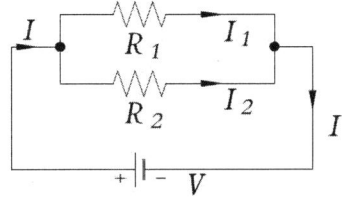

[그림3] 병렬회로의 전류 분배

7. 서미스터 및 휘스톤 브리지

1. 측온 저항체

1) 전기 저항이 온도에 따라 변화하는 성질을 이용한 온도 측정용의 저항체이다.
2) 백금, 니켈, 서미스터 반도체 등으로서, 정밀도가 좋고 안정성이 뛰어나다는 특징이 있으나 가격, 범용성의 면에서 열전쌍보다 약간 뒤진다.

2. 서미스터의 종류

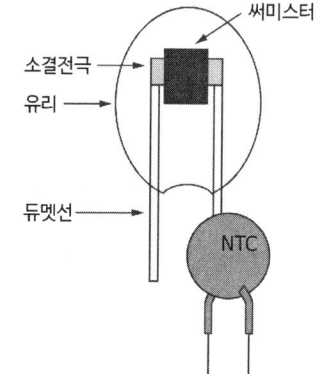

1) NTC 서미스터

① 부온도 특성(Negative Temperature Coefficient)의 서미스터

② 즉, 온도가 상승하면 전기저항이 감소하는 특성을 가진 서미스터

2) PTC 서미스터

① 정온도 특성(Positive Temperature Coefficient) 서미스터

② 온도가 상승하면 전기저항이 증가하는 특성을 가진 서미스터

3) CTR 서미스터
어떠한 온도범위에서 전기저항이 급격히 감소하는 특성을 가진 서미스터이다.

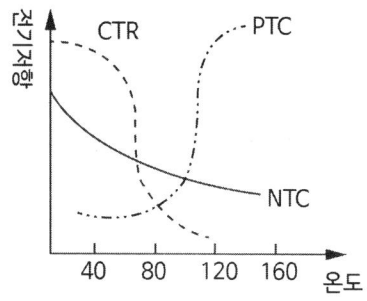

[그림] 써미스터 온도-저항 곡선

2. 휘스톤 브리지

1) 정의

① 4개의 저항이 사각형을 형태를 이루며, 대각선을 연결하는 브리지(Bridge)로 저항이나 전압계, 검류계를 사용하여 저항값을 측정하기 위해서 사용한다.

② 미지의 저항값이 얼마인지 계측하는 데 사용할 수 있으며, 기존에 저항을 내장하고 측정 저항을 비례적으로 측정할 수 있다.

2) 휘트스톤 브리지의 원리

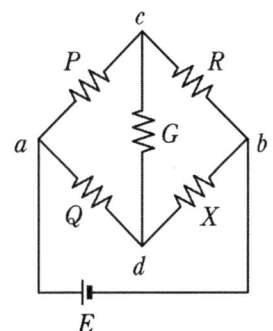

P, Q: 정해진 저항
R: 가변저항
X: 측정저항
브리지의 평형조건: $R_P \times R_X = R_R \times R_Q$

① 가변저항 R를 조절해서 c , d 사이의 전위차는 '0'이 되도록 한다.

② 이때 평형조건 $PX = RQ$ 에서, $X = \dfrac{RQ}{P}$ 로 결정된다.

③ 저항 X의 자리에는 저항소자가 아니더라도 저항을 가지는 물체의 저항 측정이 가능하다.

3) 배선방법

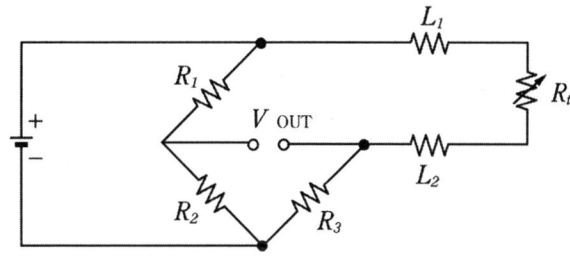

8. 전압(Voltage)의 종류

1. 전압의 종류

1) 표준전압
배전 및 전력계통의 전압을 표준화해서 정한 것으로, 주로 전력회사의 표준을 따른다. 표준전압에는 공칭전압과 최고전압이 있다.

- 표준전압 = 공칭전압 $\times \dfrac{1.1}{1}$

2) 계통전압
① 계통의 공칭주파수(표준 또는 기준)에서 계통의 선간 실효전압치로 나타낸다.

② 선로가 대부분 이 전압으로 운전되는 것을 말하며, 공칭전압이라고도 한다.

3) 공칭전압
계통최고전압: 25.8kV, 한전규격: 22.9kV

4) 최고전압
계통에서 최고의 선간전압으로서 고장 등을 고려할 때의 표준이 되는 전압을 의미한다.

- 최고전압 = 기준전압 $\times (1 \sim 1.15)$

- 계통최고전압 = 공칭전압 $\times \dfrac{1.2}{1.1}$

5) 과전압(일시적과전압, 개폐과전압, 뇌과전압)
① 계통의 어느 부분은 계통전압보다 5 ~ 10% 높은 전압으로 운전되는 경우가 있으며, 이 전압을 계통최고전압이라 한다.

② 계통최고전압은 기계설계 시 적용 및 절연설계 시 P.U값 등으로 나타내며, 회로최고전압(최고회로전압) 또는 회로 설계전압이라 한다.

2. 계통최고전압

계통공칭전압[kV]	계통최고전압[kV]	관련규정
3.3	3.6	IEC-38
6.6	7.2	IEC-38
22.9	25.8	-
23	25.8	IEC-38
154	170	IEC-38
345	362	ANSI C92.2

9. 저항(Resistance)

1. 고유 저항

1) 도체의 저항

① 도체의 전기저항은 그 재료의 종류, 온도, 길이, 단면적 등에 의해 결정된다.

② 도체의 고유저항 및 길이에 비례하고, 단면적에 반비례한다. $R = \rho \dfrac{\ell}{A} [\Omega]$

2) 고유 저항

① 전류의 흐름을 방해하는 물질의 고유한 성질, 저항률, 기호는 ρ, 단위는 $[\Omega \cdot m]$

② 전도율의 역수

> ※ **간이전압강하식 유도**
> - $e = I \times R = I \times \rho \dfrac{L}{A}$
> - ρ 는 고유저항이며, 순동의 고유저항 표준값은 $\rho = 1/58 [\Omega \cdot mm^2/m]$이다.
> - 이때 전선에 사용되는 표준경동선의 도전율은 96~98%이므로 보통 97%를 적용하고,
>   → 퍼센트 도전율로서 연동선의 전도율을 100%로 비교한 값이다.
> - 도전율과 고유저항은 역수인 관계가 된다.
> - $\rho = \dfrac{1}{58} \times \dfrac{1}{0.97} = 0.0178 [\Omega \cdot mm^2/m]$가 된다.
> - $e[V] = I \times R = I \times \rho \dfrac{L}{A} = \dfrac{0.0178\, L\, I}{A} = \dfrac{17.8\, L\, I}{1000\, A}$ 가 된다.

3) 고유저항에 따른 대전 특성

구분	고유저항 $[\Omega \cdot cm]$	전하의 축적 정도(대전)
도체	10^{-4} 이하	거의 없다.
반도체	$10^{-4 \sim 6}$	약간 축적된다.
부도체	10^4 이상	축적 크다.
석유류	$10^{10 \sim 14}$	축적이 매우 크다.

2. 교류의 임피던스

1) 직류회로: 전류의 흐름을 방해하는 성분은 저항 R(Resistance)만 존재한다. V=IR

2) 교류회로: R(Resistance)과 X(Reactance)이 존재한다.

   Z(Impedance)=R+jX 즉, 교류에서는 R과 X에 의해서 위상차 θ가 발생한다.

X(Reactance): 교류 전류를 흘려줄 때 전류의 흐름을 방해하는 저항의 정도. 리액턴스에는 용량성과 유도성 성분이 있다.

① 유도성 리액턴스: 코일의 성분에 의해서 발생. $X_L = \omega L = 2\pi f L [\Omega]$

② 용량성 리액턴스: 콘덴서 성분에 의해서 발생. $X_c = \dfrac{1}{\omega C} = \dfrac{1}{2\pi f C}[\Omega]$

3) 특성임피던스

① 전자회로에서 기기와 접속기기의 약속된 임피던스이다.

② 일반적인 회로는 50[Ω], 안테나 등에는 75[Ω]을 일반적으로 사용한다.

4) 교류의 임피던스

회로	임피던스	어드미턴스
저항 R 회로	R[Ω](저항)	$G = \dfrac{1}{R}$ (컨덕턴스)
유도성 L 회로	$j\omega L[\Omega]$(양의 리액턴스)	$\dfrac{1}{j\omega L} = -j\dfrac{1}{\omega L}$ (음의 서셉턴스)
용량성 C 회로	$\dfrac{1}{j\omega C} = -j\dfrac{1}{\omega C}[\Omega]$ (음의 리액턴스)	$\dfrac{1}{\dfrac{1}{j\omega C}} = j\omega C$ (양의 서셉턴스)

3. 컨덕턴스와 전도율

1) **컨덕턴스**

전류를 잘 통하는 정도를 나타내는 것. 기호는 G, 단위는 [℧], 저항의 역수

$$G = \sigma \dfrac{A}{l} [℧]$$

2) **전도율**

① 도체에 전류가 흐르기 쉬운 정도를 나타내는 성질. 기호는 σ, 단위는 [℧/m]

② 저항률의 역수

$$\sigma = \dfrac{1}{\rho} = \dfrac{1}{\dfrac{RA}{l}} = \dfrac{l}{RA} [℧/m]$$

③ 국제표준 연동의 전도율 $\rho_s = 1/(1.7241 \times 10^{-8})[℧/m])$

10. 저항과 온도

1. 저항의 온도 계수

1) 금속도체는 온도 상승과 함께 저항은 점점 직선적으로 증가한다.
2) 반도체는 반대로 급격한 저항 감소를 보인다.

2. 저항의 온도계수 변화

1) 온도변화에 의한 저항변화를 비율로 나타낸 것이다.
2) 기호는 αt, 단위는 [1/℃]

$$R_2 = R_1[1 + \alpha_t(t_2 - t_1)] \, [\Omega]$$

표준연동일 때의 저항 온도계수

$$\alpha_t = \frac{1}{234.5 + t} \, [1/℃]$$

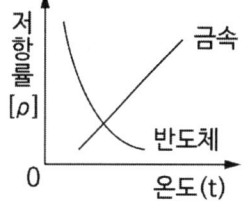

[그림] 저항률의 온도특성

3) 반도체, 탄소, 절연체, 전해액 등은 부(-)의 온도계수를 갖는다.
4) 서미스터 -부의 온도계수를 가지며 온도 검출용으로 쓰인다.

11. 전류의 발열작용과 전력량

1. 전류의 발열 작용

1) 줄의 법칙

① 전류의 발열 작용: 전열기의 도체에 전류를 흘리면 열이 발생하는 현상

② 줄의 법칙: 도체에 전류를 흘릴 때 발생하는 전류의 발열작용에 관한 법칙. 단위는 [J]

$$H = I^2Rt\,[J] = \frac{I^2Rt}{4.184} \simeq 0.24\,I^2Rt\,[cal] \quad (\because 1\,J = 0.24\,cal)$$

[문제] 1[kW]를 열량 [kcal/h]으로 환산하시오.(환산식을 쓸 것)
1[kWh]=3600[kWs], 1[kW]=1[kJ/s] 이므로, 3600[(kJ/s)·s] = 3600[kJ]
1[kJ]=0.24[kcal]이므로, 3600[kJ] = 3600 × 0.24 ≒ 860[kcal]
∴ 1[kW]= 860[kcal/h]

2) 줄열의 이용

공업용(전기용접기, 전기로), 가정용(전기난로, 전기밥솥, 전기다리미, 백열전구)

3) 온도상승과 허용전류

전선에 안전하게 흘릴 수 있는 최대 전류

2. 전력량과 전력

1) 전력량: 일정한 시간 동안 전기가 하는 일의 양. 기호는 W, 단위는 [J].

$$W = H = I^2Rt = VIt$$

2) 전력: 1초 동안에 전기가 하는 일의 양. 기호는 P, 단위는 [W].

$$P = VI = I^2R = \frac{V^2}{R}\,[W]$$

3) 전력과 전력량의 단위

전력	mW W kW	1[mW]=1/1000 [W] 1[kW]=1000[W]
전력량	W·s Wh kWh	1[W]의 전력에서 1[s] 동안, 1[J] 1[W]의 전력에서 1[h] 동안, 3600[W·s] 1[kW]의 전력에서 1[h] 동안, 3600×1000[W·s]

12. 키르히호프의 법칙

1. 키르히호프의 제1법칙(전류법칙)

회로의 한 접속점에서 접속점에 흘러들어 오는 전류의 합과 흘러나가는 전류의 합은 같다.

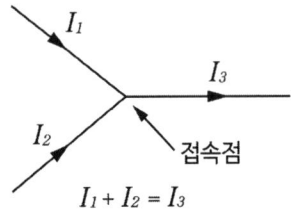

$$\Sigma[\text{유입전류}] = \Sigma[\text{유출전류}]$$

[그림] 키르히호프의 제1법칙

2. 키르히호프의 제2법칙(전압법칙)

회로망의 임의의 폐회로 내에서 일주방향에 따른 전압강하의 합은 기전력의 합과 같다.

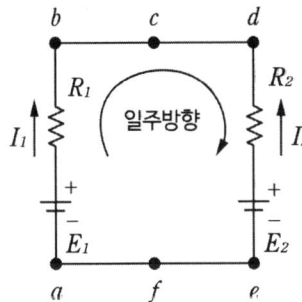

$$\Sigma[\text{기전력}] = \Sigma[\text{전압강하}]$$
$$E_1 - E_2 = R_1 I_1 - R_2 I_2$$
$$E_1 - E_2 - R_1 I_1 + R_2 I_2 = 0$$

[그림] 키르히호프의 제2법칙

13. 발전기 원리와 사인파 교류

1. 발전기 원리

자장 안에 도체를 놓고 회전시키면 자속을 도체가 끊으면서 기전력이 발생된다.

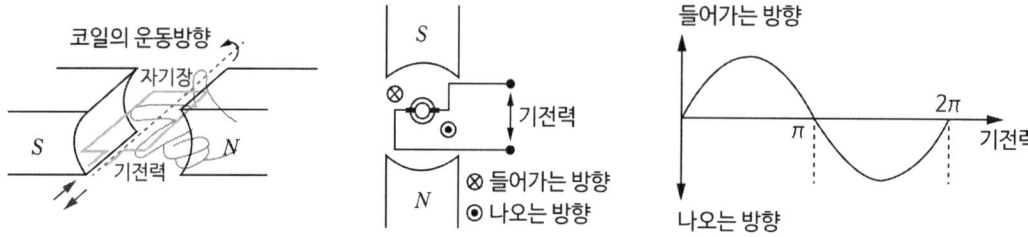

2. 교류 특징

1) 사인파의 교류

① 파형
전압, 전류 등이 시간의 흐름에 따라 변화하는 모양

② 코일에 발생하는 전압

$$v = 2Blv\sin\theta = V_m \sin\theta \, [V]$$

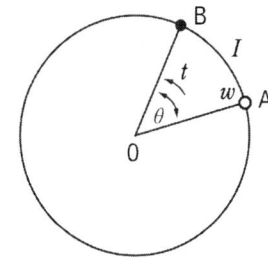

[그림1] 라디안 각과 각속도

③ 호도법
각도를 라디안[rad]으로 나타냄. 반지름에 대한 원주의 비율. $\theta = \ell/r \, [rad]$

$$\theta = \frac{\ell}{r}[rad] \,,\, 360° = \frac{2\pi r}{r} = 2\pi[rad] \,,\, 180° = \pi[rad]$$

④ 회전각: $\theta = \omega t \, [rad]$

⑤ 각속도
회전체의 회전 속도. 즉 어느 순간의 회전이 일어나는 방향으로 이동하는 정도를 나타내는 양이다. 기호는 ω, 단위는 [rad/s]

2) 주기와 주파수

① 주기: 1사이클의 변화에 요하는 시간, 기호는 T, 단위는 [s], T = 2π /ω = 1/f[s]

② 주파수: 1초 동안에 반복되는 사이클의 수. 기호는 f, 단위는 헤르츠[Hz]

$$f = \frac{1}{T}[Hz] \,,\, \omega = \frac{2\pi}{T} = 2\pi f \, [Hz]$$

3) 위상과 위상차

① 위상: 전압이나 전류의 위상속도. 주파수가 동일한 2개 이상의 교류가 존재할 때 상호 간의 시간적인 차이. 각속도로 표현, $\theta = \omega t$, $\omega = \dfrac{\theta}{t} = \dfrac{2\pi}{T} = 2\pi f [rad/\sec]$

② 위상차: 2개 이상의 교류 사이에서 발생하는 위상의 차

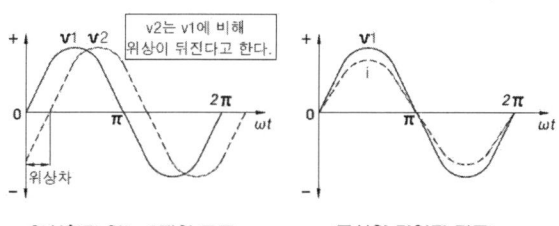

[그림] 교류의 위상과 위상차

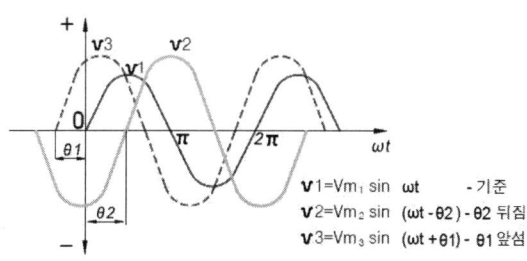

[그림] 위상차의 교류 표시

③ 동상: 동일한 주파수에서 위상차가 없는 경우

④ 위상차와 전압(전류) 표시
뒤진 전압파형: v(t)=Vmsin(ω t-θ)[V]   앞선 전압파형: v(t)=Vmsin(ω t+θ)[V]

3. 교류의 해석

1) 순시값과 최댓값

① 순시값: 교류가 시간에 따라 변화할 때, 임의의 순간의 값. $v(t) = V_m \sin \omega t \, [V]$

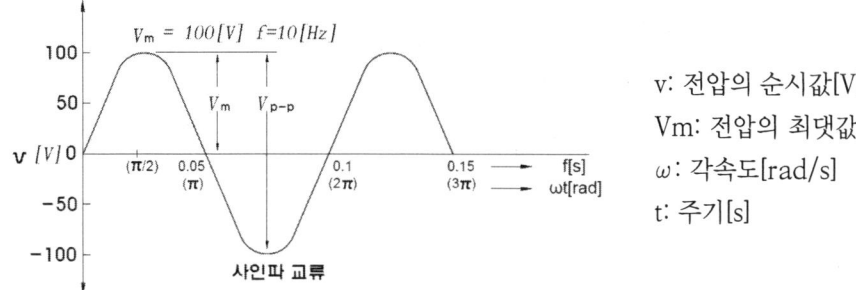

v: 전압의 순시값[V]
Vm: 전압의 최댓값
ω: 각속도[rad/s]
t: 주기[s]

② 최댓값: 순시값 중에서 가장 큰 값. V_m, I_m

2) 평균값

① 평균값: 교류 순시값 1주기 동안의 평균을 취하여 교류의 크기를 나타낸 값

$$V_{av} = \frac{2}{\pi} V_m \simeq 0.637 V_m$$

② 실횻값과 평균값의 관계

$$\frac{V}{V_{av}} = \frac{\frac{V_m}{\sqrt{2}}}{\frac{2 V_m}{\pi}} = \frac{\pi}{2\sqrt{2}} \simeq 1.11$$

3) 실횻값(교류의 대표수치)

$$I = \sqrt{i^2 \text{의 1주기간의 평균값}} \;,\; I = \frac{1}{\sqrt{2}} I_m \simeq 0.707 I_m$$

① 실횻값: 교류의 크기를 교류와 동일한 일을 하는 직류의 크기로 바꿔 나타낸 값

② 실횻값과 최댓값의 관계: $v(t) = V_m \sin \omega t = \sqrt{2} V \sin \omega t \, [V]$

4. 사인파 교류의 벡터

1) 스칼라와 벡터

① 스칼라(크기): 길이·온도 등과 같이 크기라는 하나의 양만으로 표시되는 물리량

② 벡터(크기+방향): 힘과 속도와 같이 크기와 방향 등으로 2개 이상의 양으로 표시되는 물리량

  * 벡터 표시: $\dot{V}$ (V도트), 벡터의 크기만 표시: 절댓값(V)
    크기(실횻값) + 방향(위상)

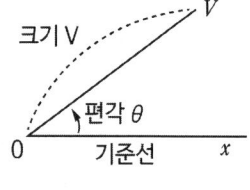

[그림] 벡터표시

2) 사인파 교류의 벡터 표시

① 사인파 교류의 요소: $i = I_m \sin(\omega t + \theta) = \sqrt{2} I \sin(2\pi f t + \theta) \, [A]$
   최댓값 I_m(또는 실횻값 I), 주파수 f(또는 각주파수 ω), 위상각 θ

② 사인파 교류의 순시값과 벡터 표시

  • 순시값 표시: $i(t) = \sqrt{2} I \sin(\omega t + \theta) [A]$
  • 벡터 표시: $\dot{I} = I \angle \theta$

3) 사인파 교류의 합성

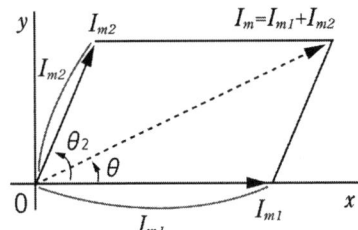 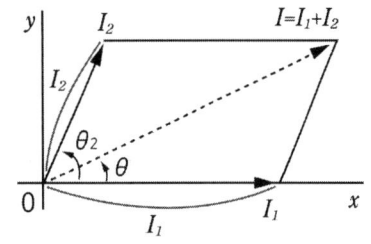

[a] 최댓값을 이용한 벡터 그림   [b] 실횻값을 이용한 벡터 그림

[그림] 벡터 그림에 의한 합성

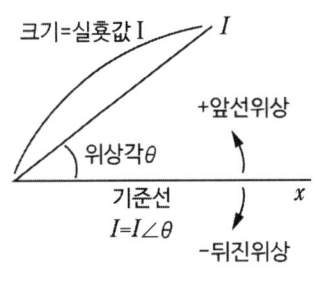 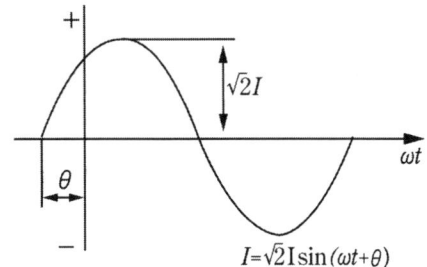

[a] 정지 벡터   [b] 사인파 교류

[그림] 사인파 교류의 정지 벡터 표시

① 벡터 그림에 의한 방법: 2개의 교류의 합은 벡터 합에 대한 평행사변형 법칙에 의해 계산

② 교류 회로의 기호법: 사인파 교류를 복소수로 나타내어 교류 회로를 계산하는 방법

4) 복소수에 의한 벡터 표시

① 복소수 = 실수 + 허수

② (허수)^2 = 음수

③ 허수의 단위는 j 또는 i 로 표시. $j = \sqrt{-1}$, $j^2 = -1$, 허수 = jb (b는 실수)

④ 복소수: $\dot{Z} = a + jb$ (a는 실수부, b는 허수부)

⑤ 절댓값: 복소수의 크기를 나타내는 값. 절댓값 = $\sqrt{(실수부)^2 + (허수부)^2}$

⑥ 공액 복소수: 실수부는 같고, 허수부의 부호만이 다른 2개의 복소수. 서로 공액인 복소수를 곱하면 항상 실수가 됨

$\dot{Z}_1 = a + jb$, $\dot{Z}_1 = a - jb$,
$(a + jb)(a - jb) = a^2 + b^2$

⑦ 복소수에 의한 벡터 표시

$\dot{A} = a + jb = A(\cos\theta + j\sin\theta)$,
$\quad = A \angle \theta$, $A = \sqrt{a^2 + b^2}$
$\theta = \tan^{-1}\dfrac{b}{a}$

[그림] 복소수와 벡터

14. 저항, 인덕턴스, 콘덴서 회로

1. 저항회로

1) $v = \sqrt{2}\,V \sin\omega t\,[V]$, $i = \sqrt{2}\,I \sin\omega t\,[V]$, 전류와 전압은 동상이다.
2) 전압과 전류의 관계: I=V/R [A]

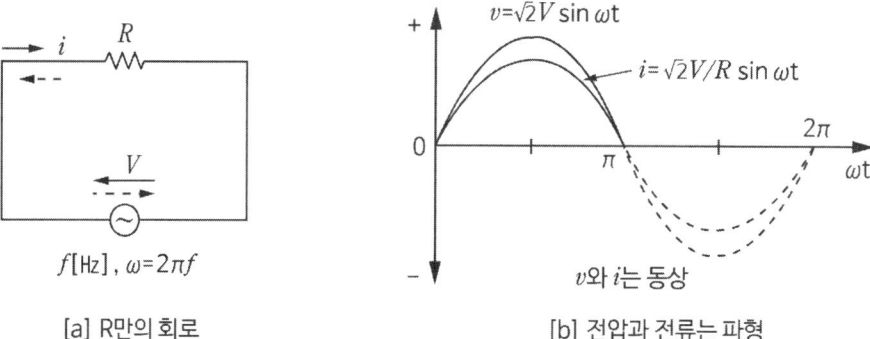

[a] R만의 회로   [b] 전압과 전류는 파형

[그림] 저항 R만의 회로의 파형

2. 인덕턴스(코일)의 동작

1) $i = \sqrt{2}\,I \sin\omega t$, $v = \sqrt{2}\,V \sin\left(\omega t + \dfrac{\pi}{2}\right) = \sqrt{2}\,\omega L I \sin\left(\omega t + \dfrac{\pi}{2}\right)$
2) 즉, 전류는 전압보다 $\pi/2$[rad]만큼 늦다. 지상전류, 유도성 특징이 있다.

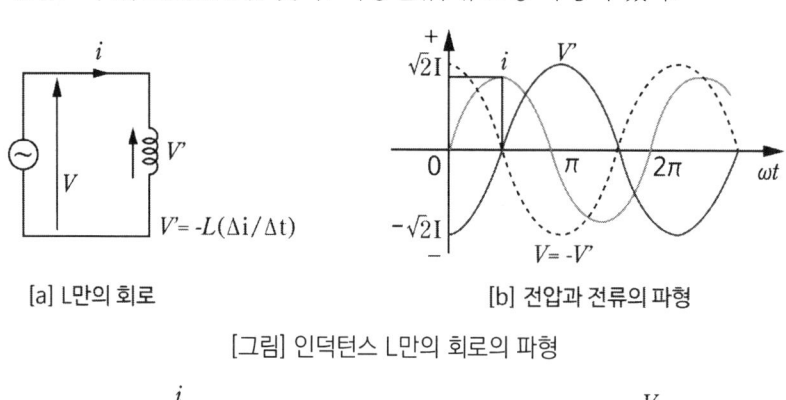

[a] L만의 회로   [b] 전압과 전류의 파형

[그림] 인덕턴스 L만의 회로의 파형

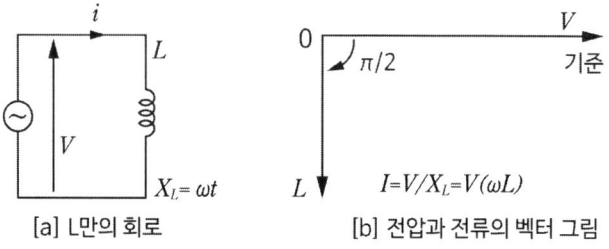

[a] L만의 회로   [b] 전압과 전류의 벡터 그림

[그림] 인덕턴스 L만의 회로와 벡터 그림

3) 전압과 전류의 관계

- $\dot{V} = j\omega L \dot{I}$ 에서 $I = \dfrac{V}{j\omega L} = \dfrac{V}{X_L} [A]$

- 유도성 리액턴스: $X_L = \omega L = 2\pi f L [\Omega]$

4) 유도 리액턴스의 주파수 특성

유도 리액턴스 XL은 자체 인덕턴스 L과 주파수 f에 정비례한다.

3. 정전용량(콘덴서)의 동작

1) $i = \sqrt{2} I \sin(\omega t + \dfrac{\pi}{2}) = \sqrt{2}\, \omega C V \sin(\omega t + \dfrac{\pi}{2})$, $v = \sqrt{2}\, V \sin \omega t$

전류가 전압보다 π/2[rad]만큼 빠르다. 즉 진상전류, 용량성 특징이 있다.

2) 전압, 전류의 관계

- $\dot{V} = \dfrac{1}{j\omega C} \dot{I} [V]$ 에서 $I = j\omega C V = \dfrac{V}{X_c} [A]$

- 용량 리액턴스: $X_c = \dfrac{1}{\omega C} = \dfrac{1}{2\pi f C} [\Omega]$

3) 용량 리액턴스의 주파수 특성

용량 리액턴스 Xc는 정전 용량 C와 주파수 f에 반비례한다.

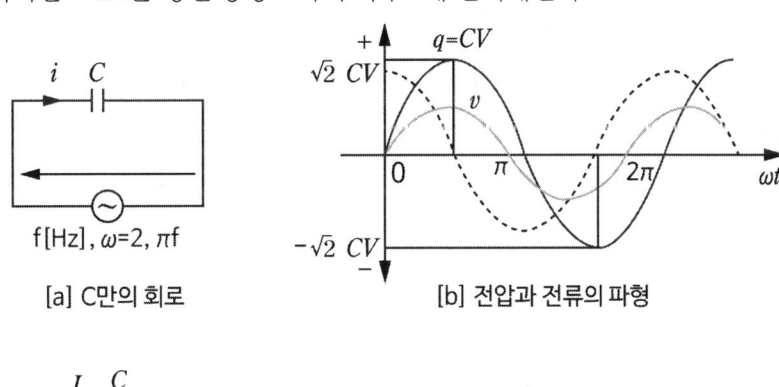

[a] C만의 회로 　　　　　　 [b] 전압과 전류의 파형

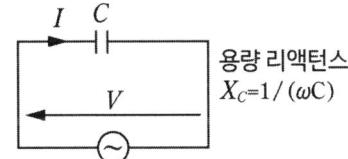
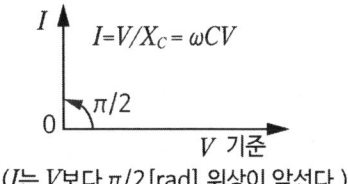

[c] 벡터에 의한 C만의 회로 그림 　　 [d] 전압과 전류의 벡터 그림

[그림] 정전 용량 C만의 회로

15. 전력과 역률

1. 피상 전력, 유효 전력, 무효 전력

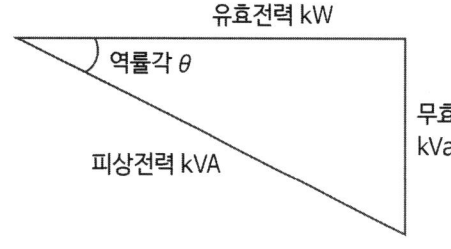

$$kW = kVA \times \cos\theta$$
$$kVar = kVA \times \sin\theta$$
$$kVA = \sqrt{(kW)^2 + (kVar)^2}$$
$$pf = \cos\theta$$

1) 피상 전력
   ① 교류의 부하 또는 전원의 용량을 표시하는 전력, 전원에서 공급되는 전력
   ② 임피던스(Z)에 의해서 소비되는 전력
   • 단위: [Va] [Kva]
   • 피상 전력의 표현: $Pa = VI = I^2Z$[Va]

2) 유효 전력
   ① 전원에서 공급되어 부하에서 유효하게 이용되는 전력
   ② 전원에서 부하로 실제 소비되는 전력. 저항(R)에 의해서 소비되는 전력
   • 단위: [W] [Kw]
   • 유효 전력의 표현: $P = VI\cos\theta = I^2R$[W]

3) 무효 전력
   ① 실제로는 아무런 일을 하지 않아 부하에서는 전력으로 이용될 수 없는 전력
   ② 실제로 아무런 일도 할 수 없는 전력. 리액턴스에 의해서 소비되는 전력
   • 단위: [Var] [Kvar]
   • 무효 전력의 표현: $Pr = VI\sin\theta = I^2X$[Var]

2. 역률

1) 역률의 정의(Power factor)
   ① 전원에서 공급된 전력이 부하에서 유효하게 이용되는 비율로서, $\cos\theta$로 나타낸 것 0~1(0~100%)
   ② 피상 전력 중에서 유효전력으로 사용되는 비율이다.
   ③ 전압과 전류의 위상차를 Cosine(여현)으로 표시한 값이다.
      즉, 전압과 전류의 위상차를 θ라고 할 때 역률은 $\cos\theta$라고 한다.

- 역률의 표현: $\cos\theta = \dfrac{VI\cos\theta}{VI} = \dfrac{P}{P_a}$

- 유효·무효·피상 전력 사이의 관계: $P_a = \sqrt{P^2 + P_r^2}\,[W]$

- 역률 개선: 부하의 역률을 1에 가깝게 높이는 것

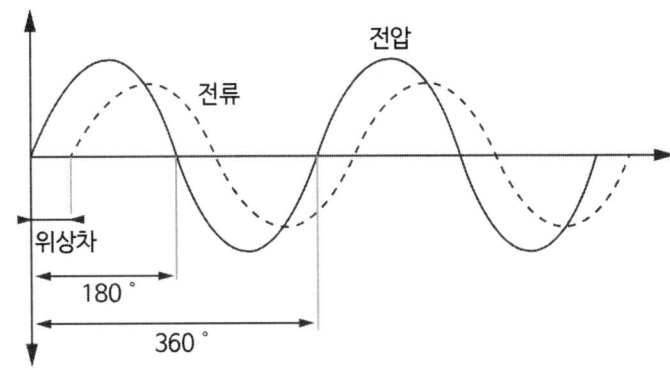

④ R만의 회로의 역률: 1, L만의 회로의 역률: 0, C만의 회로의 역률: 0

⑤ RC직렬 회로의 역률: $\cos\theta = \dfrac{R}{Z} = \dfrac{R}{\sqrt{R^2 + X^2}}$

2) 역률 개선 방법

① 콘덴서를 설치하여 무효전력을 보상한다.

② 동기전동기를 설치하여 무효전력을 공급한다.

③ 자동무효전력조절기(AQR), 자동역률조정장치(APFR)를 사용한다.

④ 역률이 우수한 전동기, 전기기기를 사용한다.

※ 참고: 역률의 개념

① 전력은 본래 유효전력 + 무효전력이지만, 통상적으로 무효전력은 무시하고 유효전력만을 가지고 전력이라고 한다.
② 역률은 실제 일을 하는 유효전력에 비해 일을 하지도 않고 소모만 되는 무효전력이 얼마나 적게 차지하는가의 비율을 말한다.

실제역률계산식, $\cos\theta = \dfrac{P}{P_a} = \dfrac{유효전력[KW]}{피상전력[KVA]} \approx \dfrac{유효전력}{\sqrt{유효전력^2 + 무효전력^2}} \times 100[\%]$

∴ 역률 90%(기준역률) ≒ 유효전력 68% + 무효전력 32%
  무효전력 비율이 32%를 초과할 경우 기준역률 미달(한전공급규약: 역률 90% 이상 시 요금할인)

③ 효율(≠역률): 10병의 휘발유로 기계를 가동할 때 8병의 휘발유는 기계를 가동하는 데 쓰이고, 2병은 증발해버렸을 경우 기계의 연료효율은 80%이다.
  무효·유효전력: 10명의 인부가 현장에 투입되었을 때 8명은 열심히 일을 하면서 밥을 먹는데, 2명은 일도 하지 않고 놀면서 밥만 먹는 경우, 일을 열심히 하면서 밥을 먹는 8명 – 유효전력이고 일도 않고 밥만 축내는 2명 – 무효전력이라고 보면 된다.
④ 역률개선 개념: 일도 하지 않고 소모만 되는 무효전력을 최소화시키는 방법인데, 적당한 역률보상용 진상콘덴서를 설치하여 해당기기에서 소모되는 무효전력을 최소화되도록 조절하므로 전력계통에서의 무효전력 공급이 최소화되도록 하는 것이다.
⑤ 비상발전기 용량산출 중 PG1 검토
  PG_1: 정격 운전 상태에서 부하설비 기동을 고려

$$PG_1 = \dfrac{\sum P_L}{\eta_L \times \cos\theta} \times \alpha \ [kVA]$$

단, $\sum P_L$: 부하출력 합계[KW]
    η_L: 부하의 종합효율(분명하지 않을 경우 0.85)
    $\cos\theta$: 부하의 종합역률(분명하지 않을 경우 0.8)
    α: 부하율과 수용률을 고려한 계수(분명하지 않을 경우 1.0)

16. 3상 교류의 발생

1. 3상 교류의 발생

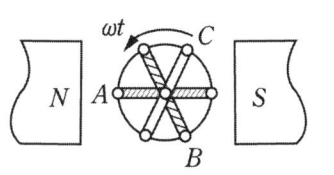 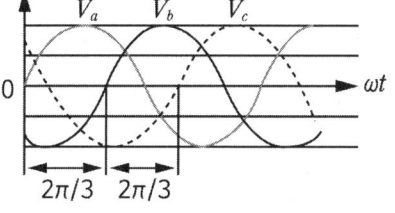

[a] 코일들의 배치   [b] 각 코일에 발생되는 전압

[그림] 3상 교류의 발생

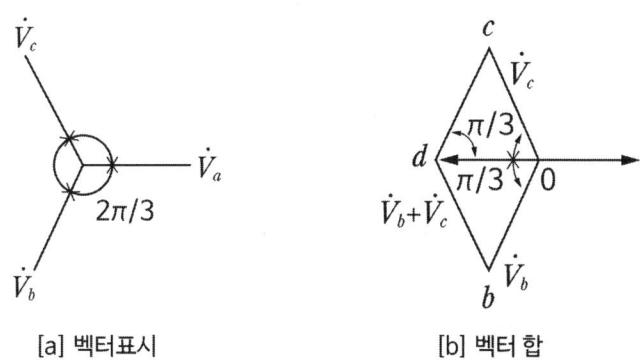

[a] 벡터표시   [b] 벡터 합

[그림] 3상 교류의 벡터 표시 및 벡터 합

1) 3상 교류: 주파수가 동일하고 위상이 $2\pi/3[\text{rad}]$ 만큼씩 다른 3개의 파형

2) 상(Phase): 3상 교류를 구성하는 각 단상 교류

2. 3상 교류의 순시값 표시

1) 3상 교류의 순시값

$$v_a = \sqrt{2}\,V\sin\omega t, \quad v_b = \sqrt{2}\,V\sin\left(\omega t - \frac{2\pi}{3}\right), \quad v_c = \sqrt{2}\,V\sin\left(\omega t - \frac{4\pi}{3}\right)$$

2) 대칭 3상 교류: 크기가 같고 서로 $2\pi/3[\text{rad}]$만큼의 위상차를 가지는 3상 교류

3) 전압의 벡터 합: $\dot{V}_a + \dot{V}_b + \dot{V}_c = 0$

3. 3상 교류의 결선법

1) 결선 방법의 종류

① Y 결선: 전원과 부하를 Y형으로 접속하는 방법. 성형 결선

② △ 결선: 전원과 부하를 △형으로 접속하는 방법. 삼각 결선

2) Y 결선

① 상전압: 각 상에 걸리는 전압

② 선간 전압: 부하에 전력을 공급하는 선들 사이의 전압

③ 상전압과 선간전압의 관계: 선간전압이 상전압보다 $\pi/6(30°)$ 앞선다.

④ 선간 전압의 크기: $V_\ell = \sqrt{3}\, V_p\,[V]$

선 전류의 크기: $I_\ell = I_p\,[A]$

선간 전압과 선전류의 관계: $I_\ell = \dfrac{V_\ell}{\sqrt{3}\, Z}\,[A]$

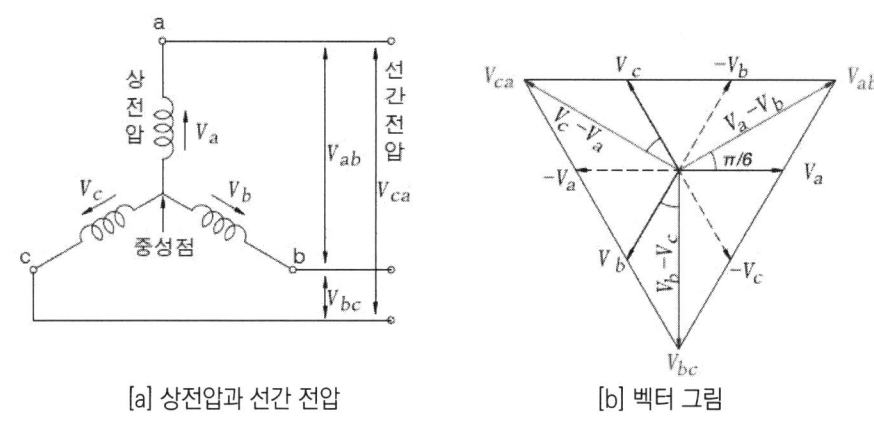

[a] 상전압과 선간 전압   [b] 벡터 그림

[그림] Y결선의 상전압과 선간 전압의 관계

3) △ 결선

① 상 전압과 선간 전압의 관계: 선간 전압과 상 전압은 동상(Phase)이다.

② 선간 전압의 크기: $V_\ell = V_p\,[V]$

선 전류의 크기: $I_\ell = \sqrt{3}\, I_p\,[A]$

선간전압과 선전류의 관계: $I_\ell = \dfrac{\sqrt{3}\, V_\ell}{Z}\,[A]$

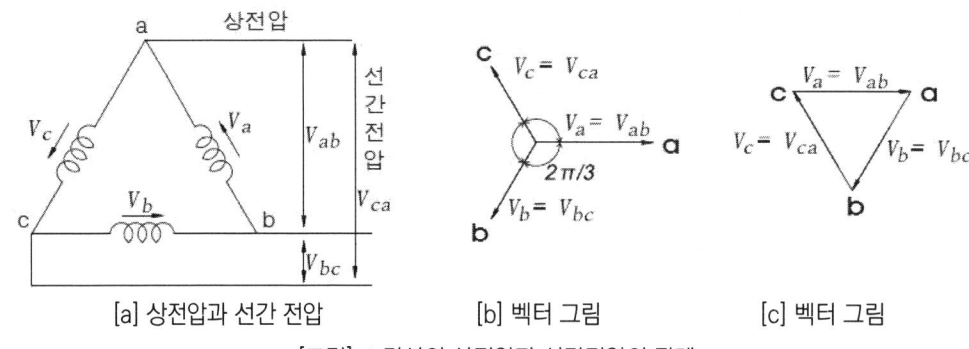

[a] 상전압과 선간 전압   [b] 벡터 그림   [c] 벡터 그림

[그림] △결선의 상전압과 선간전압의 관계

4) V결선

① V결선: △결선된 전원 중 1상을 제거하여 결선한 방식

② V결선의 경우 유효 전력: $P_V = \sqrt{3}\,V_p I_p \cos\theta\,[W]$

③ △결선의 경우 유효 전력: $P_\Delta = 3V_p I_p \cos\theta\,[W]$

④ 출력비: $\dfrac{P_V}{P_\Delta} = \dfrac{\sqrt{3}\,VI}{3VI} = 57.7[\%]$ (고장 전 출력과 고장 후 출력의 비)

⑤ 이용률: $\dfrac{P_V}{P_2} = \dfrac{\sqrt{3}\,VI}{2VI} = 86.6[\%]$ (TR 2대를 이용하여 3상 소비전력을 발생시키는 비율)

⑥ V결선은 변압기 사고 시 응급조치 등의 용도로 사용된다.

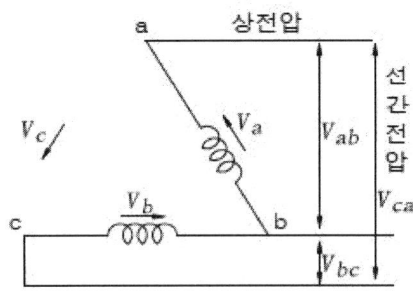

[그림] 상전압과 선간 전압

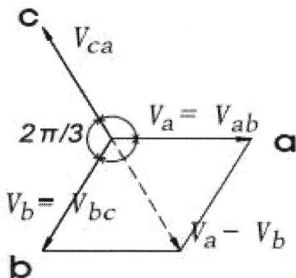

[그림] 벡터그림

4. 3상 전력

1) 3상 전력: $P = P_a + P_b + P_c\,[W]$, 평행부하인 경우 $P = 3P_p\,[W]$

2) 평형 3상회로의 전력

① 3상 전력: $P = 3V_p I_p \cos\theta\,[W]$

② Y결선 시 전력: $V_p = \dfrac{V_\ell}{\sqrt{3}}$, $I_p = I_\ell$에서 $P = 3V_p I_p \cos\theta = \sqrt{3}\,V_\ell I_\ell \cos\theta\,[W]$

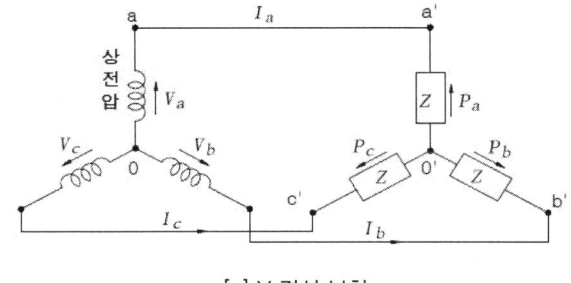

[a] Y 결선 부하

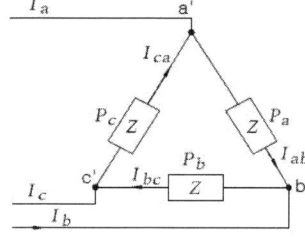

[b] △결선 부하

[그림] 3상 전력

③ △결선 시의 전력: $V_p = V_\ell$, $I_p = \dfrac{I_\ell}{\sqrt{3}}$에서 $P = \sqrt{3}\,V_\ell I_\ell \cos\theta\,[W]$

5. 비사인 주기파

1) 비사인파 교류

① 비사인파 교류: 부하의 성질에 따라 파형이 일그러져 비사인파형으로 되는 교류 (기본파 + 고조파 + 직류분)

② 기본파: 비사인파형에서 기본이 되는 파형

③ 고조파: 기본파 이외의 n수배의 파형으로. 일반적으로 50차수 이하

④ 고주파: 3~30[MHz]의 높은 주파수

> ※ **고조파(Harmonics)란?**
> - 주파수가 n배인 파동을 제n차 고조파라 한다. 음의 경우 배음에 해당하는 것으로, 전기진동, 전자파 등의 경우에 사용되며, 기본 진동수에 대해 그 배수에 따라 제2 또는 제3고조파라고도 한다. 진동이 Sin파가 아닌 변형된 파형인 경우는 반드시 고조파를 포함하고 있는데, 악기의 음색은 고조파를 포함하는 정도에 따라 달라진다.
> - 즉, 고조파는 정수배를 갖는 전압, 전류를 말하며, 일반적으로 50차수 정도까지를 의미한다. 그 이상은 고주파(High Frequency) 혹은 Noise로 구분된다.
> - 전력계통에서 논의되는 고조파의 범위는 제5고조파에서 제37고조파까지를 의미하고, 고조파의 대상이 되는 주파수 범위는 일반적으로 약 50차(약 3kHz)까지를 말하며, 노이즈와는 구별되는 파형이다.
> - 고조파 중에서 특히 3, 5, 7차 고조파가 현실적으로 문제가 되며, 직류 사용기기에서는 고차 고조파(11차 이상 고조파)가 다수 나타나기도 한다.

2) 비선형 회로의 전압 및 전류

① 선형회로와 비선형회로

② 선형회로: 출력이 입력에 비례하는 회로. R, L, C 등으로 이루어진 회로

③ 비선형회로: 출력이 입력에 비례하지 않는 회로

④ 고조파 일그러짐(비직선 일그러짐): 비선형회로에서 출력 측에 입력신호의 고조파가 발생하여 생기는 일그러짐

17. 열전 효과(熱電效果, Thermoelectric effect)

1. 열전 효과의 정의
1) 열전 효과는 열에너지와 전기 에너지가 상호작용하는 효과를 의미한다.
2) 톰슨 효과, 펠티에 효과, 제벡 효과와 같이 열과 전기의 관계로 나타나는 각종 효과이다.

2. 열전 효과

1) 제벡 효과(Seebeck effect)
① 서로 다른 종류의 도체의 양쪽 끝을 접합하여 회로를 만들고, 두 접점의 온도를 서로 다르게 할 경우 기전력이 발생하는 현상이다.
② 제벡 효과는 매우 민감하고 정확하게 온도를 측정하는 데 사용되며, 특별한 목적을 위해 전력을 생성하는 데 사용되기도 한다.

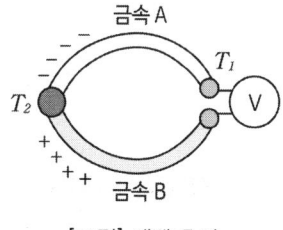

[그림] 제벡 효과

2) 펠티에 효과(Peltier effect)
① 서로 다른 종류의 도체를 접합하여 전류를 흘리면 접합부에서는 발열과 흡열을 발생한다.
② 열전효과의 일종으로 전류의 방향을 반대로 하면 발열과 흡열은 반대가 되고, 냉각기로 응용될 수 있다.

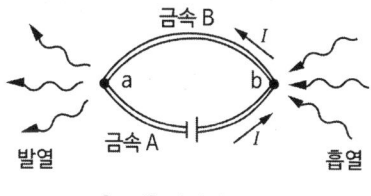

[그림] 펠티에 효과

3) 톰슨 효과(Thomson effect)
① 하나의 금속에 온도차를 두고 전류를 흘리면 발열이 발생하고, 전류를 반대방향으로 하면 흡열이 발생하는 현상이다.
② 금속선에 온도 기울기가 있을 때, 전류가 흐르면 열이 흡수되거나 방출되는 현상이다.
③ 철의 경우는 고온부에서 저온부로 전류를 흘리면 열을 흡수하고, 구리에서는 열을 방출한다.

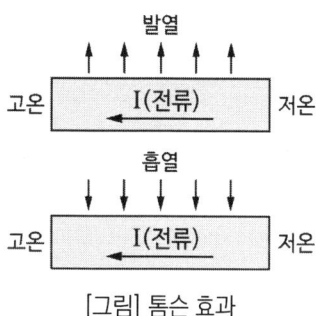

[그림] 톰슨 효과

※ 열전쌍[熱電雙, Thermocouple, 열전기접합]

1) 서로 다른 2개의 금속선 양 끝을 맞붙여서 온도를 측정하는 장치이다.
2) 한쪽 접점은 온도를 잴 곳에 대고, 다른 쪽 접점은 낮은 온도(기준온도)로 일정하게 유지하며, 측정 장치는 회로 안에 연결한다.
3) 두 접점은 제벡 효과로 인하여 두 온도차에 비례하는 기전력(전압)을 읽어 표준표를 보고 온도를 알 수도 있고, 미리 보정된 측정 장치를 이용하여 직접 온도를 읽을 수도 있다.
4) 열전쌍을 직렬로 연결하면 감도가 좋아진다.

※ 압전효과[壓電效果, Piezoelectric effect]

1) 기계적 에너지와 전기적 에너지의 상호변환 효과를 의미하며, 피에조 효과라고도 한다.
2) 소자에 힘을 가하여 변형을 주면 표면에 전압이 발생하고, 반대로 전압을 걸면 소자가 이동하여 힘을 발생하는 현상이다.
3) 압전효과의 응용으로는 자동차 에어백, 초음파 가습기, 가스레인지 점화장치, 압전스피커, 부저 등이 있다.

※ 광전효과[光電效果, Photoelectric effect]

1) 빛이 물질의 표면을 두드릴 때 전자가 방출되는 현상을 의미한다. 즉, 물질의 표면에 빛을 쪼이면 자유전자가 튀어 나오는 현상으로 전기 효과, 광전자 방출효과, 광도전 효과, 광기전 효과 등이 있다.
2) 응용으로는 빛과 관련된 각종 센서, 불꽃감지기, 태양전지, 조도계, 광도계 등이 있다. [광전효과 실험]

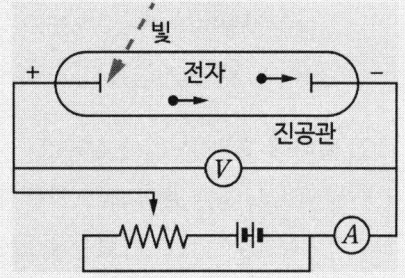

18. 표피 효과 및 근접 효과

1. 표피 효과(表皮效果, Skin Effect)

1) 도체에 고주파 전류를 흐르게 할 때 도체의 표면에 전류의 밀도가 증대하는 현상이다.

2) 도선에 흐르는 전류가 주파수가 높아짐에 따라 단면 전체를 균일하게 흐르지 않고 표면 가까이에 모여 흐르는 현상이다.

3) 이러한 현상이 일어나는 것은 주파수가 높아질수록 자속(ϕ)의 변화가 커지므로 도체단면의 중심부는 자속 밀도가 크고 유도성으로 되어 자속 밀도가 작은 용량성의 표면 근처로 전류가 모이기 때문이다.

4) 주파수나 도체의 단면적 및 도전율이 커질수록 표피효과가 커진다.

   즉, 주파수 증대 → 자속 변화 증대 ⇒ 케이블 중심부: 자속밀도 증대 - 유도성
   ⇒ 케이블 표면: 자속밀도 저감 - 용량성(전류밀도 증대)

   또한 자속쇄교수에 의한 기전력은 중심부가 표피보다 크게 된다.

   유도기전력 $e = L\dfrac{d\phi}{dt}$ 가 중심에서 가장 크기 때문에 중심부의 전류는 감소한다.

5) 표피 효과의 영향

   ① 표피 효과는 도체에서 전하/전류가 흐르는 단면적을 줄이게 되므로, 저항을 증가시키게 된다.

   ② 따라서 표피효과는 전송 케이블의 손실에 영향을 준다.

   ③ 또한 사용가능 주파수대역을 제한하게 된다.

6) 표피 효과 대책

   ① 표피 효과를 고려한 도체선정(연선, 복도체, 중공도체 등)

   ② 송전 주파수 조정

   ③ 직류방식의 송전

2. 근접 효과(Proximity Effect)

1) 근접하고 있는 2개 도체의 자계에 의해 생기는 전류밀도 분포 현상이다.

2) 각 도체에 같은 방향의 전류가 흐를 때 상호 근접 측은 많은 자속들이 상쇄된다. 그래서 상호 근접한 부분에는 자속의 쇄교가 적고, 자속밀도가 증대하여 유도성 성분으로 인하여 전류밀도가 작아진다.

3) 도체의 전류방향이 다를 때는 상호 근접한 부분의 자속의 쇄교가 많고, 자속밀도가 감소하여 용량성 성분으로 되어 전류밀도가 증대한다.

4) 근접효과는 자속에 의한 전류밀도 분포로서 전류의 크기, 주파수, 도체의 간격 등에 영향을 받는다.

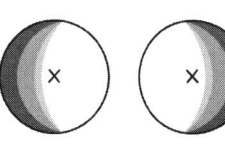 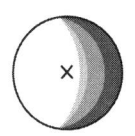 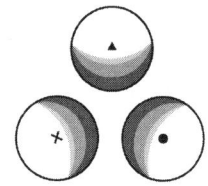

(a) 전류가 같은 방향일 경우   (b) 전류가 다른 방향일 경우   (c) 3심 케이블일 경우

[그림] 근접 효과

※ **참고**

1. 쇄교(鎖交: Interlinkage)
   전류에 의한 자계에 대하여 주회적분을 하는 경우 전류의 통로인 폐곡선과 적분로가 만드는 폐곡선이 서로 얽혀 있는 것
2. 상쇄(相殺: An offset: A setoff)
   셈을 서로 비김 또는 양자가 서로 상반되는 영향을 미치는 관계에서 어느 한쪽의 효과가 없어짐

※ **케이블의 전력손실**

저항손, 유전체손, 연피손

※ **저항손**

1) 저항손
2) 도체 저항
3) 교류도체 실효저항
   - 교류는 직류와 다르게 전계현상이 주파수에 따라서 교번을 하므로 온도 상승, 표피 효과, 근접 효과가 발생한다.
   - 교류의 경우 근접 효과와 표피 효과에 의하여 실효단면적이 감소하고 이에 따라 저항이 증가하여 발생한다.
   - 교류도체 실효저항은 교류의 표피 효과와 근접 효과로 인한 저항이며, 직류저항에 비하여 많이 크다.
   - 교류도체 실효저항
     $r\,[\Omega/cm] = r_0 \times k_1 \times k_2$
     여기서 r_0: 20℃ 직류최대도체의 저항 $[\Omega/km]$
     k_1: 온도에 따른 도체저항 비[사용온도/20℃]
     k_2: 교류저항과 직류저항의 비
     $k_2 = 1 + \lambda_s + \lambda_p$ (λ_s: 표피효과계수, λ_p: 근접효과계수)

19. 맥스웰 방정식

1. 맥스웰 방정식(Maxwell's Equations)

1) 전기장과 자기장의 관계를 기술하는 4개의 방정식으로 제임스 맥스웰이 처음 정리하였다. 맥스웰 방정식은 전기장과 자기장을 통합하여 빛이 전자기적 현상임을 밝혔고, 더 나아가 알베르트 아인슈타인의 유명한 상대성 이론의 토대가 되었다. 맥스웰은 패러데이의 전자기장 이론을 토대로 20개의 전자기학의 기초방정식을 수립하였으나, 이후 1884년 올리버 헤비사이드가 이것을 4개의 방정식으로 재정립하였다. 이 식의 형태에서는 물리적 대칭성을 더욱 직관적으로 드러낸다.

2) 19세기 물리학자인 제임스 클럭 맥스웰은 실험법칙을 표현하는 이들 4개의 식을 사용해 전자기파를 기술했다. 이 4개의 식이 뜻하는 바는 각각 다음과 같다.

① 전기장은 전하로부터 발산해가는 것으로 쿨롱힘을 표현한다.

② 자석의 극은 N극과 S극이 서로 분리되어 존재하지 않으며, 양극 사이에는 자기력이 작용한다.

③ 자기장의 세기를 변화시키면 전기장이 발생된다.
- 이것은 패러데이의 유도법칙으로 표현된다.

④ 전기장을 변화시키거나 도선에 전류가 흐르면 회전하는 자기장이 생긴다.
- 이것은 앙페르 법칙을 확장하여 전기장 변화에 따르는 효과를 포함시킨 것이다.

3) 일반적인 경우(SI 단위계)

법칙	미분형	적분형
전계에서의 가우스의 법칙 (극성이 존재함)	$\nabla \cdot D = \rho$	$\oint_S D \cdot dA = \int_V \rho \cdot dV$
자기에서의 가우스의 법칙 (극성이 존재하지 않음)	$\nabla \cdot B = 0$	$\oint_S B \cdot dA = 0$
패러데이의 전자기유도법칙	$\nabla \times E = -\dfrac{\partial B}{\partial t}$	$\oint_C E \cdot dl = -\dfrac{d}{dt}\int_S B \cdot dA$
확장된 암페어의 법칙 (암페어-맥스웰의 법칙)	$\nabla \times H = J + \dfrac{\partial D}{\partial t}$	$\oint_C H \cdot dl = \int_S J \cdot dA + \dfrac{d}{dt}\int_S D \cdot dA$

4) 이 방정식을 MKS 단위계에서 수학적으로 표현하면 벡터 연산자인 컬($\nabla \times$)과 다이버전스($\nabla \cdot$)를 이용하여 이 표현식에서 그리스 문자 ρ는 전하밀도를 나타내며, J는 전류 밀도를, E는 전기장의 세기, B는 자기장의 세기, D와 H는 E와 B에 비례하는 어떤 양을 가리킨다. 위에 해당하는 맥스웰의 방정식은 아래와 같다.

① $\nabla \cdot D = \rho$

② $\nabla \cdot B = 0$

③ $\nabla \times E = -\partial B/\partial t$

④ $\nabla \times H = J + \partial D/\partial t$

20. 변위전류

1. 변위전류(變位電流, Displacement Current)

1) 전극에서 전기장이 증가하는 경우가 마치 전류가 흐르는 것과 같이 보이는 현상을 변위전류라고 한다.

2) 전기력선속의 시간에 대한 변화량으로 나타내며 전속전류라고도 한다. 일반적으로 알고 있는 전도전류에 대응하는 개념으로, 실제로는 흐르지 않지만 마치 전류가 흐르는 것처럼 생각할 수 있는 경우에 사용한다.

3) 전류가 흐르는 도선 주위에는 자기장이 형성된다. 그런데 전류가 흐르지 않는 축전기 주위에도 자기장이 생긴다. 이때 축전기 주위의 자기장을 설명하기 위한 개념이 변위전류이다.

4) 도선에 전류가 흐르면서 축전기에 전하가 저장되는 도중에는 축전기 사이의 전기장이 계속 변하는데, 이 변화하는 전기장을 변위전류라고 한다. 도선에 흐르는 전도 전류가 주변에 자기장을 형성하듯이 변위 전류도 주위에 자기장을 형성한다.

2. 변위전류의 크기

1) 자기장의 시간에 대한 변화량이 전기장과 갖는 관계는 다음 두 가지로 구분할 수 있다.

2) 페러데이 법칙 $\oint E \cdot dl = -\dfrac{d\phi_B}{dt}$

3) 맥스웰에 의해 개선된 앙페르 법칙

$$\oint B \cdot dl = \mu_0 (i + \varepsilon_0 - \dfrac{d\phi_E}{dt})$$

4) 여기에서 새로운 항인 $\mu_0 (i + \varepsilon_0 \cdot \alpha)$가 변위전류이다.

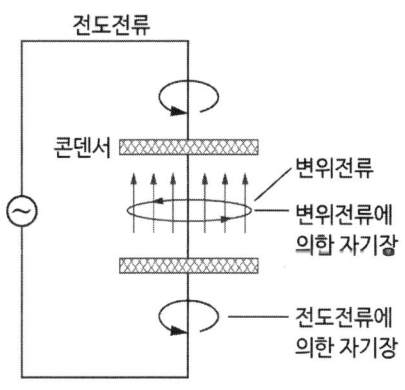

[그림] 자기장에 의한 변위전류

모아 전기응용기술사

Chapter 02

조명설비

1. 조명의 용어 설명

1. 방사속(radiant Flux)

1) 단위시간에 어떤 면을 통과하는 방사에너지의 양이다.

2) 단위는 와트(Watt: W)이다.

2. 광속(Luminous Flux)

1) 사람의 눈에 보이는 빛을 광속이라고 한다. 눈에 보이는 파장은 약 380 ~ 760(nm)이다.

2) 단위시간당에 통과하는 광량으로 가시범위의 방사속을 눈의 감도를 기준으로 하여 측정한다.

3) 단위는 루멘(lumen: lm)이고 기호로는 F를 사용한다.

3. 광량(lm · h)

1) 광속의 시간적 적분으로 전구가 전 수명 중에 방사한 빛의 총량이며 조명 경제 등의 계산에 사용된다.

2) 광량은 전구가 수명 중에 발산한 광의 양을 표시할 때 사용된다.

$$[lm \cdot h] = 광속[lm] \times 시간[h]$$

3) 광량의 단위는 루멘시(Lumen-hour : lm · h)이다.

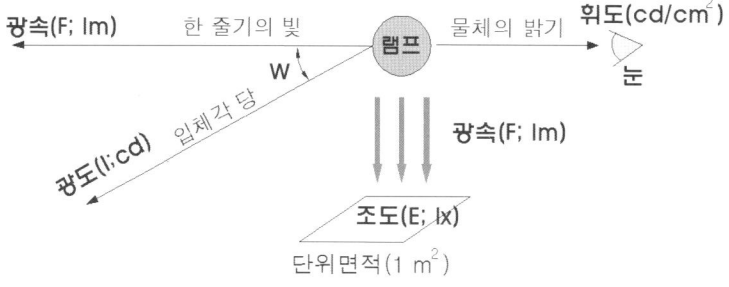

[그림] 조명의 기초 개념

4. 광도(Luminous Intensity)

1) 모든 방향으로 광속이 발산되고 있는 점광원에서 어떤 방향의 광도라 함은 그 방향의 단위 입체각에 포함되는 발산광속의 입체각밀도를 말한다.

2) 즉, 광원에서 어떤 방향에 대한 단위 입체각당 광속이며, 빛의 세기 또는 강도의 의미이다.

3) 광원으로부터 어떤 방향으로 얼마만큼의 광량이 나가고 있는가를 나타내며, 광도의 단위는 칸델라(Candela: cd)이다.

4) 공식

$$광도\ I = \frac{dF}{d\omega}\ [cd,\ lm/sterad,\ candela]$$

단, $d\omega$: 미소 입체각(sterad), dF: $d\omega$ 내의 광속

5. 조도(illumination)

1) 어떤 물체에 광속이 투사되어 밝게 비추어지는 면의 정도를 조도라 한다.

2) 즉, 어떤 면 위의 한 점의 밝기를 나타내며, 단위 면적당 입사광속이며, 단위는 룩스(Lux: lx) 이것은 $1m^2$의 면적위에 1루멘(lm)의 광속이 평균적으로 투사되고 있을 때의 조도이다(lm/m^2).

3) 공식

$$조도\ E = \frac{dF}{dA}\ [lx]$$

단, dA: 면적[m^2], dF: dA에 입사하는 광속 [lm]

6. 휘도(luminance)

1) 어떤 방향으로부터 본 물체의 밝기를 휘도라 한다.

2) 광도의 밀도를 나타내는 것으로, 휘도는 눈으로부터 광원까지의 거리에는 관계가 없으며 물체를 식별하는 것은 휘도의 차에 의한 것이다.

3) 조도가 단위면적당 얼마만큼의 빛이 도달하고 있는가를 표시하는 데 비해 휘도는 그 결과 어느 방향으로부터 보았을 때 얼마만큼 밝게 보이는가를 나타낸다.

4) 휘도

$$L = \frac{I}{S'}[cd/cm^2]$$

여기서,
I: 어느 방향의 광도
S': 어느 방향의 투영면적

5) 휘도의 단위는

- $1cm^2$당 1cd의(cd/cm^2) = 1[sb], 스틸브(stilb: sb)이다.
- $1m^2$당 1cd의(cd/m^2) = 1[nt], 휘도를 니트(nit: nt)이다.

6) 완전확산면의 경우 휘도(L)과 광속발산도(M)은 $M = \pi L$의 관계를 갖는다.

7. 광속발산도(Luminous Emittance)

1) 물체가 보이는 것은 그 물체로부터 방사한 광속이 눈에 들어오기 때문이며, 물체의 밝음은 눈의 방향으로 방사되는 광속밀도에 따라 다르다.

2) 즉, 어느 면의 단위면적으로부터 발산되는 광속을 광속발산도라고 한다.

3) 광속발산도는(M)

$$M = \frac{F}{S}[lm/m^2]$$

여기서,
S: 반사면 또는 투과면의 면적

4) 단위는 radlux(rlx) 또는 apostilb(asb)이다. $1[rlx] = 1[asb] = 1[lm/m^2]$

2. 조명 기본 이론

1. 순응(Adaptation)

1) 빛이 들어오는 양을 조절, 망막의 감광도를 변화시키는 눈의 능력을 의미한다.

2) 사람이 밝은 곳에 있다가 갑자기 어두운 곳으로 이동 시 약 30분 정도 지나서야 물체를 식별(암순응)하거나, 어두운 곳에 있다가 갑자기 밝은 곳으로 이동 시 약 1~2분 내에 순응한다(명순응)라는 눈의 반응을 순응이라고 한다.

3) 암순응(Dark Adaptation)
어두운 곳에서의 순응을 말하며, 망막은 1~2만 배의 감광도를 얻게 된다.

4) 명순응(Light Adaptation)
밝은 곳으로 나왔을 경우의 순응을 말하며, 감광도가 급격히 떨어져서 1~2분 정도면 일정하게 된다.

5) 터널조명의 기초이론이 된다.

2. Purkinje(퍼킨제, 푸르키네) 현상

1) 주위 밝기에 따른 색의 명도가 변화하는 현상이다.

2) 밝은 곳에서는 적색이 밝게 보이고, 어두운 곳에서는 적색은 어두워 보이며, 청색이나 녹색이 밝게 보이는 현상이다.

3) 이 현상은 시감각에 관한 현상으로 빛이 약할 때(새벽녘, 저녁때)에는 빨강등과 같은 장파장의 빛보다 청색과 같은 단파장의 빛에 대해서 감도가 올라가는 현상이다.

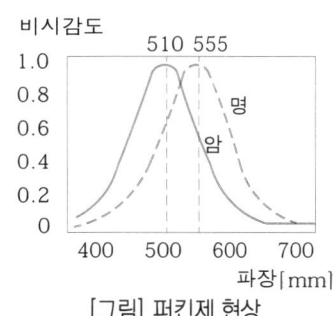

[그림] 퍼킨제 현상

4) 어두워지면 반응이 추상체에서 간상체로 이동하여 600[nm] 이상 긴파장은 볼 수 없다.

5) 어두운 장소
단파장 민감(청녹색)-간상체(색깔 구별 못함, 약한 빛에서 형태구분)가 작용한다.

6) 밝은 장소
장파장 민감(노란색)-추상체(천연색 민감함, 밝은 빛에서 색상구분)가 작용한다.

7) 퍼킨제 현상의 응용
① 도로의 지명표지, 이정표, 간판
② 어린이용 자동차 및 유니폼, 피난용유도등, 피난유도표지 등

3. 비시감도

1) 밝을 때 파장 555[nm]의 밝기의 느낌을 1로 하고 이것과 같은 다른 파장의 밝기에 대한 느낌을 비교치로 나타낸 것이 비시감도이다.

2) 어두울 때는 파장 510[nm]을 기준으로 한다.

3) 최대비시감도란 기준하는 최대파장일 때의 시감도를 의미하며, 최대파장은 아래와 같다.
   - 명순응된 눈 555[nm]
   - 암순응된 눈 510[nm]

4. 균제도

1) 일정 공간에서의 빛의 균일한 분포정도를 나타내는 것으로, 조도균제도와 휘도균제도가 있다.

2) 균제도는 어떤 면의 표면에서의 조도값(휘도값) 중 한정된 범위에 있어서의 평균조도값에 대한 최소조도값으로 나타내는 것이 일반적이다.

3) 조도균제도는 주로 전반조명에 있어서 작업면 전역의 평균조도와 작업면의 최소조도와의 비로 구성
   - CIE 실내 가이드: 최소/평균조도 - 0.8 이상
   - 일본조명학회의 사무실조명기준: 최소/평균조도 - 0.5 이상

4) 일반적으로 균제도는 최소조도/평균조도, 최소조도/최대조도, 두 가지 방식을 적용하며, 3:1 이하가 되도록 한다.

$$u_1 = \frac{최소조도}{평균조도}, \quad u_2 = \frac{최소조도}{최대조도}$$

5) 전반조명과 보조(국부)조명의 경우 전반조명 조도가 보조조명 조도 1/3 이상으로 한다.

6) 방과 통로와의 사이의 평균조도 비는 1/5 이내가 바람직하다.

7) 도로조명에서의 휘도 균제도는 장애물의 인식에 있어서 눈부심과 함께 중요한 요소이다.

5. 색온도

1) 광원의 겉보기 색깔의 의미로 광원의 광색을 나타낸다.

2) 광원이 방사하는 빛의 색조를 물리적, 객관적인 척도이다.

3) 조명장소의 분위기를 결정하는 중요한 포인트가 된다.

4) 색온도는 'K'로 표시되는데
   - 색온도가 낮으면
     오렌지색에 가까운 따뜻한 기운이 있는 빛으로 된다.

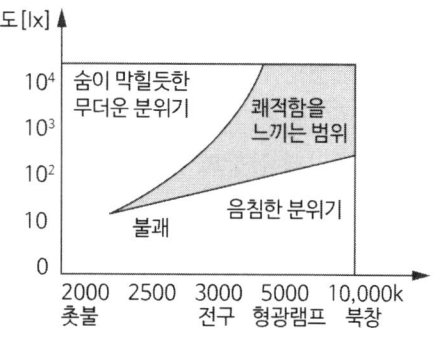

[그림] 색온도와 조도관계

- 색온도가 높으면

  한 낮의 태양광처럼 백색을 띠는 빛으로 된다.
- 더욱 높아지면

  청색에 가까운 시원스런 빛으로 된다.

조도[lx]	3,300[k] 이하 ← 광원색의 느낌 → 5,000[k] 이상		
	따뜻하다	중간	서늘하다
≤ 500 500~1,000 1,000~2,000 2,000~3,000 ≥ 3,000	즐겁다 ↑ 유유자적 ↓ 부자연	중간 ↑ 즐겁다 ↓ 유유자적	서늘하다 ↑ 중간 ↓ 즐겁다

[표] 조도와 색온도에 대한 느낌

6. 연색성

1) 빛이 색에 비치는 효과로, 광원으로 조명 시 색깔이 어떻게 보이느냐를 표시한다.
2) 즉, 조명된 피사체의 색 재현 충실도를 나타내는 광원의 성질을 연색성이라 한다.
3) 연색성을 평가하는 단위는 연색지수로 나타내며, 연색지수는 물건의 색이 자연광 아래서 본 경우와 어느 정도 유사한가를 수량으로 나타낸 것이다.
4) 그 방법은 정해진 8종류의 시험색을 측정하려고 하는 광원하에서 본 경우와 기준 광원하에서 본 경우의 차이로 측정하며, 측정한 광원이 기준광원과 같으면 Ra 100으로 나타내고, 색차이가 크게 나면 Ra값이 작아진다.
5) 연색성이 100에 가까울수록 연색성이 좋은 것을 의미한다. 일반적으로 이 평균연색지수가 80을 넘는 광원은 연색성이 좋다고 말할 수 있다.
6) 광원의 연색성 평가는 원칙적으로 평균 연색평가 수(Ra) 및 특수 연색평가수(R_9~R_{15})에 의해 평가된다. 예 빨강 R9, 노랑 R10, 녹색 R11, 파랑 R12 등
7) 연색성 평가지수 Ra 의 범위는, Ra ≥ 85, 70 ≤ Ra ≤ 85, Ra ≤ 70 으로 구분한다.

연색성 그룹	연색평가수 R_a	광원색의 느낌	사용처
1	$R_a \geq 85$	서늘하다 중간 따뜻하다	직물공장, 도장공장, 인쇄공장 점포, 병원 주택, 호텔, 레스토랑
2	$70 \leq R_a < 85$	서늘하다 중간 따뜻하다	사무소, 학교, 백화점, 미세한 작업공장(고온지대) 상동(온난지대) 상동(한랭지대)
3	$R_a < 70$	-	연색성이 중요하지 않은 장소
S(특별)	특수한 연색성	-	특별한 용도

[표] 광원의 연색성과 용도

7. 분광분포

1) 빛의 파장단위별 밀도로, 모든 빛의 파장단위별 밀도(Energy)를 나타내는 것

2) 연색성을 중시하는 경우 가시광 전역에 걸쳐서 편차 없이 균일한 빛의 밀도를 갖는 광원이 이상적인 광원이라고 말할 수 있다.

3) 아래 그림은 평균연색지수 Ra 99인, 자연광에 극히 가까운 색의 외관을 갖는 형광램프(색평가용)의 분광 분포를 나타내고 있다.

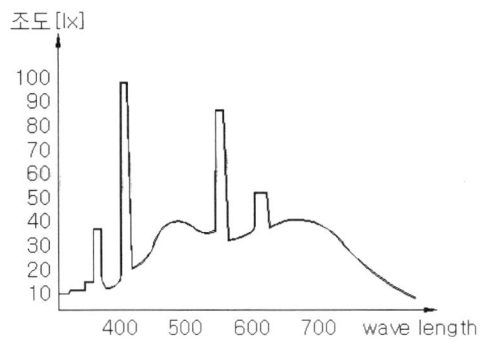

[그림] 형광램프 분광분포

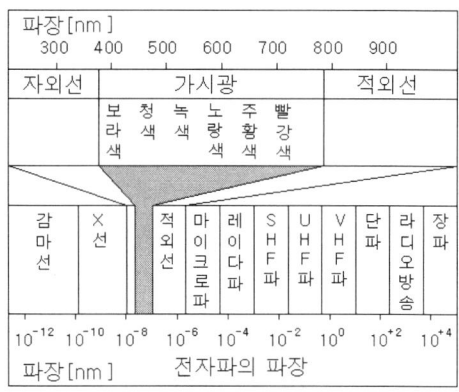

[그림] 파상의 종류

3. 입사각 여현(코사인)의 법칙

1. 입사각 여현(코사인)의 법칙

1) $E = \dfrac{F}{A}[lx]$ 에서 광선의 방향에 대하여 면의 법선이 각 θ를 이루는 평면 A'를 고려하면 그 면적은 A'= A / $\cos\theta$ 이다.

$$E' = \frac{F}{A'} = \frac{F}{A/\cos\theta} = E_n \cos\theta \, [lx]$$

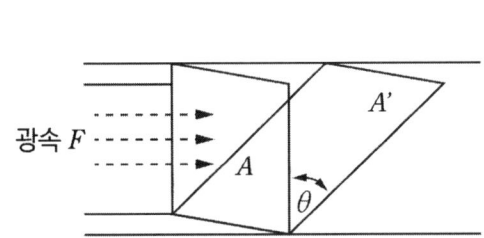
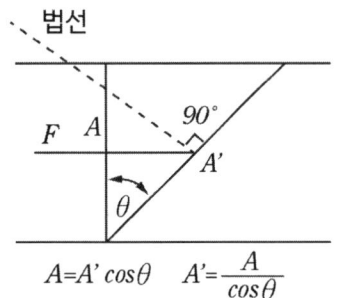

2) 이 면의 전면에 균등하게 F[lm]인 광속이 투사되므로 A' 면의 조도 E'는

3) 어떤 면 위의 임의의 한 점의 조도는 광원의 광도 및 $\cos\theta$에 비례하고 거리의 제곱에 반비례하는 것을 입사각 여현의 법칙(Cosine law of incident angle)이라 한다.

4) 비추어지는 면에 따라서 수평면조도[Eh]와 수직면(연직면)조도[EV], 법선조도[En]로 구분한다.

- 법선조도 $E_n = \dfrac{I}{R^2}\,[lx]$
- 수평면조도 $E_h = E_n \cos\theta = \dfrac{I}{R^2}\cos\theta$
- 수직면조도 $E_v = E_n \sin\theta = \dfrac{I}{R^2}\sin\theta$

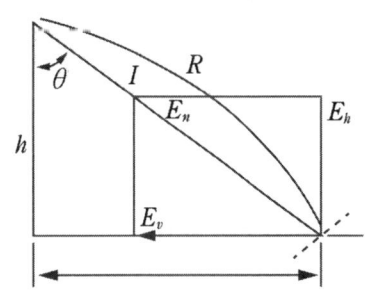

2. 거리의 역자승 법칙

조도는 광도에 비례하고, 거리의 제곱에 반비례한다.

$$E_n = \frac{F}{A} = \frac{4\pi I}{4\pi R^2} = \frac{I}{R^2}$$

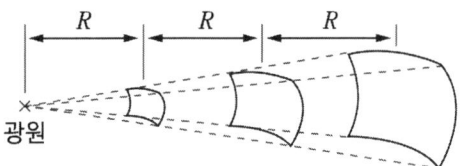

4. 글레어(Glare)

1. 글레어의 정의

1) 글레어(glare)는 시야 내에 휘도가 높은 광원, 반사물체 등이 있어 이들로부터의 빛이 눈에 들어와 대상을 보기 어렵게 하거나 눈부심으로 불쾌감을 느끼거나 하는 상태를 말한다.
2) 글레어에 대한 시각 반응은 망막 위의 광속의 분배에 의해 일어나며, 시야 내의 비균등 휘도는 망막의 흥분을 일으키고 행동을 저지하게 된다.
3) 글레어는 시선에서 30° 이내의 시야 내에서 생기기 쉬우며, 이 범위를 글레어 존(Glare zone)이라 한다.

2. 글레어의 발생원인

1) 주위가 어둡고 눈이 순응되어 있는 휘도가 낮은 경우
2) 광원의 휘도가 높은 경우
3) 광원이 시선에 가까운 경우
4) 광원의 겉보기 면적이 큰 경우와 광원의 수가 많은 경우

3. 글레어 발생대책

1) 휘도가 낮은 광원(형광램프)을 사용 또는 플라스틱 커버가 되어 있는 조명기구를 선정한다.
2) 시선을 중심으로 해서 30° 범위 내의 글레어 존에는 광원을 설치하지 않는다.
3) 광원 주위를 밝게 한다.
4) 등기구의 배광과 배치를 고려한다.
5) 하면 개방형 등기구에 루버를 설치하여 반사각도를 조정한다.

4. 글레어의 분류

1) 직접글레어(Direct glare) - 휘도가 높은 물체가 직접 시야 속에 보일 때 발생
2) 간접글레어(반사글레어, Reflective glare) - 광택이 있는 표면에 비친 것에 의해 발생
3) 불쾌글레어(Discomfort glare) - 고 휘도의 조명기구나 주간의 창에서 들어오는 빛의 눈부심 때문에 불쾌감을 느낌
4) 불능글레어(감능글레어: Disability glare) - 대상물을 식별하는 능력을 저하시키는 생리적 측면의 눈부심

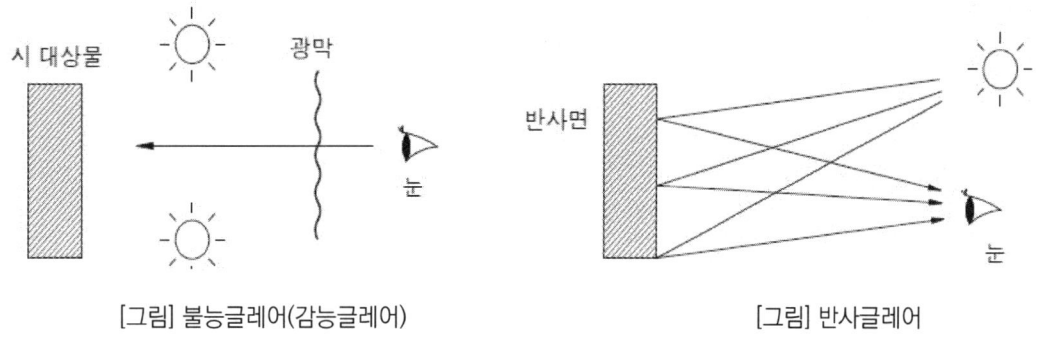

[그림] 불능글레어(감능글레어)　　　　　　[그림] 반사글레어

5. 눈부심으로 인한 빛의 손실

1) 눈부심으로 인한 빛의 손실은 작업자의 능률이 저하되고, 작업자의 부상이나 재해의 원인이 되며 광원의 위치에 따라 달라진다.

2) 보려는 물체가 100 lx 로 비춰지고 있을 때, 눈부신 광원이 시선의 40°의 방향에 나타나면 조도는 100 lx에서 42% 만큼 감소되어 보인다.

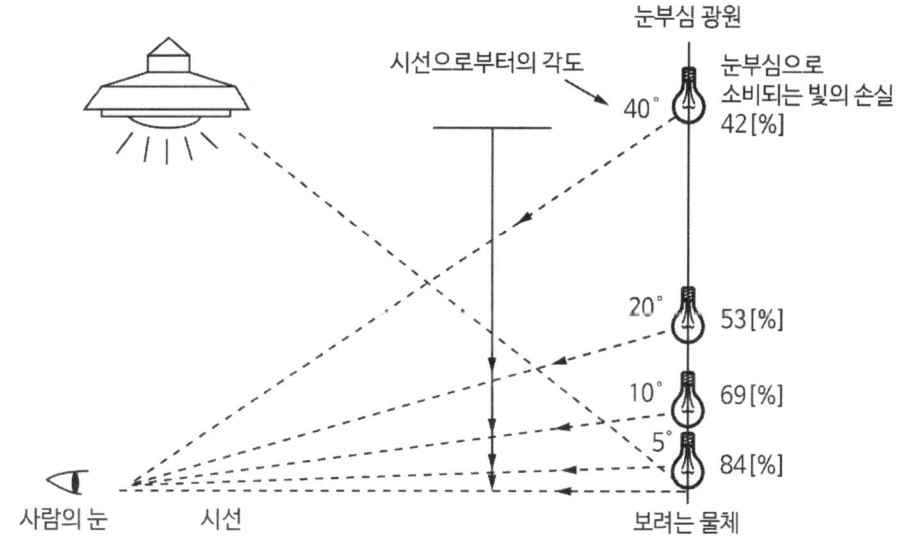

5. VDT 장애

1. VDT 장애

1) VDT(Visual Display Terminal) 정의란?
   일반적으로 컴퓨터, 영상물 작업들의 화면을 총칭한다.

2) 과거의 CRT모니터는 굴곡진 유리면에 의해서 반사된 조명 빛이 눈으로 많은 영향을 주었다.

3) 현재는 대부분의 모니터는 LCD, PDP, LED모니터를 사용하여 과거의 CRT 정도의 VDT의 영향이 줄어들었다.

4) 하지만 장시간의 모니터 사용으로 인한 LED모니터의 Blue Light(파란색, 보라색, 남색 등) 파장의 직진성에 의하여 안구 건조와 시력 저하를 일으키고 안구피로로 인한 두통 유발과 멜라토닌 억제로 인한 수면장애, 생체리듬 저하 등이 발생할 수 있다.

2. VDT 작업특성

1) 조도 상승 시 원고나 키보드는 보기 쉽지만, VDT 화면을 보기는 더 어렵다.

2) 근래에는 컴퓨터의 모니터뿐만 아니라 스마트폰, 모바일 등의 고 휘도기구의 장시간 사용으로 인한 시각적 불쾌감 및 광막반사가 발생한다.

3) 단시간 작업 시에는 크게 문제되지 않으나, 대부분의 VDT 작업은 장시간 작업이므로 유해현상이 누적되어 발생한다.

3. VDT조명의 설치 시 고려

1) 시각적 문제
   ① 고정된 자세로 장시간 작업을 하면 눈의 피로가 누적 발생한다.
   ② 시각적 장애로는 각막충혈, 이물감, 따가움, 피로감, 두통 등을 유발한다.
   ③ 과다한 근접 작업할 경우에는 안구건조증, 안구피로가 가장 빨리 발생한다.

2) 휘도의 특성과 조명 요건
   ① VDT화면의 휘도의 특성과 배광 특성을 고려해서 설치해야 한다.
   ② 화면의 광막반사에 따라서 영향을 받는다. 화면의 문자와 배경의 적당한 휘도대비가 필요하다.

3) 작업조명의 고려
   ① 키보드나 서류면의 필요조도 확보가 필요하다.
   ② VDT화면의 수직면 조도, 조명기구의 휘도, 작업면과 그 주변의 휘도차를 제한한다.
   ③ 하면 개방램프나 커버부착형 기구를 사용 시에는 반사눈부심이 생길 우려가 있다.

4) 고휘도 램프의 반사 방지

① 화면에 고휘도로 조명 시 반사되어 VDT장애가 증대된다.

② 램프의 반사각도를 조정 또는 화면에 필터(착색, 다중반사방지) 등을 설치하거나, 화면에 직접 에칭(Etching) 처리하여 빛 반사를 감소시킬 수도 있다.

4. VDT 조명기구 장애

1) 작업자의 머리 뒤에 있는 조명기구에서 연직각 60° 위쪽으로의 빛이 VDT에 반사된다.

2) 조명기구의 설치높이, 작업자의 시각높이, 조명기구의 특성에 따라서 영향을 받는다.

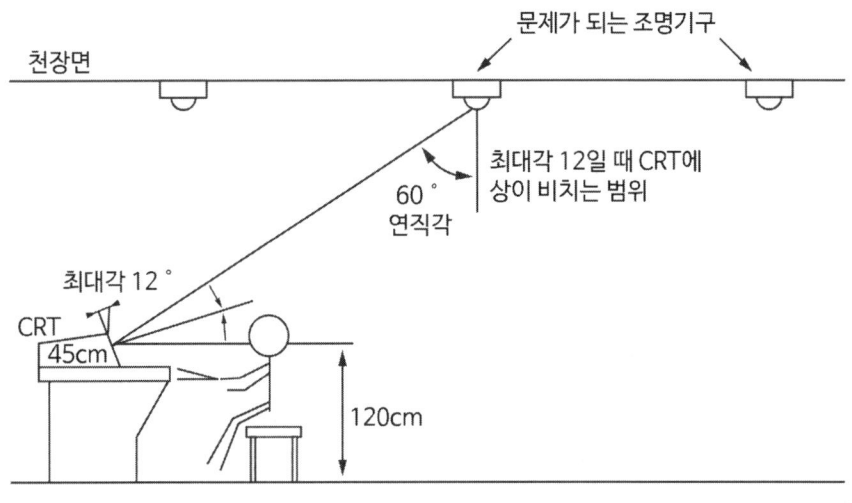

[그림] VDT 작업과 조명배치

5. VDT 조명기구 분류

VDT에 설치하는 조명기구는 선정 및 배치 시 글레어를 반드시 고려해야 한다.

구분	휘도(cd/m^2)	적용 장소
V1	50 cd/m^2 이하	VDT에 반사방지처리가 안 된 VDT전용실
V2	200 cd/m^2 이하	반사방지처리가 된 VDT전용실 또는 처리가 안 된 일반사무실
V3	2,000 cd/m^2 이하	VDT에 반사방지처리가 된 일반사무실

[표] VDT 조명분류(일본조명기구분류)

6. VDT 대책

1) 파라보릭루버 조명기구의 선정

① 파라보릭루버의 차광각을 30° 이상으로 하여서, 연직각을 60° 이상이 되었을 때 화면에 빛이 반사되지 않도록 한다.

② VDT에 조명에 의한 반사를 최소화하려면 일반루버의 D을 늘리고 S는 줄여야 하지만, 효율이 떨어지기 때문에 파라보릭루버를 사용하여 넓은 간격에서도 차광각을 크게 할 수 있어 높은 효율을 유지한다.

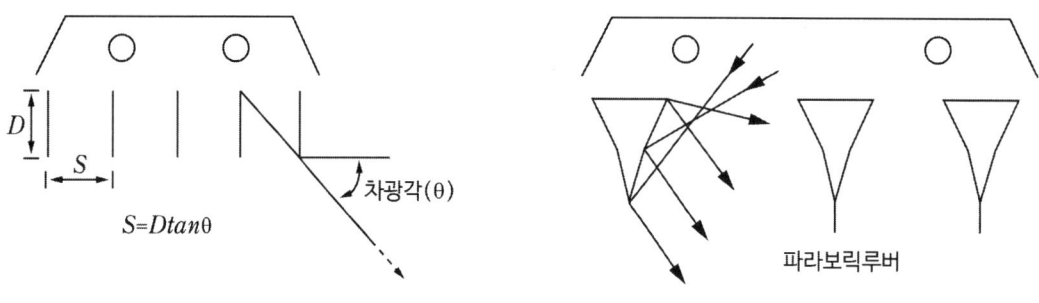

[그림] 루버의 차광각과 파라보릭루버

2) 등기구 커버 부착

등기구에 유리 또는 아크릴 반투명 커버를 부착하고 배광곡선을 고르게 분포하여 빛 반사를 최소화한다.

3) Visual Display의 조정

① 화면 겉표면의 유리면 때문에 빛 반사가 심한 CRT을 사용하지 않고, LCD, LED모니터 등을 사용한다.

② 모니터 등에 반사방지 표면처리나 반사방지판을 부착하거나 휘도가 낮은 모니터를 사용한다.

> ※ VDT증후군
> - 장시간 모니터를 보며 키보드를 두드리는 작업 시 생기는 신체적, 정신적 장애
> - 근래에는 게임, 쇼핑, 스마트폰, 모바일 등을 오래 사용하는 젊은 층에서 많이 발생
> - 주요 증세는 눈 피로 및 충혈, 눈이 빛이나 자극에 민감, 눈에 모래가 들어간 느낌 등 발생

6. 발광원리

1. 열 방사

1) 열방사(Thermal radiation)는 물체를 가열할 때 생기는 연속스펙트럼 방사를 말한다.

2) 열방사체는 흑체(Black Body)라고 하는 물체를 기준으로 하여 투사되는 모든 방사를 흡수한다고 가정하여 흡수율 1.0의 가상물체로 방사이론의 기준이 된다.

3) 물체를 가열하여 온도를 높이면 백열 상태가 되어 그 표면에서 여러 가지 파장의 전자파가 복사된다. 이것을 온도복사라고 한다.

4) 스테판 - 볼츠만(Stefan-Boltzmann)의 법칙
   - 온도 T[K]의 흑체 단위 표면적으로부터 복사되는 전복사 에너지 W는 그 절대온도 T의 4제곱에 비례한다.

   $W = \alpha T^4 \, [W/m^2]$ σ : 스테판-볼츠만 상수 (= 5.6724×10^{-12} [W·cm^{-2}·K^{-4}])

2. 루미네센스(Luminescence)

1) 온도방사 이외의 발광을 의미하며, 루미네센스 발광에는 어떠한 자극이 필요한데 자극의 종류에 따라서 여러 가지 루미네센스가 있다.

2) 발광의 계속시간에 따라 인광과 형광으로 구별된다.

3) 인광은 자극을 제거한 후에도 어느 정도 발광을 계속하는 것이고, 형광은 자극이 작용하고 있는 사이에만 발광하는 것이다.

4) 루미네센스 종류

   ① 전기 루미네센스: 기체 또는 금속 증기내의 방전에 따른 발광현상(네온관, 수은 등)

   ② 방사 루미네센스: 화합물이 자외선 등을 받아 긴 파장 발광(형광등, 야광도료 등)

   ③ 열 루미네센스: 물체 가열 때 같은 온도의 흑체보다 강한 방사(가스맨틀 등)

   ④ 음극선 루미네센스: 음극선이 물체를 충격할 때 생기는 발광(음극선, 브라운관 등)

   ⑤ 초 루미네센스: 휘발하기 쉬운 원소(알칼리금속 등)의 불꽃 중 금속증기 발광(발광아크 등)

   ⑥ 화학 루미네센스: 황, 인이 산화할 때 발광(화학반응)

   ⑦ 생물 루미네센스: 개똥벌레, 발광어류, 야광충 등의 발광

   ⑧ 기타 루미네센스: 마찰 루미네센스, 결정 루미네센스

7. 방전원리

1. 방전의 정의

1) 방전(放電: Discharge)이란? 일반적으로 대전체에서 전기가 흘러나오는 현상을 방전이라고 하지만, 램프에서 방전은 Gas Discharge로서 전자와 기체분자의 충돌로 발생하는 이온의 운동현상으로 빛을 발생하는 현상을 의미한다.

2) 즉, 봉입된 기체에 전압인가 시 방전파괴(Breakdown)가 일어나 방전관이 도전 상태로 되는 현상이다.

3) 방사되는 빛의 성질은 봉입기체 또는 증기의 종류와 이들의 봉입압력에 따라 정해진다.

4) 방전이 되는 원리는 기체방전, 음극의 전자방출, 방전개시 등으로 설명할 수 있다.

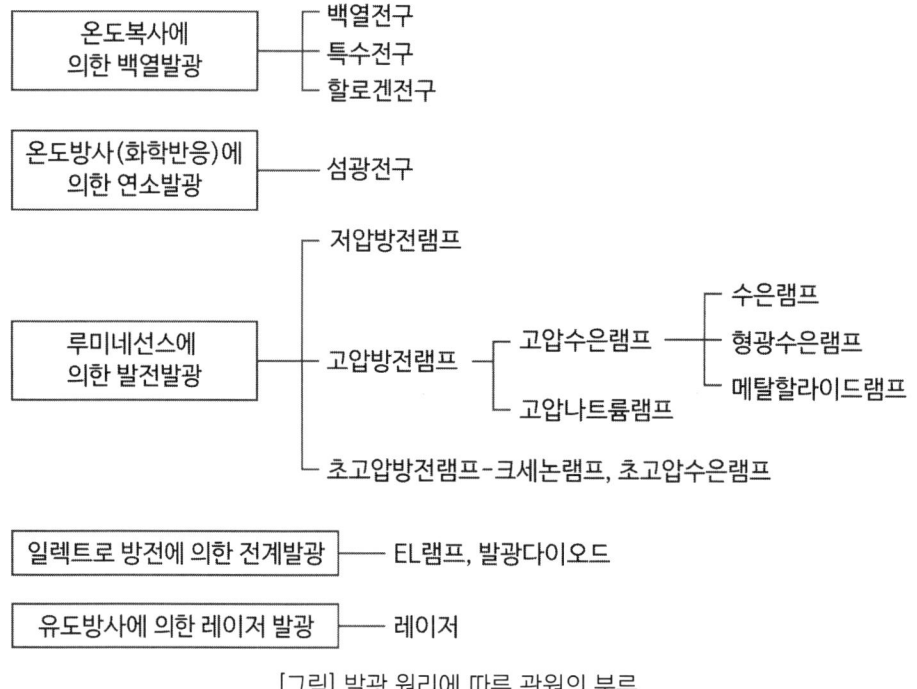

[그림] 발광 원리에 따른 광원의 분류

2. 방전등의 방전원리

1) 기체방전(Gas Discharge)

① 관내 불활성기체나 수은증기 봉입 후 일정 전압인가 시 기체의 절연파괴가 발생하고 자유전자가 발생하여 방전이 발생한다.

② 즉, 음극에서 발생된 전자가 전계에 의해서 가속되어 기체와 충돌(탄성충돌, 비탄성충돌)을 일으킨다.

- 탄성충돌: 관내 온도를 상승시켜 금속증기압을 증가 시켜서 여기·전리 확률을 높인다.

- 비탄성충돌: 기체원자를 여기·전리시켜 다른 기체의 여기·전리에 참여할 수 있도록 한다.
③ 이러한 과정을 수없이 반복되어 방전관 내의 전자 농도가 증가하여 기체방전 중에 전류가 충분히 흐르도록 하여 방전을 지속시킨다.

> ※ **기체방전 용어정리**
> 1. 탄성충돌: 가속된 전자가 원자와 충돌 시 운동에너지만 교환되고 에너지손실은 없는 충돌
> 2. 비탄성충돌: 가속된 전자가 원자와 충돌 시 에너지가 교환되는 현상으로 원자를 여기·전리시키는 충돌
> 3. 공진전압: 기저상태에서 제1의 여기상태로 이행시킬 때 필요한 에너지
> 4. 여기전압: 기저상태에서 제2의 여기상태로 이행시킬 때 필요한 에너지
> 5. 전리전압: 전자를 원자외부로 완전히 분리하는 에너지
> 3. 플라즈마(Plasma): 기체에서 에너지를 받아, 이온화된 입자들이 양·음전하의 전하수가 같아져서 전체적으로 전기적으로 중성을 띄는 현상을 플라즈마라고 한다.

2) 음극의 전자방출

음극은 방전을 개시하고 지속할 수 있도록 전자를 공급한다. 음극으로 전자를 방출시키는 방법에는 열전자방출, 전계전자방출, 광전자방출이 있다.

① 열전자방출
- 열전자방출(Thermionic emission)은 음극을 고온으로 가열하여 전극표면의 분자 중에 전자를 열운동으로 튀어 나오게 하는 방법이다.
- 전자는 음극표면의 경계력을 이겨내야 하고, 적질한 일함수를 제공해야 한다.

② 전계전자방출
- 음극표면에 강한 전계가 있어서 음전하를 표면으로 끌어내는 현상이다.
- 표면에 수직방향으로 전계가 $10^8 \sim 10^9[V/m]$ 이상이 되면 전계전자방출이 일어난다.

③ 광전자방출(Photoelectric emission): 음극에 짧은 파장의 빛을 쬐면 음극에서 광전자 방출

④ 감마효과(γ-effect): 양이온을 음극에 충돌시키면 전자가 방출되는 효과이다.

> ※ **음극의 전자방출 용어정리**
> 1. 쇼트키효과(Schottky effect)
> 방출전류 포화된 후 음극표면 근처에 적당한 정전계가 있으면 일함수는 작아지면서 전자방출이 증가되는 효과이다.
> 2. 일함수(Work function)
> 물질 내에 있는 전자 하나를 밖으로 끌어내는 데 필요한 최소의 일 또는 에너지이다.

3) 방전개시

방전개시이론은 관 내부의 전압을 증가시키면 관 내부의 전자의 이동에 따른 전류가 흐르고, 전류 증가는 전자가 여기·전리과정과 포화된 후에 중성자가 분리되고 방전을 시작한다는 이론이다.

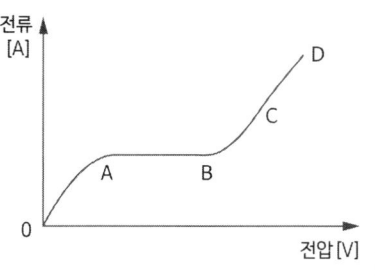

0~A: ohm's law 전자이동(여기, 공진)
A~B: 전자포화(전리)
B~C: 중성분자 전리(방전 개시)
C~D: 방전(Break Down)
0~C: 비자속방전(외부작용이 없으면 방전이 안 됨)
C~D: 외부작용에 의존하지 않고 전류가 증가(충돌전리)

[그림] 방전전압과 방전전류

① 자속방전
- 자속방전(Self-maintaining discharge)이란?
  외부의 자극이 중지되어도 스스로 지속되는 방전을 의미하며 방전등은 대부분 자속방전을 한다.
- 자속방전의 조건이 만족되는 더 이상의 초전자의 공급 없이도 스스로 방전을 지속할 수 있다.
- 자속방전 개시조건은 $\gamma(e^{\alpha d} - 1) \gg 1$
  여기서, γ: 전자개수 d: 전극간격 α: 전자의 충돌 전리계수 또는 타운젠트전리계수

② 파셴의 법칙(Paschen' law)
- 파셴의 법칙은 방전개시에 필요한 전압(V_s)는 전극간의 거리(d), 방전관 내부압력(P)에 비례한다는 법칙이다.

  $V_s ≒ k \cdot P \cdot d$ 여기서 k는 상수이다.

- HID 램프는 소등 후 재점등 시에는 일정한 전압 중에 압력이 떨어진 후에 재점등이 가능하므로, 초기 점능보다 시간이 더 많이 소요된다.

③ 페닝효과(Penning effect)
- 네온에 적은 양의 아르곤을 넣은 혼합기체의 기동전압은 순네온가스의 기동전압보다 낮아진다.

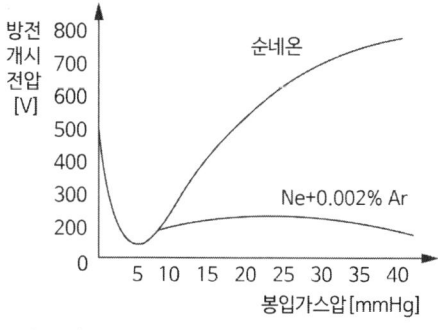

[그림] 네온과 아르곤 혼합기체의 방전개시전압

- 이 현상은 네온의 준안정 전압이 아르곤의 전리전압보다 약간 높으므로 네온의 준안정원자가 아르곤 원자를 효율 좋게 전리하기 때문이다.

8. 방전등의 방전특성

1. 방전등의 방전특성

1) 방전등의 방전형식
① 일반적인 램프에 이용되는 방전형식은 방전조건에 따라서 글로방전(Glow), 아크(Arc) 방전형태로 구분된다.
② 글로방전은 저기압, 작은 전류에서 일어나지만, 전류가 증가되면 아크방전으로 이행하게 되며 아크방전이 최종형식으로 볼 수 있다.

2) 글로방전(Glow)
① 저압기체방전에서 방전전류가 작으면 글로방전이 이루어진다.
② 음극에서 방출된 전자가 양이온과 충돌하여 2차 전자방출에 의해 방전한다.
③ 방전램프로는 형광등, CCFL, 네온사인, 저압수은램프가 있다.

3) 아크방전(Arc)
① 글로방전과 아크방전은 본질적으로 같으나 음극부근에서의 상태가 다르다.
② 아크방전은 음극에서의 열전자방출 또는 양이온 존재에 의한 전계전자를 방출한다.
③ 음극상태에 따라 냉음극아크와 열음극아크 두 가지 형식이 있다.
④ 열음극아크는 전계전자방출을 일으키고, 열음극아크는 열전자방출과 방출온도를 유지하며, 일반적인 고압방전등은 대부분 아크방전을 한다.

2. 글로방전과 아크방전비교

구분	글로방전(Glow)	아크방전(Arc)
방전원리	양이온 충돌 2차 전자방출	열전자방출, 양이온의 전계전자방출
관내압력	저압	고압
방전전류	소전류	대전류
방전전압	고전압	저전압

9. 램프의 방전

1. 형광등(T5, T8)

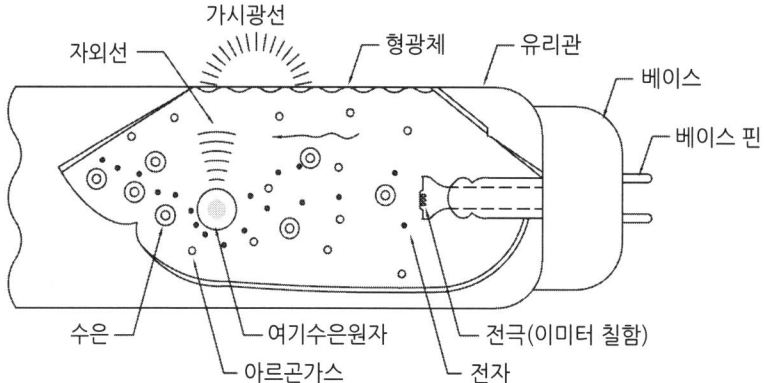

1) 램프 양 끝에 있는 필라멘트를 가열하여 열전자를 방출한다.
2) 열전자는 램프내의 수은과 충돌로 생긴 자외선이 램프 표면의 형광체를 자극하여 발광한다.
3) 즉, 내부에서는 자외선을 방사시키고, 자외선이 유리관 내면에 도포된 형광체를 발광시켜 가시광선을 발생하게 한다.
4) 발생되는 자외선은 눈에 거의 안 보이는 자외선으로 형광등 관벽의 형광물질에 충돌하여 눈에 보이는 가시광선으로 방사하도록 한 것이다.
5) 형광물질은 할로겐 인산염과 기타 희소광물로부터 생산되는 인이다.

> 1. 고압나트륨등: 0.1 기압의 나트륨 증기압 중에 아크방전에 의한 발광
> 2. 고압수은램프: 0.2~1 Mpa의 수은증기 중에 아크방전에 의한 발광
> 3. 메탈할라이트: 고압수은램프의 연색성 향상 위해 할로겐화합물 첨가

2. CCFL

1) 기본적인 원리는 형광등과 거의 유사하다.
2) 유리관 내면에 형광물질을 도포하고 유리관의 양쪽 끝에 전극(필라멘트는 아니다)을 부착한 후 소량의 수은과 아르곤, 네온 등을 램프에 봉입한다.
3) 램프의 양단에 고전압을 인가되면 유리관 안에 존재하는 전자가 고속으로 전극으로 유인되고 전극과 전자의 충돌로 발생된 2차 전자에 의해 방전이 개시된다.
4) 2차 전자는 수은 원자와 충돌하고 이 충돌로 인하여 253.7nm의 자외선이 발생된다.
5) 자외선이 유리관 내면에 도포된 형광체를 발광시켜 가시광선을 발생하게 한다.

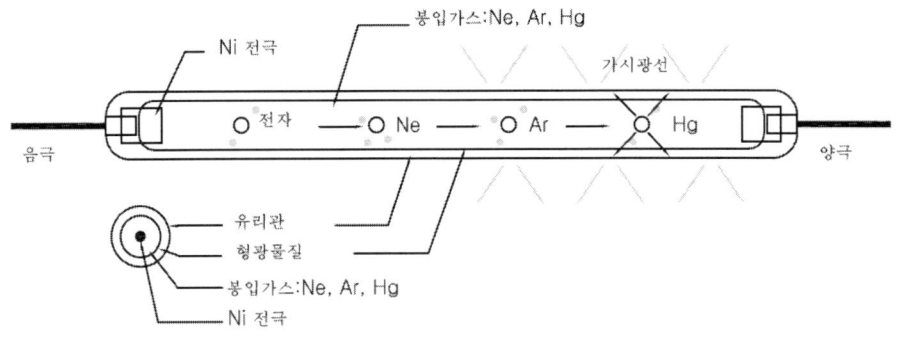

[그림] CCFL구조, CCFL 방전원리

3. LED

1) 전류가 흐르면 빛을 방출하는 다이오드의 한 종류이다(일반적인 다이오드는 에너지 발생함).

2) P형 반도체와 N형 반도체를 서로 접합하여 만든 발광 다이오드의 전극에 순방향 전압을 인가하면
   - P형의 양전하(정공)은 ⇒ N 영역으로,
   - N형의 음전하(전자)는 ⇒ P 영역으로 확산된다.

   (참고) 전류가 흐른다는 표현은 "양전하가 음전하 이동한다."라고 한다.

3) 이때 양전하(정공)과 음전하(전자)가 접합면(활성층) 근처에서 서로 재결합할 때 에너지 갭에 해당하는 만큼의 파장을 갖는 빛이 발광된다.

4) 방출되는 빛의 파장(색상)은 사용되는 반도체 재료에 따라 달라진다.

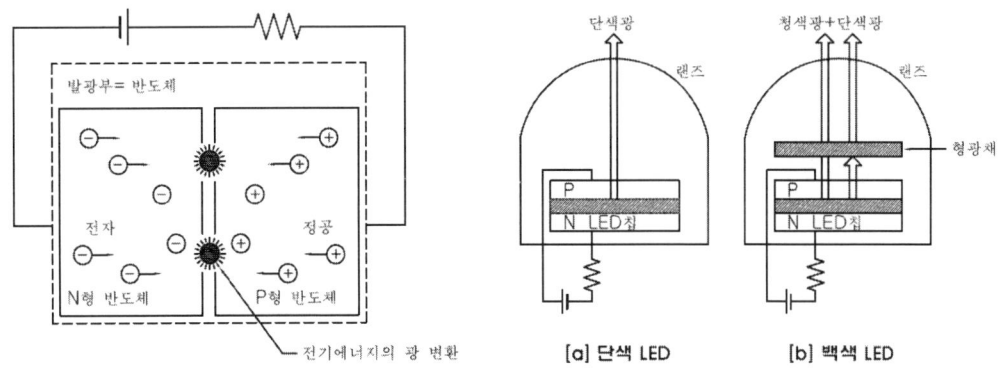

[그림] LED Diode의 발광 구조

5) 특징 비교

구분	LED	CCFL
점등원리	발광다이오드에 전압인가	전극의 고압방전과 수은등의 가스와의 반응
사용전압	DC 12~24[V]	AC 400~1700[V] (별도인버터 필요)
빛의 방향성	빛의 직진성이 우수	모든 방향으로 빛을 발산
식별도	선명함 (적색, 녹색, 청색의 3속성만 있기 때문)	LED보다 색감이 조금 탁해 보임 (모든 색이 포함되어 있기 때문)
두께의 발전	기술력의 발전으로 작게 가능	구조상의 한계로 4mm 이상만 가능
수명	긴 수명(약 80,000 시간)	T5보다 길고 LED보다 짧음 (약 40,000~80,000시간)
경제성	CCFL보다 비쌈	제조비용은 LED보다 저렴
전력소비	매우 작음	T5보다 작고 LED보다 큼
발열특성	매우 작음	T5보다 30℃ 정도 낮고 LED보다 큼
저온특성	우수	영하에서는 방전특성 떨어짐 (높은 방전전압 필요함)
환경성	친 환경적	차후 수은의 사용제한 있을 것
사용 장소	전반조명, 인테리어조명, 특수조명	LCD 백라이트, 광고용 라이트패널, 유도등

4. OLED(Organic Light Emitting Diodes)

1) OLED와 LED는 전기발광(Electro-luminescen) 방식으로 빛을 낸다. 즉 양극과 음극에서 각각 인위적으로 정공과 전자를 주입하면 이들이 재결합하면서 빛을 내는 원리이다.

2) 단, LED는 무기물질의 반도체(PN접합)을 이용하는 점 광원 형태의 소자이고, OLED은 유기물질을 가지고 있는 유사반도체적 성질을 이용하며, 면 광원 형태의 소자이다.

3) OLED는 유기다이오드 또는 유기 EL이라고 하며, 형광성 유기화합물에 전류가 흐르면 빛을 내는 전계발광 현상을 이용하여 스스로 빛을 내는 자체발광형 유기물질을 의미한다.

5. PLS광원(Plasma Lighting System)

1) 플라즈마란 어떤 물질에 온도를 가해주면 고체, 액체, 기체의 상변화 과정을 거쳐 전자와 양이온으로 분리된 기체로서 그 전리도가 남은 중성원자에 비해 상당히 높으면서도 전체적으로 음이온과 양이온의 전하수가 거의 같아서 중성을 띠고 있는 기체를 플라즈마라 한다.

2) 플라즈마 원자를 이온화시키는 과정을 통해 생성이 되며 원자를 이온화시키기 위해서는 초고온의 가열, 전기적인 직류방전, 고주파 방전, 레이저 빔 조사 등을 해야 한다.

6. 무전극방전등

1) 고주파(50kHz)를 인가하여 코일 주위에 자기장을 발생시키고, 자기장이 방전관을 통과하여 기전력을 발생시킨다.

2) 방전관 내에 전자가 가속되어 플라즈마가 발생하여 형광체를 통과하면서 가시광선을 방출한다.

7. 기타 방전등: 수은등, 나트륨등, 메탈할라이드램프

10. 방전등의 종류

1. 수은등

구분	저압	고압	초고압
효율	50[lm/w]	45~55[lm/w]	40~70[lm/w]
특징	청색광 $10^{-3} \sim 10^{-1} mmHg$ 파장 253.7nm	청백색, 고휘도 배광제어 용이, 장수명(12,000hr)	백색광, 10~200 기압 고휘도, 공랭식, 수냉직
용도	형광등, 살균등	공장, 도로, 고천장, 광장	

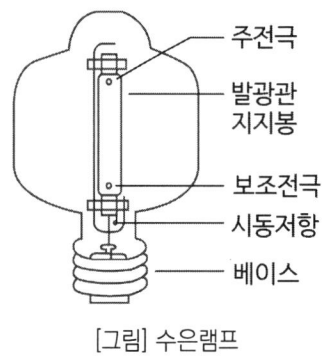

[그림] 수은램프

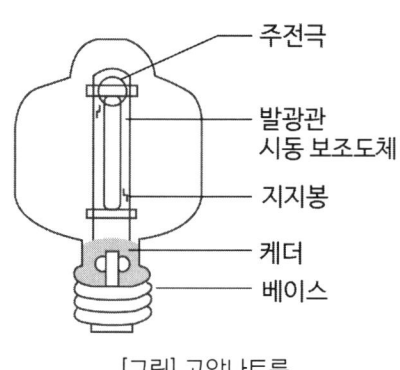

[그림] 고압나트륨

2. 나트륨(Sodium)

1) 저압 나트륨

① 최고효율(150lm/w) 수명(6,000Hr), 2000°k

② 광속 감소가 없고, 외관과 안개 투시성이 우수

③ 광색 황색이며, D선 단색광으로 색체 식별 불가

④ 용도: 도로, 비행장, 부두

2) 고압나트륨

① 고효율(130~140lm/w), 장수명(12,000Hr), 2200°k

② 나트륨 증기압 높여 연색성(Ra = 28) 개선

③ 색상, 적황색, 점등 방향 자유, 시력장해 피로감이 있음

④ 체육관, 강당 등에 적합

3. 메탈 할라이드 램프(Metal Halide lamp)

1) 고압 수은 등에 할로겐 화합물 첨가로 연색성, 효율개선

2) 장수명(9,000Hr), 고연색성(80~90), 색온도(4,000~6,000°k)

3) 효율(80~90lm/w) 백색광, 고휘도, 배광제어 용이

4) 고천장, 체육관, 경기장, TV 중계용

4. 크세논 방전등

1) 초고압 수은 등과 동일구조이며 발광관이 가늘고 더 김

2) 효율(16~17 lm/w), 수명(6,000 Hr)

3) 램프전류는 초고압 수은등에 비해 3배로서 투광용으로 이용

5. EL 램프

1) 가장 이상적이고 새로운 면 광원

2) 형광체에 강한 교번 자계가 인가되어 형광체 발광

11. 무전극 방전등

1. 개요
전극을 사용하지 않는 램프로서 수명과 효율이 뛰어나 에너지 절약과 환경보호에 우수하다.

2. 특징

특징	효과
장수명	수명이 주요 건인 전극이 없다. 6만 시간 장수명(70% 광속)
고효율	수은등 비교 시 소비전력 50% 정도 CO_2 배출 억제
고연색성	평균 Ra = 80. 시환경 향상, 색온도 3000~5000 K
저온특성	저온 -10℃에서 100% 광출력
점멸성	점멸 응답 빠르고 점멸에 의한 수명단축 없다.

3. 방전원리

1) 베리어 방전(Barrier Discharge)
① 구조

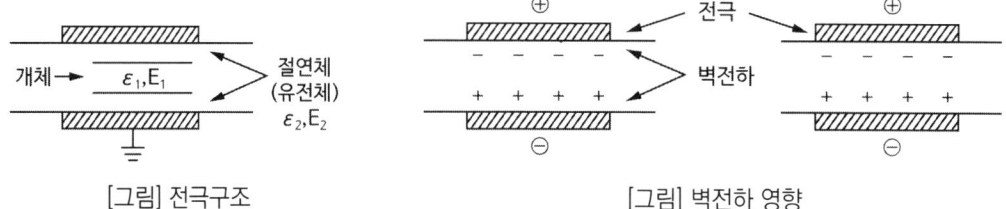

[그림] 전극구조   [그림] 벽전하 영향

② 한쪽(양쪽) 전극표면에 절연체(유전체)로 감싸고 교류전압 인가 시 일어나는 기체 방전
③ 평판 전극일 때 기체전계 $E_1 = (\varepsilon_1 / \varepsilon_2) \cdot E_2$
④ 스트리머 전하에 의한 벽 전하는 반사이클 마다 전계방향이 일치한다.
⑤ 방전 후 낮은 전압에서도 방전유지. 보통 1기압 이상에서만 사용한다.
⑥ 대형 TV 및 디스플레이에 사용할 수 있다.

2) 고주파 방전(RF 방전, 13.56 MHz)

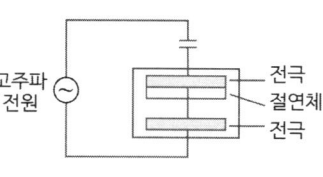

[그림] 용량 결합

① 고주파 전압에 의한 기체 방전 현상
  5 Torr 정도 이하의 저기압 방전
② E/P. 크므로 α작용 전리 발생이 쉽다.
③ 전자가 한쪽 전극 도달 전 극성변해 전자 왕복 및 충리작용 반복, 낮은 전압에서 방전
④ 절연체나 실리콘 기판으로 전극을 감싸도 플라즈마 발생

3) 전자유도

고주파 전류 흘리면 방전관내 고주파 전계가 발생해 전자유도 전계로 기체방전 일으켜 플라즈마 발생

4) 마이크로 방전. ECR 방전

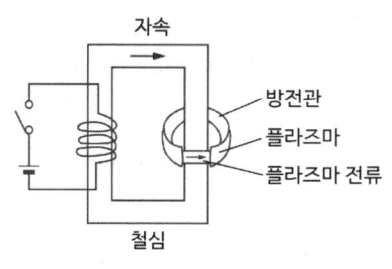

[그림] 전자유도

4. 무전극 방전 램프

방전램프	방전원리	특징
에버라이트	RF 방전	최초 실용화: 코일 내 측의 플라즈마 발생 점등 주파수: 13.56[MHz] 봉입가스: Hg, Ar
Genura QL 램프	고주파 방전	전류밀도 증가 시 과전류 흘러 H 방전 Genura: 2.5 MHz(효율 48 lm/w) QL램프: 2.6 MHz(봉입가스 Hg외 Ar)
엑시머 램프	마이크로파 방전	표면 부근을 선택적 여가 시켜 발광(표피효과) 작게하여 고체도화, 시동시간 5초 발광효율 높으나, 결합 효율 낮음
평면 형광램프	Barrier 방전	냉각장치 필요 없음, 변환효율 향상 고려 2장의 glass에 전압 인가 시 미세한 필라멘트 발광 glass 표면이 형광체도표, 투명전극(ITO) 구성 Xe Ehsms Xe와 Ne 혼합기체 봉입하기도 함 1개 필라멘트 방전 시간 짧아 엑시머 VUV광 발생

12. OLED(Organic Light Emitting Diodes)

1. 유기EL(OLED : Organic Light Emitting Diode)

유기EL은 형광물질에 고 전기장이 걸릴 때 고 전기장에 의해 가속된 전자가 형광층 내부에 첨가된 발광중심의 전자를 충돌 여기시키고, 여기된 전자가 다시 바닥상태로 완화될 때 빛이 방출하는 현상을 이용한 소자로서 전압인가 시 발광면 전체가 균일하게 발광하는 차세대 평면 광원이다. 발광층을 구성하고 있는 유기물질에 따라 발하는 색이 달라지므로 R, G, B를 내는 각각의 유기물질을 이용하여 Full Color를 구현할 수 있다.

2. OLED 구성 및 발광원리

1) OLED 구성

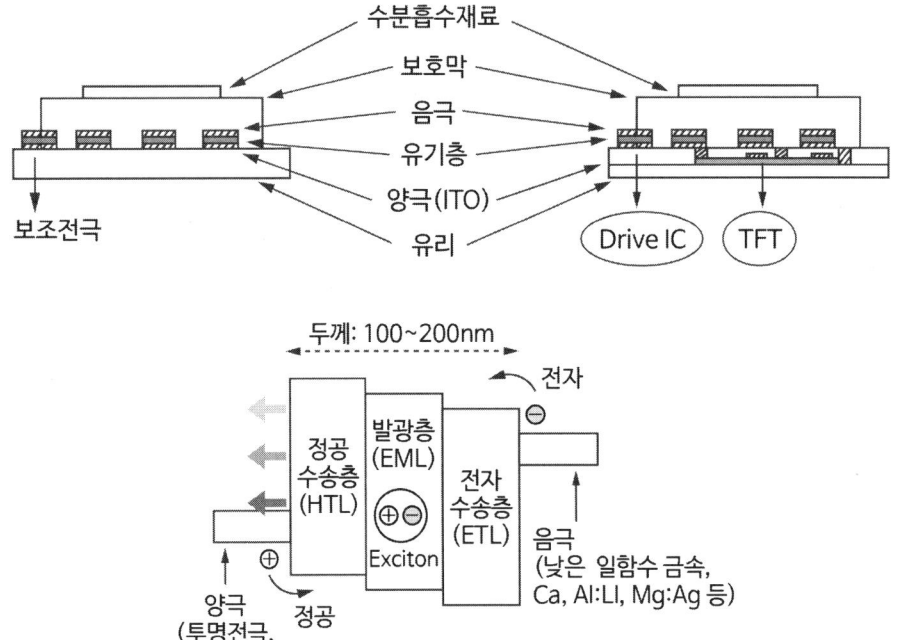

① 유기 EL 디스플레이는 유리 기판상에 양극, 3층의 유기막(홀 수송층, 발광층, 전자수송층), 음극을 순서에 적층해 구성한다.

② 유기분자는 에너지를 받으면 여기상태가 되었다가 원래의 기저상태로 돌아오면서 그때 빛을 방출한다.

③ 유기 EL소자에서는 전압을 걸면 양극으로부터 주입된 홀(+)과 음극으로부터 주입된 전자(-)가 발광층 내에서 재결합하여 유기분자를 여기하여 발광한다.

2) 발광 원리

① 전원이 공급되면 전자가 이동하면서 전류가 흐르는데 음극에서는 전자(-)가 전자수송층의 도움으로 발광층으로 이동하고 상대적으로 양극에서는 Hole(+)이 홀수송층의 도움으로 발광층으로 이동한다.

② 유기물질인 발광층에서 만난 전자와 홀은 높은 에너지를 갖는 여기자를 생성하게 되는데 이때 여기자가 낮은 에너지로 떨어지면서 빛을 발생한다.

③ 발광층을 구성하고 있는 유기물질이 어떤 것이냐에 따라 색깔을 달라지게 된다.

3. 특징

1) **자체 발광형**

   LCD와 큰 차이점은 자체 발광형이라는 것이다. 소자 자체가 스스로 빛을 내는 것으로 어두운 곳이나 외부의 빛이 들어올 때도 시인성이 좋은 특성을 가진다.

2) **넓은 시야각**

   시야각이란 화면을 보는 가능한 범위로서 일반 브라운관 텔레비전같이 바로 옆에서 보아도 화질이 변하지 않는다.

3) **빠른 응답속도**
   - 동화상의 재생 시 응답속도의 높고 낮음이 재생 화면의 품질을 좌우한다.
   - LCD의 약 1000배 수준이다.

4) **초박, 저전력**

   백라이트가 필요 없기 때문에 저소비 전력(약 LCD의 1/2배 수준)과 초박형(LCD의 1/3수준)이 가능하다.

5) **간단한 공정구조**

   제조공정이 다른 디스플레이에 비해 간단하다. 제조설비비가 저렴하다.

6) **저온에서도 안정적인 구동이 가능하다.**

7) **자각이 빠르고 초 간단한 구동이 특징이다.**

4. 각 광원과의 비교

구분	OLED	LED	형광등	백열등
특징	면광원	점광원	선광원	원광원
광원효율(lm/W)	50	100	100	20
연색성	〉80	80	80~85	100
수명(시간)	〉20,000	100,000	20,000	1,000
Noise	No	No	Yes	No
장점	다양한 형태 등기구화 효율 우수	고휘도 (신호등, 자동차)	저렴한 가격	저렴한 가격

13. LED의 종류 및 백색광 출력

1. LED의 재료에 의한 반도체분류

1) 직접 천이형 반도체(Direct Transition)

전도대에서 가전자대로 전자가 천이(여기)할 때 전자와 정공의 재결합이 발생한다. 재결합 전후로 에너지가 보존됨과 동시에 운동량도 보존되는데 빛의 파동수가 작기 때문에 재결합에 참여하는 전자와 정공은 그 운동량의 차이가 매우 작다. 즉, 재결합 시 전자와 정공의 차이가 거의 없는 반도체이다.

2) 간접 천이형(Indirect Transition) 반도체

반도체 에너지구조에서 전도대의 전자가 가전대의 정공과 결합할 때 에너지 방출하게 된다. 이 에너지는 주로 열이나 빛의 형태로 방출된다. 간접 천이형은 열과 진동으로서 수평천이가 포함되어 있어서 발광 천이가 불안정하다. 즉, 재결합 시 전자와 정공의 운동량 차이가 많은 반도체이다.

2. 직접 천이형 반도체(Direct Transition)의 빛에너지와 발광파장의 상관관계

1) LED는 다른 에너지 대역 간에 전자천이를 이용하고 발광파장은 재료의 고유에너지 밴드갭에 의해 결정한다. 에너지갭은 반도체 원소의 최외각 전자에 의해 전도대와 가전자대의 대역 간 에너지 차다.

2) 광자로서 빛에너지와 파동으로서 빛 파장의 상관관계식

$\dfrac{1,240}{E_g} = \lambda[nm]$ 단, E_g는 광자에너지[eV], λ는 빛의 파장[nm]

3. 백색광을 출력하기 위한 각종 방안의 장단점

방식	장점	단점
적색 LED + 녹색 LED + 청색 LED	• 고효율 • 색조정 • 광범위의 색 재현성	• 전원회로가 복잡 • 색혼합
자외선 또는 보라색 LED + 3색 형광체	• 형광체 조합으로 색온도 조정 가능 • 발광색의 온도의존성이 작음 • 전원회로가 단순	• Stokes shift에 의한 저효율화 • 자외선에 의한 형광체 손상 • 색얼룩
청색 LED + 황색형광체 (또는 2색 형광체)	• 고효율 • 구조가 간단하여 제조 용이 • 전원회로가 단순	• 색 재현성, 적색성분의 효율이 부족 • 색얼룩

14. 배광에 따른 조광방식 분류

1. 배광

1) 배광특성
빛이 어느 방향으로 어떤 광도(cd)로 방사되는가를 나타낸 특성이다.

2) 배광곡선
광원의 중심을 통과하는 평면 위의 광도 분표를 표시하는 극좌표 곡선이다.

2. 조명기구의 배광

방식	기구형태	배광곡선	특징	용도
직접 조명		0~10% 90~100%	• 장점: 높은 조도 • 단점: 반사, 눈부심, 심한 위도차, 짙은 그림자	일반조명 다운라이트
반직접 조명		10~40% 60~90%	• 밑바닥 개방, • 갓은 젖빛 유리나 플라스틱	학교, 주택 일반사무실
전반 확산 조명		40~60% 40~60%	• 하향광속: 직사 • 상향: 반사광 • 젖빛 유리나 플라스틱 및 아크릴 외 구형 재료 사용	고급사무실 상점, 주택
반간접 조명		60~90% 10~40%	• 천장색과 반사율 고려	세밀한 일을 오래하는 장소
간접 조명		90~100% 0~10%	• 장점: 우수한 확산성, 낮은 휘도 • 단점: 설치비가 많이 들고, 효율이 낮음 • 천장: 배치부분이 밝은색이어야 하고, 광택이 없어야 함	대합실 임원실 회의실

15. 조도계산 및 조명설계

1. 광속법의 정의

1) 전반조명의 경우 조도를 계산 방법으로서 일반적으로 광속법을 적용한다.

2) 광속법은 광속이 작업면 위에 균일하게 분포되면, 소요되는 수평면 평균조도에 대한 조명 개수를 산정한다.

3) 광속법에 의한 계산방법은 $NFU = EAD$ 이다.

※ 실무적 조명설계
1) 방의 형태 및 용도 검토
2) 조도의 선정
3) 방의 면적 산정
4) 감광보상률 산정
5) 램프의 선정
6) 조명방식 및 등기구 선정
7) 조명률 선정
8) 램프의 개수 선정
9) 조명의 배치

2. 광속법에 의한 조도계산

1) 실지수의 결정

① 실지수란 방의 크기에 따른 빛의 이용률 정도를 나타낸다.

② 천장과 바닥면이 직사각형인 방은 X, Y 두 변의 조화 평균을 한 변으로 하는 정방형의 방과 동일한 수치라는 이론에 따라 방의 형태에 대한 계수, 즉 실지수를 다음과 같이 정한다.

③ 실지수 공식

$$실지수 = \frac{X \cdot Y}{H(X+Y)}$$

2) 실내반사율

① 실내 천정, 벽의 반사율은 실험에 의해 정하여진 자료(표)에 의해 결정한다.

② 특히 주의해야 할 것은 창이 있는 벽면의 반사율 결정이다.

③ 창은 그 상태(투명, 반투명)에 따라 반사율이 크게 변모한다. 따라서 벽면 전체의 반사율로서는 창의 상태 및 점유 면적을 고려해서 평균치로서 구하는 것이 필요하다.

3) 조명률(U)

① 조명률은 광원의 전광축과 작업면에 오는 유효 광축의 비율로, 실내지수 및 실내 반사율, 기구배광, 효율로부터 구해진다.

② 조명률이라는 것은 조명시설 전체로서의 종합적인 조명효율이라 할 수 있다.

4) 감광보상률과 보수율

① 광속 저하를 예상하여 여유를 취해 주는 정도이다.

② 원인으로는 광속저하, 반사면 먼지, 오손, 파손 등에 의한다.

③ 대책으로는 램프교환, 청소, 도장 등이 있다.

④ 이 계수는 기구 구조와 실내 먼지 상태에 따라 값이 달라진다.

⑤ 감광보상률은
- 직접 조명인 경우: 1.3 정도
- 간접조명의 경우: 1.5 ~ 2.0
- 먼지나 오물 등이 많은 장소: 1.5 ~ 2.0

⑥ 일반적으로 보수율(M) 산출은

$$M = M_1 \times M_2 \times M_3 \times M_4$$

M_1 : 램프 자신의 노화에 의한 광속 유지율

M_2 : 램프 및 조명 기구의 먼지에 의한 광속 유지율

M_3 : 기구 내면 재질노화에 따른 광속 유지율

M_4 : 벽면, 천장면, 바닥면 등의 먼지, 변색, 퇴색에 의한 광속 유지율

5) 램프의 수 결정

① 조명률 및 기타 계수 등이 결정되면 다음 식에서 램프 수를 결정할 수 있다.

② 실내조명설계

$$NFU = EAD$$

$$F = \frac{EAD}{UN} = \frac{EA}{UNM}[lm]$$

단, N : 광원의 수
E : 작업면상의 평균 조도[lx]
F : 광원 1개당의 초기광속 [lm]
A : 피조면 면적 [m^2]
D : 감광보상률($D = \frac{1}{M}$)
M : 보수율(유지율)
U : 조명률

6) 조명기구의 간격 및 배치

① 램프 수가 구해지면 기구수도 결정되어 조명기구를 가급적 고르게 배치한다.

② 그 장소에 조도가 고르지 못한 것을 적게 하기 위해 기구 간격을 일정하게 한다.

③ 등기구 사이의 간격은 S ≦ 1.5H

등기구와 벽면 사이의 간격은 S0 ≦ H/2(벽 측에 사용하지 않을 때)

S0 ≦ H/3(벽 측에 사용할 때)

단, 작업면상에서 등기구까지의 높이를 H라 한다.

16. 구역공간법(ZCM법)

1. 구역공간법 ZCM과 구대법(BZM)

1) 구역공간법 ZCM(Zonal Cavity Method)
① ZCM법의 계산순서는 국내의 광속법과 거의 같으며, 광속법과 적용계수는 유사하지만, 반사율을 고려하는 방법이 다르다.

② 광속법은 비교적 큰 실내에서 다수의 전반조명기구를 사용하는 경우나 직육면체의 방에서 벽과 천정의 반사율이 모두 같은 경우에 적합하다. 소형방이나 복도와 같이 좁고 긴 형상의 실내 경우에는 계산 결과 오차가 크다.

③ ZCM법은 천장의 반사율과 바닥의 반사율에 대해 실질적인 유효반사율을 계산하여 조명률을 계산하는 방법으로 천장의 반사율과 등기구 설치 면적에 가상천장공간을 만들어 유효반사율을 구하고 바닥의 반사율에 작업면을 판단한 가상바닥 공간을 만들어 유효반사율을 구한 뒤 조명률을 계산하는 방법이다. (반사율 ⇒ 유효반사율 ⇒ 조명률산출)

④ 이 방법은 1960년대 미국조명학회(IESNA)에서 연구 개발되어 사용되고 있다.

2) 영국의 구대법(BZM)
직하면 또는 작업면의 반사율을 고려하고, ZCM법처럼 작업면보다 아래 공간부터 작업면 위의 유효 반사율을 고려하지 않는다.

2. 광속법과 구역공간법(ZCM)

구분	광속법(3배광법)	구역공간법(ZCM법)
조도계산	$E = \dfrac{F \cdot U \cdot M \cdot N}{A} = \dfrac{F \cdot U \cdot N}{AD}$ E: 조도[lx] F: 광원 한 개의 광속[lm] U: 조명률 N: 광원의 수 A: 실의면적[m²] D: 감광보상률(M: 보수율, 유지율)	$E = \dfrac{F(CU)N \cdot LLF}{A} = \dfrac{\phi(CU) \cdot LLF}{A}$ LLF(Light Loss Factor): 광손실률 CU(Coefficient of Utilization): 이용률
조명률	$U = \dfrac{F_S}{F}$ F_s: 작업면 도달광속[lm] F: 광원의 전광속 [lm]	• CU(이용률): 광원으로부터 나온 총광속 ϕ가 작업면에 입사한 비율 • F(총광속): CU를 사용 작업면을 균등하게 조명하는데 필요한 총광속
반사율	천정, 벽, 바닥	• 유효공간반사율: 실내면 반사율과 Cavity와의 관계에서 산출(ρ_{cc}, ρ_{fc})

실지수	조명률을 구하기 위한 Factor $$K = \frac{X \cdot Y}{H(X+Y)}$$ H: 광원서 작업면까지의 높이[m] X: 실의 가로길이[m] Y: 실의 세로길이[m]	CR(Cavity Ratio): 공간비율 $$CR = \frac{5H(X+Y)}{X \cdot Y}$$ CCR: 천장공간비율(Ceiling Cavity Ratio) RCR: 방공간비율(Room Cavity Ratio) FCR: 바닥공간비율(Floor Cavity Ratio) h는 HRC: RCR 계산 시 적용 　　HCC: CCR 계산 시 적용 　　HFC: FCR 계산 시 적용 천정공간(CC) — hcc 방공간(RC) — hRc 작업면 바닥공간(FC) — hFc 바닥면
보수율	$M = M_t \times M_f \times M_d$ $M = \dfrac{E_e}{E_i}$ (E_e: 교체직전조도 　　　　E_i: 초기조도) $M_t = \dfrac{F_e}{F_i}$ (광속비) $M_f = \dfrac{\eta_e}{\eta_i}$ (Lamp의 효율비) $M_d = \dfrac{\eta_e}{\eta_i}$ (조명기구의 효율비)	LLF(광손실률) = 회복 가능 요인 × 회복 불가능 요인 $(LLF.\ LDD.\ RSDD.\ LBO) \times (LAT.\ LV.\ BF.\ LSD)$ LLD: 램프의 광출력 감소 LDD: 등기구 오염에 의한 감소 RSDD: 실내면 오염감소 LBO: 램프수명 LAT: 등기구 주위온도 LV: 등기구 전압 BF: 안정기 Factor LSD: 등기구 표면감소(표면열화)

17. 명시 조명과 분위기 조명

1. 명시 조명(실리적 조명)

동작과 작업 등 물체를 보는 동안 눈의 피로를 최소화하고 정신적, 육체적으로 만족시켜야 한다.

2. 장식 조명(분위기 조명)

계획된 밝음과 어두움의 배분 장파장광 〈따듯한 느낌〉 단파장광 〈시원한 느낌〉을 주로 이용한다.

3. 명시와 분위기 조명 비교(좋은 조명)

좋은 조명 조건	명시 조명(실리적 조명)	장식 조명(분위기 조명)
1) 조도	밝을수록 좋음(경제상 한계 고려)	경우에 따라 높은 조도 필요
2) 광속분포	밝음 차이 없을수록 좋음 (3:1)	계획에 따른 광속 배분 필요
3) 눈부심	눈부심 없을수록 좋음	의도적 눈부심은 눈길을 끌 수 있음
4) 그림자	입체감, 원근감 표시 위해 밝음과 어두운 비(3:1)가 적당함	경우에 따라 극단적 그림자 비가 요구됨 (2:1 이하 7:1 이상)
5) 분광분포	자연 주광색이 좋고 적외선, 자외선 없을수록 좋음	사용 목적에 따라 파장, 분광, 분포, 색온도 고려
6) 심리적효과	밝은 날 옥외 환경의 느낌	사용 목적에 따라 다른 감각이 필요
7) 미저효과	단순한 기구 형태로 간단한 기하학적 배열이 좋음	가장 중요함, 계획된 바의 배치, 조합이 필요함
8) 경제성	광속과 비용 고려	조명효과와 비용 고려

18. 건축화 조명

구분	형태	구성	특징
광천장		천장에 확산 투과제 부착 후 조명	천장면 낮은 휘도 부드럽고 깨끗함 얼룩짐이 없도록 함 ($S \leq 1.5D$)
루우버		천장면에 루우버판 부착 후 광원조명	직사현위 없고 저위도 고직사광 광원 눈 직시 없도록 고려 (보호각 30° $S \leq 1.5D$)
다운라이트		천장에 구멍을 뚫어 그 속에 등기구 매입	형태와 배치 구성 등으로 분위기 변화 천장면 어두워지는 단점이 있다.
코퍼		여러 형태(사각, 원형) 구멍에 등기구 매입	등기구 하부에 주로 플라스틱 부착 중앙인 반간접형. 1층 대형홀
밸런스		벽면에 램프를 숨겨 간접조명	벽면이 밝은 광원으로 조명. 분위기 조명, 실내면 반사율 고려
코오브		램프를 벽천장에 숨겨 간접 조명	효율이 가장 낮지만 부드럽고 차분한 느낌
코너		천장과 벽면 경계 구석에 등기구 배치	천장과 벽면을 동시에 투사하는 조명방식
광량		연속열 등기구를 천장에 매입	가장 효과적인 방법 일반적 종, 횡, 대각선 등 설치 가능

19. 박물관 및 미술관 조명

1. 개요

1) 박물관이나 미술관에서는 미술품, 문서, 역사적 유물 등의 자료를 현존하는 사람에게 전시하는 동시에 후세에게 보일 수 있도록 보존한다.
2) 이 자료들이 갖고 있는 고유의 아름다움을 충분하게 표현함으로써 조명효과를 얻고, 감상자에게 기쁨을 주며, 작가의 의도와 그 예술품의 아름다움을 충분히 표현하고, 더불어 작품 손상 방지 대책이 강구되어야 한다.

2. 전시 조명의 특성

1) 전시 조명의 목적
① 전시품을 손상시키지 않고 조명
② 주광에 근접한 색채 감각을 재현
③ 심리적 불쾌감을 주지 않는 쾌적한 관람

2) 전시 조명의 조건
① 물체의 보임을 좌우하는 조명의 요소는 밝기, 물체의 크기, 휘도의 대비, 시간이다.
② 전시실 조명은 단순히 물체의 형상을 파악하거나 색상의 구별이 아니다.
③ 보고자 하는 시각 대상물의 다양한 형태 및 색상의 아름다움을 표현할 수 있어야 한다.
④ 큐레이터의 연구 결과와 축적된 성과의 표현을 통해 가치의 발견과 이해를 줄 수 있어야 한다.

3) 전시 조명의 요건

(1) 조도와 광량

전시 내용, 전기 공간의 종류	조도 범위[lx]	평균 조도[lx]
모형, 조형물, 조각(돌, 금속)	600~1500	1000
서양화, 조각(플라스틱, 나무)	300~600	400
동양화, 공예품, 일반 진열품	150~300	200
박제품, 표본, 미술품 진열, 전반 조명	60~150	100
수장고	30~60	40
영상 전시	15~30	20

① 조도: 조도가 높을수록 눈의 피로는 적지만 지나친 조도는 광화학 작용에 의한 변퇴색이나 물리적 변화에 의한 건조, 이탈, 박리 등 기계적 열화가 생기게 된다.

② 광량: 광원에 의한 물체의 손상은 전방사 에너지의 분강 분포, 물질에 흡수되는 정도, 재질의 화학적 결합 상태에 따라 다르며, 광량(전방사 에너지 × 시간)에 비례한다.

③ 광화학적 손상 원리
- 활성화된 산소 + 물분자 → H_2O_2 생성
- H_2O_2가 물질이나 염료와 결합 → 광화학적 산화

④ 열방사적 손상 원리
- 전시물에 광방사가 흡수되어 열운동을 촉진시켜 온도가 상승한다.
- 물질은 온도가 상승하거나 냉각되면 확장 수축이 수반되어 물질 내의 수분이 증발 흡수에 의해 접착력을 약화시킨다.
- 이로 인해 이탈, 박리, 비틀림, 찌그러짐이 발생한다.

(2) **휘도분포**

① 시감 휘도(감각적 밝기)를 높게 하는 조명 구상: 동일한 휘도라도 순응 상태가 낮을수록 시각 대상물을 밝게 느끼기 때문이다

② 관람객의 순응 상태를 낮추기 위해 고려해야 할 사항
- 시야 내 고휘도 광원이나 주광창을 설치하지 않는다.
- 전시물의 전반 조도를 낮추고 조도의 균제도를 높여 부분적으로 고휘도가 되지 않도록 한다.
- 전시물 주변 배경이나 휘도 분포는 1/2~1/3 정도가 되도록 재질이나 색채를 결정하여 반사율을 줄인다.
- 전시 순서에 따라 서서히 조도를 낮추어 낮은 휘도에 순응시켜 조도에 대단히 민감한 물질을 전시한다.

③ 전반 조명의 조도: 관람자의 보행, 활동에 지장이 없는 30~50[lx]

(3) **연색성**

작품의 색채를 충분히 보여주어야 하는 미술품의 전시에는 평균 연색 평가수(Ra)가 90 이상인 것을 사용한다.

(4) **조도 균제도**

균제도가 0.75 이상이 되도록 조명 기구의 배광, 위치를 결정한다.

(5) **눈부심**

① 전시실의 글레어는 불쾌 글레어이다.
② 고휘도 광원과 휘도 대비가 높은 부분이 시야에 위치하지 않도록 한다.
③ 액자, 진열장의 유리를 통해 광원이 반사되지 않도록 한다.
④ 진열장에 빛이 투영되거나 외부 자연 주광이 진열장에 투과되지 않도록 한다.
⑤ 광원을 화면 하단 설치 시 액자의 그늘이 비치므로 20° 이상으로 설치한다.

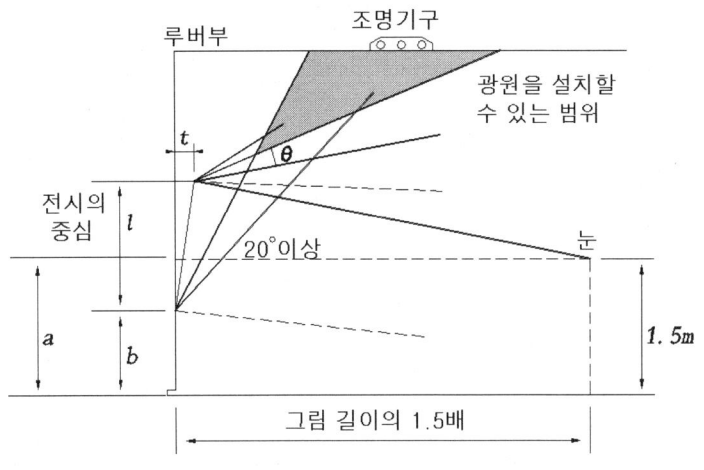

[그림] 전시 조명의 조명기구 배치

(6) 색온도에 따른 색감
① 조도 레벨이 낮은 전시 조명에서는 색온도가 낮은 따스한 느낌의 광색이 심리적으로 쾌적하다.
② 보존을 위한 조명의 경우는 3,000~4,000[k] 정도의 광원이 바람직하다.

(7) 광의 방향성과 확산성
① 자연광은 밝기와 색온도가 급변하여 쾌적한 상태를 유지하기 어려우므로 실내에 자연광 도입은 곤란하다.
② 전시물은 적절한 음영 효과가 있어야 하기 때문에 인공 광원으로 확산성과 지향성이 있는 광을 적절히 혼용하여 자연스러운 조명을 유도한다
③ 최대와 최소 휘도비를 6:1 이내로 유지한다.

(8) 전시에 따른 이상적인 기상 환경 조건
① 20±2[℃]의 온도
② 50±5[%]의 습도나 습기 유지

3. 조명의 의한 전시품의 노화 방지 대책(손실 및 대책)

1) 연간 적산 조도량의 제한(기간이나 횟수 조정)

(1) 전시물의 손상
① 빛에 대단히 민감한 전시물: 연간 120,000[lm·h]
② 빛에 비교적 민감한 전시물: 연간 480,000[lm·h]
③ 손상 계수: 조도×시간에 비례(손상, 변퇴색은 조사된 빛의 양)

(2) 연간 적산량의 제한

구분	서양	일본	한국	적산량([lx] h/년)
빛에 매우 민감한 것	50~150	150~300	75~300	120,000
빛에 비교적 민감한 것	75~200	300~750	300~750	480,000
빛에 민감치 않은 것	제한 없음	750~1500	700~1500	제한 없음

※ 200[lx]×8[h]×300일=480,000[[lx] h/년]

(3) 광량의 최소화를 위하여 조도를 낮게 유지

전시물 조도는 200[lx] 이하로 조정한다. 색상 구별에 200[lx] 이상은 별 효과가 없다.

2) 자외선 방사에 의한 손상 방지

(1) UV 흡수 필터 설치

① 광원의 400[nm] 이하의 단파장이 전시물에 손상을 주므로 자외선차단 UV필터를 설치한다.

② 퇴색 방지형 필터를 사용한다.

(2) 퇴색 방지 형광등(자외선 투과율 1 % 이하)

필터를 적용할 수 없는 경우에 적용하는 것으로 자외 방사의 투과율이 1[%] 이하이다.

3) 적외선 방사에 의한 손상 방지

(1) 할로겐전구 사용(박물관, 미술관용)

① 가시광 투과 적외선 반사막 할로겐 전구

- 80[%]의 적외선을 반사막을 통해 필라멘트로 되돌려서 적외선 반사를 40[%] 삭감하고, 적외선의 효율을 15[%] 향상시킨다.
- 60[W], 85[W], 130[W] 제품이 있다.

② 적외선 투과 반사경체 할로겐 전구

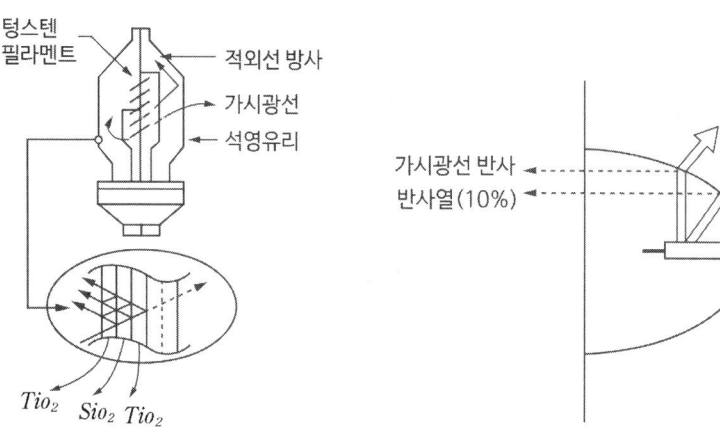

[그림] 적외선 반사막 할로겐 전구   [그림] 적외선 투과 반사경체 할로겐 전구

(2) 할로겐 전구의 손상 작용

① 열적 손상 작용(균열, 박리, 박락 → 물리적 손상)

종류	백열전구	할로겐전구	형광등	메탈 할라이드등
단위실당 방사 조도	45	33	10	10

② 에너지 분포

- 백열전구: 가시광선 7~12[%], 적외선 84~93[%]
- 할로겐전구: 자외선 0.1[%], 가시광 14[%], 적외선 80[%]
- 형광등: 자외선 0.5[%], 가시광 18.8[%], 적외선 40.7[%]

(3) 기타

① 안정기, 변압기 등 발열 부분은 진열장 외부에 설치하고 통풍용 Fan(무소음 Fan)을 설치한다.

② 진열장 내에는 온도와 습도 주의 ($1[m^2]$당 10[g] 수분): $10[g/m^2]$

20. 수중조명

1. 개요
1) 분수 설비는 사람들에게 윤택함을 주고 물에 대한 친근감을 갖도록 설계, 시공된다.
2) 수중 조명은 누전이나 감전과 같은 위험도가 높은 물질이라는 조건과 일반인들 가까이에 설치된다는 점에서 안전성에 대한 최대한의 주의가 필요하다.

2. 수중 조명 설비의 안전 대책
1) 수중 조명 장치의 안전에 대해서는 한국전기설비규정 234, 14 수중 조명등의 시설 규정이 있으며, 다음과 같다.

항 목	사람이 들어가는 장소	사람이 들어가지 않은 장소
사용 전압	절연 변압기 1차 측 400[V] 이하	대지전압 150[V] 이하
전원 장치	절연 변압기 AC 5000[V] 1분간의 절연 내력 시험에 견디는 것 사용	규정 없음
이동 전선	접속점이 없는 $2.5[mm^2]$ 이상의 RNCT, PNCT 케이블 사용	규정 없음
배선 공사	2자측 배선은 금속관 공사	규정 없음
보호 장치	전로에 자기가 생긴 경우에 자동 차단 장치 설치(2차 전압 30[V] 이하 제외)	규정 없음
접지	한국전기설비규정 211, 140에 준하여 실시	한국전기설비규정 211, 140에 준하여 실시

2) 절연 변압기를 설치하고 2차 측에 고저항 접지를 시설하는 동시에 고감도 고속형의 누전 차단 장치를 사용한다.
3) 절연 변압기의 2차 측 비접지로 하지 않고 중간(50V) 탭에 고저항 접지를 하는 것은 지락 사고 발생 시에 지락 전류를 인체에 위험도가 적은 레벨로 억제하고 누전 차단 장치를 동작시켜 보호하는 것을 목적으로 한다.

3. 수중 조명등의 종류와 선택

1) 수중 조명 기구

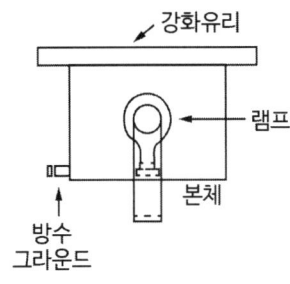

[그림] 수밀형 용접 타입

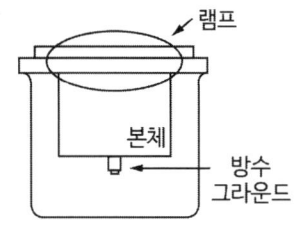

[그림] 램프구면 집수 타입

2) 분수 높이와 램프 용량

분수높이(m) \ 램프용량	반사형 백열[W] 150, 200	반사형 백열[W] 300, 500	수은[W] 300	수은[W] 400	할로겐[W] 300	할로겐[W] 500	메탈 할라이드 400
1	○	-	-	-	-	-	-
5	○	○	-	-	○	-	-
10	-	○	○	-	○	○	-
15	-	-	○	○	○	○	-
20	-	-	○	-	-	○	○
25	-	-	-	○	-	-	○

4. 수중 조명등 배선 방법

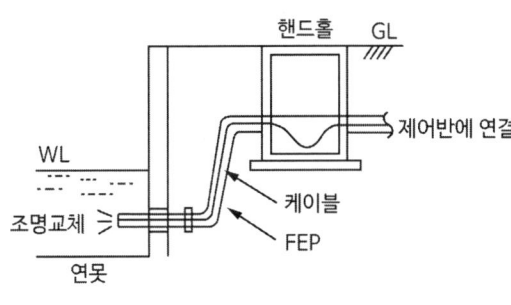

[그림] 간이시공 예

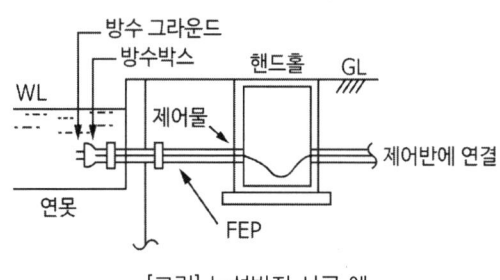

[그림] 누설방지 시공 예

5. 수중 조명 설치 및 시공상의 유의점

1) 적정한 설치 수심 확보: 수중 상태에서 사용

2) 충분한 냉각 효과를 얻기 위해 기구 최상면의 수심은 5[cm] 이상으로 해야 하고, 분수에 의한 파도 발생에서도 기중 점등하지 않도록 유의

3) 전구를 교환할 때 기구를 수면 위로 끌어 올린다는 점에 유의

4) Cable Size 선정에 유의

6. 결론

수중 조명은 설계 및 시공 단계에서 유의해야 함은 물론이고, 분수 설비에서는 안전성 확보에 최우선의 검토가 필요하다.

21. 고천장 조명 설계(체육관, 공장 등)

1. 개요

1) 고천장 조명은 일반적으로 5m 이상에 설치하는 조명을 의미하며, 5m 이상의 천장은 일반적인 형광등기구로는 배광특성의 한계로 설치에 많은 제한이 발생한다.
2) 따라서 고출력램프를 사용하여 등기구의 설치 개수를 줄여 시공성과 유지관리용이성을 증대하도록 한다.
3) 고천장 조명 선정 시 주의할 점은 배광특성이 고르게 분포하도록 하고, 램프의 유지관리가 편리하도록 계획하여야 한다.

2. 조도 계획

1) 작업자 및 운동자의 안전확보와 눈의 피로방지, 눈부심 방지를 고려해야 한다.
2) 수동적인 정밀작업장 경우는 전반조명과 국부조명으로 구분하여 계획한다.
3) 작업에 따른 조도기준(산업안전보건기준에 관한 규칙)

구분	초 정밀작업	정밀작업	보통작업	단순작업
조도(lx)	750 이상	300 이상	150 이상	75 이상

3. 광원의 선정

1) 광원은 고속회전, 이동작업등에 적응성 있고, 효율 및 수명 등이 우수해야 한다.
2) 작업대상물의 색감특성에 따른 연색성을 고려하여 선정해야 한다.
3) 고천장 광원의 구분

구분	적용 가능 광원
고 천장 (10m 이상)	메탈할라이드램프, 기타 고압방전등, 고출력 LED
중 천장 (5~10m 이상)	고출력 형광램프, 메탈할라이드램프, 고출력 LED
저 천장 (5m 이하)	형광램프, 고출력 형광램프, 고출력 LED

4. 등기구의 선정

등기구 선정 시 천장 높이와 배광특성에 따른 배치를 하여 선정해야 하며, 고압방전등의 경우는 안정기일체형과 안정기를 별도 설치하는 방법으로 구분할 수 있다.

1) 등기구 고정형태

구분	일반 팬던트형	별도 장치형	리프트형
등기구 형태			
특징	• 가장 간편하게 설치할 수 있다. • 수리, 램프교환 시 별도의 장비가 필요하다.	• 천장의 Track 또는 Cat walk 등에 등기구를 고정해야 한다. • 주로 비대칭형램프를 사용한다.	• 수리 및 램프교환이 편리하다. • 일반팬던트보다 비용이 증가한다. • 개별형과 집합형으로 설치된다.

2) 천정높이에 적합한 등기구

천정높이	5m 이하	5~10m	10~15m	15m 이상
배광종류	배조형	강조형	초조형(집조형)	투광형
배광곡선				

22. 터널조명

1. 개요
터널 조명은 운전자 및 보행자가 터널을 안전하게 통과하는 데 있다.

2. 계획 시 고려사항
1) 입구 부근의 시야 상황
2) 구조조건: 터널의 단면, 길이, 마감재료 선정 등
3) 교통상황: 설계속도, 교통량, 통행 방식 등
4) 환기상황: 유지관리 계획, 부대시설 상황
5) 관계법규: KSA3701, 3703, 국토교통부 기준 등

3. 터널조명의 구성

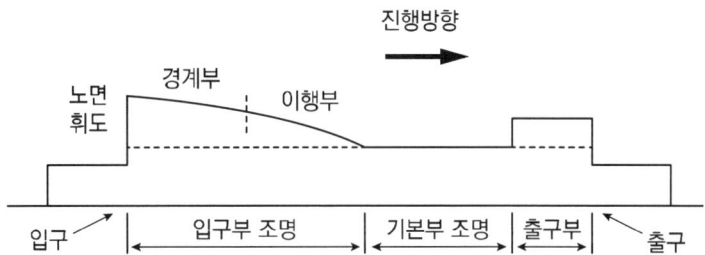

4. 설계 시 고려사항

1) 입구부 조명
① 터널입구 시각적 문제(암순응) 해결
② 경계, 완화, 이행부로 구성(조도완화)
③ 야외휘도 변동에 따라 조절
④ 노면 휘도는 교통상황에 따라 증감

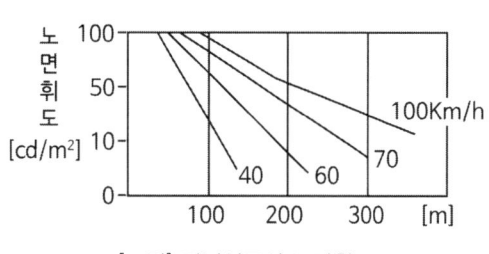

[그림] 터널입구의 노면휘도

2) 기본부 조명
① 균일한 휘도 확보(시각 인지성)
② 야간에 평균 노면 휘도는 접속도로의 2배 이상으로 한다.

설계속도(Km/h)	100	80	60	40
평균노면휘도(cd/m²)	9.0	4.5	2.3	1.5
야외휘도 계수	0.07	0.05	0.04	0.03

3) 출구부 조명

① 눈부심에 의한 시각적 문제해결(명순응)을 해야 한다.

② 출구에서 70m 정도, 출구부 야외 휘도 1/10 이상으로 한다.

5. 광원의 선정

1) 일반적으로 나트륨, 형광수은램프 중, 광속, 효율, 수명, 빛 투과율, 설치환경, 경제성 등을 고려하여 선정한다.

2) 장대터널에서는 먼지·분진·안개등에 대한 투과율이 좋은 장파장인 나트륨등을 많이 사용한다.

6. 조명제어 시스템

1) 구성

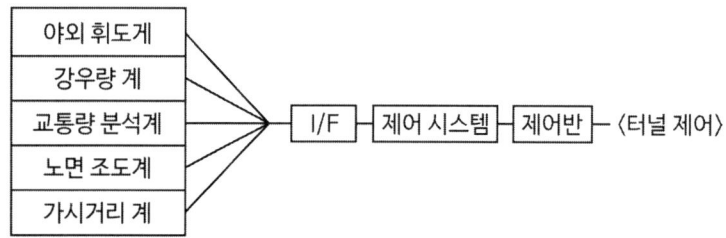

2) 목적

원활한 소통, 필요 최소 휘도 확보, 에너지 절감, 상황에 따른 대응

3) 영향요소

① 야외휘도 - 시간대별, 날씨별, 계절별

② 교통상황 - 평상시, 연휴, 휴가철

③ 램프특성 및 유지보수

23. 터널조명의 기준

1. 터널조명의 기준의 범위와 원칙

1) 적용범위
① 터널조명 설계의 기본사항 제시, 조명에 관련 사항만 다루고 시공 사항은 다루지 않음
② 원칙적으로 터널에 적용하고 다른 유사상황에도 적용

2) 조명설계의 일반원칙
① 터널조명 구성: 입구부조명의 경계부, 이행부, 완화부 → 경계부, 이행부로 개정
② 조명기구 배치 및 배열: 조명기구 설치높이 4M 이상 삭제(벽면 부착형, 행거형 등 다양)
③ 조명방식
- 터널 등기구 및 터널형태에 따른 배치 제시
- 휘도대비계수의 비율에 따라 대칭조명, 카운터 조명, 프로빔 조명으로 구분

2. 터널조명 기준

1) 설계속도와 정지거리

설계속도 [km/h]	60	80	100
정지거리(SD)	60	100	160

※ 터널길이, 교통량 등을 고려하여 휘도 및 그에 따른 DATA를 표로 구체화(글레어, 플리커개선)

2) 경계부 조명(Lth)
① 경계부 평균노면 휘도(Lth)
터널의 설계속도, 주행방향, 휘도 조절계수, 20° 원추형 하늘면적 비율을 DATA화
② 조명수준: 중간지점까지 초반값과 같고 점차 감소하여 종단 O.4(Lth) 이상

3) 이행부 조명(Ltr)
① 실제 터널 내 주행 시 생길 수 있는 글레어 및 플리커에 대한 검증을 위해 수식화
② 경계부 끝나는 지점부터 시작
③ 단계별 휘도값 $Ltr = Lth(1.9+T)^{-1.4}$
④ 계단식 감소시 최대 휘도비: 3 이상
⑤ 최종단계 휘도는 기본부의 2배 이상

4) 기본부 조명

① 평균노면휘도(Lin): 기존 설계속도 40[km/h]가 삭제되고 설계속도, 정지거리, 교통량에 따라 적용

② 주간 자동차 터널도로의 기본부 평균 노면휘도 Lin[cd/m^2]

정지거리(설계속도) [km/h]	터널의 교통량		
	적음	보통	많음
160 (100)	7	9	11
100 (80)	5	6.5	8
60 (60)	3	4.5	6

5) 출구부 조명

① 주간 휘도의 정지거리 이상의 구간에 걸쳐 점차 증가시킴

② 출구 접속부 20m 전방휘도: 기본부 휘도의 5배(단계적 상승)

6) 입구접속부 및 출구접속부 조명

① KS A3701 기준 적용

② 야간조명: 50[km/h] 이상 시, 터널 내 야간조명 1[cd/m^2] 이상 시

7) 터널 전구역 조명

바닥에서 2m 높이까지 평균 노면휘도 이상

8) 터널 휘도 균제도

① 노면 및 벽면 2m지점까지 균제도 유지

② 벽면 종합균제도는 0.4 이상, 노면 차선측 휘도 균제도는 0.6 이상

9) 터널 야간조명

균제도, 플리커: 주간 터널조명 여건 갖출 것

10) 글레어 제한

임계치증분(TI): 기본부의 15% 미만

11) 플리커 효과 규제

① 플리커 주파수: 주행속도조명기구 간격에 따라 변화

② 대책: 지속시간 20초 이상, 주파수 4-11[Hz]시 대책강구

12) 비상조명

① 무정전 비상전원

② 200m 이상 터널은 10[Lx] 이상

24. 경관조명의 설계 및 계획

1. 경관조명의 정의와 효과

1) 정의
도시민의 야간활동 증대로 건축물, 교량, 조형물, 공원 등 외부공간에 대한 다양한 조명을 설치하여 대상물의 인지도증대, 홍보효과, 도시이미지 등을 증대하는 조명연출을 의미한다.

2) 효과
도심의 경관조명은 도시의 야간 분위기를 조명의 빛으로 장식하여 미적효과의 증대와 대상물의 주목성의 효과를 볼 수 있다. 공원 등의 경관조명은 야간에 수목, 조형물 등의 미적 분위기 증대와 공원의 치안 등에 효과를 볼 수 있다.

2. 경관조명의 종류

1) 일반건축물의 조명: 공동주택, 업무용빌딩에서의 가로등, 정원등, 외부의 라인조명등

2) 공원조명

3) 조형물의 투광조명

4) 광장조명, 분수조명, 교량조명

3. 경관조명 계획 시 고려사항

1) 대상물의 현장조사
① 조명대상물의 형상, 마감재료, 조명기구 위치 등을 조사한다.

② 주변의 환경, 조명환경, 장해광 등을 조사한다.

③ 전원의 공급, 유지관리의 간섭 등을 조사한다.

2) 조도의 결정
① 주위 조명의 밝기와 마감상태 등에 따라서 결정한다.

② 대상물은 부각시키기 위하여 주변보다 밝게 할 필요가 있다.

③ 조도를 과도하게 선정 시 운전자 및 보행자에게 시각적인 불쾌감을 줄 수 있다.

3) 광원의 선정
① 광원의 종류에 따라서 조명의 효과가 매우 달라진다.

② 광원의 특성 중에 연색성, 색온도, 색채효과 등을 고려하여 선정한다.

램프의 종류	램프의 특징
LED	다양한 색상의 표현이 편리하고, 수명이 길어 유지관리가 편리하고, 저전력 친환경으로 가장 많은 장소에 사용되고 있다. 단, 상대적으로 떨어지는 휘도의 질감으로 빛이 너무 강하여 현대적 건축물의 경관조명에 적합하다.
CCFL	광원이 자연광과 같은 따뜻한 색조로서 높은 연색성·고휘도로서 라인형태의 대형조명에 적합하다. 직선형은 물론 L, U자 형태의 타입도 가능하다.
메탈할라이드램프 HQI(CDM)램프	밝은 흰색의 광원으로 광장, 조형물, 조경 등에 투광조명으로 많이 사용되고 있다. 경우에 따라서 적색, 청색, 녹색, 주황의 칼라램프를 사용한다.
고압나트륨램프	따뜻한 느낌의 황색광원으로 조형물의 투사나, 광장, 공원, 해변가에 주로 많이 사용된다. 특히 여름철에 벌레가 모이지 않는다는 장점이 있다. (곤충은 단파장 영역 300~450nm인 자외선영역에 최대시감도가 있다.)
할로겐램프	광원색은 약간 주황색을 띄고 있으며 색감이 뛰어나지만, 수명이 짧고 열발생이 많은 단점이 있어 주로 실내의 보석, 액세서리, 소형조형물 등에 사용된다.

4) 조명기구의 선정

① 투광기: 원거리, 근거리에서 광범위한 조명효과 있다. 원형, 사각형태로 가장 많이 사용되고 있다.

② 모듈, 라인바(Line Bar): LED, CCFL를 주로 사용하는 방식으로 미리 제작된 직선, 곡선 형태의 규격된 제품을 이용하여 설치한다.

③ 사용 장소의 대상물에 따라 가로등, 정원등, 잔디등, 수중조명, 지중등 등의 조명기구를 사용한다.

5) 조명의 방식

① 직접투광

- 업 라이트(Up light) 방식: 고층건축물의 옥상을 조명하거나, 하부에서 상부로 조명하는 방식에 주로 사용한다.
- 다운 라이트(Down light) 방식: 위에서 아래쪽으로 조명하는 방식인데, 아래쪽에서 눈부심이 많이 있어 잘 사용하지는 않는다.
- 월 워싱(Wall washing) 방식: 상부에서 하부로 물이 흐르는 듯한 효과를 주는 방식이다.
- 스폿 라이트(Spot light) 방식: 빛을 한 곳으로 집중하는 방식이다.

② 발광: 조명을 대상 부분에 직접 설치하여 대상물의 구조, 형태, 외형을 강조한다.

③ 투과광: 실내조명을 이용하여 창문을 통하여 야경을 연출하는 방식이다.

6) 조명기법

① 대상물 또는 배경에 적당한 밝음을 주어 야간에 대상물을 부각시키는 것이다.

② 주로 배경이 밝은 경우 바깥둘레를 어둡게 하여 그림자로 윤곽을 만들어 입체적으로 보이게 한다.

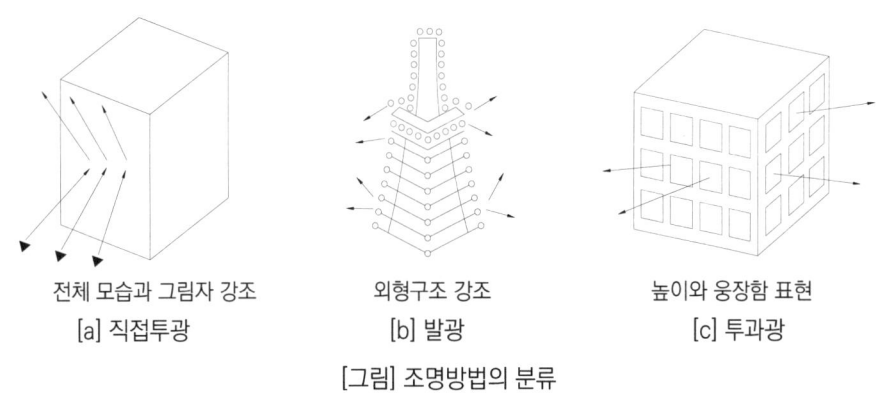

외부 조명의 예				
투광기 위치	지면에서 투광	기둥 위에서 투광	건조물에서 직접투광	옆 건조물에서 투광
사용 예	공장, 광장 등 공간의 여유가 있는 장소	상점, 역사 등 보도 쪽에 기둥설치 가능 장소	투광기 설치위치의 제약을 바다는 장소	건조물과의 거리에 따라 기구종류 선정 필요

[그림] 외부조명의 여러 가지 방법

4. 공원조명

1) 자연공원

① 광범위한 조명을 위해 Pole에 투광기를 설치한다.

② 조형물 등 소범위 조명에는 반사 투광구를 사용한다.

③ 도로, 산책, 휴양 등 시설에는 폴헤드형 등기구를 사용한다.

2) 인공공원

① 동·식물원, 박물관 등에는 연색성이 좋은 램프를 사용한다.

② 일반적으로 조형물 등이 많으므로 전체적인 조화와 국부적인 표현에 주의한다.

③ 기본적으로 상기와 동일하다.

3) 시공 시 유의사항

① 방수대책(맨홀, 배선배관공사) 및 감전대책이 필요하다.

② 등기구 및 노출부분의 내염, 내적외선 대책이 필요하다.

③ 태풍대책, 접지공사, 안전대책, 보수성 향상대책이 필요하다.

5. 최근 경향

1) 최근 경관조명은 관련업체의 난립으로 인하여 조금 더 자극적인 조명현상을 연출하기 위하여 필요 이상의 조명을 남발하고 있는 실정이어서, 운전자 및 보행자에 시각적 장애를 줄 수도 있다.

2) 현재 도심의 경관조명은 대부분 Full Color LED 조명을 사용하고 있다. 이는 Controller 기술과 Dimming 연출이 필수인데, 대부분 수입에 의존하고 있다. 제어기기 등의 국산화가 시급한 실정이다.

3) 조명시스템의 감리제도 강화, 공동규격에 따른 제품의 표준화, 제품의 안전과 품질 및 환경 기준의 강화해야 하는 등 개선해야 할 부분이 많다. 가장 중요한 것은 제도적인 규제보다 재조사나 관리기관의 품질에 대한 인식이 개선되어야 한다는 것이다.

25. 경관조명의 광해(光害)

1. 경관조명의 광해란?

1) 경관조명의 계획 시에는 경관의 창조, 유연성 확보, 광해대책 등이 반드시 고려되어야 한다.

2) 주변의 환경과 조화를 이루지 못하고 대상물의 강조에 치우친 경관조명은 주변과 어울리지 못하고 독선적인 아집으로 똘똘 뭉친 우리 인간과도 같다. 즉 운전자·보행자의 교통 방해와 동식물에 영향을 주고, 주변의 거주인에게 불쾌감을 주게 되며, "별이 빛나는 밤"을 "조명이 빛나는 밤"으로 만드는 주된 원인이 되고 있다.

2. 광해의 종류

1) 교통의 피해

2) 동식물의 피해

3) 거주인의 피해

4) 천공의 피해

3. 광해의 영향

1) **교통의 피해**

① 도심지 경우 교통량이 많은 장소는 건축물의 이미지 증대와 광고성 경관조명으로 인하여 시각적인 일시적 장애가 있을 수 있다.

② 근래의 경관조명은 고휘도의 LED를 이용하여 건축물·조형물 형태를 외부로 직접 표출하는 방식으로 사용되어 직접적인 휘도가 증대되어 일시적 눈부심이나 불쾌감이 있을 수 있다.

③ 과거에 경관조명은 반간접조명으로 정적인 표현 방법이었으나, 근래에는 직접조명으로 동적인 방식으로 다이나믹한 조명연출 방식으로 발전됨으로써, 시각의 주목성이 증대되어 보행자 및 운전자의 시야를 방해할 수 있다.

2) 동·식물의 피해

구분	피해 현상
농작물	곡식류 등에는 야간조명이 낮 시간을 연장해 주는 효과가 있지만, 이삭 패는 시기를 지연시켜 익음과, 품질이 나빠지고, 수확량이 감소한다. (대책: 나트륨 등이 피해가 작고, 조도는 5lx 이하, 조명피해가 둔감한 종류로 벼는 조생종품질이 있고, 포도 종류는 야간조명에 피해가 작다.)
식물	야간의 조명으로 광합성작용의 혼란이 발생하여 일부 식물들의 출화수와 개화가 늦어지고 결실의 불량으로 수량의 감소를 초래한다. 식물의 수명을 짧아진다. 나무의 동절기 휴면기를 방해하여 생장을 방해한다.
동물(조류)	야행성동물 서식지역 및 먹이활동의 축소, 생식의 문제발생, 생체리듬이나 대사기능의 혼란, 겨울의 동면방해, 조류의 비행능력 방해 등이 있다. 철새는 이동경로를 잃고 헤매는 현상이 발생한다.
곤충류	야간시간에 주기리듬을 교란하여 이상행동장애, 조명의 유인특성으로 특정 곤충류의 멸종 우려, 비행억제, 교미방해, 이동방해 등이 있다. 매미는 밤과 낮을 구분하지 못하고 종일 운다.
어류	동물성플랑크톤의 야간 수면상승현상 억제하여 과도한 증식으로 수질악화 및 물의 산소량이 결정되고, 어류의 종류에 따라 빛을 기피하거나 모여드는 현상이 발생하여 어류의 서식지역에 혼란을 가중시킨다.

3) 거주인의 피해

① 인간, 동물은 고유의 생체리듬에 변화가 오게 되면 사람이나 동·식물이나 불안감과 불편함을 느낀다.

② 인간은 밤이 되면 수면을 유도하는 호르몬인 멜라토닌이 분비되며, 과도한 인공조명으로 생체리듬이 흔들리면 멜라토닌 분비가 억제되는데, 이는 불면증, 우울증의 원인이 되기도 한다.

③ 수면장애는 집중력 저하, 작업능률 저감은 안전사고 발생 가능성도 높인다.

④ 글레어로 인한 교통안전의 방해나 일시적인 시각장애가 발생할 수 있다.

4) 천공의 피해

① 조명기구의 천공으로 인하여 발생되는 누설되는 빛에 의해서 동·식물에 영향을 줄이도록 한다.

② 산간도로에서의 가로등과 차량의 전조등에 의하여 동식물 생태계의 영향을 준다.

③ 업 라이트(Up light)보다 다운 라이트(Down light)를 사용하고, 조명기구의 반사판, 갓 등을 개선하여 누설광속을 줄이고, 램프 종류로는 비교적 환경 영향이 작은 나트륨 등을 사용하도록 한다.

26. 인공조명에 의한 빛 공해방지법

1. 개요

1) 빛 공해 문제를 완화하기 위하여 2013년 2월 '인공조명에 의한 빛 공해 방지법'이 제정되었다. 프랑스, 영국, 호주 등에서 시행하고 있는 빛 공해에 대한 법률적 기반을 우리나라에서도 정비한 것이다.

2) 빛 공해방지법은 필요한 빛은 충분히 제공하되, 사람이나 동·식물에 해를 미치지 않도록 좋은 조명환경을 조성하는 것으로 농경지, 주거지, 도심지 등 총 4종의 조명환경관리구역을 설정하여 조명기구를 차등 관리한다.

3) 빛 방사허용기준은 크게 눈부심으로부터 운전자와 보행자를 보호하기 위한 조명의 밝기 관리기준과 침입광으로부터 거주자나 농작물을 보호하기 위한 조명의 영역관리기준으로 구분된다.

2. 인공조명에 의한 빛 공해방지법

1) 용어 정의

① 인공조명에 의한 빛 공해: 인공조명의 부적절한 사용으로 인한 과도한 빛 또는 비추고자 하는 조명영역 밖으로 누출되는 빛이 국민의 건강하고 쾌적한 생활을 방해하거나 환경에 피해를 주는 상태를 말한다.

② 조명기구: 공간을 밝게 하거나 광고, 장식 등을 위하여 설치된 발광기구 및 부속장치로서 대통령령으로 정하는 것을 말한다.

2) 조명기구의 범위

① 야간활동을 위하여 도로, 보행자길, 공원녹지, 시·도 조례로 정하는 옥외 공간을 비추는 발광기구

② 허가를 받아야 하는 옥외광고물의 발광기구

③ 건축물(숙박시설, 위락시설, 5층 이상 또는 연면적 2,000m^2 이상), 시설물(교량 등), 조형물 또는 자연환경 등의 외관을 비추거나 설치되는 발광기구

3) 조명환경관리구역

조명환경 관리구역	해당구역의 특징
제1종	과도한 조명이 자연환경에 부정적인 영향을 미치거나 미칠 우려가 있는 구역
제2종	과도한 조명이 농림수산업, 동물·식물의 성장에 부정적인 영향 있는 구역
제3종	인공조명 필요 구역, 과도한 조명이 주거생활에 부정적인 영향 있는 구역
제4종	상업활동을 위해 인공조명이 필요한 구역, 과도한 조명이 쾌적한 건강생활에 영향이 있는 구역
기타	생태·경관보전지역, 야생생물 특별보호구역, 습지보호지역·습지주변관리지역, 빛공해환경영향평가 결과 환경부 지정

4) 빛 방사허용기준

① 도로, 보행자길, 공원녹지 등의 조명기구

| 구분
측정기준 | 적용시간 | 기준값 | 조명환경관리구역 | | | | 단위 |
			제1종	제2종	제3종	제4종	
주거지 연직면 조도	해진 후 60분 ~ 해뜨기 전 60분	최댓값	10 이하			25 이하	lx (lm/m²)

② 옥외광고물의 발광기구(점멸, 전광류 광고물)

| 구분
측정기준 | 적용시간 | 기준값 | 조명환경관리구역 | | | | 단위 |
			제1종	제2종	제3종	제4종	
주거지 연직면 조도	해진 후 60분 ~ 해뜨기 전 60분	최댓값	10 이하			25 이하	lx (lm/m²)
발광표면 휘도	해진 후 60분 ~ 24:00	평균값	400 이하	800 이하	1000 이하	1500 이하	cd/m²
	24:00 ~ 해뜨기 전 60분		50 이하	400 이하	800 이하	1000 이하	

③ 건축물·조형물·자연환경 등의 상식조명

> ※ 적용대상
> - 건축물 연면적 2,000m² 이상이거나 5층 이상인 것
> - 숙박시설 및 위락시설, 교량
> - 그 밖에 시도의 조례로 정하는 것

측정기준 \ 구분	적용시간	기준값	조명환경관리구역				단위
			제1종	제2종	제3종	제4종	
발광표면 휘도	해진 후 60분 ~ 해뜨기 전 60분	평균값	5 이하		15 이하	25 이하	cd/m²
		최댓값	20 이하	60 이하	180 이하	300 이하	

[비고]

가. 조도 및 휘도의 뜻은 한국산업표준 KS A 3012(광학용어)에 따른다.
나. 주거지 연직면 조도: 공동주택의 창면을 비출 때 그 창면에서의 연직면 조도를 말한다.
다. 전광류 광고물: 발광다이오드, 액정표시장치 등으로 표시내용이 수시로 변하는 조명기구를 말한다.
라. 전광류 광고물은 2회 이상 측정한 연직면 조도 중 최댓값을 기준으로 한다.
마. 발광표면: 조명기구가 비추는 사물의 바깥 면을 말한다.
바. 빛 공해의 측정 및 평가 기준은 환경오염공정시험기준에서 정하는 바에 따른다.
사. 옥외광고사업에 의해 설치되는 조명기구에 대해서는 설치지역에 관계없이 제4종의 빛 방사허용기준을 적용한다.

27. 업무용 빌딩(OA) 조명설계 및 계획

1. OA 사무실

1) OA(Office Automation)란 사무자동화를 의미하고, OA 조명이란 일반 사무적인 실내에서의 조명을 의미한다.

2) OA 조명에서는 장기간 서류작업이나 컴퓨터 작업 시에 시각적인 안정감과 쾌적함에 중점을 두는 조명설비를 계획해야 할 필요가 있다.

2. 사무실 조명에 중요한 점

1) 적절한 조도 환경
2) 장시간 작업 시 피로의 감소
3) 쾌적한 조명환경에서의 근무
4) 눈부심이나 그림자의 감소
5) 에너지 절약적인 조명환경
6) 주광과 인공광과의 조화
7) 경제적인 조명환경

3. OA 조명설비의 계획

1) 조도의 선정

① 조도는 당연히 밝으면 좋겠지만 가급적 업무에 지장이 없는 적절한 조도를 선정한다.

② 대부분의 사무실의 조도는 그동안 축적된 Data를 활용하고 있고, 그 범위는 KS A 3011의 범위 안에서 적용되고 있다.

③ 기본적인 조도는 수평면(원고, 키보드) 500~1,000 lx, 수직면(모니터 면) 100~500 lx 범위로 한다.

④ 일반적인 조도 Table은 참고자료일 뿐이고, 가장 정확한 자료는 실제 설치한 조명의 조도가 가장 정확하다. 또한 조도시뮬레이션을 통해서 예측된 조도의 정확도를 높일 수가 있다.

구분	조도 분류	조도범위[lx]
VDT 있는 공간	F	150-200-300
회의실	F	150-200-300
그래픽 설계	G	300-400-600
경찰서·소방서	H	600-1000-1500

[표] 사무용 조도기준

2) 휘도의 분포
① 불쾌감이나 눈부심이 적도록 고려하여 설계해야 한다.
② 서류와 책상면의 휘도 대비는 3:1이 적당하며, 서류와 서류로부터 떨어진 면은 10:1 정도가 적당하다.
③ 광원으로서 광면이 넓어서 눈부심이 적은 형광등을 사용한다.

3) 광원의 선정
① 일반적인 사무용 조명은 대부분 형광등기구를 사용하고 있고, 복도 및 기타 장소에는 PL램프 또는 다운 라이트 등 다양하게 이용되고 있다.
② 비교적 광효율(lm/W)이 높고, 광원의 면적이 넓어 가장 많이 사용되고 있다.
③ 가장 경제적이며, 대량 생산되므로 전기적 안정성도 매우 높다. 이후에는 LED 조명으로 대체될 것으로 예상된다.

4) 등기구 선정 및 조명방식
① 광원에 의한 VDT, 눈부심 방지를 위해서 형광등 사용 시에는 루버를 설치하여 가장 많이 적용되고 있다.
② 주 사무실 용도에는 직접조명을 적용하고, 로비나 회의실 등에는 다운라이트를 적용한다.

5) 배치방법
① 일반적인 사무실 용도의 실내 천정에는 대부분 텍스(300×600)를 대부분 설치하므로, 텍스의 행과 열을 맞추어 형광등기구 32W×2EA(1200×300)를 배치한다.
② 책상의 배치가 계획되어 있다면 책상 열과 행을 고려하여 설치한다.
③ 벽으로 부터의 이격도 중요하지만, 조도의 균일도(균제도)를 맞추는 것도 매우 중요하다
④ 일반적인 달대 천장구조이면 달대의 타공을 통하여 다운라이트 등을 배치할 수 있다.

6) PSALI 조명
① PSALI(Permanent Supplementary Artificial Lighting in Interiors) 주간의 실내에서 주광조명을 보조하기 위하여 항상 점등되는 인공조명을 의미한다.
② 즉 자연채광만으로는 불충분하거나 불쾌할 때 건축물 내의 자연조명을 보조하는 인공조명방식이다.
③ 본래의 의미는 에너지 절약과는 관계가 없다. 단지 주간에 주광을 이용한 조명을 통하여 조명제어를 한다고 하면 에너지절약과 관계가 있다고 할 수 있겠다.

7) Task & Ambient Lighting(타스크 앤드 엠비엔트 조명)
① 시작업 대상(Task)와 시환경인(Ambient)를 적절히 조명하는 방식이다. 즉, 전반조명과 국부조명의 병행실시 하는 방식이다.
② 시각환경의 조도확보와 시작업대상의 조도분포가 중요하다.

③ 보임의 조건이 향상되고, 조명에너지가 절감된다.

④ TAL은 사무용장소에서의 조명환경과 VDT작업환경에 의해서 고안된 것으로, 사무적인 조명환경과 VDT를 반드시 고려해야 한다.

⑤ Task와 Ambient의 조도비는 1: 0.2~0.5 정도가 적당하다.

8) VDT 장애고려

(1) **VDT 장애고려**

① VDT(시작업 단말기)가 있는 작업 장소의 조명

② 조도 한계값 - 조명 기구 하향 광속에 대한

Screen 등급(ISO 9241-7)	I	II	III
스크린 품질	좋다	중간	나쁘다
평균 조도기구 휘도 한계값	$\leq 100° \ cd/m^2$	-	$\leq 200° \ cd/m^2$

③ 평균 조명기구 휘도 한계값: elevation angle 65° 기준

④ VDT 경사각도: 15° tilt angle

(2) **광막반사와 광원의 영상 방지**

① 모니터, 키보드, 원고의 조도레벨 확보 및 광막 현상 저감

② 글레어 존은 시선을 중심으로 30°를 고려하여 설치하며 반사면은 저휘도로 한다.

③ 모니터 작업의 조명기구분류

등급	휘도(cd/m^2)	특징
1등급	50 이하	VDT 작업전문
2등급	200 이하	VDT와 일반 사무 병용
3등급	1500 이하	방사장치 모니터 사용

9) **조명제어**

① 소규모 빌딩에 업무시설이나, 개별적으로 임대하는 소규모 시설 경우에는 별도의 조명제어는 거주자가 본인에 의도에 의해서 설치하여야 한다.

② 하지만 대규모 빌딩에서의 조명제어는 옵션이 아니라 필수적으로 설치하고 있다. 그 이유는 에너지절약과 조명설비의 관리가 필수적으로 필요하기 때문이다.

28. 조명자동제어

1. 개요

1) 건물의 조명을 자동으로 감시 및 제어하는 시스템으로 유지보수, 관리비용의 절감, 에너지 절약 등의 장점이 있다.

2) 조명상태감시 및 스케줄 제어를 CCMS에 의해 다중 전송 방식에 의한 2심 전용 신호선(CVV-S)으로 다수의 조명 기구를 개별 또는 전체 그룹 제어할 수 있는 소프트웨어, 조명 제어 패널, 프로그램 스위치로 구성된 운영 시스템이다.

2. 조명 제어의 목적

1) 조명의 에너지 절약

2) 적정조도 유지로 근로자의 집무능력 및 생산성 향상

3) 유지관리의 효율성 증대로 인건비 절약

3. 조명 제어 방식

1) 주광이용 제어

① 주간의 작업면조도는 주광에 의한 조도와 인공광에 의한 조도가 합쳐져 있으므로, 주광의 입사량이 많은 경우 창 측의 조명기구가 소등상태에 있어도 소요조도를 충분히 확보할 수가 있다.

② 주광센서 설치 시 고려사항
- 등기구 배열 중앙에 설치
- 직사광선을 피하는 천정에 설치
- 먼지 등을 피할 수 있는 장소 선정
- 조명기구의 ON/OFF에 의한 조도의 영향을 받지 않은 곳 설정

2) 타임 스케줄(Time Schedule)에 의한 제어

① 1일 24시간을 최소 단위로 규칙적인 타임 스케줄 프로그램에 의해 자동적으로 조명기구를 점·소등시키는 제어방식으로 평일, 주말, 휴일, 국경일 등의 스케줄을 별도로 정하여 1년 365일을 제어한다.

② 1일 스케줄 제어 중 중요한 것은 중식시간 등 불필요하게 조명등이 켜있는 경우를 방지하기 위하여 강제적으로 각층의 조명 전원을 차단한다.

> ※ 1일 Schedule 제어 예시
> 07:00 ~07:50 청소 및 준비시간: 층별 조도 200Lux 정도 (각 층 별 시간조정)
> 07:50~12:00 근무시간: All On (Photo Sensor 동작)
> 12:00~13:00 중식시간: All Off (주요장소 및 통로 제외)
> 13:00~18:30 근무시간: All On (Photo Sensor 동작)
> 18:30~21:00 일과후 잔업시: All Off (필요장소 및 복도, 시간예약 ZONE 제외)
> 21:00~07:00 야간시간: All Off (시간예약 ZONE 제외)

③ 주간 Schedule 제어(월간, 연간, Schedule)
평일, 주말, 휴일 등 근무조건에 따라 시간대별로 각기 다른 시간 Schedule에 의해 조명의 점등 및 소등을 자동적으로 점멸 제어한다. 또한 국경일 임시 공휴일이 발생하는 경우 Schedule을 용이하게 변경 가능하며, 복귀 조작이 가능하다.

④ 우선 순위제어
중복되는 제어방식이 적용될 경우 상호 간 우선순위를 결정 적용하는 것은 Software로 자체 해결한다.

3) 조명 패턴(Pattern) 제어

① 어떤 Zone 내에 있는 부하를 용도 및 사용형태에 따라 On/Off 상태를 미리 설정하여, Time Schedule 프로그램과 연동하여 다수의 조명회로를 자동 제어한다.

② 필요에 따라 오퍼레이터에 의해 수동으로 선택 제어할 수 있다.

③ 예 근무시간 Pattern, 정전 시 Pattern, 중식시간 Pattern, 청소시간 Pattern, 절전 Pattern

4) Card Operation Switch 사용제어

① 회의실, 임원실 등과 같이 항상 거주자가 상주하지 않는 장소에는 사용 이후 소등을 잊는 경우가 있는데, Card 스위치 사용으로 방지할 수 있다.

② 즉, 회의 주최자가 회의실 관리자에게 Card를 받아서 스위치 박스에 넣음으로써 회의 시작과 동시에 회의실 내부가 점등되고 공조기 운전이 되며, Card를 빼어 내면 회의실 내부가 소등되고 공조기도 정지가 된다.

5) 화장실 및 계단실의 주광제어

화장실이나 계단실과 같은 비작업 공간은 낮에 주광만으로도 행동에 지장을 받지 않으므로 실내의 조도를 감지하여 자동적으로 조명기구가 점멸되도록 한다.

6) 주간 및 휴일의 비상구 표시등 소등

① 야간이나 휴일 등 재실자가 없는 경우에는 유도등을 소등한다.

② 그러나 소등 중이라도 화재 시에는 자동화재 경보시설과 연동시켜서 자동점등이 가능하도록 신호 연동장치를 고려한다.

7) 정전 시 제어

① 정전 시나 비상사태 발생 시는 최소한의 조명상태를 유지시키기 위한 별도의 회로 구성으로, 점등상태를 유지시킬 수 있는 제어방식이 되도록 조명제어 시스템의 범위에서 제외하여 회로를 구성한다.

② 비상전원 공급 회로
- 제어실 조명 및 제어용 전원
- 각 실의 비상전원 회로(주로 통로 및 창이 없는 방에 최소조도 확보용)

8) 전화에 의한 제어 시스템

9) 수동조작 스위치에 의한 제어

4. 조명제어 시스템 구성

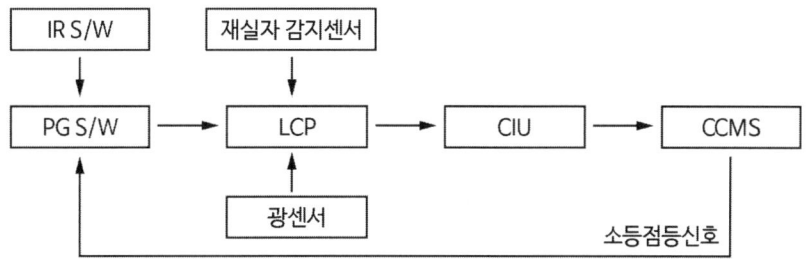

[그림] 조명 자동제어 구성도

1) 조명제어판넬(LCP: Lighting Control Panel)

(1) 조명제어를 위해 EPS 내의 조명 분전반 옆에 설치되는 조명제어기기를 포함하는 제어판넬

(2) 조명제어의 핵심 부분으로서 각 층에서 조명에 관한 메인콘트롤을 한다.

(3) LCP의 구성 시

① 분산제어장치(MCU: Main Control Unit)
- 조명상태의 정보를 수집하여 상위의 중앙관제장치(CCMS)로 신호를 송신하고, CCMS로부터 신호를 받아 하위의 LCU로 신호를 송신한다.
- 초소형 임베디드 스템으로 CCMS 이상 시 독립운전이 가능하다.

② 조명제어유닛(LCU: Lighting Control Unit)

상위의 분산제어장치와 하위의 릴레이 구동장치 간에 신호를 중계하는 장치이다.

③ 릴레이구동장치(RTU: Relay Terminal Unit)

조명전원을 직접적으로 ON/OFF 하는 장치이다.

2) 프로그램스위치(PSW: Program Switch)
  ① 분산제어장치(MCU)와 연결되는 현장제어 장치로 현재 전등의 점·소등 상태를 LED로 표시하고 해당 전등 회로를 제어할 수 있다.
  ② 신호선에 병렬로 연결되며 각 스위치에 고유 번호를 부여하여 제어 범위(개별, 그룹, 패턴별)를 설정함으로써 동작 범위를 자유로이 지정할 수 있으며, 특정 장소나 시간대별로 스위치 조작을 통제할 수 있는 스위치제어 기능이 있다.

3) 인터페이스장치(CIU: Communication Interface)
  ① CCMS와 LCP 사이의 데이터를 전송하기 위한 통신 인터페이스 장치로 CCMS로부터 제어 또는 전송 신호를 받아 LCP를 제어하고 LCP로부터 릴레이, 그룹, 패턴 등의 상태 자료를 받아 CCMS에 전송하는 역할을 한다.
  ② 내부 데이터 메모리가 있어 한대 이상의 CCMS와 동시에 데이터 전송이 가능하며 타 시스템과의 인터페이스를 위한 프로그램 메모리가 내장되어 있다.

4) 포토센서(PHS: Photo Sensor)
  ① 외부 주광의 영향을 받는 실내 창 측에 설치하여 실내 조도에 따라 창 측 회로를 단계별로 제어한다.
  ② MCU의 외부 입력 단자로 연결한다.

5) 재실자감시장치(OCS: Occupancy Sensor)
  ① 재실 여부를 감지하여 조명회로를 점등시키고 특정 관제점과 연동 제어할 수 있도록 접점출력을 제공한다.
  ② MCU의 외부 입력 단자로 연결한다.

29. 공연장의 조명설비에 대한 전원설비

1. 개요

무대전기설비의 전원을 구분하면 무대조명전원, 무대기구전원, 무대음향전원 3가지로 구분하며 변압기는 각 설비마다 구분하는 것이 최선의 방법이지만 소규모 시설에서는 변압기를 공용으로 시설한다.

2. 변압기 구성 방식

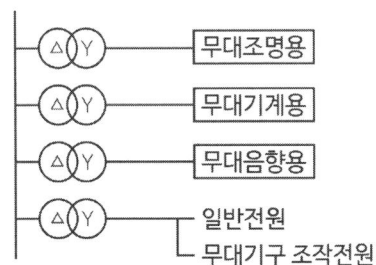

[그림] 대규모 공연장에서 무대설비 별로
변압기 구분된 경우

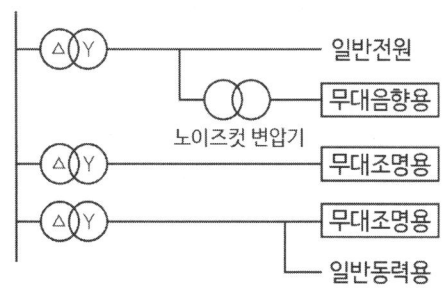

[그림] 소규모 공연장에서 무대음향설비와
무대기계설비가 다른 설비와 공용하는 경우

3. 전원용량 계산

1) 계획단계: 전원용량 계산 값(kVA) = 무대조명면적[m^2] × p

   p: 무대조명면적의 단위면적당 전원용량[kVA/m^2]

2) 실제부하: 전원용량 = (무대조명부하 + 변압조명기기 전원용량) × 수용률 × 여유율

   여유율: 1~1.2

4. 고려사항

1) 무대조명은 사이리스터에 의한 조광 조작이 행해지므로 고조파 전류가 발생하여 다른 설비의 전원에 영향을 준다.

2) 사이리스터 조광기의 경우에는 완전 평형부하로 조광도가 동일한 경우라도 100% 조광일 경우를 제외하면 중성선 전류가 0이 되는 경우는 없으며, 사이리스터를 사용한 기기의 전원 측에는 고조파 전류가 발생하게 된다. 따라서 독립된 변압기에 의해서 전원을 공급하는 것이 바람직하다.

Chapter 03

동력설비

1. 전동기 종류 및 원리

1. 전동기의 정의
1) 전기에너지를 기계에너지로 바꾸는 기기이며, 모터(Motor)라고 한다.
2) 거의 대부분이 회전운동의 동력을 만들지만 직선운동의 형식으로 하는 것도 있으며, 전동기는 전원의 종별에 따라 직류전동기와 교류전동기로 구분된다.

2. 전동기의 종류

직류	브러쉬형	Wound Field Motor	타여자 전동기, 자여자전동기(직권, 분권, 복권)
	브러쉬 레스형	Permanent Magnet Motor	-
교류	유도 전동기	단상 유도전동기	분상기동형, 콘덴서기동형, 영구콘덴서형, 세이딩코일형 등
		삼상 유도전동기	농형유도전동기, 권선형 유도전동기
	동기 전동기	단상 동기전동기	-
		삼상 동기전동기	-

※ 계자극이 자기장을 형성하는 방법에 따라서 구분한다. Wound-field motor는 계자극으로 계자철심(Pole piece)과 계자권선(Field winding)으로 구성된 전자석을 사용하며, Permanent magnet motor는 계자극으로 영구자석을 사용한다.

3. 직류전동기와 BLDC 전동기

구분	종래의 직류전동기	BLDC 모터
기계 구조	계자용 자석은 고정자 축	계자용 자석은 회전자 축 교류 동기기와 유사
특징	응답성 우수, 제어성 우수	긴 수명, 보수 간단
권선 결선	중권, 파권	대부분 중성점이 있는 Y결선이나 4상 병렬 결선을 사용
전류 방법	브러시와 정류자	사이리스터 같은 전력전자 소자
위치 검출	브러시가 자동적으로 수행	Hall 소자, 광학 엔코더
역전 방법	단자전압의 역전에 의한다.	SCR의 스위칭 상태를 바꿈

2. 모터의 정격

1. 정격

1) 모터를 계속해서 사용하면 발열에 의한 온도 상승으로 권선이 소손하여 고장이 나는 일이 있다. 이러한 온도상승을 비롯해 기계적 강도나 진동, 효율 면에서 그 모터에 보증된 사용 한도를 정격이라고 한다.

2) 출력에 대한 사용한도를 정하는 것과 동시에 전압, 주파수(주파수는 교류모터의 경우에 한함) 등을 지정한다. 각각을 정격출력, 정격전압, 정격주파수라고 정의한다.

3) **연속정격**

   정격출력으로 연속 사용할 수 있는 것을 연속정격이라 한다.

4) **단시간정격**

   지정된 일정 시간 내에서만 정격출력에 의한 운전이 가능한 것을 단시간 정격이라고 하며, 단시간정격에는 전제가 되는 시간에 따라 30분 정격이나 1시간 정격 등이 있다.

5) **정격출력, 정격토크**

   ① 모터가 정격전압 정격주파수에서 가장 양호한 특성을 발휘하면서 발생되는 출력이 정격출력이라고 한다.

   ② 정격출력으로 운전되고 있을 때의 회전속도가 정격회전속도이고, 그때의 토크가 정격토크이며, 모터가 정격출력을 발휘하고 있는 상태를 전부하, 정격출력을 넘어선 상태를 과부하라고 한다.

6) **제동시간**

   브레이크를 사용하여 정지시키는 경우는 제동의 명령으로부터 실제의 제동이 시작할 때까지의 시간을 지연시간이라고 하며, 이어서 브레이크 작동하여 정지할 때까지의 시간을 제동시간이라 한다. 제동을 요하는 시간은 지연시간 + 제동시간으로 정해진다.

3. 직류 전동기

1. 직류 전동기(DC)의 원리

1) 직류전동기 개요

1) 직류전동기는 속도제어가 용이하고, 급격한 부하변동에도 큰 토크를 발생시키고, 회전 방향을 쉽게 바꿀 수 있는 특징이 있다.

2) 단, 고가이고, 정류기와 브러쉬 주기적 교체가 필요하고, 브러쉬에서 노이즈가 발생하며, 고속화에 제한이 있다. 근래에는 전자스위칭 기술을 이용하여 브러쉬를 없앤, 브러쉬레스(Brushless) 전동기를 많이 사용한다.

3) 직류전동기 구성은 고정자(계자, 프레임)와 회전자(전기자, 정류자, Brush)로 구성되었다.

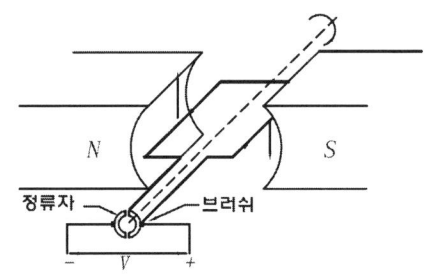

[그림] 직류전동기 동작원리

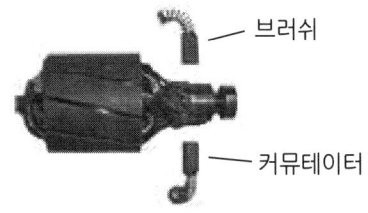

[그림] 브러쉬형 직류전동기

[그림] 브러쉬레스형 직류전동기

2) 직류전동기의 원리

① 자기장 속에 놓여진 도체에 전류를 흘리면 전자력이 작용하고, 직류기의 전기자 권선에 전압을 인가하여 전류를 흘리면 전기자가 회전하여 전동기로 작용한다.

> ※ **직류 전동기 구성**
> 1) 고정자: 자석(계자)
> 2) 회전자: 전기자, 정류자, 브러시

② 자기장 내 도선에 전류 흘리면 도선의 자기장으로 인해 도선에 작용하는 힘인 전자력이 발생

③ 전동기 회전 시 도체는 자기력선속을 끊으므로 기전력이 유도된다.

④ 기전력은 전압[V]와 반대방향으로 되고, 전기자전류 I_a [A]를 방해하는 방향으로 작용하는 역기전력이 발생한다.

- 단자전압

$$V = E + I_a R_a \, [V]$$

- 역기전력

$$E = V - I_a R_a = K_1 \varnothing N = \frac{p}{a} Z \varnothing \cdot \frac{N}{60}[V], \quad K_1 = \frac{pZ}{60a}$$

- 전동기 속도 $E = K_1 \varnothing N$ 에서

$$N = \frac{1}{K_1} \frac{E}{\varnothing} = \frac{1}{K_1} \frac{V - I_a R_a}{\varnothing}$$

- 발생한 토크

$$T = K_T \varnothing I_a \, [N \cdot m], \quad K_T = \frac{pZ}{2a\pi}$$

여기서, 전기자 저항(R_a), 자극수(p), 자기력선속($\varnothing$), 도체수(Z), 병렬회로수(a), 분당회전수(N)

2. 특수 직류전동기

1) 소형직류전동기

고정자에 영구자석, 회전자권선에 전류를 흘려 토크를 발생시킨다. 오디오, 컴퓨터 부속, 산업용 로봇, 의료기기 등에 사용된다.

2) BLDC(Brushless dc motor)

① 동기전동기에 일종으로, 일반 직류전동기와 달리 회전자가 영구자석이고, 고정자에 권선을 설치하여 브러쉬를 없게 한 구조이다.

② 소형구조로서 속도 또는 위치제어에 매우 탁월한 특성이 있어 오디오, 레코더, VTR, DVD 등에 주로 사용하며 그 용도가 증가되고 있다.

③ 구조가 간단하고, 보수가 필요 없으며, 마찰부에는 Bearing 뿐이므로 수명이 길다.

④ 미끄럼 마찰이 없어 기동특성이 좋다. 여자전류가 별도로 필요 없어 절전효과가 있다.

3) 스테핑 모터(Stepping motor)

① 스테핑 모터는 펄스 모터라고도 하며, 구동회로에 가해지는 펄스 수에 비례하여 회전각도 만큼 회전시키는 구조이다.

② 주기적으로 회전하며, 입력펄스가 정지되면 회전자도 급히 정지한다.

③ 스테핑 모터를 구동을 위해서는 마이크로 컨트롤러로 제어해야 한다.

3. 직류전동기의 종류

1) 계자권선에 전류(여자전류)를 보내는 방법에 따라서 직류전동기를 구분할 수 있다.
2) 타여자 전동기와 자여자전동기(직권, 분권, 복권)로 구분된다.
3) 직류전동기의 종류

① 타여자 전동기
속도를 넓은 범위로 세밀한 속도조정을 할 수 있으므로 대형압연기, 고급엘리베이터, 일그너방식, 워드레오너드방식의 주전동기에 사용된다.

② 분권전동기
속도가 거의 일정한 전동기로 정속도 전동기라고 하며, 계자조정기로 넓은 범위로 속도를 제어할 수 있어 철압연기, 권선기, 제지기 등에 사용된다.

③ 직권전동기
토크가 증가하면 속도가 저하되므로, 회전속도와 토크와의 곱에 비례하는 출력도 어떤 범위 내에서는 일정하므로 전차, 기중기 등 큰 기동토크를 요구하는 기기에 사용된다.

④ 복권전동기
가동복권과 차동복권방식이 있으며, 가동복권은 직권과 분권과 특성이 비슷하고, 차동복권은 기동토크가 적기 때문에 많이 사용되지 않는다.

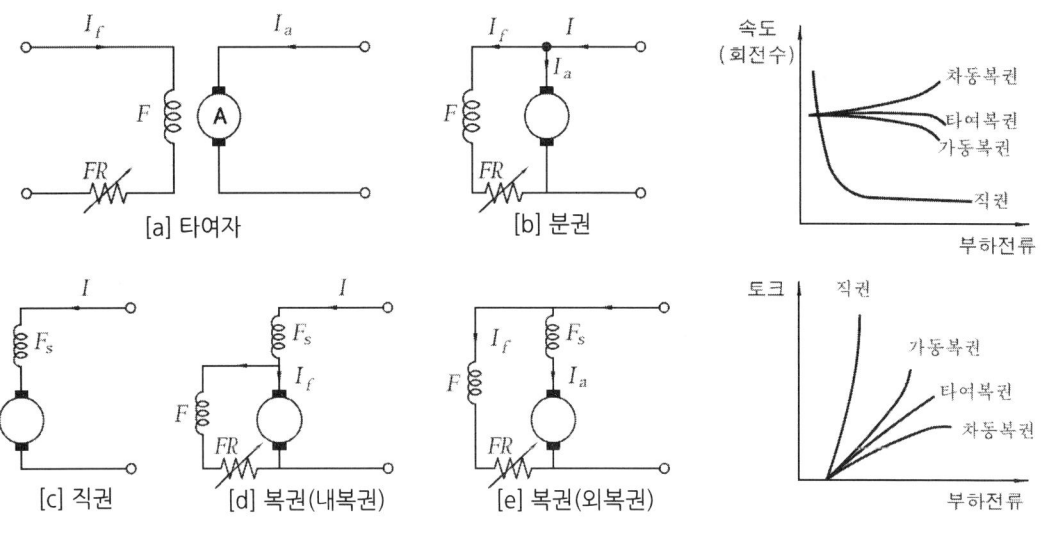

[그림] 직류전동기 결선도   [그림] 직류전동기 속도와 토크특성

4. BLDC MOTOR의 특성과 특징

1. 개요

1) BLDC 모터는 영구자석형 직류정류자 모터를 기본으로 한 것이므로 시동부터 저속 시에 토크가 크고 전압으로 회전속도를 제어할 수 있다.

2) 정류자모터 특유의 단점은 해소되었다. 전기노이즈가 없고 기계노이즈도 매우 작고, 정류자형보다 고속회전이 가능하고 수명은 길다. 단점이 계속되는 것은 토크변동이다. 토크리플이나 코깅 토크에 의한 토크변동이 발생하기 쉽다.

3) BLDC 모터의 단점은 구동회로의 존재이다. 반도체 소자가 사용되고 있기 때문에 온도 등의 환경에 대한 배려가 필요하다. 구동회로와 모터 본체와의 접속에 다수의 배선이 필요한 점도 단점이라 할 수 있다.

2. 종류별 특징

1) 이너 로터형 브러시리스 모터

① 이너 로터형 브러시리스 모터는 내전(內轉)형 브러시리스 모터라고도 하며 모터, 케이스 쪽으로 고정자코일이 있고 그 안쪽에 영구자석의 회전자가 설치된다. 이너 로터형은 회전자의 직경을 작게 할 수 있기 때문에 관성모멘트가 작아 제어하기 쉽다.

② 소형화가 가능하지만 그 때문에 강력한 자석이 필요하게 되어 비용이 소요된다.

2) 아우터 로터형 브러시리스 모터

① 아우터 로터형 브러시리스 모터는 이전(外傳)형 브러시리스 모터라고도 하며, 중심 쪽에 고정자 코일이 배치된다. 회전축을 구비할 필요가 있으므로 회전자 요크가 컵 형태로 되어 그 안쪽에 영구자석이 배치된다. 단독으로 모터로서 성립되기 위해서는 외측에 모터 케이스가 구비되지만 장치 내에 넣어지는 경우에는 모터케이스는 사용되지 않는다.

② 아우터 로터형은 영구자석이 원심력으로 벗겨지거나 파손될 우려는 없으나 회전자의 관성모멘트가 커지기 쉬우므로 빈번히 가감속을 하면서 회전속도를 제어하는 용도에는 불리하지만 일정한 회전속도를 유지하도록 하는 용도에는 적합하다.

3) 액시얼 갭(Axial gap)형 브러시리스 모터

① 액시얼 갭형 브러시리스 모터는 회전자의 영구자석과 고정자코일이 서로 마주보도록 평면상에 배치된다. 그 형상이나 제조방법으로부터 디스크형 브러시리스 모터나 시트형 브러시리스 모터, 플랫형 브러시리스 모터라고도 한다.

② 고정자코일은 철심을 사용하지 않는 공심코일이 프린트 기판 위에 배치되는 것이 대부분이다. 이 기판 위에 홀소자나 구동회로 등이 탑재되는 경우도 많다. 통상의 권선을 사용하지 않고 동판 등의 도체를 포토에칭 가공으로 제조하는 경우도 있다.

③ 액시얼 갭형은 두께에 비례해서 지름이 큰 회전자가 되기 때문에 관성모멘트가 크다. 가감속 제어 면에서는 불리하지만 일정한 회전속도를 유지하는 용도에는 적합하다. 단지 전기자 코일에는 회전 방향뿐만 아니라 회전축 방향의 힘도 작용하므로 고회전이나 고출력으로 하는 것은 어렵다.

5. 유도전동기(Induction Motor)의 원리

1. 유도전동기의 원리

1) 유도전동기의 기본원리는 아라고 원판을 이용한 것이며, 1820년 아라고(D.F. Arago)에 의해 실험된 것으로, 아라고의 원판 현상이라고도 한다.

2) 그림과 같이 반자성체인 동 또는 알루미늄으로 만든 원판을 자유롭게 돌도록 지지하고 그 주변을 자석이 시계방향으로 빨리 움직이면 원판은 자석보다 좀 더 늦은 속도로 움직인다는 원리이다.

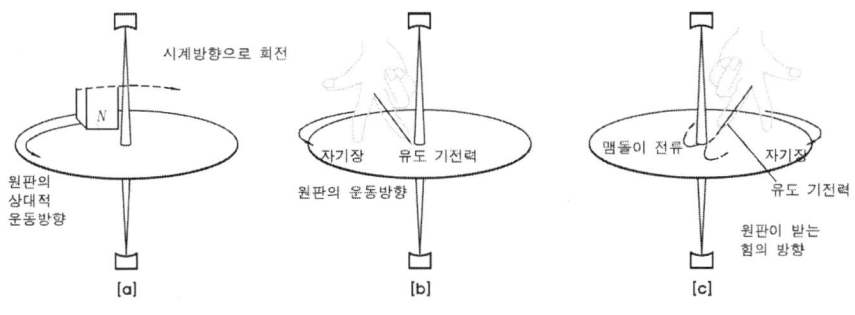

[그림] 아라고 원판의 원리

(a) 자석 N극을 시계방향으로 회전시키면 상대적으로 원판은 자기장 사이를 반시계 방향으로 움직이는 것과 같다.
(b) 따라서 플레밍의 오른손 법칙에 따라 원판의 중심으로 향하는 기전력이 유도가 된다.
(c) 기전력에 의해 맴돌이 전류가 흐르고 이 전류에 의해 플레밍의 왼손법칙에 따라 원판은 자기력을 받아 시계방향으로 회전하게 된다.

3) 자석 시계방향 회전 → 원판의 반시계방향 회전(상대적) → 플레밍의 오른손 법칙(기전력유도) → 맴돌이전류 발생 → 플레밍왼손법칙(전동력) → 원판 시계방향 회전

2. 유도전동기의 회전원리

1) 유도전동기는 도체와 자기장 사이에서 발생되는 전자유도(Induction of electro-magnet) 작용을 이용한 것으로, 플레밍의 오른손 법칙으로 기전력의 발생하는 원리와 플레밍 왼손법칙으로 전동력이 발생하여 회전자(원판)가 회전하는 원리이다.

2) 회전자는 전자유도현상을 원활히 발생시키기 위해서 구리나 알루미늄 환봉을 도체 철심 속에 넣어서 그 양쪽 끝을 원형 측판으로 구속시킨 구조이다(농형유도전동기).

> ※ 용어설명
> 1) 전자 유도: 코일을 관통하는 자속을 변화시킬 때 기전력이 발생하는 현상, 즉 코일에 전류생성 시 발생하는 자속의 변화에 따라 코일에 기전력이 유도되는 현상을 의미한다.
> 2) 유도 기전력: 전자 유도에 의해 발생된 기전력

6. 단상 유도전동기

1. 단상 유도전동기

1) 아래의 그림과 같이 외부의 자석을 회전시키면 내부에 있는 도체 원통도 유도 전동기의 회전원리에 의해서 자석의 회전방향과 같은 방향으로 도는 현상을 이용한다.

2) 또한 자극(자석) 대신에 코일을 이용하면 같은 효과를 얻을 수 있다. 즉 두 코일의 감는 방향을 같은 방향으로 하면 마치 자석의 N극과 S극이 되어 여기에 교류 전원을 연결하면 자기장이 형성된다.

3) 그러나 단상 교류에 의한 교번 자기장은 생기지만, 일정 방향으로의 회전 자기장이 생기지 않기 때문에 자체적으로 기동하지 못한다. 따라서 단상 유도전동기는 먼저 일정 방향으로 기동 회전력을 주는 장치가 있어야 한다.

2. 단상유도전동기의 기동방식

1) 회전력 발생을 위해서 별도의 기동장치가 필요하다.
2) 분상기동형, 콘덴서기동형, 영구콘덴서형, 세이딩코일형의 형태로 기동회전력을 발생시켜야 한다.

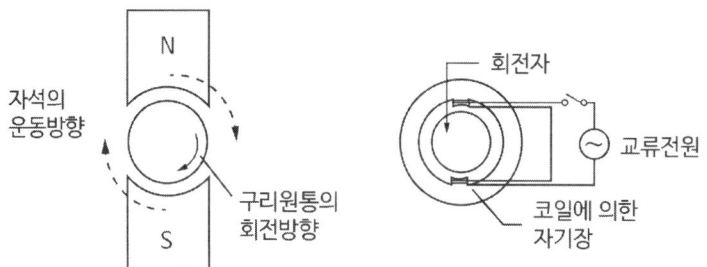

[그림] 단상유도전동기 회전원리

> ※ 단상 유도전동기 구성
> 1) 고정자: 코일로 자극 역할
> 2) 회전자: 철심에 알루미늄 환봉

7. 3상 유도전동기

1. 3상 유도전동기

1) 회전 자계를 발생하기 위하여 3상 권선을 권선한 부분을 고정자, 원판에 해당하는 부분을 회전자라 하며, 고정자 권선을 1차 권선, 회전자 권선을 2차 권선이라고도 한다.
2) 3상 고정자 권선에 교류가 흐를 때 발생하는 회전자기장에 의해서 회전자에 토크가 발생하여 전동기가 회전하게 된다.
3) 3상 유도전동기는 회전자의 구조에 의해서 농형과 권선형으로 분류한다.
4) 농형은 회전자가 알루미늄의 구조이며, 권선형은 회전자에 코일이 감겨져 있다. 농형은 권선형 비해 구조가 간단하고 값이 싸고, 취급하기가 쉬우나, 기동 전류가 크고 기동 회전력이 적어 주로 산업용 전동기에 가장 널리 사용한다.

2. 3상 유도전동기 속도-토크특성

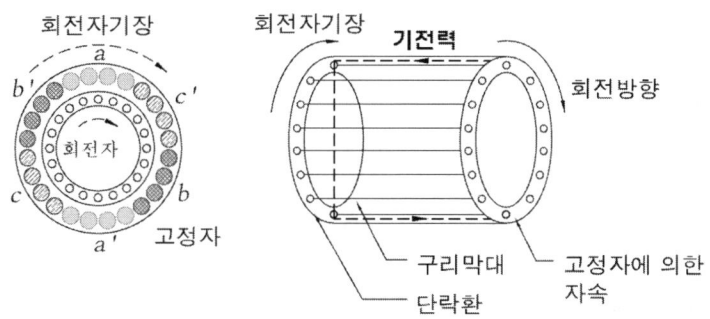

[그림] 3상 유도전동기의 구조

> ※ 3상 유도전동기 구성
> 1) 고정자: 코일이 회전자기장 발생
> 2) 회전자: 철심에 알루미늄 환봉

1) 동기속도

$$N_s = \frac{120f}{P} \, [rpm]$$

2) 회전수

$$N = N_s(1-s) = \frac{120f}{p}(1-s)$$

3) 슬립(Slip)

동기회전속도와 실제회전속도와의 차이 또는 회전자계의 회전속도와 회전자의 회전속도와의 차이를 의미한다.

$$s = \frac{동기속도 - 회전자속도}{동기속도} = \frac{N_s - N}{N_s}$$

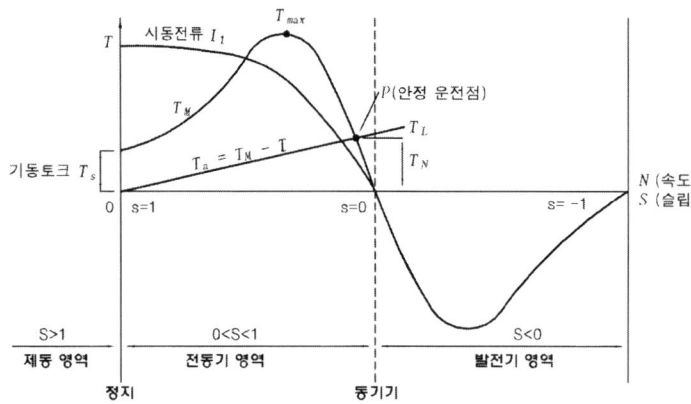

T_{max} : 전동 최대토크
T_S : 기동 토크
T_M : 자체토크(전동기토크)
T_L : 부하 토크
T_a : 가속 토크($T_M - T_L$)
T_N : 정격 토크
P점 : 안정 운전점

3. 3상 유도전동기 특징

1) 손쉽게 전원을 얻을 수 있다. 구조가 간단하고 튼튼하다. 비교적 가격이 저렴하다.
2) 취급이 간편하고 운전이 쉽다. 정속도 전동기이며 부하가 변하더라도 속도변동이 적다.

4. 3상 유도전동기 종류

1) **농형유도전동기(籠形: Squirrel cage induction motor)**
   ① 회전자는 구리나 알루미늄 환봉을 도체 철심 속에 넣어서 그 양쪽 끝을 원형 측판(Shorting ring)에 의해서 단락시킨 것으로, 모양이 다람쥐 쳇바퀴처럼 생겼다 하여 Squirrel cage 라고 한다.
   ② 회전자의 구조가 간단하고 튼튼하며 운전 성능이 좋다.
   ③ 기동 시에 큰 기동전류(전부하 전류의 500~650%)가 흐르는 것이 단점이며, 이 단점 때문에 권선이 소손되기 쉽고 공급전원에 나쁜 영향을 끼친다.
   ④ 기동 토크는 전부하 토크의 100~150% 정도

2) **권선형 유도 전동기(捲線形: Wound-rotor induction motor)**
   ① 회전자에도 3상의 권선을 감고(대개 Y 결선), 각각의 단자를 Slip Ring을 통해서 저항기에 연결한다. 저항기의 저항치를 가감하여 광범위하게 기동특성을 바꿀 수 있다.
   ② 회전자 권선으로 인하여 농형보다 구조가 복잡하다.

③ 기동전류는 전부하 전류의 100~150% 정도이고, 기동토크는 전부하 토크의 100~150% 정도이므로 상대적으로 적은 전원 용량에서 큰 기동 토크를 얻을 수 있다.

④ 기동이 빈번하여 농형으로는 열적으로 부적합한 경우 및 대용량에 많이 사용한다.

8. 동기전동기(Synchronous Motor)

1. 동기전동기의 원리

1) 동기전동기는 회전자가 권선형과 자석형으로 구별된다. 권선형은 대용량에서 드물게 사용된다. 최근에는 브러시 부착·가격상승·유지보수 문제로 권선형은 거의 사용되지 않고, 영구자석형이 주류를 이루고 있다.

2) 고정자는 유도전동기와 유사하나, 자석형은 회전자가 자석으로 구성되어 있고, 권선형은 회전자에는 직류전류를 공급하여 자극을 여자하게 한다. 단 유도전동기와는 달리 동기전동기에서의 발생토크는 회전자 내의 유도전류에 의해 생성되지는 않는다.

3) 고정자 권선에 교류에 의한 회전 자기장 속에서, 자석에 의한 회전자 토크가 발생하여 회전한다. 즉 회전계자형(Rotating-field type) 동기기라 한다.

4) 만일 부하가 회전자 샤프트에 가해지면 회전자 속도가 순간적으로 회전자계에 비해 뒤지게 되나 두 자계 간의 위상차이만 유지되면서 동기 속도로 운전이 계속된다. 만일 부하가 너무 크면 회전자는 회전자계와의 동기화를 잃고 더 이상 회전하지 않는 과부하 탈조현상이 발생한다.

5) 동기기의 역기전력은 $E_o = 4.44\,K \cdot N \cdot \varnothing$ 이다.

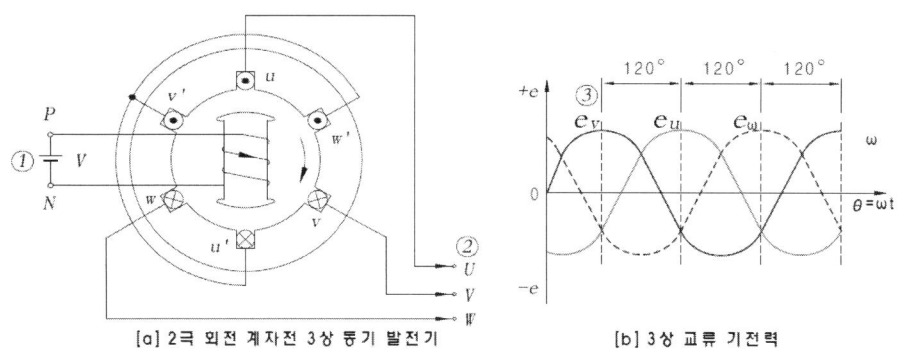

[그림] 동기전동기 회전원리

> ※ **동기기구조**
> 1) 고정자: 코일이 회전자계를 발생
> 2) 회전자: 자석 자극이용(계자)

2. 동기전동기 기동

1) 동기전동기는 자체 기동력이 없다. 회전자가 동기속도의 90% 속도에 도달할 수 있도록 도와주는 별도의 전동기가 필요하다.

2) 일반적으로 동기전동기의 회전자 구조에 농형유도권선을 설치하여 동기속도에 가까워지면 시동전동기의 전원을 끊고, 회전자는 회전자계와 결합(Lock)한다.

3. 동기전동기 특징

1) 전원주파수와 극수로 결정되는 속도로 완전 동기되어 정확히 일정한 속도로 회전한다. 부하의 증감으로 회전속도가 변화하지 않는다(slip이 없다). 역률이 항상 1이다.
2) 기동 토크가 작고 구조와 취급이 복잡하고, 권선형인 경우 여자용 직류 전원이 필요하다.
3) Convey belt용 전동기, 소형 시계 또는 Timing motor 등에 사용한다.

4. 위상특성곡선(V곡선)

1) 동기전동기는 역률을 조절할 수 있는 특징이 있다(V곡선).
2) 송전선의 전압조정 및 역률개선에 사용한 것이 동기 조상기이다.
3) 무부하 운전 중인 동기 전동기를 과여자 운전하면 콘덴서로 작용한다.
   무부하 운전 중인 동기 전동기를 부족여자 운전하면 리액터로 작용한다.

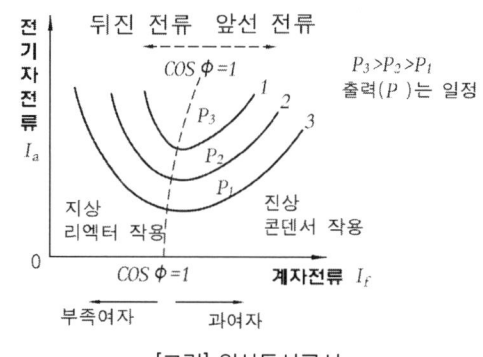

[그림] 위상특성곡선

> ※ **동기기 이상현상**
>
> 1. 난조
> 2. 자기여자현상
>   1) 무부하로 운전하는 동기발전기를 장거리 송전선로 등에 접속한 경우 선로의 충전용량(진상)에 의한 전기자 반작용(증자작용)이나 무부하 동기 발전기의 잔류자기로 인하여 전압이 상승하는 현상
>   2) 미소 전압발생 시 송전선로의 정전용량 때문에 흐르는 진상전류에 의해 발전기가 스스로 여자되어 전압이 상승하는 현상이다.
>   3) 주 발생원인은 정전용량에 의한 진상전류이다.
>   4) 방지대책
>   - 동기조상기 설치, 분로리액터 설치
>   - 발전기 및 변압기의 병렬운전, 단락비를 크게 할 것
> 3. 안정도
>   1) 불변부하 또는 서서히 증가하는 부하에 계속적으로 송전할 수 있는 능력을 정태안정도라 한다.
>   2) 계통에 갑자기 고장사고와 같은 급격한 외란이 발생하였을 때에도 탈조하지 않고 새로운 평형상태를 회복하여 송전을 계속할 수 있는 능력을 말한다.
>   3) 방지대책
>   - 단락비를 크게 할 것. 동기임피던스(리액턴스)를 작게 할 것
>   - 관성모멘트를 크게 할 것(플라이휠), 조속기 동작을 신속히 할 것
>   속응여자 방식을 채용할 것

9. 동기기의 난조(Hunting)

1. 동기기의 난조(Hunting)

1) 난조란 동기기의 축이 흔들리는 현상으로, 순간적으로 부하가 증가한 경우 부하각은 늘릴 필요가 생기며, 속도는 일시적으로 떨어지지만 관성 때문에 필요 이상의 회전자가 지연되어 부하각이 지나치게 증가해 버리고 토크가 남게 된다.

2) 이 여분의 토크 때문에 회전자가 가속되어 부하각은 감소한다. 그러나 관성 때문에 지나치게 감소하여 진동이 생긴다.   ※ 부하각: 유기기전력과 단자전압과의 위상차

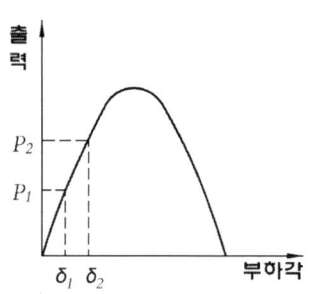
[그림] 부하증가 시 부하각의 변화

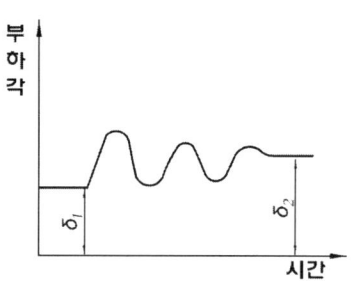
[그림] 동기기의 난조

2. 난조의 원인

1) 부하의 급변 시, 전동기의 조속기 감도가 너무 예민한 경우
2) 전기자 저항(동기임피던스)이 너무 큰 경우, 전동기 토크에 고조파가 포함되었을 때

3. 난조 대책

1) 관성 모멘트를 크게 하기 위해 플라이 휠을 설치한다.
2) 제동권선(계자극편이나 계자 철심에 별도의 자기력을 발생하는 권선을 매설)을 설치한다.

> ※ 용어설명
> 1) 여자: 전자석을 만들기 위해 계자권선에 전류를 통해서 자속을 발생시키는 것
> 2) 여자전류: 계자권선에 흐르는 전류(자속 발생)
> 3) 자속: 어떤 면을 지나는 자력선의 수
> 4) 계자권선: 자속을 발생시키기 위해서 주자극 또는 보극에 감은 권선(직류기는 고정자, 동기기는 회전자)
> 5) 계자전류: 계자코일에 흐르는 전류
> 6) 전기자: 철심과 권선으로 되어 있으며, 쇄교하는 자속과의 상대적 운동에 의해 기전력 발생부분
> 7) 쇄교: 자력선이 코일과 교차하는 것

10. 동기기의 위상특성

1. 위상특성(位相特性)의 정의

1) 권선형 동기모터에서는 회전자코일을 흐르는 전류를 계자전류나 회전자전류라고 하고, 고정자코일을 흐르는 전류를 고정자전류 또는 전기자전류라고 한다. 횡축을 계자전류, 종축을 고정자전류로 하고 일정한 부하토크에서 그래프를 그리면 동기모터의 V곡선이라 하는 V자 곡선을 그린다. 부하가 커질수록 V곡선의 위치가 높아진다.

2) 이러한 특성을 위상특성이라 하고, V자 형태의 곡선을 나타내기 때문에 V특성이라고도 한다. 각 곡선의 최소 전류점을 연결한 곡선은 역률 1인 운전이 되고, 이것보다 오른쪽 영역에서는 진(進)상역률 운전, 왼쪽의 영역에서는 지상역률 운전이 된다. 부하토크가 일정하다면 진상역률 운전의 상태에서 계자전류를 작게 하면 고정자전류는 전원전압보다 늦은 위상의 전류도 되고 역률 1로 되는 것이 가능하다. 지(遲)상역률 운전의 상태에서는 계자전류를 크게 하면 고정자 전류는 전원전압보다 진상 위상의 전류가 되고 역률 1로 되는 것이 가능하다.

2. 계자전류의 조정

1) 계자전류의 조정은 회전자코일의 회로에 직렬로 배치된 가변저항기에서 실시하는 것이 일반적이다. 부하토크가 변화하여도 회전자전류로 최적상태로 하면 항상 역률 1로 운전할 수가 있다.

2) 위상특성곡선

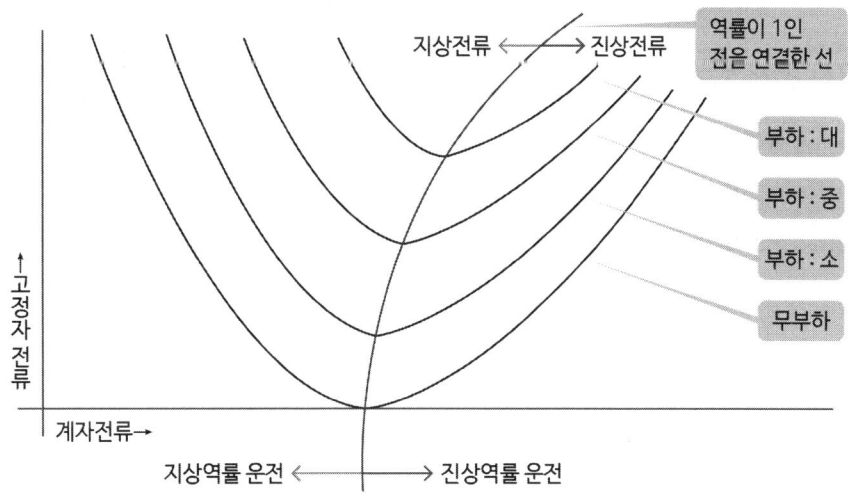

11. 전동기 기동방식의 목적 및 고려사항

1. 전동기의 기동 시 문제점

1) 유도전동기 기동 시에는 전자유도현상을 통해서 회전자를 기동시켜야 하기 때문에, 다른 전동기에 비하여 시동 시에는 많은 전압, 전류가 필요하다. 특히 농형은 권선형에 비하여 회전자에서 회전토크 발생에 도움을 줄만한 회전자 권선이 없어 순수하게 고정자의 여자전류만으로 전동기를 기동시켜야 한다.

2) 이로 인하여 유도전동기가 정격회전수에 도달할 때까지 정격전류보다 큰 전류가 흐르는데 이 전류는 전동기와 연계된 선로에 악영향을 미치게 되며, 이는 컴퓨터의 재부팅, 방전등 재점등 등의 많은 영향을 미치게 된다.

3) 이 기동전류는 전력계통에 악영향을 미치게 되므로 가급적 기동전류의 값을 억제시켜야 할 필요가 있다.

2. 전동기 기동방식의 목적

1) 초기기동전류를 제한하여 다른 부하에 전압강하 현상을 방지한다.
2) 전동기 코일의 소손을 방지한다.
3) 전동기의 기동실패를 방지한다.
4) 초기에 기동토크를 감소시켜 Water Hammer 피해를 감소시킨다.
5) 전동기의 기동을 확실히 하여 전기설비의 신뢰성을 증대시킨다.

3. 기동방식 선정 시 고려사항

1) **전동기용량 확인**
   ① 전동기의 용량에 따라서 기동방식을 선정한다.
   ② 전동기의 용량이 작으면 직입기동, 용량이 크면 Y-△ 또는 리액터 방식 등을 적용한다.

2) **전력공급상태의 확인**
   ① 소규모 전력설비에서는 단상부하 또는 삼상부하의 공급여부에 따라서 전동기의 기동방식이 결정될 수 있다.
   ② 작은 용량의 전동기는 단상방식도 가능하지만, 전동기 사용이 빈번하거나 용량이 큰 경우에는 삼상 전동기의 사용이 바람직하다.

3) **전동기 부하토크 확인**
   ① 사용되는 부하의 필요토크에 따라서 전동기 기동방식을 고려해야 한다.
   ② 부하의 필요토크가 크면, 부하의 기동 용량도 증대되어 별도의 기동방식을 선정해야 한다.

③ 유도전동기를 감 전압기동하면 토크는 전압 저감률의 제곱으로 감소하므로 감압기동을 위해 전압을 너무 저하시키면 부하 토크를 만족시키지 못하므로 전동기가 기동이 되지 않는다. 즉, 전동기의 기동 시 회전수별 토크와 부하의 필요 토크를 면밀히 검토해야 한다.

4) 기동 시의 전압강하 확인

① 기동 시 전압강하는 단시간이므로 정상부하 시의 전압변동에 비해 전체 15% 정도 허용한다.(기동 시 10%, 정상 시 5%)

② 전압강하 허용치를 초과할 경우 감전압기동, 뱅크(Bank) 분리, 변압기 뱅크 용량 증가의 방식을 채용한다.

5) 시간내량 확인

① 전동기는 각각의 시간내량을 갖고 있으므로 기동시간이 그 내량 이내인지를 확인해야 한다.

② 일반적으로 기동방식 선정 시 시간내량은 15(sec) 정도이다.

12. 전동기 기동방식의 종류

1. 기동방식의 종류

1) 직류전동기 기동방식: 저항기동법, 감압전압기동법
2) 동기전동기 기동방식: 유도전동기기동법, 3상 기동권선법, 기동전동기법
3) 단상유도전동기 기동방식: 분상기동법, 콘덴서기동형, 세이딩코일형, 반발기동형
4) 3상 농형 유도전동기의 기동방식
   (1) 전 전압 기동방식(직입기동방식: Line Start 방식)
   (2) 감 전압 기동방식
      ① Y-Δ기동(Star-Delta 기동)
      ② Reactor 기동
      ③ 기동보상기(Kondorfar) 기동(단권변압기 기동)
      ④ VVVF(Variable Voltage Variable Frequency) 기동
5) 3상 권선형 유도전동기의 기동방식: 2차 저항기동법, 2차 임피던스 기동법

2. 3상 유도전동기 기동방식

1) 직입기동(Line Start)방식

① 기동 시 전동기의 단자에 직접전압을 가하여 기동하는 방식으로 간단하여 널리 사용되고 있다.
② 기동전류는 정격전류의 5~7배까지 흐른다. 따라서 기동 시간이 오래 걸리거나 빈번한 기동일 때는 기동전류로 인해서 코일이 과열될 수 있다.
③ 일반적으로 단상 전동기 또는 3상 380V 11kW 이하 정도의 소용량 전동기에 사용한다.
   • 기동전류: 전 부하 전류의 500~700%
   • 기동토크: 정격토크의 100~200% 정도

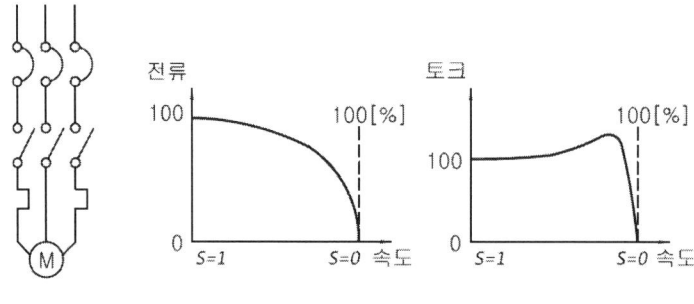

[그림] 직입기동 방식

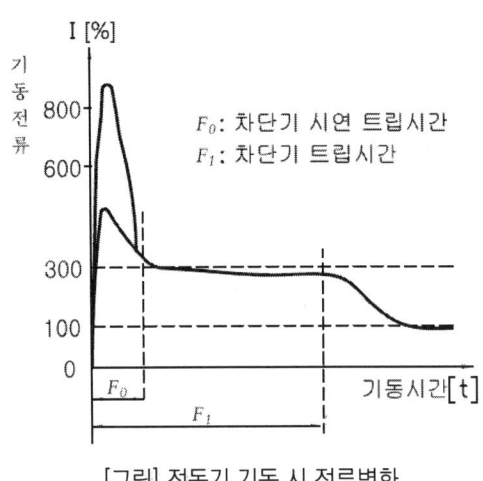

[그림] 전동기 기동 시 전류변화

가장 간단한 시동방법이지만 전원용량이 작으면 전압강하로 다른 기기에 악영향을 준다. 필요 이상의 큰 토크가 갑자기 부하에 가해지기 때문에 부하에 충격을 준다.

④ 그림과 같이 직입 기동 시 전원용량이 충분치 못한 경우 기동실패가 발생한다.

⑤ 직입기동 시 특성은 가속토크가 최대로 크므로 기동쇼크에 유의한다. 기동전류가 가장 크다.

2) Y-Δ(Star-Delta)기동

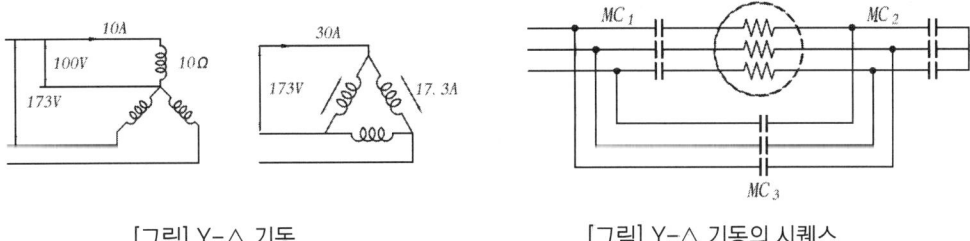

[그림] Y-△ 기동   [그림] Y-△ 기동의 시퀀스

① 기동 시는 1차 권선을 Y(Star)로 결선하여 충분히 가속된 뒤에 결선을 Δ(Delta)로 바꾸는 방법이다. 전동기의 1차 권선은 각 상의 양단에 단자를 낼 필요가 있으므로 6개의 단자가 된다.

② 또 전류도 그림과 같은 이유로 역시 1/3이 된다(편의상 전동기 1상의 임피던스를 10Ω, 선간 전압을 173V로 했다). 즉 스타-델타 기동방식에서는 시동전류도, 시동토크도 모두 직입 기동 시의 1/3 로 된다.

③ 기동방법은 처음에 MC1과 MC2 를 투입해서 Y(Star)로 결선하여 기동시키고, 회전속도가 어느 정도 가속된 후에 MC2를 개방함과 동시에 MC3를 투입해서 Δ(Delta)로 결선하여 전 전압을 인가한다.

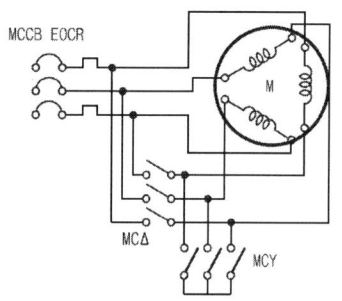 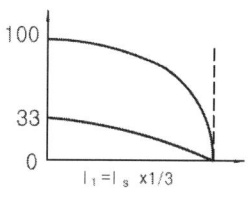 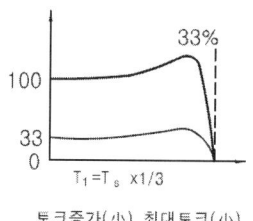

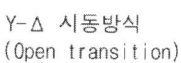
Y-Δ 시동방식
(Open transition)

토크증가(小) 최대토크(小)

④ Y에서 Δ로 투입설정시간은 보통 15[sec] 이내로 한다.

$T(\sec) = 2 + 4\sqrt{\text{모터}[kW]}$

즉, 이 시간은 기동전류가 정격전류의 0.7~1.0배된 상태까지의 시간설정이다.

3) 리액터(Reactor) 기동

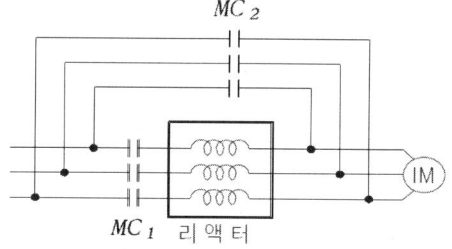

① 리액터를 직렬로 접속하여 시동하고 시동 후 단락하는 방식이다.

② 리액터의 전압강하에 의해 전동기에 걸리는 전압이 감소하여 감압시동이 되는데, 시동전압이 직입 기동 시의 $1/\alpha$ 이 되면 시동토크는 $1/\alpha^2$로 된다.

③ 55kW 이상의 농형 유도전동기에 사용된다. 기동방법은 처음에 MC1을 투입해서 리액터를 경유하여 전동기에 전압을 가하고, 후에 MC2를 투입함과 동시에 MC1을 개방하여 전 전압이 가해지게 한다.

④ 리액터 탭은 일반적으로 50-60-70-80-90(%) 이다.

⑤ 기동보상기보다 기동조작이 간단하다. 절체 시 충격이 없어야 하는 방적기계 등에 사용한다.

4) 기동보상기(Kondorfar) 기동

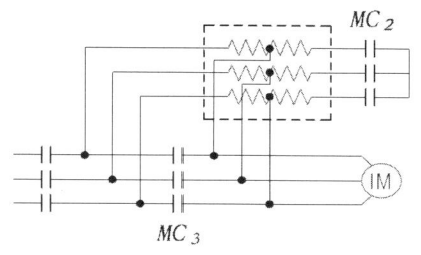

① 이는 기동용 단권변압기로 전압을 감압하여 기동하는 방법으로 가속 후에 개방(절체)한다. 변압기에 의해 선압을 낮추면 직입기동 시보다 기동토크와 기동전류는 $1/\alpha^2$이 된다. 이 또한 55kW 이상의 농형 유도 전동기에 사용된다.

② 기동손실이 적고, 전압가감하는 장점 및 토크 설정이 가능하다.

③ 가격이 비싸다. 대용량 냉동기용 컴프레서 등에 이용한다.

④ 기동보상기의 탭은 일반적으로 50-65-85(%) 이다.

⑤ 기동방법은 MC$_1$과 MC$_2$를 먼저 투입해서 단권변압기를 경유해서 감압된 전압이 전동기에 가해지게 하고 후에 MC$_3$를 투입함과 동시에 MC$_2$를 개방하여 전 전압이 가해지게 한다.

⑥ 기동보상기의 전원 접속 시 과도전류 개선을 한 콘돌퍼 기동방식이 있다.

5) VVVF 기동

① VVVF란 Variable Voltage Variable Frequency의 약자인데, 전동기에 공급하는 전압과 주파수를 반도체 회로로 변화시키는 방식이다. 전동기에 인가되는 전압이 변화하면 전류와 Torque가 변하며, 전동기의 회전속도는 주파수에 비례한다는 원리를 이용하여 전동기를 제어한다.

② 전동기를 VVVF로 제어하면 Energy의 절약이라는 긍정적인 면도 있으나, VVVF 장치에서 고조파가 발생하여 전동기 등에 악영향을 미치는 경우가 있으므로 주의하여야 한다.

3. 기동방식의 비교

구분	직입기동	Y-⊿기동	Reactor 기동	Kondorfar 기동
기동방식	전 전압	감 전압	감 전압	감 전압
용량	11kW 이하	11~55kW	55kW 이상	55kW 이상
기동전류	-	직입 기동 시의 1/3	직입 기동 시의 $1/\alpha$	직입 기동 시의 $1/\alpha^2$
기동토크	-	직입 기동 시의 1/3	직입 기동 시의 $1/\alpha^2$	직입 기동 시의 $1/\alpha^2$

※ α값은 2~2.5

13. 유도전동기 기동과 역률의 관계

1. 유도전동기의 초기 기동전류

1) 유도전동기 기동 시 순간적인 높은 전류가 흐르면 역률이 낮아진다.

2) $I_S = \dfrac{E}{Z} = \dfrac{E}{R+jX}$ 에서 저항성분은 리액턴스 성분에 비해 매우 작으므로 무시하면,

$I_S = \dfrac{E}{jX} = \dfrac{-jE}{X}$

3) 즉, 기동 시 전류 I_S는 전압에 비해 약 80도 뒤진 성분으로 저역률 대전류가 흐르게 되어 유도전동기 초기에 많은 전류가 흐르게 된다.

2. 역률 저하

무효분이 많아지고, 무효분으로 인한 전압강하 또는 플리커 현상 등이 발생할 수 있다.

3. 전압변동 발생

1) 전동기 직입기동 시 정격전류에 약 6~7배의 돌입전류가 흐른다.

2) $E = I_S \cdot Z$ 에서 전동기 내부 코일에 임피던스가 일정하다고 가정하면, 전류의 크기가 상승되면 상대적으로 전압은 강하되고, 초기 기동 시 미소시간 동안은 경부하로 될 경우가 많고 경부하 시에는 역률이 매우 낮음으로 무효전력은 증가하기 때문에 전압강하로 인한 전압변동이 발생한다.

14. 직류전동기 속도제어 방식

1. 동작 원리

1) 자극철심, 전기자철심, 계자권선, 정류자 및 브러시로 구성되어 있다.
2) 브러시에 직류전압을 인가하면 플레밍의 왼손 법칙에 의해 회전한다.
3) 회전자가 180도 회전 후 정류자에 의해 극성이 바뀌어 계속해서 회전한다.

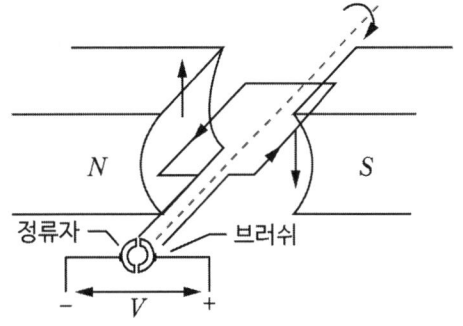

2. 직류전동기의 특징

1) 일반적인 특성

① 기동토크가 크다.
② 속도제어 용이 및 속도제어 시에도 효율이 좋다.
③ 교류전동기에 비해 고가이다.
④ 정류자와 브러시가 있어 구조 복잡 및 정기적 유지보수가 필요하다.
⑤ 기계적인 접촉이 있어 불꽃의 발생에 따른 노이즈 악영향이 있다.

2) 분권전동기

① 계자권선이 전기자 권선과 병렬로 접속
② 회전수

$$N = \frac{V - R_a I_a}{K \Phi}$$

③ 속도는 전류의 증가와 더불어 직선적으로 감소
④ 속도변동률이 매우 적어 정속도 전동기
⑤ 넓은 범위의 속도제어 가능-압연기, 권선기, 제지기 등에 사용

3) 직권전동기

   ① 전기자권선과 계자권선이 직렬로 접속

   ② 속도는 부하전류의 크기에 반비례

   ③ 부하변동이 심하고 큰 기동토크가 요구되는 곳에 많이 사용

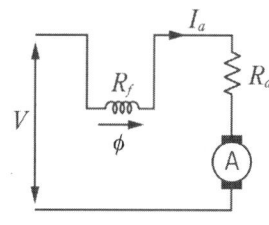 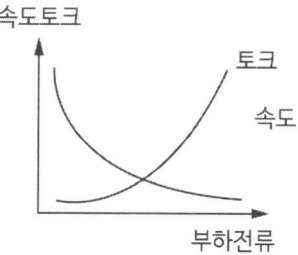

4) 타여자 전동기

   속도를 넓은 범위로 세밀하게 조정할 수 있으므로 대형압연기, 고급 엘리베이터, 일그너 방식 또는 워드레오나드 방식의 주 전동기로 사용한다.

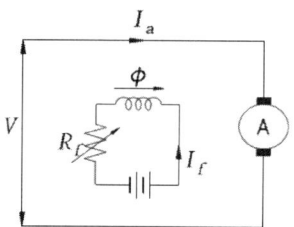

[그림] 타여자 전동기

5) 복권전동기

   (1) 가동복권 전동기

   ① 속도 및 토크특성은 분권전동기와 직권전동기와 중간 특성이다.

   ② 직권계자 기자력이 크면 직권전동기 특성에 가깝게 된다.

   ③ 분권계자 기자력이 크면 분권전동기의 특성에 가깝게 된다.

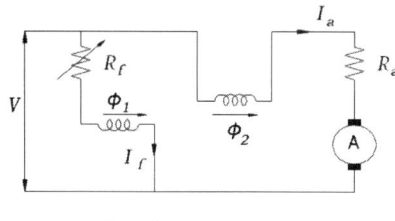 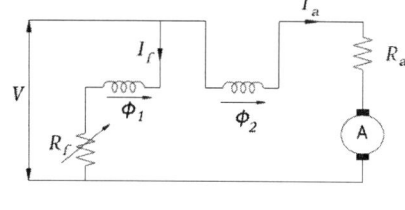

[그림] 가동복권   [그림] 차동복권

   (2) 차동복권 전동기

   ① 직권계자 기자력이 분권계자 기자력을 상쇄하도록 접속한다.

   ② 부하가 증가함에 따라 자속이 감소하여 속도가 상승 부하증가에 따른 회전속도의 저하를 보상한다.

   ③ 그러나 부하전류가 증가하여 직권계자 기자력과 분권계자 기자력이 같아지면 자속은 영이 되고 부하전류가 그 이상 증가하면 자속이 방향이 반대가 되어 전동기가 역회전하는 경우가 있고 기동토크가 작아서 별로 사용되지 않는다.

3. 속도제어

1) 속도제어

(1) 직류전동기의 회전속도

$$n = K_1 \frac{V - I_a R_a}{\Phi}$$

K_1: K의 비례상수
Φ: 자속[wb]
V: 단자전압[V]

(2) 제어원리

① 계자제어: 분권계자 권선에 직렬로 가변저항을 접속 계자전류를 가감 자속Φ를 변화

② 저항제어: 전기자에 직렬로 저항을 접속하여 R_a의 값을 변화

③ 전압제어: 전기자에 가해지는 전압을 V를 변화

2) 워드레오나드 방식

직류발전기와 발전기를 구동하는 전동기를 설치하여 발전기 계자 증감시켜 주전동기의 속도를 정밀 조정

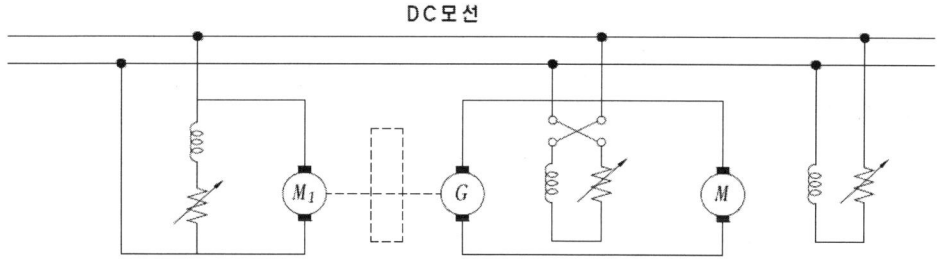

3) 일그너 방식

워드레오나드 방식의 직류발전기 구동용 전동기를 교류전동기로 바꾸고 교류전동기와 발전기(M-G Set) 사이에 큰 Fly wheel을 넣은 것이 일그너 방식

4) 사이리스터 레오나드 방식

① 교류를 사이리스터 브리지로 정류하여 전동기에 공급

② 전압의 크기는 위상제어로 사이리스터의 점호각 변화로 조정

4. 결론

최근 전력전자 산업의 발달로 Brush와 정류자라는 기계적인 스위치를 반도체 스위치를 사용하여 구현한 전동기를 사용 - BLDC 모터

15. 농형 유도전동기 속도제어 방식

1. 개요

1) 유도전동기의 회전속도는 $n = n_s(1-s) = \dfrac{120f}{p}(1-s)\,[rpm]$으로 표시된다. 따라서 전동기의 속도를 변화시키려면 전동기의 극수 P, 전원주파수 f, 슬립 s를 변경하는 방법을 사용한다.

2) 또한 유도전동기의 토크는 전압의 제곱에 비례하므로 1차에 가해지는 전압의 크기를 조절하면 속도가 가변하며, 권선형 유도전동기의 경우는 2차 저항을 변화시켜 비례추이에 의한 속도를 제어한다.

2. 속도제어법의 구분

1) 농형 전동기: 극수변환, 주파수제어, 전압제어, 전자 카프링제어
2) 권선형 전동기: 2차 저항제어, 2차 여자제어

3. 농형유도전동기의 속도제어

1) 극수변환제어

① 전동기의 회전수는 극수에 반비례하므로 고정자 권선의 접속을 변경하여 극수변환으로 속도를 제어하는 방법이다.
② 극수 변환방식은 결선방법상 8극 → 4극, 12극 → 6극 등과 같이 1:2의 변속비로 한다.
③ 특징: 간단하고, 고효율이며, 2~4단 속도변환이 가능하다.
④ 적용: 엘리베이터, 공작기계, 송풍기 등에 사용한다.

2) 주파수 제어(VVVF)

(1) 인버터로 주파수를 변환하여 회전속도를 제어하는 방법이다.
(2) 제어원리

전동기의 속도는 주파수에 비례하므로 AC전압을 Converter에 의해 DC로 변환하고 Inverter를 사용하여 주파수 AC전압으로 변환시켜 속도제어를 하는 방식으로 구성되어 V/f 일정제어를 한다.

$$V \fallingdotseq k\phi N \fallingdotseq k\phi \dfrac{120f}{P}$$

여기서, P: 극수
ϕ: 자속

위 식에서 극수 P를 고정하여 전동기를 운전하는 경우 회전자계의 자속 ϕ는
$V/f = K\phi$의 관계가 있으므로,

① 전압 V를 일정하게 하고 주파수 f를 변환시키면 주파수가 감소할수록 ϕ가 증가하여 토크가 증가하게 된다[그림 1].

② 따라서 ϕ를 일정하게 유지하기 위해서는 주파수와 전압을 동시에 변화시켜 V/f 일정하게 속도제어를 함으로써 일정한 크기의 토크를 가지고 속도제어를 하는 것이다[그림 2].

결국 주파수 변환에 의한 속도제어를 원활하게 하기 위해서는 주파수와 전압을 동시에 변화시키는데 이를 VVVF제어라 한다.

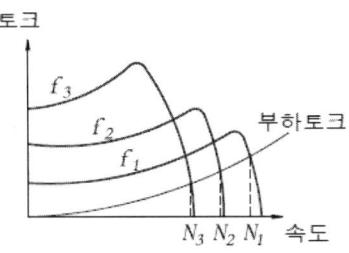

[그림1] 속도-토크특성(주파수만 제어)

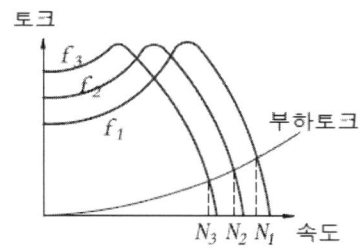

[그림2] 속도-토크 특성(V/f 제어)

(3) 속도-토크 특성

주파수 감소에 따라서 토크는 $T_1 \sim T_3$로 변화한다. 부하의 속도-토크 특성이 T_L이라면 회전속도는 N_1, N_2, N_3 점에 대응하는 속도가 된다.

(4) 특징

① 속도제어가 광범위하다. ② 고효율 및 고속운전을 한다.
③ 자동화가 가능하다. ④ 제곱저감토크 부하인 펌프, 송풍기 등에 적용된다.

3) 1차 전압제어(VVCF)

① 제어원리

유도전동기의 슬립이 일정하다면 토크는 1차 전압의 제곱에 비례하기 때문에 1차 전압을 제어하여 속도를 제어한다.

$$T \propto s V_1^2 \left(T \fallingdotseq \frac{s V_1^2}{n_0 r'_2} \right)$$

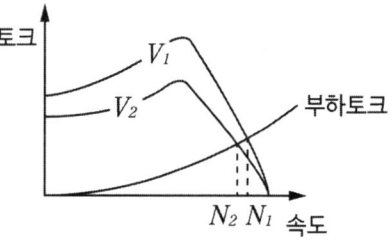

[그림] 속도-토크 특성

② 속도-토크 특성

1차 전압을 변화시키면 그림과 같이 토크-슬립 곡선이 변하므로 인가전압을 V_1에서 V_2로 제어(감소)하면 부하토크 T일 때 속도는 N_1에서 N_2로 변화(감소)된다.

③ 특징

전압제어는 사이리스터 교류스위치가 사용된다. 따라서 제어범위는 좁지만 간단하여 소형 전동기에 사용된다.

16. 권선형 유도전동기 속도제어 방식

1. 권선형 유도전동기의 속도제어

1) 2차 저항제어(비례추이)

(1) 제어원리

① 유도전동기의 비례추이 특성을 이용하여 2차 회로에 저항을 삽입하여 저항을 변화시켜 속도를 제어하는 방법이다.

② 비례추이 특성: 유도전동기에서 2차 저항 r_2를 m배하면 슬립 ms에서 동일한 토크가 발생하게 되어 $\dfrac{r_2}{s} = \dfrac{mr_2}{ms}$ 가 성립하는 것을 말한다.

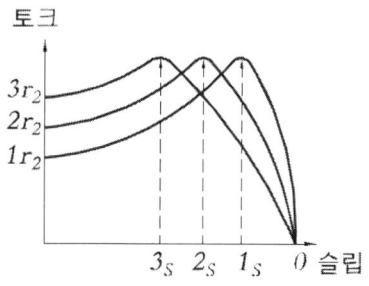

[그림] 2차 저항의 변화에 따른 속도-토크 특성

(2) 속도-토크 특성

부하의 토크특성이 T_L이면 2차 저항의 변화에 따라 속도가 $3s$, $2s$, s로 변한다.

(3) 특징

① 2차 회로에 가변저항을 삽입하여 제어하므로 2차 저항손실이 발생한다.

② 조작이 간단하고, 속도제어가 원활하여 권상기·기중기 등에 사용한다.

2) 2차 여자제어방식

(1) 제어원리

유도전동기의 2차 회로에 전압 V를 가하여 2차 회로에 걸리는 전압을 $(sE_2 - V)$로 하여 속도를 제어하는 방법이다.

(2) 속도-토크특성

① 유도전동기의 2차 전류는 $I_{2s} = \dfrac{sE_2}{\sqrt{r_2^2 + (sx_2)^2}}$ 의 관계에서 2차 기전력에 전압 V를 가하고 극성을 바꿔가며 속도를 제어하는 방식이다.

② 2차기전력에 전압 V를 sE_2와 반대방향으로 가하면 2차 전류는 $I_2 = \dfrac{sE_2 - V}{r_2}$의 관계에서 $(sE_2 - V)$도 일정하게 된다. 따라서 V를 크게 하면 sE_2의 값이 커야하므로 슬립 s가 증가하여 속도는 감소하고, 반대로 V를 적게 하면 속도는 증가하게 된다.

③ 전압 V를 sE_2와 같은 방향으로 가하면 $(sE_2 + V)$가 되어 V만으로 부하토크에 상당하는 I_2를 흘릴 수 있어 $sE_2 = 0$이 되므로 동기속도로 회전하고 V를 더욱 증가시키면 s는 (-)값이 되고 동기속도보다 높아지게 된다.

(3) 특징

① 인가전압에 따라 동기속도의 상하로 광범위하게 속도제어가 가능하다.

② 고역률, 고효율 제어가 가능하다.

③ 2차 여자방법에는 크레이머 방식과 셀비우스 방식이 있다.

④ 압연기, 펌프, 송풍기 등 대용량에 사용한다.

17. 인버터 제어방식(VVVF)

1. 개요

1) VVVF(Variable Voltage Variable Frequency)시스템이란 가변전압, 가변주파수 제어장치 또는 인버터제어장치라고 하며, 유도전동기의 가변속 구동장치로 사용한다.

2) 유도전동기를 임의 속도로 운전하기 위하여 주파수를 가변시킬 수 있는 전력변환기이다.

2. VVVF시스템의 원리와 구성

1) 유도전동기의 회전속도

① 유도전동기의 회전속도는 극수 P, 전원주파수 f, 슬립 s에 의해 결정된다.

회전속도 $n = \dfrac{120f}{p}(1-s)\,[rpm]$

② VVVF는 인버터 제어장치로 주파수를 변화시켜 속도를 제어한다.

③ 주파수 변환은 컨버터로 AC전압을 DC전압으로 변환하고 인버터로 원하는 주파수의 AC전압으로 변환한다.

2) V/f 일정제어

① 전동기에서 회전자계의 자속 ϕ, 전압 V, 주파수 f와는 $V/f ≒ k\phi$의 관계가 있으므로 전압 V를 일정하게 하고, 주파수 f를 변화시키면 저주파시 ϕ가 크게 되어 철심포화로 큰 전류가 흘러 전동기가 소손된다. 따라서 ϕ를 일정한 값으로 하여 속도제어를 하기 때문에 V/f 일정제어를 한다.

② 전동기의 입력 주파수와 전압을 동시에 변화시켜 전동기 속도제어를 하는 장치를 VVVF 제어라 한다. 범용전동기에는 전압형 인버터가 주로 사용된다.

3) VVVF 구성

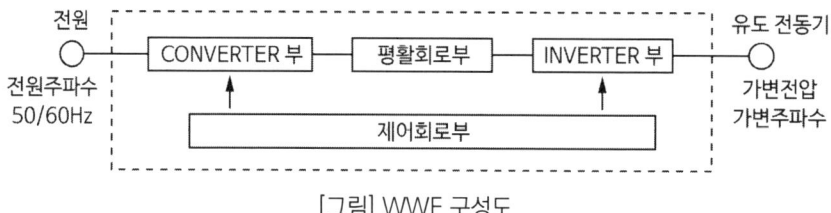

[그림] VWF 구성도

① Converter부: 전력전자소자(3상 전파정류회로와 평활회로)를 이용하여 AC를 DC로 변환시킨다.

② Inverter부: Converter부의 DC를 AC로 역변환시킨다.

③ 제어부: 연산, 검출, 구동회로로 구성되며 인버터의 출력, 주파수 및 전압제어 등 각종 보호기능이 동작한다.

3. VVVF의 종류 및 특징

1) 인버터의 종류

(1) 주회로 방식에 의한 분류

① 전압형 VVVF
- 컨버터부에서 직류전압을 제어하며 제어된 전류전압은 인버터에서 교류형태로 변환하여 전동기에 공급하는 제어방식이다.
- 전압원을 직류부에서 교류로 변환 제어성이 우수하고, 전압원으로서 직류전원을 공통으로 사용할 수 있어 범용성이 높다. 예 PAM 방식, PWM 방식

② 전류형 VVVF
- 컨버터부에서 직류전류를 제어하며, 제어된 직류전류는 인버터에서 교류형태로 변환하여 전동기에 공급하는 제어방식이다.
- 전류원을 직류부에서 교류로 변환 적응성이 우수하다. 예 자여자 전류, 타여자 전류

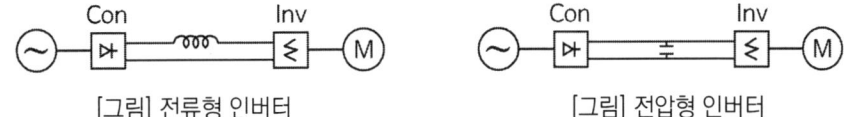

[그림] 전류형 인버터   [그림] 전압형 인버터

(2) 변조방식에 의한 분류

① PWM방식
- Converter출력을 일정하게 하고 Inverter 출력을 V/f 일정비율로 제어한다.
- 인버터부에서 주파수와 전압을 동시에 제어할 수 있으며, 이 변조는 정현파에 가까우므로 고주파가 거의 없다. 따라서 중소용량의 인버터에 폭넓게 사용된다.

② PAM 방식: 고조파 영향으로 최근에 사용하지 않는다(방향파 방식).

(3) 인버터 제어방식에 의한 분류

① V/f 제어
② 슬립주파수제어
③ 벡터제어방식

2) VVVF 장치의 필요성

① 범용모터를 그대로 사용가능하다(V/f 제어).   ② 속도제어 범위가 넓다(1:20 이상).
③ 각종 자동제어가 용이하다.   ④ 에너지 절약효과가 높다.
⑤ 고속운전이 가능하다.   ⑥ 전기적으로 회생제동을 할 수 있다.
⑦ 높은 빈도의 운전 및 가능하다.   ⑧ 정토크, 정출력 특성을 얻을 수 있다.

18. 인버터 구성과 보호회로

1. 인버터 구성과 기능

1) 구성

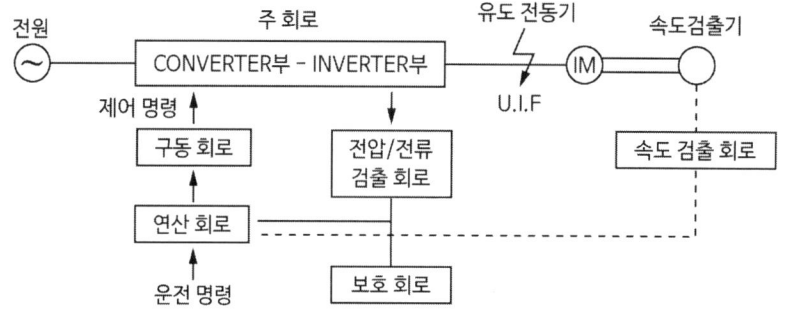

2) 주회로 구성

컨버터, 인버터, 평활회로, 브레이크 회로

3) 제어회로 구성

구분		특징
연산회로		외부의 속도 토크와 검출회로의 존류, 전압신호 비교 연산하여 인버터의 출력 전압과 주파수 결정
전류 검출회로	CT	교류만을 검출
	션트	교류, 직류 양용, 절연증폭기 필요
	홀 CT	교류, 직류 양용, 온도 드리프트 있음
전압 검출회로	PT	교류만을 검출
	저항 분압	교류, 직류 양용, 절연증폭기 필요
구동 회로		주회로소자(싸이리스터, 트랜지스터, GTO, 광 싸이리스터)를 구동하는 회로, 제어회로와 절연
속도 검출회로		속도 검출기(TG, PLG 등)로부터 신호를 연산회로에 보냄
보호 회로		전압, 전류 검출 및 과부하나 과전압 시 회로 보호

4) 아날로그와 디지털 제어

구분	아날로그 제어	디지털 제어
안전·정밀도	오차 영향을 받기 쉬움	오차 영향이 적음
조정	재조정이 필요하고, 조정 시 번잡	재조정이 필요 없고, 설정이 쉬움
부품수	많음	적음
분해능	미세한 제어가능	미세한 제어 시 주의 필요
연산속도	병렬연산일 고속	샘플링 시간과 처리시간 결정
내노이즈성	영향이 적음	노이즈 영향 받기 쉬움

2. 보조회로

1) 인버터 보호

구분	특징
순시 과전류 보호	인버터, 콘버터 이상 전류 시 운전을 멈추고 전류 차단
과부하 보호	인버터 과부하 시 차단, 반한 시 특성, 전자 서열 회로 구성
회생 과전압 보호	전동기 감속 시 회생전력에 의한 과전압을 보호, 급격속 제어
지락 과전류 보호	부하 측 지락보호, 인체 안전을 위해 누전 릴레이 설치
순시 정전 보호	순시정전($10ms$) 시 검출하여 운전정지
냉각팬 이상	냉각팬 이상 시 온도를 검출하여 인버터 운전정지

2) 유도전동기 보호

구분	특징
과부하 보호	저속 운전 시 과열을 고려할 경우, 온도검출기 등으로 검출, 동작 빈도가 늘어날 시에는 모터부하 경감, 인버터 용량증가 등 검토 필요
과주파수 보호	인버터 출력 주파수, 전동기 속도가 규정 값 초과 시 정리

3) 기타의 보호

구분	특징
과전류 실속 방지	과전류 보호회로가 차단 시 부하전류 감소 시까지 주파수 억제
회생 과전압 실속 방지	감속 시 전압 상승으로 인한 회생 과전압 보호회로 동작방지

19. PWM(Pulse Width Modulation)제어 인버터

1. 인버터의 원리

전력용 반도체(Diode, Thyristor, Transistor, IGBT, GTO)를 사용 상용교류전원을 직류전원으로 변환시킨 후 다시 임의의 주파수와 전압의 교류로 변환시켜 유도전동기의 속도를 제어한다.

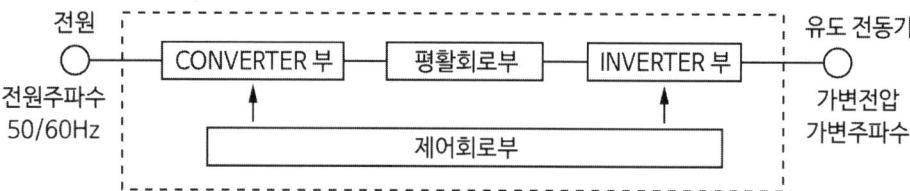

2. 인버터의 종류

1) 인버터의 종류

① 회로구성에 따른 분류: 전압형(PAM방식, PWM방식), 전류형

② 스위칭소자에 따른 분류: MOSFET, GTO, IGBT, 고속 SCR

③ 제어방식에 따른 분류: V/F제어, SLIP주파수제어, 벡터제어

2) 전압형과 전류형

구분	전압형	전류형
개념도		
원리	전압의 주파수를 변환하여 회전수 변화 평활부는 콘덴서이다.	전류 주파수를 변환하여 회전수 변화 평활부 리액터이다.
특징	출력전류가 정형파에 가까워 토크 맥동이 없이 원활한 운전 특성 범용 유도전동기와 최적 조합 300[kW]급까지 적용 가능	토크 특성 우수, 제어 응답성 양호 출력전류가 구형파에 가까워 토크 맥동이 큼 전동기와 인버터의 임피던스정합 필요 75[kW]급 이상의 전동기에 사용

3. PAM방식과 PWM방식

종류	구성도
PAM	컨버터부에서 직류전압으로 가변 인버터부에서 주파수가변하여 제어 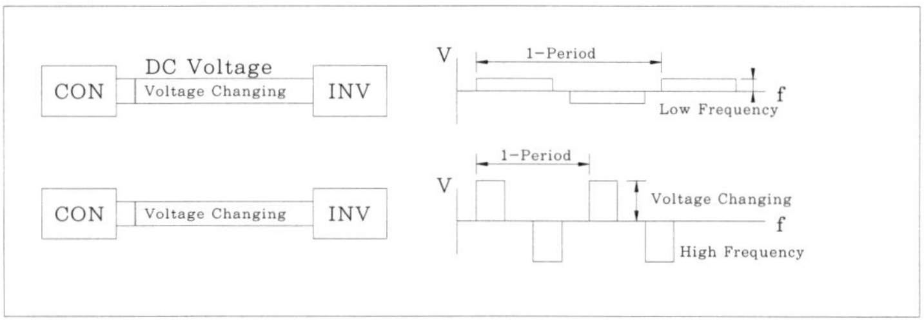 CON — DC Voltage Voltage Changing — INV / V 1-Period Low Frequency f CON — Voltage Changing — INV / V 1-Period Voltage Changing High Frequency f
PWM - 부동 펄스폭	컨버터부에서 일정 직류전압 만들고 인버터부에서 전압과 주파수 동시가변 펄스폭이 중앙부에서 양단으로 좁아짐 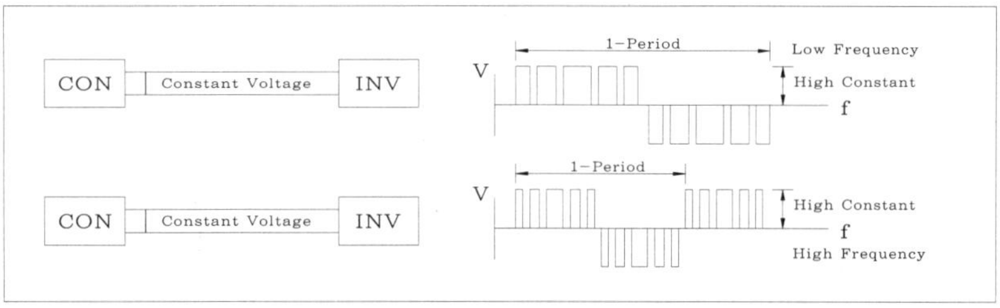 CON — Constant Voltage — INV / V 1-Period Low Frequency High Constant f CON — Constant Voltage — INV / V 1-Period High Constant High Frequency f
PWM - 등 펄스폭	펄스폭이 1/2주기에 있어서 같은 간격임 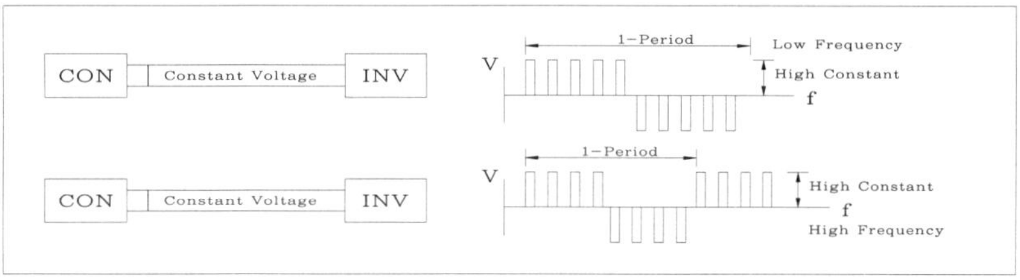 CON — Constant Voltage — INV / V 1-Period Low Frequency High Constant f CON — Constant Voltage — INV / V 1-Period High Constant High Frequency f

4. PWM인버터의 구성

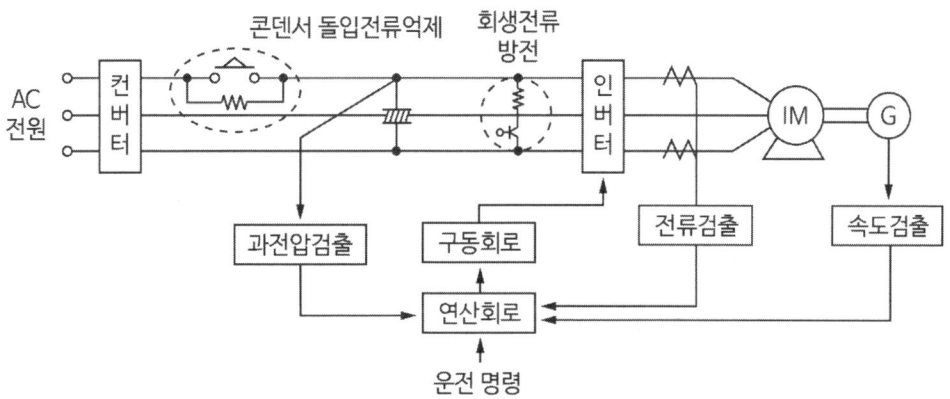

5. 제어효과

1) 정밀한 속도제어, 역률제어가능
2) 효율적인 속도제어: 저속에서 손실저감 큼

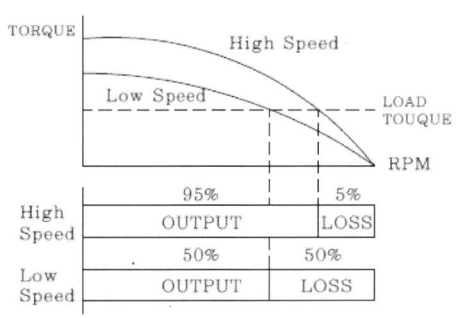

[그림] 슬립(S) 제어 시 손실

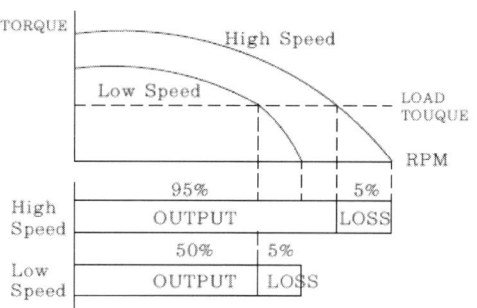

[그림] 주파수(f) 제어 시 손실

3) 에너지 절감효과 우수

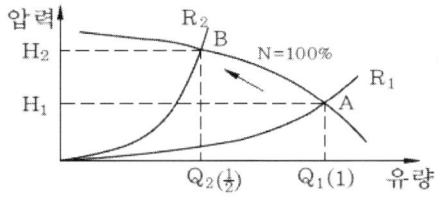

[그림] Damper 제어 시 에너지 소요량

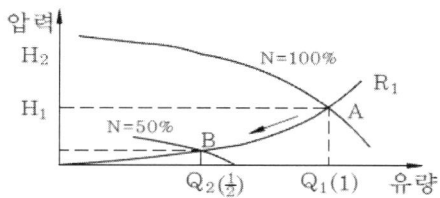

[그림] 인버터 제어 시 에너지소요량

① 2승 저감 토크 부하에서 에너지 절감효과 우수
② 축동력 $P=(9.8QH/60 \times \eta) \times 10^{-3}[kW]$ 이고, $Q \propto N$ $H \propto N^2$ $P \propto N^3$ 이므로
   만약, 회전수 50% 감소 시 축동력은 $P \propto N^3 = (0.5)^3 = 0.125$
   ∴ 12.5%로 이론상으론 87.5%의 소비전력 절감효과가 있음

6. 장·단점 비교

장점	단점
• 광범위한 속도제어 가능 • 정밀제어가 가능(생산성 향상) • 조작이 간단 • 기동전류 감소(Soft Start 가능) • 기설된 유도전동기에 사용가능 • 유지보수 간단 • 전압-토크 특성을 쉽게 바꿀 수 있음	• 고조파 장해 대책 필요 • 전동기 측 진동과 공진 • 원심응력 반복에 따른 피로 증가 • 전류 증가 온도상승

20. 제곱저감토크 부하의 에너지 절약

1. VVVF의 적용으로 인한 에너지 절약

1) 에너지절약 대상부하
부하특성이 유량의 변화에 따라 제곱저감 토크(Torque)의 특성을 갖는 부하로 Fan, Blower, Pump 등이 있다.

2) 제곱저감토크 부하의 제어방식
① 일정속도 모터에 의한 단순 On/Off 제어
② Valve나 Damper에 의한 제어
③ VVVF 제어

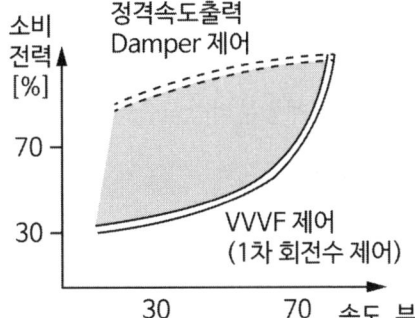

[그림] VVVF제어방식의 소비전력 비교

2. Fan, Blower, Pump 관계식

1) 유량: $Q = R_1 \cdot N$

2) 압력(양정): $H = R_2 \cdot N^2$

3) 축동력: $P = R_3 \cdot N^3$

3. 제어방식과 소비전력의 비교

① 정격속도 출력 Damper제어, ② 정격속도 입력 Damper제어, ③ VVVF제어

(1) 소비전력의 크기: ① > ② > ③

(2) ②의 곡선과 ③의 곡선 사이공간이 입력 Damper제어방식과 VVVF방식의 에너지절약을 표시하는 공간이다.

21. VVVF방식 채용 시 문제점과 대책

1. VVVF방식 채용 시 문제점과 대책

1) 원심동력의 반복에 따른 피로누적문제
기계 Shaft의 기계적 강도를 높인다.

2) 온도상승문제
① 전동기 저속 운전 시 냉각 Fan의 풍량저하로 냉각효과가 감소한다.
② 특히 정격속도 20% 이하로 장시간 운전할 경우 별도 전동기 냉각대책을 고려하여 별도 전원에 의한 냉각 Fan을 설치한다.

3) 고조파 및 Noise의 영향
① 원인: Thyristor 등에서 유출된 고조파 전원 측 영향에 대하여 검토한다.
② 영향: 통신장해, 소음·진동, 병렬콘덴서의 소손이 있다.
③ 대책: PWM 방식 VVVF 사용, 고조파 Filter 설치, 계통분리방식을 채용한다.

4) 전동기 Torque의 맥동 및 소음
① 원인: 고조파에 의한다.
② 대책: 공진주파수 By-pass, VVVF와 Moter 사이에 소음방지용 리액터를 설치한다.

5) 역률개선용 콘덴서 삽입금지
① 컨버터의 교류 측 또는 직류 측에 리액터를 설치해서 전류를 평활하게 하는 방법을 채택한다.
② 진상용 콘덴서를 입력 측에 설치해도 역률이 개선되지 않으며, 출력 측에 설치하면 고조파 전류유입으로 콘덴서가 파괴된다.

6) 전동기 축에 진동과 공진 발생
① 설계 시 사용속도 범위에서 기계공진이 발생하지 않도록 설계한다.
② 공진점 부근에서 연속운전을 금지한다.
③ 전동기 구동전류의 고조파차수를 올리고 고조파 토크를 적게 한다.

22. 전동기 벡터제어

1. 벡터제어방식의 원리 및 구성

1) 원리

(1) 벡터제어란 교류전동기의 전류를 자속을 발생하는 여자전류성분과 토크전류성분으로 분해하여 각각 독립적으로 제어하는 방식이다.

- 자속발생 → 여자전류
- 토크발생 → 토크전류

(2) 전동기의 전기적 변수의 크기와 방향을 동시에 제어하는 기법으로 공간상에 자속에 기준하여 전류의 크기와 방향을 제어하는 기법이다.

(3) 기준자속의 위치를 측정 및 계산하고, 고정자전류를 기준 자속과 일치하는 성분과 직교하는 성분으로 분해하여 각 성분을 독립적으로 제어하는 기법이다.

(4) 즉 전동기전류, 회전속도, 지령주파수, 등가회로정수 등을 마이크로프로세서를 사용하여 전동기의 1차 전류를 벡터적으로 자속방향의 여자전류성분과 2차 전류성분으로 분리제어 한다.

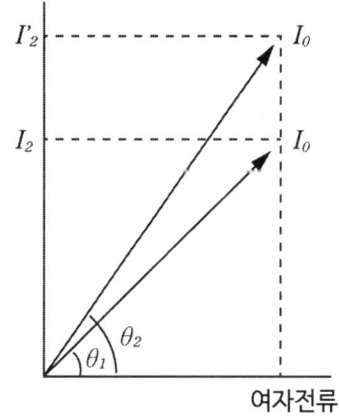

※ **전동기의 토크변화에 대하여,**
- 2차 전류를 I_2에서 I_2'로 변화함과 동시에,
- 위상각을 θ_1에서 θ_2로 변화시켜 전류제어하면,
- 여자전류 I_0를 변화시키지 않고 2차 전류성분을 발생하여 토크의 발생을 빠르게 할 수 있다.

[그림] 토크 변화 시 전류벡터도

2) 벡터제어 시스템의 구성

(1) 제어장치(속도제어부, 전류제어부, 벡터연산), 전력증폭부(인버터), 유도전동기로 구성한다.

(2) 속도검출기에 의해 전동기 슬립을 검출하고 부하토크를 연산해서 제어한다.

(3) 시스템의 구성

① 정류기부: 교류를 직류로 변환하는 설비

② 인버터부: 직류를 교류로 변환하는 설비

③ 제어회로부: 벡터연산을 하여 PWM(변조폭)을 이용하여 마이크로프로세서를 사용하여 전동기의 1차전류를 벡터적으로 자속방향의 여자전류성분과 2차 전류성분으로 분리 제어한다.

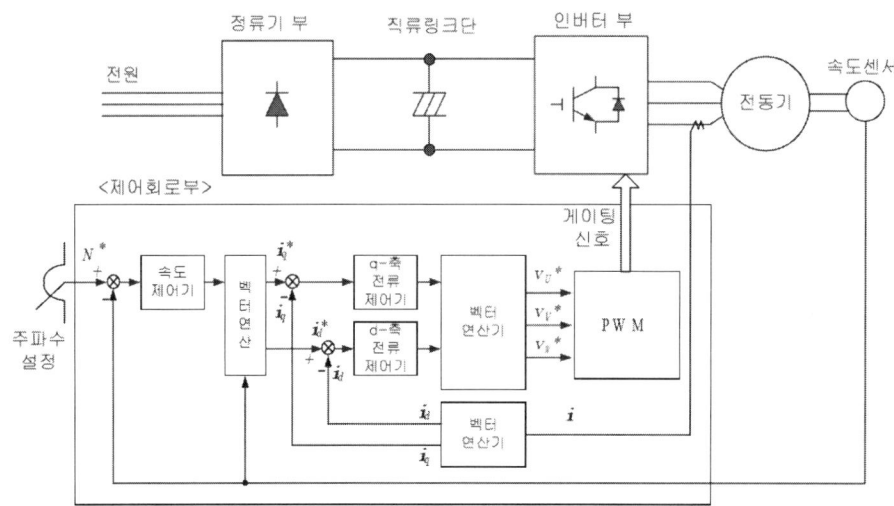

[그림] 벡터 제어시스템

3) 특징
(1) 고정밀도, 고응답이 가능하므로 직류기와 같은 성능을 발휘한다.
(2) 저속에서 고속까지 전동기를 정격에 가까운 토크로 운전이 가능하다.
(3) 모터의 제특성을 기초로 연산에 의해 제어하기 때문에 전용모터가 필요하다.
(4) 속도검출기 필요 등 구성이 복잡하여 범용성이 부족하다.
(5) 속도검출기를 설치하지 않고 전압, 전류, 주파수 등에서 모터의 슬립을 추정하여 제어하는 센서리스 벡터제어방법도 있다.

2. 벡터제어의 분류

1) 벡터제어방식의 구분
벡터제어방식을 자속각을 알아내는 방법에 따라 분류하면
(1) 직접벡터제어: 전동기 공극의 자속을 검출하여 전류와 전압을 제어한다.
(2) 간접벡터제어: 토크성분 전류와 자속의 위치를 추정하는 방식(슬립검출)이다.

2) 직접벡터제어방식
직접벡터제어는 자속센서로부터 자속을 직접 측정하거나 전압·전류와 속도의 정보로부터 자속을 측정하여 이로부터 자속의 위치를 검출하는 방식이다.

3) 간접벡터제어방식
간접벡터제어는 유도기의 상수와 전류로부터 슬립주파수를 계산하고 이를 속도와 더하여 자속의 위치를 검출하는 방식으로, 응답속도가 빨라 교류 서보모터에 적용한다.

(1) 저속에서 고속까지 전동기를 정격에 가까운 토크로 응답속도를 빠르게 할 수 있다.
(2) 유도전동기의 장점과 효과를 극대화시킬 수 있다.
(3) 부하 변화에 따른 순서토크제어가 가능하고 과도변화 등에 대하여 우수한 응답특성이 있다.
(4) 고정밀 속도제어 성능을 발휘하며, 현재 가장 많이 사용하는 방식이다.

3. 제어방식에 따른 비교

구분	V/f 제어	슬립주파수제어	벡터제어
제어대상	전압, 주파수 크기만 제어	주파수를 제어	전동기 전류를 계자 및 토크전류로 분리하여 제어
가속특성	급가·감속에 한계가 있음	V/f 제어보다 좋다.	급가·감속제어가 가능함
속도제어범위	1:10	V/f와 벡터제어의 중간	1:100
속도검출	검출하지 않음	검출	속도 및 위치 검출
토크제어	불가능	일반적이지 않다.	적용 가능
범용성	모든 전동기에 적용 가능	V/f와 벡터제어의 중간	전동기 특성별로 계자 및 토크전류, 슬립주파수 등 조정 필요(전용모터에 적용)

※ 참고-1

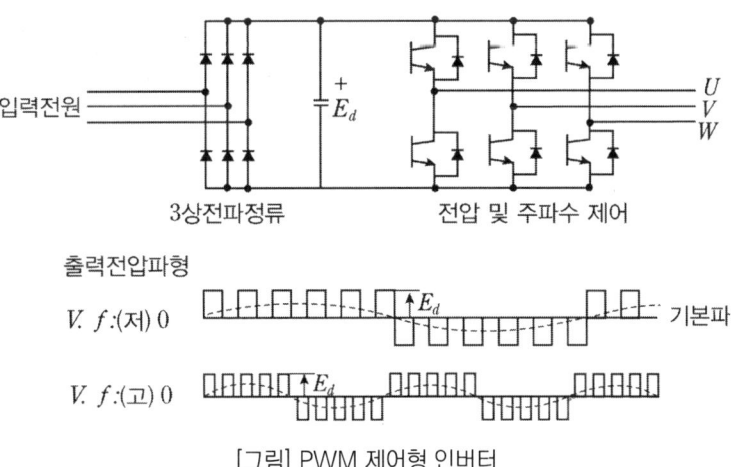

[그림] PWM 제어형 인버터

※ 참고-2

1) 전류제어형 인버터

컨버터부에서 직류전류를 제어하며, 제어된 직류전류는 인버터에서 교류형태로 변환하여 전동기에 공급하는 제어방식이다.

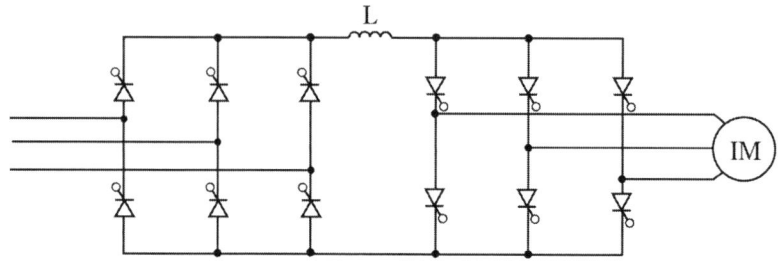

[그림] 전류 제어형 인버터

2) 전압제어형 인버터

컨버터부에서 직류전압을 제어하며 제어된 직류전압은 인버터에서 교류형태로 변환하여 전동기에 공급하는 제어방식이다.

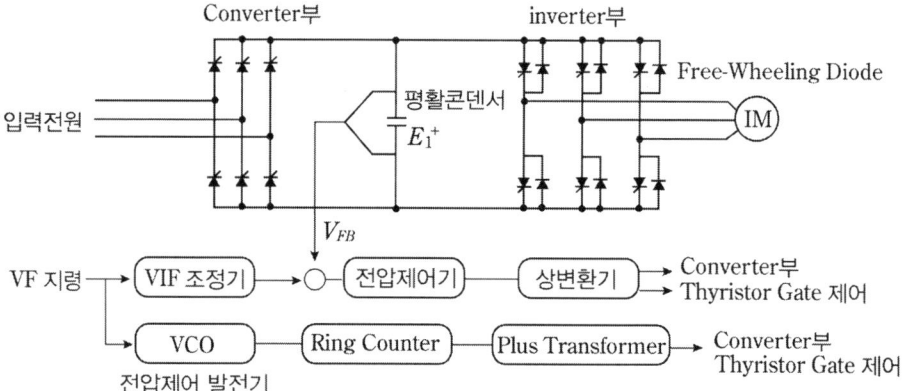

[그림] 전압제어형 인버터

23. 전동기 속도제어시스템 성능평가 지표

1. 제어시스템의 구성

제어장치는 온/오프와 같은 개폐 제어, 전압, 주파수나 전류의 제어, 점호 시스템, 보호, 상태 감시, 통신, 진단, 공정 접속/포트 등으로 구성한다.

2. 전동기 제어계의 기본구조

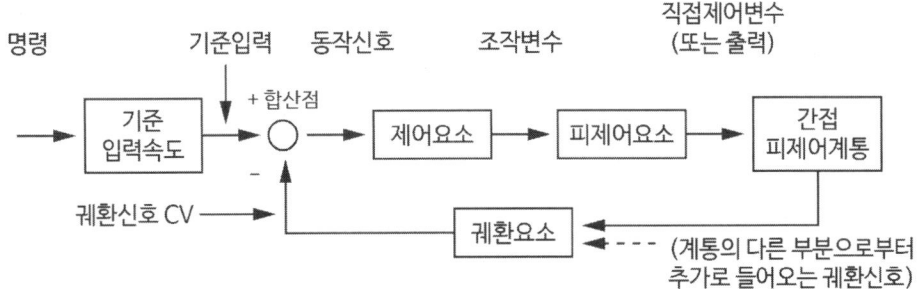

3. 성능평가지표

1) 출력속도, 토크 등에 대한 편차대역

사용조건 또는 동작조건의 규정된 범위 내 변화에 의해 나타나는 직접제어변수의 총 변동폭

2) 분해능

제어변수에서 얻을 수 있는 최소 변화량

3) 농석 성능

특정 외란에 대해 요구되는 동적 응답

4) 동적 제동과 동적 감속

① 동적제동: 정격전류의 일정 배수의 전류에서 부하 제동 능력

② 동적감속: 최저속도로 감속 중 피구동기기의 전체 에너지 흡수

5) 기타

① 연속출력정격: 부하 측에 관한 정격 전압, 연속출력전류 및 주파수 범위

② 과부하 능력

③ 동작주파수의 범위

④ 보호장치: 과전류, 가속도 제어, 과속 및 속도궤환상실 보호, 통풍사고 보호 등

24. 유도전동기 제동방식

1. 유도전동기의 제동 방식

1) 직류 제동
유도전동기의 교류전원을 차단한 뒤, 고정자 권선에 직류여자 전류를 흘려주면 전동기는 일종의 발전기가 되어 2차 저항을 통하여 전류를 흘려 제동력을 발생한다(발전제동과 비슷한 개념).

2) 발전 제동(Dynamic breaking)
① 1차 권선을 전원에서 분리한 후 직류전압을 인가하면 고정자 권선에 의해서 시간에 따라 변하지 않는 자계가 형성된다.
② 이 자계 내에서 회전하는 회전자 도체에 기전력이 유기되어 전류가 흐르게 되며 발전기로 동작하여 제동력을 발생시킨다.
③ 농형은 회전자도체가 부하로 작동하며, 권선형은 2차 저항을 접속시켜 제동한다.

3) 역상 제동
① 3상 유도전동기의 고정자 권선의 2상을 절환하여 회전자계의 방향을 바꾸어 회전방향과 역방향 토크를 주어 제동하는 방식이다.
② 제동효과가 우수하다.
③ 제동 시에 발생하는 열로 전력손실이 크고 기계적인 충격이 크므로 상당한 주의가 필요하다.

4) 회생 제동
① 유도전동기가 회전자계의 동기속도보다 빠르게 회전하게 되면 자속이 도체를 끊는 것이 아니라 도체가 자계를 끊게 되므로 발전기로 동작하게 된다.
② 이때 회전자가 갖고 있는 운동에너지는 전원으로 반환되며 회전자는 동기속도에 근접하는 속도로 감속한다.

2. 직류전동기의 제동방식

1) 발전제동
전동기를 전원으로부터 분리하고 저항부하를 접속하여 전기적으로 제동한다.

2) 역전제동
전동기에 공급하는 전원을 역전이 가능하도록 접속을 바꾸어서 급속히 감속시킨다.

3) 회생제동
승강기가 하강 시와 전동차가 하구배의 언덕길을 내려올 때 전동기가 부하에 의해 가속되어 회전하는 경우 전동기의 유기기전력을 전원전압보다 높게 하면 전동기가 발전기로 동작하여 제동이 이루어진다.

25. 고효율 전동기

1. 개요

1) 고효율전동기: 에너지 절약을 위해 기존 전동기보다 효율을 개선

2) 효율 향상 방법: 전동기 손실 감소

3) 전동기의 손실

① 고정손실: 전원인가 시 발생(철손, 풍손 및 마찰손)

② 가변손실: 부하에 따라 변동(고정자손, 회전자손, 표유부하손)

2. 효율 향상 방안

1) 동손: 도체에 전류가 흐름으로써 발생하는 줄열 → 도체 저항 저감

2) 철손: 적층된 전기강판에 외부에서 회전자계가 인가되어 발생
→ 고급 철심 사용(히스테리시스손 및 와전류손 저감)

3) 표유부하손: 총입력 에너지 동손, 철손, 기계손을 뺀 나머지 손실 → 고조파 억제 등

4) 기계손: 베어링 마찰손, 냉각팬의 풍손 등
→ 냉각팬 지름을 작게, 적정베어링 선정, 윤활유 사용

3. 고효율전동기의 특징

1) 전력소비량 감소: 손실 감소로 전력소비량 감소 - 요금절감 및 설비 여유도 증가

2) 수명연장
H종 절연재를 사용 온도상승에 의한 권선 열화방지를 통해 수명 연장

3) 경제성 향상

$$절약액: A = \alpha \, P \, T \left(\frac{1}{\eta_1} - \frac{1}{\eta_2}\right) \times 100$$

여기서, A: 절약금액
α: 전력요금(원/kWH)
η_1: 일반전동기 효율
η_2: 고효율전동기 효율
T: 운전시간(h)

4) 저소음화: 기계손 향상(베어링, 팬 등)을 통한 저소음

5) 기타

① 가동시간이 긴 설비일수록 유리

② 기동빈도가 높은 설비의 구동용은 효과 저하

③ 경부하 운전 시 효율 저하(부하율 90% 부근에서 효율 최대)

26. 전동기의 효율적 운용방안

1. 유도전동기의 종류 및 장단점

종류	장점	단점	용도
농형	• 구조간단 • 취급용이 • 저가, 직입기동 가능	• 기동전류가 큼 • 중 관성부하 기동이 곤란	일반산업용
권선형	• 2차 저항으로 기동 • 전류를 억제하여 고시 동토크 발생 • 속도제어 용이	• 구조가 복잡 • 보수에 어려움	권상기, 펌프, 송풍기, 공조 설비, 중관성 부하

2. 전동기 설비의 효율적 운용 방안

1) 급수, 배수, 오수 펌프는 필요시만 자동 작동하므로 FLOAT SW회로 구성

2) 인버터 제어, VVVF 방식 선정

3) 적절한 기동 방식 선정: 15HP 미만-직입, 15HP-50HP: Y-△, 75HP: 리액터 등

4) 용량에 맞는 콘덴서 적정 위치 (말단)에 설치

5) 승강기 설비

　① 인버터 승강기 선정하여 전력 용량의 감소

　② 고층부, 중층부, 저층부로 운행하는 분산 시스템 채택

　③ 군 관리 방식의 채택

　④ 가동하지 않는 시간대에 전원 차단하여 무부하 손실 방지 조치

　⑤ 기타: 격층운행, 3층 이하 운행 금지 등 조치

27. 전동기의 기여전류와 과도리액턴스

1. 정의

기여전류란 계통에 고장이 발생하면 고장 후 수 사이클 동안 전동기와 이것에 직결된 부하의 회전에너지에 의해 전동기는 발전기로 작용하고 자신의 과도 리액턴스에 반비례한 단락전류를 사고 점으로 공급한다.

2. 전동기 과도리액턴스

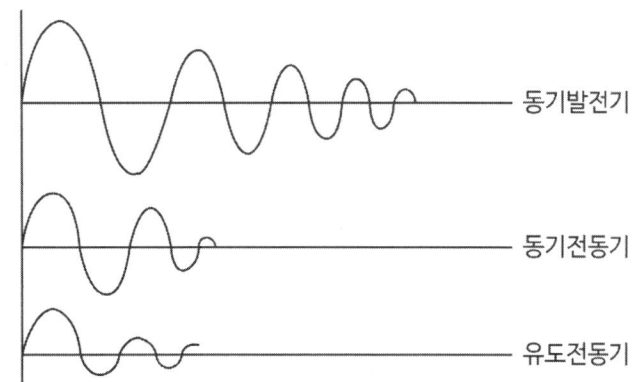

1) **동기 전동기**

   과도리액턴스 10% 정도로 정상전류의 약 10배 크기의 기여 전류 공급

2) **동기 발전기**

   타 여자 방식으로 감쇄가 비교적 느리다(과도리액턴스는 9% 정도로 전류의 약 11배 크기의 기여 전류 공급).

3) **유도 전동기**

   잔류자속만이 영향을 미치므로 수 사이클 후에는 소멸(과도리액턴스 25%로 정상전류의 약 4배 크기의 기여 전류 공급)

Chapter 04

수변전설비-계획

1. 수변전 설비의 계획

1. 수변전설비의 계획

1) 수전설비: 수전점에서 변압기 1차 측까지의 기기 구성을 수전설비라 한다.

2) 변전설비: 변압기에서 전력부하설비의 배전반까지를 변전설비라고 한다.

3) 수·변전설비의 계획은 건축물의 사용목적, 규모, 부하조사, 계통도, 배치도, 비용, 증설에 상부하 등을 검토하여, 전력회사와의 전력 공급 여부를 사전에 협의를 하여 수용가에 전력을 원활하게 공급하는 설비이다.

2. 수변전설비 계획 시 고려사항

1) 건축물의 사용목적에 적합한 설비일 것
2) 전력회사의 전력공급여부를 확인할 것
3) 각종 기기의 성능이 우수하고, 신뢰성이 높을 것
4) 장래 부하 증가에 대한 확장계획을 고려할 것
5) 종합적으로 경제적이며, 부하 중심에 위치할 것

3. 수변전설비의 계획 절차

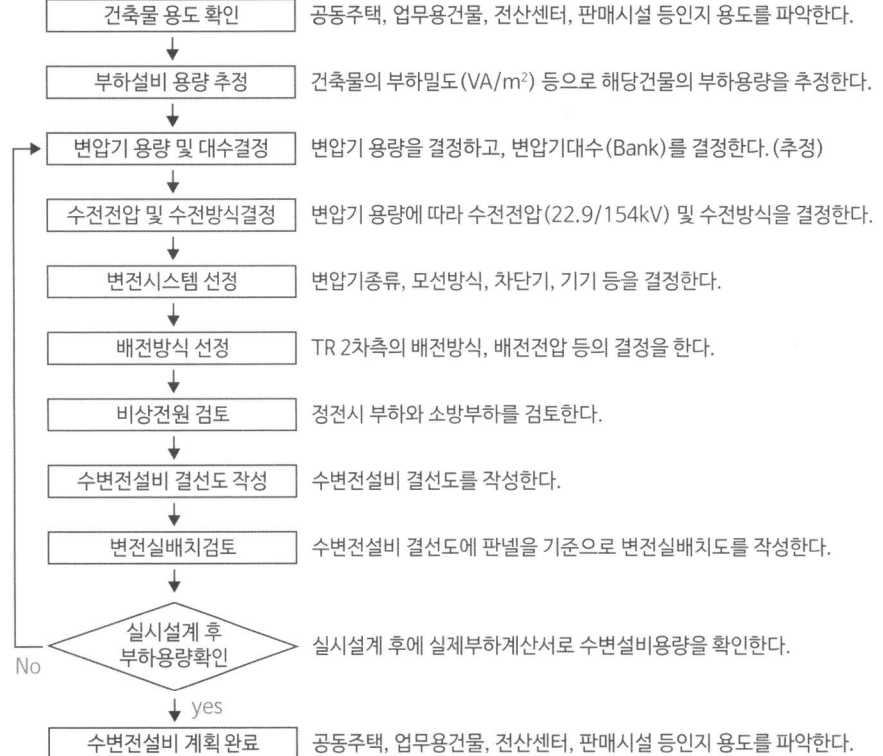

4. 수변전설비의 계획

1) 건축물의 용도확인

① 건축물의 용도별로 필요 전력량이 다르기 때문에 해당 건축물과 유사한 건축물의 부하밀도를 검토해야 한다.

② 각종 전기분야 학회·연구소 등에서 각 건축물 종류 별로 단위면적당 부하밀도(VA/m^2)를 조사한 Table을 가지고 해당 건축물의 부하용도를 추정할 수 있다.

③ 건축물 용도별 부하밀도는 해외의 자료보다 국내 전력 사용 환경에 알맞은 부하밀도가 더 정확하다.

구분	단위전력부하(VA/m^2)	구분	단위전력부하(VA/m^2)
단독·공동주택	40	업무시설	100
근·생 시설	95	학교	40
종교시설	40	도로, 주차장 등	0.25

[표] 용도별 건축물 종류에 따른 단위전력부하

2) 부하설비 용량계산

① 전력설비의 부하 종류는 조명설비, 동력설비, 전열설비, 전력장치 등으로 크게 구분된다.

② 각종 부하종류별로 부하용량을 추정하여, 부하별로 부하설비용량을 추정 계산할 수 있다.

용도종별(VA/m^2)	조명	일반동력	기타동력	합계
주택	28	14	28	70
대형사무실	37	50	37	133
학교	27	15	18	60
대형전산센터	33	92	60	185

[표] 건물용도별 부하설비용량(VA/m^2)

3) 변압기 용량 및 대수결정

① 추정한 부하설비 용량으로 변압기 용량과 대수를 결정할 수 있다.

② 해당 부하의 변압기용량으로, 적용 변압기 구성을 단일로 구성할 것인지, 아니면 부하특성(전등·전열/동력)별로 변압기를 구분할 것인지를 결정할 수 있다.

4) 수전전압 및 수전방식결정

① 추정한 변압기용량에 따라서 수전방식과 수전전압을 결정할 수 있다.

② 수전전압은 전력회사와의 계약전력에 따라 다르다. 일반적으로 계약전력은 변압기(Main TR)의 용량을 기준으로 한다.

③ 계약전력별 수전전압

계약전력	공급방식 및 공급전압
500 kW 미만(최대 1,000kW 미만)	단상 220 또는 삼상 380 V
500 kW 이상 10,000 kW 이하(최대 40,000kW 이하)	삼상 22.9 kV
10,000 kW 초과 400,000 kW 이하	삼상 154 kV
400,000 kW 초과	삼상 345 kV

5) 변전시스템 선정
　① 변전시스템 선정은 수변전설비의 계획부분 중에 가장 중요한 부분이다.
　② 변전시스템에는 변압기뱅크구성, 강압방식(직강압, 2단강압), 보호방식선정, 주요기기의 선정 등이 있다.

6) 배전방식 선정
　① 변압기 2차 측에 전압과 모선방식 등을 검토하여 구성한다.
　② 2단강압방식이나 서브변전소 등이 있는 구성은 6.6kV 22.9kV 154kV 등으로 구성을 한다.
　③ 모선방식은 단일모선이나 2중 모선 등으로 구성을 한다.

7) 비상전원검토
　① 비상전원으로 비상발전기나 UPS, 축전지 등으로 구성이 된다.
　② 비상전원의 절환장치의 검토, 비상전원의 필요시간, 비상전원용량검토 등을 한다.

8) 수변전설비 결선도 작성
　① 위 방법대로 검토가 완료되면 수변전설비 단선 결선도를 도면에 작성한다.
　② 대부분의 수변전 계획 시에는 단선결선도를 작성하면서 위 방법 등을 검토하여 수정작업을 한다.

9) 변전실배치검토
　① 수변전설비 단선결선도가 완료되면 변전설비의 큐비클의 구성이 완료되므로, 이를 기준으로 하여 변전실 배치를 CAD P/G을 이용하여 작성한다.
　② 실제로는 변압기 용량별 변전실 면적 계산방법은 건축평면 계획 시에 참고만 할 뿐이지 실제로 적용한다면 많은 문제점이 있다. 즉 변전실의 형태, 기둥배치, 여유 공간 등에 따라서 많은 문제가 발생할 수 있다.
　③ 건축물 계획 시 건축설계자는 변전실 면적을 최소한으로 하려고 하고, 전기설계자는 변전실 면적을 최대한 확보하려고 노력할 것이다.
　④ 착공 후에 변전시스템이 변경되면 현장사정에 따라서 수정 반영하면 되지만 부족한 변전실 면적이나 층고는 변경하기가 불가능하므로 변전실의 면적과 층고는 차후 증설용량까지 반영하여 변전실 면적을 확보하도록 해야 한다.

10) 실시설계 후 부하용량확인

① 실시설계가 완료되면 부하계산서가 완료되고, 이를 기준으로 계획된 수변전설비를 검토하여 수정보안 작업을 완료한다.

② 많은 경험의 설계자는 추정부하로 작성한 계획단계와 실시설계단계에서의 변압기용량과 변전시스템의 차이가 거의 없을 것이다.

③ 실시설계가 완료되더라도 냉방부하, 동력부하, 전등부하 등의 용량은 비교적 정확하지만 전열부하는 정확히 알 수 없어 콘센트 개수별로 추정부하를 사용한다.

11) 수변전설비 계획완료

① 수변전설비 계획을 완료하고, 시공 시에는 부하의 변동부분을 지속적으로 반영 및 검토해야 한다.

② 준공 후에도 실부하를 기준으로 계절별·시간대별 부하율을 면밀히 검토하여서 수변전설비의 부하용량의 부족 또는 여유율을 지속적으로 관리해야 한다.

2. 수전방식

1. 개요

1) 수전방식이란 수전점에서 변압기 1차 측까지의 수전을 하는 형태를 의미한다.
2) 수전방식은 대부분 전력회사에서 공급하므로 전력회사와의 면밀한 협의와 검토가 필요하다.
3) 국내 경우 대부분 22.9kV 중성점 다중접지 방식이다.
4) 일반적인 건축물이라면 22.9kV 중성점 다중접지 방식에 1회선수전을 가장 많이 적용하고 있으며, 인입선로의 고장 시 선로를 변경해서 사용할 수 있도록 예비선로 방식을 적용하고 있다.

2. 수전방식

NO	수전방식		계통 구성도	특징
1	1회선 전용 수전		(도면)	a) 가장 간단하고 경제적이다. b) 송전선 사고 시에 정전. 복구시간은 송전선 복구시간과 동일하다.
2	1회선 분기 수전		(도면)	a) 1회선 전용수전의 a)항과 같다. b) 1회선 전용수전의 b)항과 같다. 다른 수용가의 영향을 받는다.
3	평행 2회선 수전		(도면)	a) 한쪽 선 사고에도 정전은 없다. b) 송전선 보수 시에도 한쪽씩 정전되고, 전반적인 정전은 없다. a) 보호계전방식이 복잡하다.
4	동일 계통 상용, 예비선 수전	2CB 수전 (차단기 전환방식)	(도면)	a) 송전선 사고 시에 일단은 정전되지만 예비선으로 변환하여 정전 시간을 단축할 수 있다. b) 수전회선 변환 시에는 정전되지 않는다.
		1CB 수전 (단로기 전환방식)	(도면)	a) 2CB 수전의 a)항과 같다. b) 수전회선 변환 시에 정전된다.

5	루프 수전	개루프		a) 송전선 사고 시, 사고 지점에 따라서는 일단 정전된다. b) 사고처리와 보수 시 정전(선로와수용가)을 위한 조작은 전력회사의 지령에 따를 필요가 있다.
		폐루프		a) 항상 2회선 수전으로 되고, 한쪽 회선 사고만으로는 정전되지 않는다. b) 송전선 보수는 한쪽씩 정전하기 때문에 정전 불필요하다. c) 보호계전방식이 복잡하다.
6	다른 계통상용, 예비선 수전			a) 송전선 사고 시에 일단은 정전되지만 예비선을 활용하여서 정전 시간을 단축할 수 있다. b) 전원에서 정전되어도, 한쪽이 살아남을 가능성이 있다. c) 수전회선을 변환할 때에 정전된다.
7	스포트 네트워크 수전			a) 송전선 1회선 또는 변압기 뱅크의 사고 시에 무정전이며, 공급 제한을 할 필요 없다. b) 송전선 보수 시에는 한 회선만 정전하기 때문에 정전이나 부하 제한을 할 필요 없다. c) 송전 정지 또는 복구 시에 변압기의 2차 측 차단기의 개방 또는 투입을 자동으로 할 수 있다. d) Tr 용량과 CB 정격 · Tr 용량: $\dfrac{최대수용전력}{(회선수-1)} \times \dfrac{100}{130}[kVA]$ · CB 정격: $\dfrac{Tr용량 \times 1.3}{\sqrt{3} \times kV}[kV]$

※ 참고

1. 전기설비의 종류
    1) 전기사업자용 전기설비: 전기사업자가 전기사업에 사용하는 전기설비를 말한다.
    2) 일반용 전기설비: 소규모 전기설비로 전압 600V 이하 전압과 75kW 미만의 전력을 사용하는 전기설비
    3) 자가용 전기설비: 사업용·일반용 전기설비 이외에 전기안전관리자의 선임이 필요한 전기설비

2. 자가용전기설비의 분류
    1) 시설장소별: 옥외변전실, 옥내변전실
    2) 변전전압별: 특고압, 고압
    3) 수변전기기의 형식별: 유입식/건식, 자립형/폐쇄형/개방형 등
    4) 제어방식별: 수동식, 자동제어식, 원방감시제어식, 전력선(PLC)식 통신

3. 스포트네트워크 수전방식

1. 개요

1) 스포트 네트워크 수전방식은 저압의 집중부하를 가진 빌딩의 수전설비로서 보급되고 있는 방식이다.

2) 변전소에서 2~4회선 인입. 수전용 차단기를 설치하지 않고 각 변압기 1차 측에 여자전류를 개폐할 수 있는 수전용 단로기만 설치한다.

① 실시대상 지역

지중공급지역, 지중공급예정지역 또는 가공선로 지중화계획에 따라 지중화지역으로 공고된 지역 중 22.9kW S.N.W용 전력공급설비의 시설이 가능하다고 한전이 선정한 지역에는 22.9kW S.N.W 방식으로 공급할 수 있다.

② 공급대상

계약전력이 500kW 이상 40,000kW 이하인 경우로서 수용가가 희망하는 경우이다.

2. 구성

SNW수전설비는 수전용단로기(LDS), 네트워크변압기(NWTR), 프로텍터퓨즈, 프로텍터차단기 등을 수납하는 프로텍터반과 네트워크모선, TAKE OFF FUSE 반으로 구성된다.

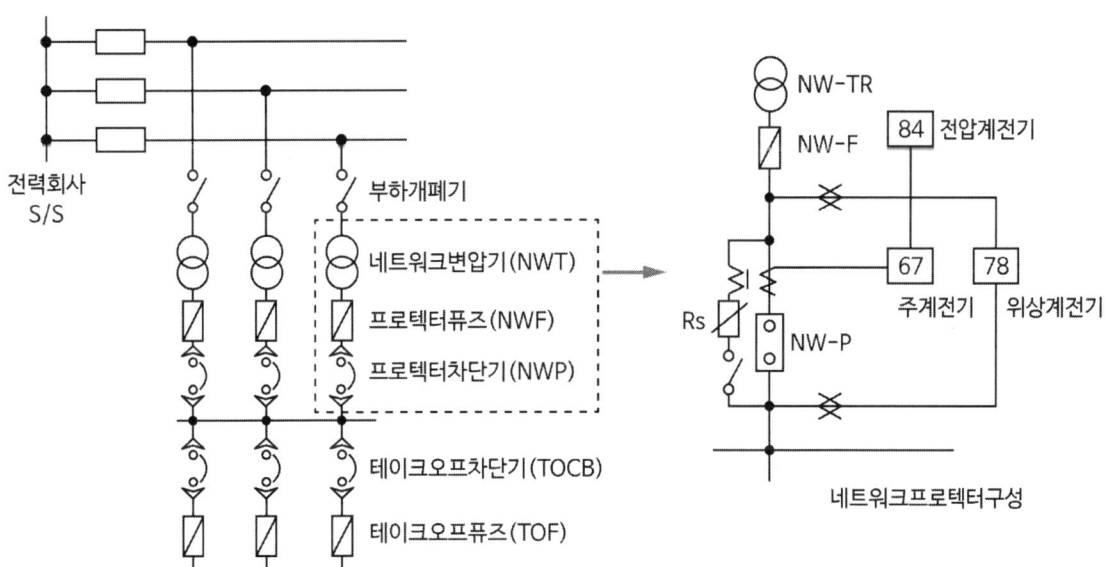

[그림] 스포트네트워크 수전방식

3. 구성기기 특성

1) 부하 개폐기: 변압기 여자전류 개폐

2) 네트워크 변압기

   ① $TR용량 = \dfrac{최대수용전력}{최대회선수 - 1} \times \dfrac{100}{과부하율} [KVA]$

   ② 과부하 특성: 1회선 사고 시 공급에 지장을 초래하지 않아야 함.
      85% 부하 연속 운전 후 130% 부하에서 8시간 과부하운전, 연 3회 가능

3) 프로텍터 차단기의 동작

   ① 역전력 차단(67): 배전선, 수전 변압기 1차 측의 사고 또는 전원 측의 정전 등에 의해 전원 측으로 전력이 유출할 때 차단

   ② 무전압 투입(84): 네트워크 측이 무전압(정전상태)이고 변압기 1차 측이 전압이 확립되었을 때 자동투입

   ③ 차전압 투입(78): 네트워크 측보다 전원 측 전압이 높고, 또한 그 위상이 진상일 때 전원 측에서 전력공급이 가능할 때 차단기 투입

4) 테이크 오프 차단기: 부하 측 모선 보호

5) 테이크 오프 퓨즈: 부하 측 단락 보호

4. 네트워크 프로텍터의 오동작 방지대책

스포트 네트워크 수전은 부하 측 전원이 없는 것이 원칙이나 부하측 회전가, 역률 개선을 위한 진상콘덴서가 접속된다. 이것들이 조건에 따라 전원으로 작용해서 프로텍터를 오동작시킬 수 있다.

1) 병렬 발전기에 의한 것: 특별히 보안상 필요한 경우 절대로 수전전원과 병렬 운전하지 않도록 완전한 인터록을 구성한다.

2) 진상 콘덴서에 의한 것: 네트워크 모선에 직접 접속하지 않고 부하단에 접속해서 각각의 부하와 함께 개폐하노록 구성한다.

3) 회생전력에 의한 것: Sequence 회로이용 전 뱅크 동시에 역류를 검출했을 때 트립핑 회로로 구성한다.

4) 전동기 단락기여 전류: Sequence 회로를 이용한다.

5. 스포트 네트워크 수전방식의 장단점 및 특징

1) 장점
① 송전선 1회선 또는 변압기 뱅크의 사고 시에도 무정전 공급
② 송전선 보수 시에는 한 회선씩 정지하므로 정전이나 부하제한 없음
③ 송전 정지 또는 복구 시에 변압기의 2차 측 차단기의 개방 또는 투입을 자동으로 할 수 있음

2) 단점
① 발전기와 병렬운전 불가
② 투자비가 많이 듦
③ 차단기의 펌핑(Pumping)현상이 일어날 우려가 있음

3) 특징
① 무정전 공급가능
② 기기의 이용률 향상
③ 전압 변동률이 적음
④ 전력손실이 감소
⑤ 부하기기 증가에 대한 적응성 큼
⑥ 2차 변전소 수량 감소 가능
⑦ 전등, 전력의 일원화가 가능

4. 변전시스템 선정

1. 개요

변전시스템의 선정은 변압기의 선정, Bank구성, 강압방식, 배전방식, 보호방식, 주요기기의 선정을 해야 한다.

2. 변압기 선정

1) 변압기는 유입과 건식변압기로 크게 구분할 수 있다. 일반적인 건축물에서는 유지관리의 편리성으로 건식(Mold) 변압기를 사용하고, 주상변압기·플랜트·공장 등 전력의 품질에 이상이 많이 발생할 우려가 있는 경우는 유입변압기를 사용한다.
2) 변압기 수전방식과 공급방식에 따라서 변압기의 결선을 결정할 수 있다.

3. 변압기 Bank의 구성

1) 22.9kV 경우 1개 변압기의 권장용량은 1,500kVA(최대 2,000kVA)이다. 이는 차단기의 차단용량한계, 각종 기기의 허용전류 초과 등의 문제가 발생한다.
2) 변압기 Bank가 많을수록 신뢰성이 좋지만 경제적인 상황도 고려해야 한다. 즉 변압기 Bank가 증가하면 그에 따른 큐비클(VCB, 저압반 등)이 추가로 증가해야 하고, 전기실의 면적도 증가해야 하기 때문이다.

구분	1 Bank	2 Bank	3 Bank
특징	• 소규모 건물에 적용 • 경제적이다. • TR사고 시 대책이 없다.	• 신뢰성이 증대된다. • 모선연결을 이용한 변압기 고장 대책이 가능하다.	• 신뢰성이 증대된다. • 비용이 증대된다. • 모선연결을 이용한 변압기 고장 대책이 가능하다.
적정용량	1,500 kVA 이하	3,000 kVA 이하	3,000 kVA 초과

[표] 뱅크의 구성(22.9kV)

4. 강압방식

1) 변압기의 강압방식이란 수전전압을 수용가 측에서 한번만 강압을 하는 경우와 2단계 강압을 하는 차이가 있다.
2) 수전전압을 2단계 강압을 하면 변압기에 대한 부하의 이용률이 높아지는 장점이 있지만, 경제적으로 생각한다면 투자비용에 대비하여 큰 효율성을 떨어진다. 단 해당 장소의 배전방식, 배전거리, 대용량 사용 장소 등은 2단 강압방식이 신뢰성과 경제성이 증대되는 장소가 있다.

구분	직 강압방식	2단 강압방식

특징	• 변압기의 단일 강압방식이다.
	  (22.9kV → 380/220V)
	• 일반적인 건축물에 사용된다.
	• 경제적이다.
	• 보호방식이 간단하다.
		• 변압기의 이중 강압방식이다.
		  (22.9kV → 6.6kV → 380/220V)
		• 전력사용이 많은 특징적인 건축물에 사용될 수 있다.
		  (전산센터, IBS 등)
		• 전력사용 면적이 넓거나 높은 곳에 사용될 수 있다.
		  (대형공장, 초고층빌딩)
		• 부하증설이 용이하다.

문제점	• 변압기 용량이 전력회사 계약전력이므로 여유 있는 용량확보가 어렵다. • 부하용량 증대 시 변압기 용량 증설이 필요하다.	• 보호방식이 복잡해진다. • 변전실 면적, 비용이 증대된다. • 유지관리가 어렵다.

5. 배전방식

1) 배전전압

① 부하의 요구 전압, 배전거리, 전압변동, 경제성 등을 고려해서 결정한다.

② 변전실과 주 부하의 사용 장소가 거리가 수 km인 경우에는 저압으로 공급 시에는 케이블 비용이 대단히 많이 증대된다. 이 경우 특고압 공급방식(2단 강하방식, 6.6kV)을 검토해야 한다.

③ 특정 대용량 동력부하의 사용전압이 3.3kV, 6.6kV 등이 있을 경우에는 별도의 변압기를 설치해야 해야 한다.

2) 모선방식

① 모선이란?

변압기 2차 측에서 배전반까지의 중요선로를 말한다. 모선이 중요한 이유는 변압기 2차 측의 전체용량을 허용해야 하고, 각 배전반까지 분배하는 경로가 되기 때문에 매우 중요하다.

② 전력의 고 신뢰성을 필요로 하는 경우에는 모선을 2중으로 구성하여 모선의 고장, 수리 시에 무정전공급이 가능하도록 하고, 변압기 2대의 모선을 연결하여서 상호 인터록 하는 방식으로 사용하는 방법이 있다. 단 모선의 이중구성은 비용과 큐비클의 크기가 증대되고, 복잡해지며, 유지관리의 문제점이 발생한다.

5. 변전실 계획

1. 변전실 계획

1) 변전설비 단선결선도가 완성되면 변전설비의 큐비클의 구성이 완료되므로, 이를 기준으로 하여 변전실 배치를 CAD P/G을 이용하여 작성한다.

2) 실제로는 변압기 용량별 변전실 면적 계산방법은 건축평면 계획 시에 참고만 할 뿐이지 실제로 적용한다면 많은 문제점이 있다. 즉 변전실의 형태, 기둥배치, 여유 공간 등에 따라서 많은 문제가 발생할 수 있다.

3) 건축물 계획 시 건축설계자는 변전실 면적을 최소한으로 하려고 하고, 전기설계자는 변전실 면적을 최대한 확보하려고 노력할 것이다.

4) 착공 후에 변전시스템이 변경되면 현장사정에 따라서 수정 반영하면 되지만, 부족한 변전실 면적이나 층고는 변경하기가 불가능하므로 변전실의 면적과 층고는 차후 증설용량까지 반영하여 변전실 면적을 확보하도록 해야 한다.

5) 실제로 변전실 계획 시 변전실 넓이, 높이, 장비반입구, 위치 등이 가장 중요한 관점이다.

2. 위치선정

1) **환경적 고려**

   ① 위험물질, 다습, 고온, 염해, 먼지, 침수, 진동 등을 피한다.

   ② 기기의 반출입 편리 지반이 견고한 곳이어야 한다.

   ③ 환경적 대책

구분	소음	환기	염·진해
대책	변압기: 방진스토퍼, 방진고부, 방음벽 설치 발전기: $150mm\ CON´C$ 벽 설치, 소음기 부착	열을 외부호 방출, 전기실 환기량 $= \dfrac{10 \times 바닥면적}{60}$ $[m^3/mm]$	절연강화 세정, 실리콘, 콤파운드도포, 노출부분억제

2) **부하 설비적 고려**

   부하 중심 및 전선로에 가까울 것, 배전선 입출편리, 길이 짧을 것

3) **설비 특징별 고려**

   GIS, 초고압(345,765kV) 경우는 별도로 고려

3. 면적산정

1) 수변전실

① 고려사항

수전전압 및 방법, 용량 및 수량, 감압방식, 배치, 관리 등

② 면적산출(일본건설공업협회)

공식[m²] ⟨kVA⟩	비고
$K \times (TR용량)^{0.7}$	K: 특고 → 저압(1.7), 특고 → 저압(1.4) 고압 → 저압(0.98)
$3.3\sqrt{TR용량} \times a$	a: 건물면적 6,000m^2 미만(2.66) 10,000m^2 미만(3.55) 10,000m^2 이상(5.5)
$2.15 \times (TR용량)^{0.52}$	-

2) 발전기실

① 고려사항

운반 설치용이, 진동 소음고려, 냉각, 연료탱크 고려

② 면적산정

구분	넓이	높이
산정	$S > 2\sqrt{출력(P.S)}$ 또는 $S > 1.7\sqrt{출력(P.S)}$ $[m^2]$ 권장넓이 $S \geqq 3\sqrt{출력(P.S)}$ $[m^2]$	H: (8~17)D + (4~8) D D: 실린터 지름 $[mm]$ (8~17)D: 엔진높이 (속도에 따라 결정) (4~8) D: 해체 필요높이

3) 중앙감시실

구분	A형 (소)	B형 (중·소)	C형 (중·대)	D형 (대)
형태	관리실 설치	관리실, 감시실 겸용	별도면적	중앙 감시실
면적 (m²)	10	15 ~ 30	30 ~ 60	60 이상

4) 축전지실, 모선 및 차단기실, 통신실, 방제센터 등

4. 배치

1) 빌딩: 집중식, 중간식, 분산식

2) 공장: 루프식, 단독식, 수지식

5. 형식

1) 변전실은 옥내·옥외, 큐비클형, 노출형으로 구분

2) 건축설비고려

   ① 고압 시 천정고 4m 이상, 특고 시 4.5m 이상

   ② 케이블 트렌치 산정 $W = 1.4 \times (d_1 + d_2 \cdots d_n) mm$

   ③ 맨홀위치, 벽관계, 소방용 설비, 환기설비

6. 예비변압기 인터록

1. 개요

예비 변압기는 빗물 펌프장, 상수도 가압장등 주요 시설 주변압기와 교대로 사용하거나 주변압기 고장이 났을 경우 전력계통 연결 후 즉시 사용할 수 있도록 구축된 변압기를 말한다.

2. 예비 변압기가 계약 용량에서 제외되는 계통구성방법

1) 한전 기본 공급 약관 시행세칙 제2절 전기사용계약의 기준

전기사용의 특성상 사용설비 또는 변압기 설비를 이중으로 시설하여 상용설비와 사용할 수 없도록 설치하는 경우 그중에서 용량이 큰 쪽의 사용설비 또는 설비만을 계약전력 산정대상으로 할 수 있다.

2) 구성방법

예비 변압기에서는 전기를 인출하여 사용할 수 없는 구조로 되어 있어야 하고, 주변압기와 인터록 되어 있어야 한다.

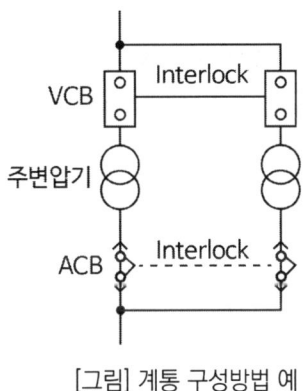

[그림] 계통 구성방법 예

7. 수변전설비 표준결선도

1. 22.9kV-Y 1,000kVA 이하를 시설하는 경우

1) 300kVA 이하의 경우에는 자동고장 구분 계폐기 대선 INT. Sw를 사용할 수 있다.

2) LA용 DS는 생략할 수 있으며 22.9kV-Y용의 LA는 Disconnector (또는 Isolator) 붙임형을 사용하여야 한다.

3) 인입선을 지중선으로 시설하는 경우로서 공동주택 등 고장 시 정전피해가 큰 경우는 예비 지중선을 포함하여 2회선으로 시설하는 것이 바람직하다.

4) 지중인입선의 경우에 22.9kV-Y 계통은 CNCV-W케이블(수밀형) 또는 TR CNCV-W(트리억제형) 케이블을 사용하여야 한다.
다만, 전력구, 공동구, 덕트, 건물구내 등 화재의 우려가 있는 장소에서는 FR CNCO-W(난연)케이블을 사용하는 것이 바람직하다.

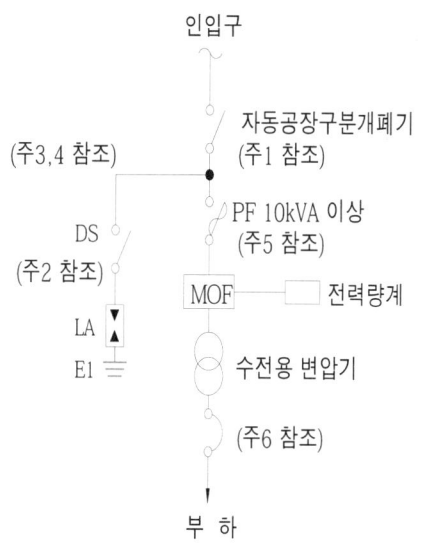

[그림] 특고압 간이수전설비 결선도

5) 300kVA 이하의 경우에는 PF 대신 COS(비대칭 차단전류 10kV 이상의 것)을 사용할 수 있다.

6) 특별고압 간이수전설비는 PF의 용단 등의 결상사고에 대한 대책이 없으므로 변압기 2차측에 설치되는 주차단기에는 결상계전기 등을 설치하여 결상사고에 대한 보호능력이 있도록 함이 바람직하다.

2. CB1차 측에 VT를 CB 2차 측에 CT를 시설하는 경우

1) 22.9kV-Y 1,000kVA 이하인 경우에는 [그림]에 의할 수 있다.

2) 결선도중 점선 내의 부분은 참고용 예시이다.

3) 차단기의 트립전원은 직류(DC) 또는 콘덴서방식(CTD)이 바람직하며 66kV 이상의 수전설비에는 직류(DC)이어야 한다.

4) LA용 DS는 생략할 수 있으며 22.9kV -Y용의 LA는 Disconnector (또는 Isolator) 붙임형을 사용하여야 한다.

5) 인입선을 지중선으로 시설하는 경우에 공동주택 등 고장 시 정전피해가 큰 경우는 예비 지중선을 포함하여 2회선으로 시설하는 것이 바람직하다.

6) 지중인입선의 경우에 22.9kV-Y계통은 CNCV-W 케이블(수밀형) 또는 TR CNCV-W(트리억제형) 케이블을 사용하여야 한다. 다만 전력구, 공동구, 덕트, 건물구내 등 화재의 우려가 있는 장소에서는 FR CNCO-W(난연)케이블을 사용하는 것이 바람직하다.

7) DS 대신 자동고장구분 개폐기(7,000kVA 초과 시에는 Sectionalizer)를 사용할 수 있으며 66kV 이상의 경우에는 LS를 사용하여야 한다.

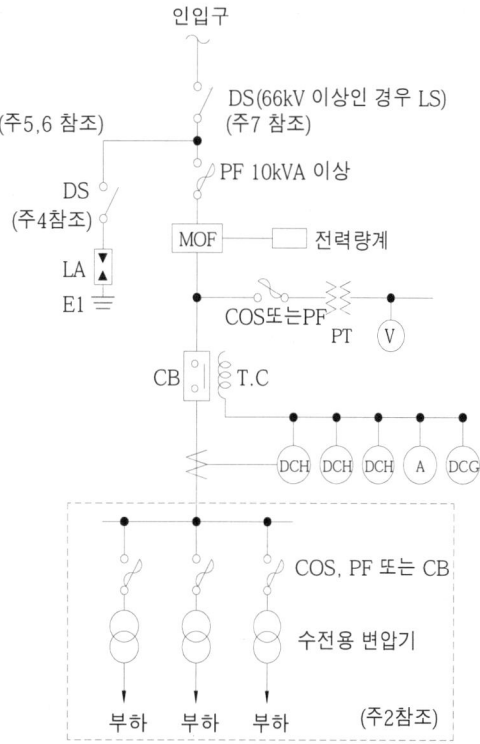

[그림] 특고압 수전설비 결선도

8. 수변전설비 기기

1. 피뢰기(LA: Lighting Arrester)

1) 피뢰기 정격(내선규정 3250-2)

공칭 방전 전류 (A)	정격 전압 (kV)
10,000 (A)	288, 138, 75, 24, 12, 7.5
5,000 (A)	75, 24, 12, 7.5
2,500 (A)	18, 9, 7.5 (4.2)

2) 설치위치

수용장소의 인입구 또는 이와 근접한 곳에 시설

2. COS(Cut Out Switch)

1) TR의 과전류 보호 및 선로개폐 위해 설치

2) 절연가스가 arc 지속억제 및 열팽창되어 외부 방출

3) 연속전류의 1.5배, 최소차단전류 2배

4) 정격, 7.2kV - 30, 50, 100, 200(A) 25kV - 100(A)

5) TR용량 300(kVA) 이하에서 PF 대신 COS 사용 가능

6) 차단용량 10,000(A) 이상의 것을 사용할 것

3. 개폐기

1) 부하개폐기(LBS: Load Breaker Switch)

   ① 부하전류개폐, 퓨즈 부착형: 과전류, 단락전류보호

   ② MOF 전단에 설치가 이상적, 수동 및 전동 (DC 110V)

   ③ 정격 24kV, 630(A)

2) 자동 고장 구분 개폐기(ASS: Automatic Section Switch)

   ① 22.9(kV-Y) 경우 300kVA ~ 1000kVA 설치의무

   ② 정격전압(25.8kV) 전류(200A, 400A), 차단용량 40MVA

   ③ 분기점 - 400kVA 이하 수전인입구 - 7,000kVA 이하 (200A일 때)

   ④ 고장 시 전력회사 선로의 Recloser, CB 등과 협조

   ⑤ 전부하상태에서의 자동 또는 수동 투입 및 개방 가능

3) 자동개폐기 장치

① 리클로저 (R/C: recloser)

② 자동구간 개폐기 (S/E: sectionalizer)

4) 자동부하 전환개폐기(ALTS: Automatic Load Transfer Switch)

정격전압 25.8kV 정격전류 600A

5) 선로개폐기(LS: Line Switch)

① 무부하 시 선로개폐 근래에는 ASS를 주로 이용

② 66(kV) 이상 경우 LS 사용, 300kVA 이하 시 Int SW를 사용

③ 3.6, 7.2, 14.4, 24, 36, 72kV

6) 기중부하개폐기(Int Sw: Interrupter Switch)

① 300(kVA) 이하 시 ASS 대신 사용 (22.9 kV-Y)

7) 단로기(DS: Disconnecting Switch)

① 무부하 시 개폐, 차단기와 조합, 수전실인입구, LA 1차 측

② 3.6 7.2 24 168(kVA) (200~4,000A)

4. 계기용변성기(MOF)

1) 정격전압: $22.900/\sqrt{3}/110$ 13.2kV / 110V

2) 변류기: $I =$ 부하용량 / $\sqrt{3} \times$ 공칭전압 / 5A

3) 과전류강도: 단락전류 / 정격전류

5. 파워퓨즈(PF: Power Fuse)

1) 정격전압(최대설계전압): 6.9(8.25), 23(25.8), 161(169)

2) 정격전류: 1, 2, 3, 5, 7, 10, 15, 20, 25, 30, 40, 50, 65, 80, 100, 125, 150, 200, 250, 300, 400(A)

9. 수변전설비 지중 인입선로 계획

1. 지중선로 계획 시 고려사항

1) 차량 및 중량물의 압력을 받을 우려가 있는 장소는 1.0m, 기타 장소에는 60cm 이상 매설한다.

2) 특고압 지중전선과 지중약전류 전선 등 또는 관과의 접근 또는 교차하는 경우 특고압의 경우 60cm, 고압의 경우 30cm를 이상 매설한다.

3) 특고압 지중전선과 저·고압의 전선이 접근하거나 교차하는 경우에 지중함 내 이외의 곳에서 상호 간의 거리 30cm(고압 15cm) 이상으로 한다.

4) 케이블 CN-CV(차수형 케이블)
   케이블을 사용하여 지중 수전하는 경우 $60mm^2$ 이상 사용하여야 한다.
   단, 배전선을 중성선과 연결하지 않고 수전용 차단기 2차 측(차단기-변압기간)에 시설하는 경우 $35mm^2$ 이상을 사용할 수 있다.

5) 지중전선의 피복금속체의 접지
   관, 암거 기타 지중전선을 넣은 방호장치의 금속제부분(케이블을 지지하는 금구류를 제외한다) 금속제의 전선 접속함 및 지중전선의 피복으로 사용하는 금속체에는 접지공사를 하여야 한다.

6) 지중전선 노출부분의 방호
   ① 케이블은 심층에 지장을 줄 우려가 없는 위치에 설치할 것
   ② 케이블은 사람이 접촉될 우려가 있는 곳이나 손상을 받을 우려가 있는 곳에 시설하는 경우에는 그 부분의 케이블을 금속관, 가스철관, 합성 수지관 등에 넣는 등의 방호 방법을 강구할 것(금속체는 접지공사를 한다)

7) 피뢰기
   ① 고압 또는 특별고압 가공전선로로부터 공급을 받는 수용장소의 인입구
   ② 가공전선로와 지중전선로가 접속되는 곳

2. 22.9kV 전력케이블

1) 전력Cable의 종류

구분	품명(기호)	특징
차수형	CN/CV	부풀음테이프 삽입: 수분침투 확대 방지
수밀형	CN/CV-W	도체공간을 메꿈: 물 확산 방지
난연저독형	FR CN/CO-W	난연저독성 시스체: 연소 시 유독가스 방지
수트리억제형	TR CNCV - W	트리억제형 XLPE 절연: 수명 신뢰성 향상

2) 22.9kV CN/CV-W Cable의 구조

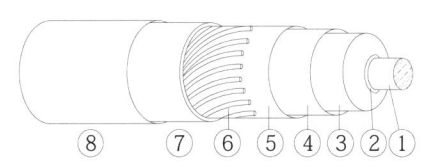 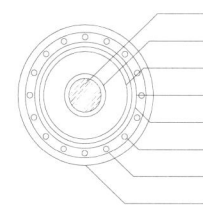

① 도체(수밀컴파운드)
② 내부 반도전층
③ 절연 [XLPE]
④ 외부 반도전층
⑤ 부풀음 테이프
⑥ 중성선(연동선)
⑦ 부침용 테이프
⑧ 쉬스(PVC)

3. 지중전선로 종류

1) 직매식

(1) 전력케이블을 직접 지중에 매설하는 방식으로, 일반적으로 케이블 보호재로서 트러프(Trough)를 사용하여 케이블을 보호하며,

(2) 모래를 충진 뒤 뚜껑을 덮고 되메우기를 한다.

- 케이블 회선수가 2회선 이하
- 장래 회선증설이 예상되지 않는 경우
- 추후 굴착이 용이한 경우
- 기타 여건상 부득이한 경우

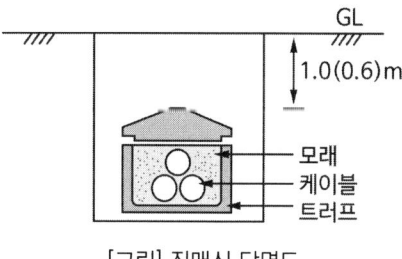

[그림] 직매식 단면도

2) 관로식

(1) 합성수지관, 강관, 흄관 등 관재(Pipes)를 사용하여 관로를 구성한 후 케이블 부설하는 방법이다.

(2) 일정 거리의 관로 양끝에는 맨홀을 설치하여 케이블을 설치하고 접속한다.

- 케이블 회선수가 3회선 이상 9회선 미만
- 장래 회선증설이 예상되는 경우

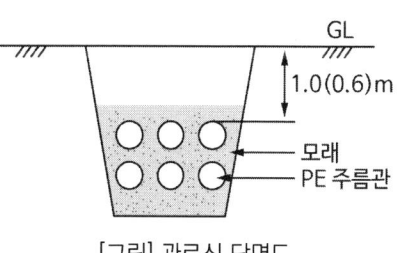

[그림] 관로식 단면도

- 도로예정지역으로 도로포장계획이 있는 경우
- 직매식이 불리한 경우

3) 암거식

터널과 같은 상부가 막인 형태의 지하구조물로써 내부 벽측에 케이블을 부설하고 유지 보수 작업을 위한 작업원의 통행이 가능한 크기로 건설비가 많이 소요되는 보통 다음과 같은 경우에 적용한다.

- 케이블 회선 수 9회선 이상
- 도로양측에 관로의 분할시공(8공 이하)이 불가능할 경우
- 직매식, 관로식이 곤란한 경우

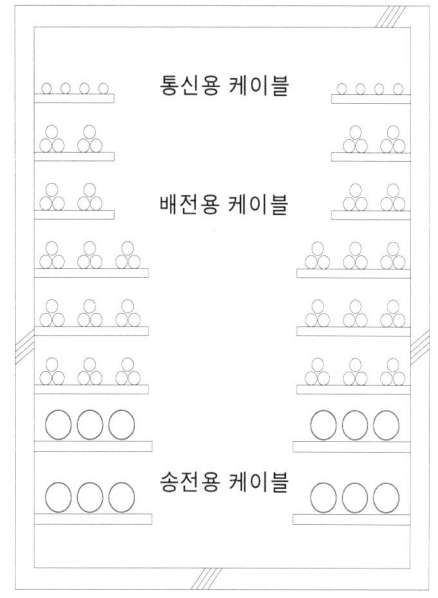

[그림] 암거식 단면도

10. GIS(Gas Insulated Switchgear)

1. 개요

1) 산업의 발달로 인한 전력수요의 급증에 따라 전력 계통도 대용량, 초고압화 되어가고 있으며, 이에 따른 전력설비의 안정화와 신뢰도는 매우 중요한 사항이다.

2) 전력수요의 급증에 따른 초고압 변전설비는 용지확보의 곤란, 유지보수 비용의 과다, 안전성 확보 등의 이유로 변전설비의 추세가 주회로 계통은 밀폐 또는 은폐화 되고, 제어계통은 전자화로 급속도로 변화하고 있으며, 기존의 공기 또는 유류 절연형 변전설비에서 가스 절연형 변전설비로 변화되어 가고 있다.

2. GIS설비가 필요한 곳

1) 변전설비의 가격보다 소요면적 축소나 안전성이 요구되는 장소
2) 공해지역이나 해안지역
3) 공급규정에 의한 용량이 10[MVA] 이상의 수용설비 수용가

3. GIS의 종류

1) 전압에 따른 분류: 345 kV, 154 kV, 22.9 kV
2) 사용 장소에 따른 분류: 옥외형, 옥내형
3) 구성에 따른 분류: 모선, GCB, DS, ES

4. GIS의 구성

1) 가스절연 개폐장치(GIS: Gas Insulated Switchgear)는 차단기, 단로기 등의 개폐설비와 변성기, 피뢰기, 주회로 모선 등을 금속제 탱크 내에 일괄 수납하여 충전부는 고체 절연물(Spacer)로 지지하고 있다.

2) 탱크 내부에는 절연성능과 소호능력이 뛰어난 SF_6 가스를 절연매체로하여 충진, 밀봉한 개폐설비 시스템을 말한다.

3) GIS의 구성도

① 모선
   단일모선, 이중모선

② GCB(차단기)
   접촉자는 허용온도 상승(65[K])를 초과하지 않는 범위 내에서 정격전류와 통전

③ 단로기(DS)
   전동조작에 의해 구동되며 원방 및 수동조작이 가능

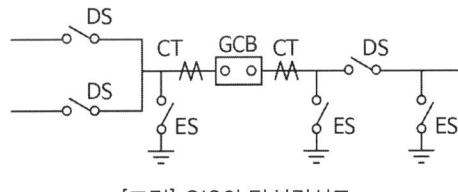

[그림] GIS의 단선결선도

④ 접지개폐기(ES)

수동조작에 의해 구동되며 적절한 위치에 설치되며, 선로개방 시 DS와 조합하여 사용하며 접지를 함으로써 보수점검 시 안전 확보

5. GIS 특징

1) 장점

구분	특징
콤팩트화	면적축소(1/4), 공기단축, 장소제한이 없다.
안전성	충전부 노출이 없다. 도심지에 적합하고, 사고 및 화재위험 적다.
환경조화	심리적 거부감이 적고, 탱크도색이 가능하다. 수신 장애가 없고 저소음이다.
신뢰성	외부요인의 영향이 적고, 주회로 마모열화가 적다.
경제성	토지가격이 비쌀수록 경제적이고, 기존 설비보다 비싸다.

2) 단점

1) 내부사고 시 대형사고가 발생할 우려가 있다.

초기고장 시 조기복구, 임시복구가 불가능하여 장기간 운행정지가 필요하다.

2) 시설비용이 높다.

환경적이고, 설치면적은 매우 우수하지만 비용이 기존 수변전설비에 비해 고가이다.

6. SF_6 가스

1) 특징

① 무색, 무미, 무취, 무독성, 불활성가스

② 절연성 우수 (공기의 3-4배, 소호능력 100배, 비중 4배)

③ 소호특성 (아크 중 자유전자는 SF_6 가스에 흡착)

2) 가스관리

종류	특징 및 관리
수분관리	로점이 0℃ 이하가 되도록 관리 시 절연저하 무시
분해 가스수분량	SF_4, SoF_2의 수분량 300ppm(Vol) 이하 관리
압력관리	경보압력 $0.05 MPa$. 쇄정압력 $0.1 MPa$
기타	흡착제(기기 내 봉입), 탱크강도 (1.5배 10분 이상 견딤)

7. 설치 시 고려사항

1) 케이블 접속

① 탱크와 케이블 사이는 절연통으로 절연하며 순환전류(전기유도, 시스전압) 방지

② 절연통 부분의 방진현상을 방지하기 위해 아레스터 보안기 설치, 콘덴서, 보호캡 설치

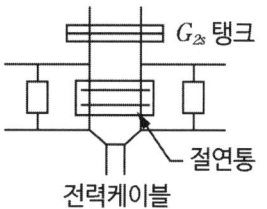

2) 설치방법

① 부스바와 애자등은 모두 SF_6 GAS가 충진된 파이프 내부에 배치되어 확실한 보호가 된다.

② 그림에서 ▨ 부분은 모두 SF_6 GAS로 채워져 있다.

③ 단로기(DS)를 보조 고압기기도 모두 SF_6 GAS가 충진된 파이프 내부에 배치한다.

④ 차단기(VCB)의 외부 접속부분도 모두 SF_6 GAS가 충진된 파이프 내부에 배치한다.

⑤ 전면 조작부분과 보호계전기, 저압 제어 부분은 별도의 전면 PANEL에 배치되어 설치 후 전면의 미관이나 편이성은 큐비클형처럼 우수하다.

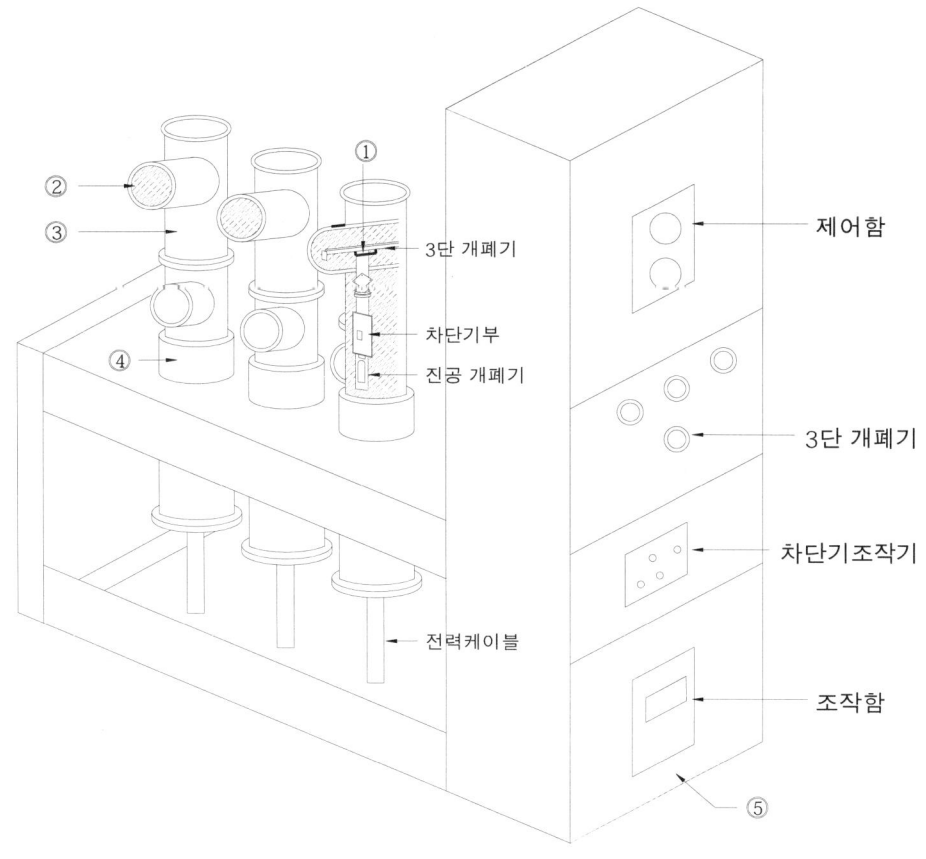

[그림] GIS 시스템

8. GIS 변전소 운전시 유의사항

1) GIS 변전소에서도 재래식 공기 절연형 변전소와 비슷한 낙뢰 대책이 필요하다.

2) 가스 절연형 기기의 V-T특성은 공기절연형기기에 비하여 절연협조가 매우 어렵다. Surge Impedance는 가공 송전선로의 약 1/5, 전력 케이블의 2~3배 정도이며, 이로 인한 외부 침입 Surge의 진행 및 반사 특성이 공기절연형 변전소와는 다르다.

3) 공기 절연형 변전소에서는 주 변압기 보호 위주로 낙뢰대책을 수립하여 왔으나 GIS변전소에서는 기기 내부의 Spacer 등 유기 절연물에 대한 보호 대책도 함께 고려하지 않으면 안 된다.

4) 가스 절연형의 절연특성 및 선로 측의 절연협조를 감안하여 선로 인입구 모선 및 변압기 전단 등의 1개소 또는 여러 개소의 적당한 위치에 소정의 피뢰기를 설치하여야 한다.

5) GIS변전소의 경우 선로 인입구에 피뢰기를 설치하면 전체적으로 보호효과가 있으므로 선로 측에 설치한다. 다만 345kV 변전소의 154kV 선로 측에는 설치하지 않고 모선 측에는 변압기 뱅크(Bank)별로 설치한다.

6) 변압기 또는 큐비클에서 직접 케이블로 접속하는 경우에는 피뢰기를 생략하여도 무방하지만 가공 송전선과 지중 송전선의 접속점에는 반드시 피뢰기를 설치하여야 한다.

11. GIS 예방진단기술

1. GIS 예방진단기술
절연열화에 의한 절연파괴 이전에 부분 방전이 발생하며, 이 부분방전을 검출

2. 절연성능 진단

(1) **절연 스페이서법**

절연 스페이서에 센서 설치 정전용량 분압의 원리로 부분방전 펄스를 검출하는 방법

(2) **분해가스 측정**

부분방전 발생 및 콘넥터 접촉불량에 의한 국부 과열 때문에 SF_6 가스가 분해되어 여러 종류 분해가스가 생성, 검출 센서로 분해가스 속 불소 이온을 선택적으로 검출

(3) **UHF (Ultra High Frequency)신호 진단법**

① 부분방전(PD: Partial Discharge)이 방사하는 전자파(UHF)를 탱크 내부 또는 탱크 외부에 설치한 센서에 의해 측정하는 방법

② UHF(300~3000MHZ)대의 부분방전 검출

③ 검출 기술의 원리

(4) **음향신호 진단법**

① 부분 방전 시 발생하는 기계적 신호음을 AE(Acoustic Emission) 센서를 이용하여 검출하는 방법

② UHF 진단법에 비해 기술적으로 간편하여 이동감시(휴대형 장비) 적용이 일반적임

3. 통전성능 이상 진단

통전 이상 시 접촉부의 과열이나 국부과열 온도 분포 등을 검출

(1) 적외선 카메라에 의한 열화상 진단

(2) X선 촬영에 의한 내부투시 - 접촉자 상태, 볼트 조임 등

4. 개폐성능 이상 진단

개폐시간, 가동부 마찰력, 풀림, 구조변형 등을 진단

(1) 주접점과 연동되는 보조접점의 개폐시간 측정방법

(2) 개폐기의 스트로크 측정에 의한 진단법

(3) X선 진단법 - 구조변형, 부품의 결함

5. 고장점 표정기술

GIS 내부고장 발생 시 현상을 적절한 센서로 검출하고 Relay정보와 조합하여 고장점을 찾는 방법

모아 전기응용기술사

Chapter 05

변압기

1. 변압기 선정 시 고려사항

1. 변압기 정격

상수, 주파수, 정격용량, 사용정격, 정격전압, 결선, 극성, 냉각방식

2. 변압기 특성

1) 손실과 효율

$$\eta(\%) = \frac{출력}{입력} \times 100 = \frac{출력}{출력 + 손실} \times 100 = \frac{m\,p\,\cos\theta}{m\,p\,\cos\theta + P_i + m^2\,P_c}$$

P_i : 철손 P_c : 동손 $m = \sqrt{\dfrac{P_i}{P_c}}$

2) 변압기 %Z

$$\%Z = \frac{임피던스\ 전압}{정격전압} \times 100 = \frac{\rho_1}{V_1} \times 100$$

임피던스 전압: 변압기 2차 단락 시 1, 2차 측에 정격전류가 흐를 때의 고압 측 전압

3) 전압 변동률

$$\varepsilon_m(\%) = m\,\%\,P\cos\theta + m\,\%\,q\sin\theta \qquad m : 부하율$$

4) 절연강도 (몰드 TR)

계통 공칭전압(kV)	뇌임펄스전압$(1.2 \times 50\,\mu s)$파고치[kV]	상용주파수 내전압 (kV)
6.6	60	20
22.9	95	50

5) 구조

변압기 구조는 크게 철심, 권선, 외함 등으로 나눈다.

6) 냉각 방식

① 일반적으로 자냉식 채택, 강제 송풍식 채택 시 30% 용량 증가
② 변압기 권선의 냉각방식

냉각방식	건식 자냉식	유입 풍냉식	송유 풍냉식
냉각 매체	공기	절연유	절연유
순환 매체	자연	자연	강제

7) 과부하 운전조건

　① 변압기는 특정한 조건하에서 정격부하를 초과하여 운전할 수 있다.

　② 단시간 과부하 지침(과부하의 한도를 150% 이하로 한다)

냉각방식	자냉식, 수냉식		송유식, 송풍식	
과부하전의 부하(%)	90	50	90	50
시간 (H) $\frac{1}{2}$	1.47	1.50	1.39	1.50
2	1.20	1.29	1.16	1.21
4	1.10	1.15	1.08	1.12

3. 변압기의 최고효율

1) 부하 시에 동손(P_c)과 철손 (P_i)이 같을 때 변압기의 효율이 최대

2) 일반적으로 변압기는 75%, 배전용 변압기는 전부하 60% 정도에서 최고효율이 되도록 만들어지고 있다.

※ 변압기는 운전 시 동손과 철손 비에 따라 변압기 운전 효율이 달라진다.

2. 변압기 용량선정

1. 부하조사
건축물의 목적, 성격, 부하의 배치, 부하의 중요도

2. 설비용량의 추정
1) 계획 시 최근 건축물의 부하 밀도를 참고로 결정

2) 부하 설비용량(VA) = 부하밀도 (VA/m^2) × 연면적 (m^2)

3) 최근 건물의 부하밀도 (VA/m^2)

구분	전등	일반동력	냉방동력	계
백화점	56	65	39	160
종합병원	47	64	48	159
체육관	32	34	23	89
학교	27	15	18	60

4) IB빌딩 부하밀도[VA/m^2]

구분	0 등급	1등급	2등급	3등급
부하밀도[VA/m^2]	110	125	157	166

3. 변압기 용량

1) 적용계수

① 수용률 = $\dfrac{최대수용전력(1시간 평균)}{총 설비용량} \times 100(\%)$

$$수용률 = \dfrac{60\,kW}{100\,kW} \times 100\,\% = 60\,\%$$

② 부등률 = $\dfrac{각부하군의 최대수용 전력의 힘}{합성최대 수용전력}$

$$부등율 = \dfrac{3000\,kVA}{2700\,kVA} = 1.11$$

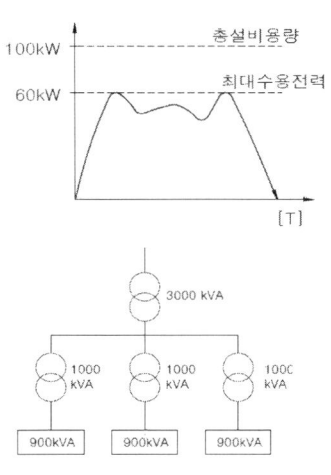

③ 부하율 = $\dfrac{\text{부하의 평균전력}}{\text{부하의 최대수용전력}} \times 100(\%)$

$$\text{부하율} = \dfrac{40kW}{80kW} \times 100 = 50\%$$

2) 변압기 용량 산정

① 주변압기 용량 = $\dfrac{\text{각부하 설비 용량의 총 합계} \times \text{수용률}}{\text{부등률}} \times \text{여유율 (kVA)}$

장래부하증설: 여유율, 2단강압방식: 부등률

② 전등 동력 부하

변압기용량 = $\dfrac{\text{각 전등, 동력부하 소비 전력합}\,[kW]}{\text{역율}}$

3) 용접기 부하

① 사용율 = $\dfrac{\text{통전시간}}{\text{통전시간 + 휴지시간}}$

② 교류 Arc 용접기

변압기 용량 = 1차정격 입력의 합 × $\dfrac{1}{2}$ [kVA]

③ 저항 용접기

변압기 용량 = 정격 용량의 합 × $\dfrac{1}{2}$ [kVA]

3. 변압기 용량산출 방법

1. **부하용량 산출**

    1) 세대 전등, 전열 부하산정

        ① 내선규정: 전용면적 (m^2) × $40(VA/m^2)$ + 가산부하 (1000kVA)

        ② 실부하법: 기구배치에 의한 용량계산

        ③ 주택건설기준: 3000VA ($60m^2$까지) + $10m^2$당 가산(300VA)

    2) 표준부하의 산정(내선규정 3315) (전등, 소형기구)

        ① 공장, 교회, 주상, 영화관, 연회장: $10(VA/m^2)$

        ② 여관, 호텔, 병원, 음식점 다방: $20(VA/m^2)$

        ③ 사무실, 상점: $30(VA/m^2)$

        ④ 주택, 아파트: $40(VA/m^2)$

    3) 최근 건물의 부하밀도 (VA/m^2)

        ① 백화점 (160), 병원 (159), 체육관 (89), 학교 (60)

        ② IB 빌딩, 0등급 (110), 1등급 (125), 2등급 (157), 3등급 (166)

2. **변압기용량 산출**

    1) 수용률, 부등률, 부하율

    $$수용률 = \frac{최대수용\ 전력(1시간평균)}{총\ 설비용량} \times 100$$

    $$부등률 = \frac{각계의\ 최대수용\ 전력의\ 합}{합성최대\ 수용전력} \quad \begin{cases} 전동 + 동력\ TR : 1.10 \\ 동력 + 동력\ TR : 1.36 \end{cases}$$

    $$부하율 = \frac{부하의\ 평균전력}{최대\ 수용전력} \times 100$$

    평균 전력 : $\frac{총\ 사용\ 전력량}{총\ 사용\ 시간}$ 최대 전력: 총 사용 시간 중 최대전력

2) 변압기용량 산정

전등 변압기 = 전등 설비용량 × 수용률

주변압기 용량 = 각 변압기의 합 × $\dfrac{1}{부등률}$

= 전등 × 수용률 + 동력 × 수용률 × $\dfrac{1}{부등률}$

※ 계산 예

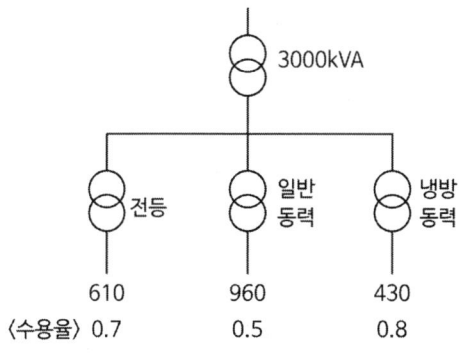

전등 610×0.7 = 427   500kVA×1
일반동력 960×0.5 = 265 300kVA×1
냉방동력 430×0.8 = 344 400kVA×1

주변압기용량 = 각 변압기용량합 × $\dfrac{1}{부등율}$

= $\{427 + 265 + 344\} \times \dfrac{1}{1.1} = 942\,kVA$

주 변압기는 3,000kVA가 아니라,
수용률과 부등률을 적용한 변압기 1000kVA 선정

4. 변압기 운전 중 적정용량 판단

1. 수변전설비의 적정용량 운전

수변전 설비는 사용부하의 용량에 따라 적정 용량이 선정되어야 하며, 이를 위해 설계 시에는 수용률, 부등률, 부하율 등이 고려되어 설치되고, 운용 중에는 각종손실, 효율 등이 검토되어 적정 용량으로 운전되도록 하여야 한다.

2. 수변전설비의 적정용량 운전 판단 방법

1) 수용률: 최대수요전력 [kW]과 부하설비의 정격 용량의 합계[kW]와의 백분비[%]

$$수용율 = \frac{수용가최대수요 전력\,[kW]}{부하설비용량의 합계\,[kW]} \times 100\,[\%]$$

2) 부하율: 부하의 평균 전력 [kW]과 최대수요전력(1시간 평균)[kW]의 백분비 [%]

$$부하율 = \frac{부하의평균 전력\,[kW]}{최대수요전력\,(1시간평균)\,[kW]} \times 100\,[\%]$$

3) 부등률: 2 step의 변전설비 구성시 각 변압기의 이용정도

$$부등률 = \frac{부하각개의 최대수요전력의 합계\,[kW]}{각 부하를 총합한 최대수요전력\,[kW]} \geq 1$$

4) 전압변동률 (ε)

$$\varepsilon = \frac{V_{2o} - V_{2n}}{V_{2n}} \times 100 = p\cos(\theta) \times q\sin(\theta)$$

$$\%Z = \sqrt{p^2 + q^2} \quad \therefore \varepsilon \propto \%Z$$

V_{2o}: 2차 측 무부하 전압
V_{2n}: 2차 측 정격전압
P: % 저하강하
Q: %Z 리액턴스 강하

구분	전압변동률	단락용량	무부하손실	TR용량
%Z 小	小	大	증가	증가
%Z 大	大	小	감소	감소

5) 주위온도와 발열량: 주위온도 30℃ 일 때 1℃ 감소 시마다 0.8(%) 과부하 운전 가능

6) 부하 밸런스 / 단시간 정격

　① 부하 밸런스 : $3\phi3W \to 30\%$, $1\phi3W \to 40\%$ (내선규정 1410-1)

　② 단시간 정격 : 유입자냉식: 냉각 fan 가동 시 130% 과부하 운전 가능
　　　　　　　　　 Mold TR: 8시간 130% 과부하 운전

7) 손실과 효율

　① 손실$(P_l) = P_i + m^2 P_c$ (P_l : 전손실, P_i : 철손, P_c : 동손, m : 부하율)

　② 효율(η)

　　• 효율 = 출력/입력

　　• 최고효율은 $P_i = m^2 P_c$ 일 때, 따라서 $m = \sqrt{\dfrac{p_i}{P_c}}$ 가 된다.

　　• 유입 TR 60% Mold TR 70~80% 부하율일 때 최고 효율이 되므로 용량 선정 시 부하율 고려

5. 변압기의 과부하 운전조건

1. 변압기 고장분류

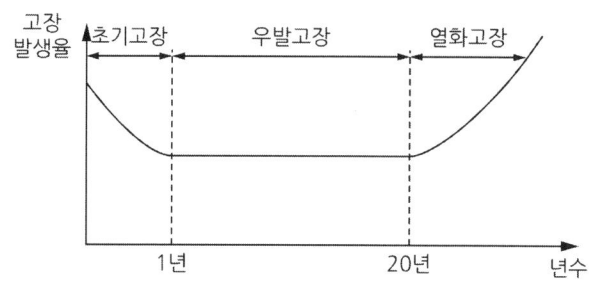

1) 초기고장: 제작상 결함, 환경부적합
2) 우발고장: 초기고장 지나면서 발생
3) 열화고장: 우발고장 지나면서 열, 마모 등에 의해 발생

2. 변압기 수명과 과부하운전

1) 변압기 수명은 운전을 개시한 후에 위험도가 높아지는 시점까지의 기간을 말하며, 변압기 수명은 절연재료의 수명으로 결정된다. 절연재료에는 유입변압기에 해당되는 A종 및 몰드변압기에 해당되는 B종, F종으로 구별되며 이것들은 절연재료의 내열수명 특성에 의해 구분되고 있다.

2) Mont Singer식

$$Y = ae^{-b\theta}$$

   Y: 절연수명, a: 상수

   b: 0.1155, θ : 절연물 온도

3) 부하율과 수명

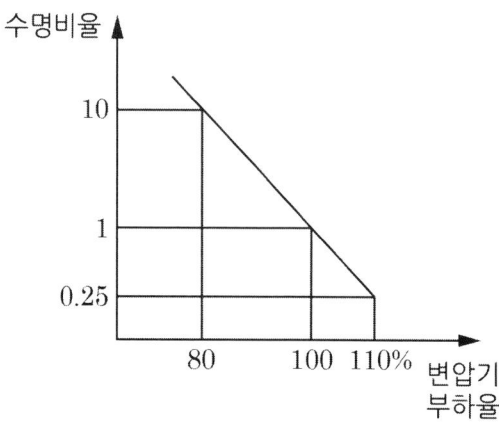

3. 과부하운전 조건

1) 변압기 수명
(1) 정격부하 연속 사용 시 30년
(2) 절연물 온도 6℃ 상승 시 수명 반감

2) 과부하운전 조건
(1) 주위 온도보다 낮을 것 : 40℃ 이하
(2) 단시간 과부하
(3) 냉각방식 개선: 자냉식 → 풍냉식
(4) 보수이력 없을 것
(5) 사용경력 15년 미만
(6) 보호장치

6. 변압기 임피던스

1. 변압기의 %Z

1) 전력계통에(전원, 변압기, 전로, 부하 등)에 있는 각각의 임피던스(Impedance)에 의해 전압강하가 발생하는데, 각 임피던스에 의한 전압강하를 기준전압에 대한 백분율로 표시한 것이 %임피던스이며(%Z), 단락전류 계산법 중에 %임피던스법의 기초가 된다.

2) %임피던스법은 환산된 %Z를 그대로 옴의 법칙에 적용할 수 있어 많이 활용된다.

3) 변압기의 %Z 의미

$$\%Z_T = \frac{e}{E} \times 100\%$$

e: 2차 단락 시 2차에 정격전류를 흐를 때 1차 인가전압
E: 기준전압

※ **선로의 %Z**

$$\%Z_L = \frac{e}{E} \times 100\%$$

e: 선로의 전압강하($e = Z \cdot i$)
E: 기준전압

4) 변압기를 포함한 계통의 %Z 의미

변압기를 포함한 회로에서 기준이 되는 전압과 전류를 정하고, 각각의 임피던스를 기준 임피던스의 백분율로 나타낸 것이다.

$$Z(\%) = \frac{Z \cdot I}{E} \times 100 = \frac{E \cdot I \cdot Z}{E^2} \times 100 = \frac{\text{기준용량} \times Z}{(\text{기준전압})^2}$$

여기서, E: 기준전압
I: 기준전류
Z: 임피던스

- 3상에서의 %Z

$$\%Z = \frac{Z \cdot I}{E} \times 100 = \frac{Z \cdot I}{V/\sqrt{3}} \times 100 = \frac{\sqrt{3}\,VI}{V^2} \cdot Z \times 100\,[\%]$$

- $Q = \sqrt{3}\,VI$ 이므로

$$\%Z = \frac{Q \cdot Z}{V^2} \times 100\,[\%]$$

- kVA, kV로 용량환산하면

$$\%Z = \frac{Q[kVA] \cdot Z}{10 \cdot [kV]^2} \times 100\,[\%]$$

5) 전력계통에서의 %Z 의미

전체계통에서의 %Z는 전체 임피던스 중에서 변압기의 임피던스가 차지하는 비율(%)을 의미한다고 볼 수 있다.

2. 변압기 임피던스 전압

1) 변압기 임피던스 전압은 정격전류가 흐를 때 변압기 자체의 내부임피던스에 의해서 발생하는 전압강하의 크기를 의미한다. 즉 변압기 2차를 단락하고 변압기 1차 측에 정격전류가 흐를 때의 전압을 임피던스전압이라고 할 수 있다.($e = I_1 \cdot Z$)

2) 변압기는 임피던스 전압이란 의미보다 %임피던스(%Z)로 대부분 표현한다.

3) 임피던스 전압이 크다고 하는 것은 %Z가 크다는 것인데, 2차 측 단락 시 단락전류는 작아지지만 전압변동률은 증대되는 문제점이 있다.

4) 결국 변압기의 임피던스전압이나 %Z는 단락전류와 전압변동률의 두 가지 측면에서 절충을 해야 한다.

5) 변압기 임피던스전압 계산

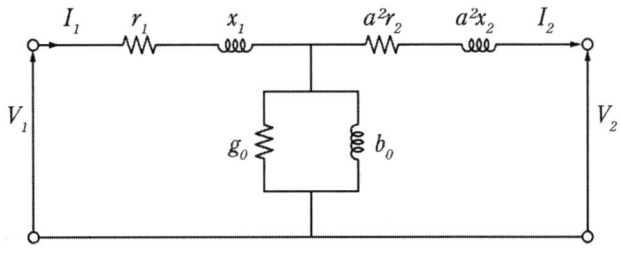

[그림] 변압기 등가회로(1차 측에서 본 임피던스)

① 1차 환산 임피던스(1차 측에서 본 임피던스)

$$Z = (r_1 + a^2 r_2) + j(x_1 + a^2 x_2) \quad a: \text{변압기의 환산계수(reduction factor)}$$

$$IR = I_1(r_1 + a^2 r_2), \quad IX = I_1(x_1 + a^2 x_2)$$

② 각각의 1차 전압에 대한 백분율로 표시한 수치가 %저항, %리액턴스, %임피던스전압, %임피던스이다.

$$\%IR = \frac{IR}{V_1} \times 100 \qquad \%IX = \frac{IX}{V_1} \times 100$$

$$\%IZ = \sqrt{(\%IR)^2 + (\%IX)^2} \qquad \%Z = \sqrt{(\%R)^2 + (\%X)^2}$$

3. 임피던스(%임피던스) 크기의 영향

%Z가 클 때	%Z가 작을 때
• 단락전류가 작아진다.($I_s = \dfrac{100}{\%Z} \cdot I_n$) • 차단기 동작책무 및 용량이 감소한다. • 전압변동률이 커지고, 동손이 증가한다. • 중량이 감소하고, 가격이 저렴하다.	• 단락비가 커져서 전기자 반작용이 감소한다. • 계통의 안정도가 높아진다. • 철손, 기계손이 증가한다. 가격이 비싸진다. • 부하손이 감소하고 중량이 증대한다.

4. 전압변동률

1) 정격부하를 접속하고 1차 측 전압을 조정하여 2차 전압이 정격치가 되게 하였을 때 부하를 분리하면 2차 전압은 상승한다.

2) 이때의 2차 전압의 변화분을 2차 정격전압의 백분율로 표시하며 전압변동률이라고 한다.

• 전압변동률(%) $\varepsilon = \dfrac{V_{20} - V_{2n}}{V_{2n}} \times 100(\%)$

V_{20} : 무부하 전압
V_{2n} : 2차 정격전압

3) 임피던스 전압의 크기는 전압과 권선의 사양에 따라서 결정된다.
   • 임피던스 전압이 작은 변압기는 철머신이 되어 부하손이 작지만 중량(철재+동재)이 무거워지는 경향이 있다.
   • 임피던스전압이 큰 변압기는 동머신이 되어 부하손은 많지만 중량이 가벼워지는 경향이 있다.

4) 전압변동률 증감

① 변압기에서 p보다 q가 몇 배 크므로 부하역률($\cos\theta$)이 나쁘면 전압변동률도 커진다.

$$\dfrac{\varepsilon}{100} = \dfrac{\dot{V_o}}{\dot{V_n}} - 1 \text{ 에서} \quad \varepsilon = p\cos\theta + q\sin\theta$$

② 역률이 100% 일 때는

$$\varepsilon = p = \dfrac{\text{전부하동손}}{\text{정격용량}} \times 100(\%)$$

7. 변압기 병렬운전

1. 변압기 병렬운전

1) 변압기 병렬운전은 변압기 2대 이상을 병렬로 운전하여 전력공급의 신뢰도를 높이기 위한 방법으로, 일부 변압기 고장 발생 시에 발생하는 정전을 방지하기 위하여 사용하는 방식이다.
2) 즉, 변압기 1대가 고장 시에 해당 부하를 다른 변압기들이 부하분담을 하게 된다.

2. 병렬운전 조건

1) 필수조건과 권장조건

구분	동일 조건	다를 경우 문제점
필수조건	1, 2차 극성	단락사고 발생
	상회전방향, 위상변위	순환전류로 온도 상승 발생
권장조건	1, 2차 전압	순환전류로 출력 저하 및 소손 발생
	%임피던스	%Z 낮은 쪽으로 과부하 소손
	임피던스저항, 리액턴스 비율	역률에 따라 부하분담변화
	기타: 권선비, 탭 조정 등	-

2) 병렬운전 조건의 이유

① 1, 2차 전압비가 틀리면 변압기 내부에 순환전류가 흘러 전압위상이 달라지므로 변압기의 출력이 감소하게 되기 때문에 10%를 초과하지 않는 범위 내에서 조정해야 한다.

② 임피던스 전압이 다르면 전압변동률이 달라지므로 역률에 따라 부하분담이 변화하게 되어서 임피던스전압이 적은 쪽으로 과부하가 걸려 변압기 소손이 우려된다.

③ 단상변압기는 극성이 같아야 하고, 3상 변압기는 각 변위와 상회전이 같아야 한다. 즉 단상은 감극성이어야 하고, 감극성이 아니면 3상과 마찬가지로 순환전류가 발생하여 권선의 온도 상승을 유발한다.

④ 단락 시 권선에 작용하는 전자기계력을 고려해야 한다. 왜냐하면 임피던스 전압에 따라 단락전류가 변하므로 단락전류가 흐를 때 권선 상호 간 권선과 철심 상호 간에 전자기계력에 차이가 생기기 때문이다.

⑤ BIL값이 다를 경우에는 변압기의 내압이 달라 소손의 우려가 있고, 변압기 용량이 다를 경우에는 부하분담의 불균형으로 과부하가 우려된다.

3. 병렬운전이 적합하지 않는 경우

   1) 부하의 합계가 변압기의 정격용량보다 큰 경우

   2) 무부하 순환전류가 정격전류의 10%를 초과하는 경우(권선비가 틀릴 경우)

   3) 순환전류와 부하전류치의 합이 정격부하의 110%를 넘는 경우

4. 변압기 결선

병렬운전이 가능한 결선	불가능한 결선
△-△ 와 △-△	△-△ 와 △-Y
Y-Y 와 Y-Y	△-△ 와 Y-△
Y-△ 와 Y-△	Y-Y 와 Y-△
△-Y 와 △-Y	Y-Y 와 △-Y
△-△ 와 Y-Y	-
△-Y 와 Y-△	-

(△-Y와 Y-△ 결선 시 상 변환이 필요)

5. 동일 용량 병렬운전 시 부하분담

   1) 변압기의 부하분담

$$TR_1 = \frac{Z_2}{Z_1 + Z_2} \times P, \quad TR_2 = \frac{Z_1}{Z_1 + Z_2} \times P$$

   ① 임피던스가 작은 TR에 부하 분담이 커진다.

   ② 과부하 TR의 부하를 제한한다(Z가 낮은 TR 부하를 낮춘다).

※ **동일 용량 TR의 부하분담 계산**

[문제] 변압기의 병렬운전 시 부하분담과 과부하 운전을 계산하시오.

① TR의 부하분담

$$TR_1 = \frac{3.5}{3+3.5} \times 150 = 80.8 \, [kVA],$$

$$TR_2 = \frac{3}{3+3.5} \times 150 = 69.2 \, [kVA]$$

② TR-1 이 과부하되므로 부하를 낮춘다.

③ 개선된 부하용량

$$(개선) \, TR_1 = \frac{3.5}{3+3.5} \times P = 75 \, [kVA] \quad P = 139 \, [kVA]$$

즉, 전체 부하를 139 [kVA]로 조정한다.

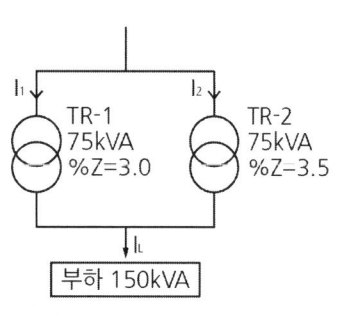

2) 변압기의 전류분담(동일용량 경우)

$$I_1 = \frac{(\frac{kVA}{\%IZ})_1}{(\frac{kVA}{\%IZ})_1 + (\frac{kVA}{\%IZ})_2} \times I_L, \quad I_2 = \frac{(\frac{kVA}{\%IZ})_2}{(\frac{kVA}{\%IZ})_1 + (\frac{kVA}{\%IZ})_2} \times I_L$$

%IX 가 %IZ 보다 클 경우 오차 없이 적용이 가능하다.

6. 다른 용량 병렬운전시 부하분담

1) 변압기의 부하분담

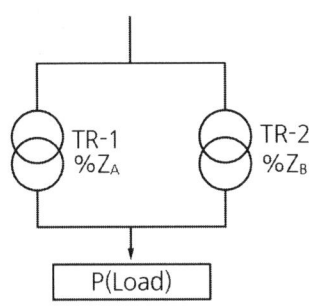

$$TR_1 = \frac{m\ \%Z_2}{\%Z_1 + m\ \%Z_2} \times P,$$

$$TR_2 = \frac{\%Z_1}{\%Z_1 + m\ \%Z_2} \times P$$

환산비례수 $m = \dfrac{TR_1[kVA]}{TR_2[kVA]}$

2) 변압기의 분담전류

$$I_1 = \frac{m\ \%Z_2}{\%Z_1 + m\ \%Z_2} \times \frac{P}{\sqrt{3}\ V}, \quad I_2 = \frac{\%Z_1}{\%Z_1 + m\ \%Z_2} \times \frac{P}{\sqrt{3}\ V}$$

※ 다른 용량 TR의 부하분담 계산

[문제] 두 변압기가 과부하 운전을 하지 않고 공급할 수 있는 최대용량을 산출하시오.

TR-A P_A=500[kVA] %Z_A=5[%]
TR-B P_B=400[kVA] %Z_B=4[%]

1. 변압기의 부하분담(용량 다른 경우)

$$TR_1 = \frac{m\ \%Z_2}{\%Z_1 + m\ \%Z_2} \times P = \frac{1.25 \times 4}{5 + 1.25 \times 4} \times 900 = 450[kVA]$$

$$TR_2 = \frac{\%Z_1}{\%Z_1 + m\ \%Z_2} \times P = \frac{5}{5 + 1.25 \times 4} \times 900 = 450[kVA]$$

환산비례수 $m = \dfrac{500}{400} = 1.25$

2. 변압기의 최대용량(용량 다른 경우)

최대부하는 %Z가 작은 부하에 부하분담이 크게 되므로,

$$TR_2 = \frac{\%Z_1}{\%Z_1 + m\ \%Z_2} \times P_L, \quad 400 = \frac{5}{5 + 1.25 \times 4} \times P_L, \quad P_L = 800[kVA]$$

8. 변압기의 결선방식의 특징

결선방식	장점	단점
△-△	• 대전류 계통에 적합하다($I_\ell = \sqrt{3}\, I_p$). • 선간전압 동상이다($V_\ell = V_p$). • 3고조파전류가 △ 순환하여 출력전압은 정현파를 유지한다. • 1상 고장 시 V결선 가능하다.	• 비접지 방식으로 지락사고 시 지락전류 검출 곤란하다. • 변압비가 다를 경우 순환전류 흐른다. • 권선 임피던스가 다를 경우 3상 부하가 평형 되어도 부하전류는 불평형된다. • 지락, Arc 등에 이상전압이 발생한다. • 지락검출 어렵고, 보호방식이 복잡하다.
Y-Y	• 고전압 계통에 적합하다. ($V_\ell = \sqrt{3}\, V_p$) • 선간전류 동상($I_\ell = I_p$) • 변압비, 권선임피던스가 틀려도 순환전류가 흐르지 않는다.	• 중성점 접지 시 3고조파의 대지전류가 흘러 통신선에 유도장해를 준다. • 고조파 발생기기가 많은 경우는 가급적 적용하지 않는다.
△-Y	• 2차 측에 중성점 접지를 하여 저압 측에 220/380 V를 사용할 수 있어서 일반수용가에 가장 많이 사용하다. • 상전압이 1·2차 간 $\sqrt{3}$ 배 증가하므로 승압용에 적당하다. • 중성점 접지를 할 수 있다. • △-△, Y-Y의 장점을 갖는다.	• 1·2차간 30°의 위상차가 있다 • 1상 고장 시 전원공급이 불가능하다.
Y-△	• 2차 측이 비접지 방식으로 2단 강하방식이나 6.6, 3.3[kV]로 길이가 짧은 대전류 공급계통, 구내배선선로에 주로 적용한다. • 상전압이 1·2차간 $1/\sqrt{3}$ 배 감소하므로 강압용에 적당하다. • 1차 전압을 Y결선하므로 절연이 유리하다. • △-△, Y-Y의 장점을 갖는다.	• 3상의 입력·출력의 전압, 전류 간에 위상 변위가 생긴다. • 1상 단락은 다른 변압기를 과여자한다.

V-V	• △-△ 결선에서 변압기 1상 고장 시에도 전력공급이 가능하다.
	• 전기철도 분야에서 이를 응용하여 Scott결선으로 사용되고 있다.
		• TR 2상을 사용한 경우와 비교하면,
		  – 이용률: $\dfrac{P_V}{P_2} = \dfrac{\sqrt{3}\,VI}{2\,VI} = 86.6[\%]$
		• △-△ 결선을 V으로 한 경우는
		  출력비: $\dfrac{P_V}{P_\Delta} = \dfrac{\sqrt{3}\,VI}{3\,VI} = 57.7[\%]$
		  으로서 이용률과 출력비가 매우 낮다.
		• 실제 적용 시 두 단자 전압이 불평형하고, 사용가능 여부를 확인하기 어렵다.

9. 변압기 V결선

1. 변압기의 V결선

1) Scott 결선

① 3상 전원에서 용량이 큰 단상부하에 전원을 공급하게 되면 부하 불평형이 되며, 이를 해소하기 위해 단상변압기 2대를 사용하며 3상 전원에서 2상 전원을 얻는 데 사용한다.

② 단상 측 2회로 부하크기나 역률이 같으면 1차 측의 전류는 평형이 된다.

③ T좌 변압기의 1차권선 0.866점과 M좌 변압기 중앙점에 탭을 내어 3상을 공급하면 2차 측 단자에 평행 2선전압을 얻는다.

④ 전기로, 철도용 변압기에 사용한다.

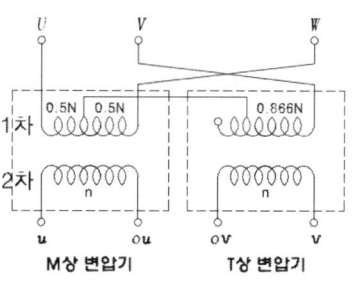

[그림] Scott 결선도

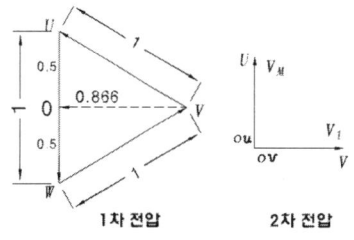

[그림] Scott전압 Vector도

2) 역 V결선

① 2대 변압기로 3상 전원에서 단상을 얻는다.

② 2차 전압은 $\sqrt{3}$ 배이다.

2. V결선의 정의

2차 측에 평형 3상 부하를 연결하고 1차 측에 평형 3상 전압 V_{BA}, V_{CB}, V_{AC} 를 공급할 경우

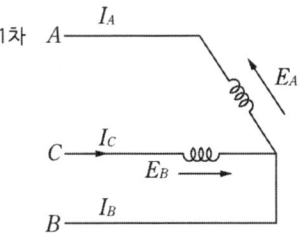
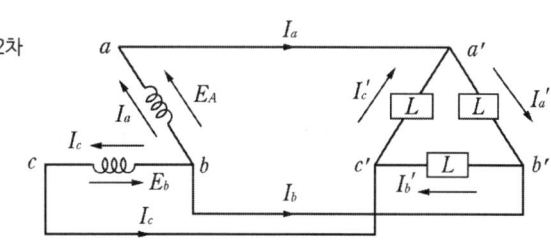

1) 선간전압은 여자전류 및 누설임피던스를 무시하면

1차 기전력은 $\dot{E}_A$ 와 $\dot{E}_B$ 는 $\dot{E}_A = V_{BA}$, $\dot{E}_B = V_{CB}$, $V_{AC} = -(\dot{E}_A + \dot{E}_B)$

따라서 2차 선간전압 $V_{ba} = E_a$, $V_{cb} = E_b$

$V_{ac}(E_c) = -(E_a + E_b)$ 가 된다.

2) 위상은 2차 권선에는 선전류 I_a, I_c, $I_b = -(I_A + I_C)$가 흐르는데 크기는 서로 같고 120°의 상차가 있으므로 1차 측의 선전류 I_A, I_B, I_C는 평형 3상전류이며, 그 위상은 선간전압 V_{BA}, V_{CB}, V_{AC} 보다 각각 $(30° + \varnothing)$만큼 뒤진다.

3) 따라서 2차 측 선간전압 V_{ba}, V_{cb}, V_{ac} 및 선전류 I_a, I_b, I_c는 평형 3상 전압 및 전류이므로 $V_{ba} = V_{cb} = V_{ac} = V, I_a = I_b = I_c = I$가 된다.

3. V결선의 출력비와 이용률

1) 변압기 출력비

[그림] Vector도에서 보는 바와 같이 2차 측의 선간전압 V_{ba}, V_{cb}, V_{ac} 및 선전류 I_a, I_b, I_c는 평형 3상 전압 및 전류이므로 여기서,

$V_{ba} = V_{cb} = V_{ac} = V, I_a = I_b = I_c = I$가 되어

① V결선 변압기의 용량은 ab 간의 변압기 용량과 bc 간의 변압기 용량의 합이다.

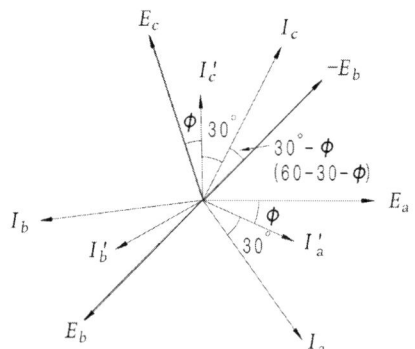

[그림] V-V Vector도

- ab 간의 변압기 용량은

$$P_{ab} = E_a I_a \cos(30° + \varnothing) = V_{ba} I_a \cos(30° + \varnothing) = VI\cos(30° + \varnothing)$$

- bc 간의 변압기 용량은

$$P_{bc} = -E_b I_c \cos(30° - \varnothing) = V_{bc} I_c \cos(30° - \varnothing) = VI\cos(30° - \varnothing)$$

- V 결선의 변압기 용량

$$P = P_{ab} + P_{bc} = VI\cos(30° + \varnothing) + VI\cos(30° - \varnothing)$$
$$= VI(\cos 30° \cos\varnothing - \sin 30° \sin\varnothing + \cos 30° \cos\varnothing + \sin 30° \sin\varnothing)$$
$$= VI(0.866\cos\varnothing + 0.866\cos\varnothing) = \sqrt{3}\, VI\cos\varnothing$$

② V 결선의 출력비

△ 결선일 때의 출력은 $3VI\cos\varnothing$ 이므로 출력비는

$$\frac{P_V}{P_2} = \frac{\sqrt{3}\, VI\cos\varnothing}{3\, VI\cos\varnothing} = 0.577$$

2) 변압기 이용률

변압기 2대의 출력은 $2VI\cos\varnothing$ 이므로 이용률은

$$\frac{P_V}{P_2} = \frac{\sqrt{3}\, VI\cos\varnothing}{2\, VI\cos\varnothing} = 0.866$$

4. 전압변동률과 역률관계

1) 1차 측에 평형 전압을 공급하고 2차 측에 평형 3상 부하를 걸어도 실제로는 A, C상에는 누설전류가 있고 B상에는 전압강하가 없기 때문에 2차 측의 3상 전압에는 불평형이 생기게 된다.
2) 즉 불평형 전압강하에 의한 전압변동이 발생하게 되고 이에 따른 역률저하 현상이 발생한다.

5. 유도전동기에 미치는 영향

1) V결선 변압기 각 상의 전압강하가 다르기 때문에 유도전동기에는 불평형 3상 전압이 가해진다.
2) 유도전동기에는 불평형 3상 전압이 인가되면 전류도 불평형이 되어 정상전류 이외의 역상 및 영상전류가 흐르게 된다.
3) 역상전류는 전동기에 역방향 토크를 발생시키고, 전동기 코일에 Joule 열을 발생시켜 전동기 온도를 상승시키기 때문에 전동기 용량은 감소한다.

10. 단권 변압기

1. 단권변압기

1) 345kV 변전소에서 사용하고 있는 주변압기는 단권변압기이다.
2) 단권변압기는 한 권선의 중간에 탭을 만들어 사용하는 변압기로 1차와 2차의 전기회로가 절연되지 않고 권선의 일부를 공통으로 사용하는 변압기이다.

2. 단권변압기의 구조

1차, 2차 권선의 어느 하나가 반드시 공통으로 되어 있으며 공통으로 사용되는 권선 B~C를 분로권선, 공통이 아닌 A~B부분을 직렬권선이라 하며, 원리는 전력용 변압기와 같다.

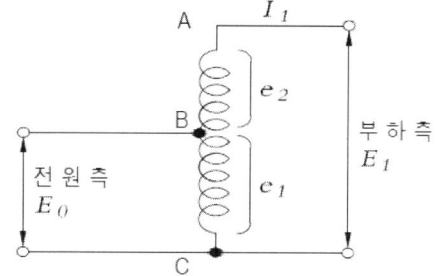

[그림] 단권변압기 회로도

3. 자기용량과 부하용량

1) 단권변압기는 직렬권선을 1차권선, 분로권선을 2차권선으로 하는 보통변압기로 동작한다.
2) 변압기 자신용량은 직렬권선의 출력 $(E_1 - E_0) \cdot I_1$과 같고 자기용량 또는 등기용량이라 한다. 그리고 이 변압기를 통하여 공급되는 출력 $E_1 I_1$을 부하용량 또는 선로출력이라 한다. 수식으로 표시하면

$$자기용량 = (E_1 - E_0) \cdot I_1 = \left(1 - \frac{E_0}{E_1}\right) E_1 I_1 = (1 - a) \cdot 부하용량$$

4. 특징

1) 변압비가 1의 근처에서 가장 경제적이고 특성이 좋다.
2) 권선의 일부를 공통으로 사용하기 때문에 동량을 줄일 수 있다.
3) 동량 감소로 동손이 감소하여 효율이 좋아지고 온도상승이 저하된다.
4) 일반 변압기에 비하여 전압변동률이 작아 계통의 안정도가 증가한다.
5) 누설임피던스가 작기 때문에 단락전류가 커서 열적, 기계적강도가 커야 한다.
6) 충격전압이 대부분 직렬권선에 가해지므로 이에 대한 적절한 절연설계가 필요하다.
7) 1차, 2차 측이 절연되어 있지 않으므로 직접접지계통이어야 절연문제가 발생하지 않는다.
8) 권선을 공통으로 사용하여 1차 측 이상전압이 발생하면 2차 측에 영향을 준다.

5. 용도

승압기, 기동 보상기, 실험실 슬라이 닥스

11. 권수비 1:1 변압기

1. 권수비가 1대1인 변압기의 특성

1) 구조 및 원리는 일반 변압기와 동일
2) 1차, 2차 전압 동일
3) 강압용 변압기와 비교 시 2차 측 코일 턴수가 증가하여 임피던스 증가
4) 22,900 / 22,900 [V] 용의 경우 2차 측 절연처리(절연간격)등의 문제로 변압기의 부피 증가

2. 권수비가 1대1인 변압기 설치 이유(적용)

1) 안정적인 전원 공급

① 송전선로가 길어 전압강하가 발생하는 경우
② 경부하 시 충전전류 의해 모선전압이 상승하는 경우
③ 기타 부하급변에 의해 전압 동요 현상이 발생되는 경우
④ 상기 ①, ②, ③과 같은 현상이 발생하게 되면 자동차 제조라인 같이 정밀제어를 요구하는 부하의 경우는 직접적인 제품의 품질 저하 발생
⑤ 상기 ①, ②, ③과 같은 현상이 발생한다고 하여 특정 수용가에 맞추어 변전소의 ULTC (탭변환기)를 조정하면 입력전압이 정상이었던 수용가는 오히려 승압, 강압 발생
⑥ 따라서 수용가 내 전압의 변화에 매우 민감한 부하가 있을 경우에는 1대1 변압기를 설치하여 다른 수용가에는 영향(변전소 ULTC 조정 안함)을 주지 않으면서 해당 수용가의 변압기 2차 측에 안정적인 전압 공급

2) 단락용량의 제한

① [Is = (100 ÷ %Z) × In]
② 수용가의 부하 증설로 인하여 당초의 단락용량을 초과하는 경우 변압기의 1, 2차 전압은 고정시키고, 임피던스(%Z)만을 증가시켜 %Z와 반비례인 단락용량을 경감
③ 대형의 군부대 및 공항 등의 대형의 부하설비 증가 시 적용

3) 절연TR(1, 2차 전기적 분리)에 의한 서지 및 노이즈(잡음) 제거

① 1차 측의 고주파 자속은 자로 내에서 소실시키고 2차 측에는 기본파 자속만을 유기
② 적용 장소로는 병원의 수술실용 전원, 소방용 전원, 철도 신호등의 전원, 수중조명 전원

4) 고조파의 제거

△-Y결선 변압기를 설치, 전원 측으로의 고조파 유출을 방지한다.

12. 변압기의 극성 및 변위

1. 변압기의 극성

1) 변압기의 극성이란 1차 측과 2차 측 양단자에 나타나는 유기기전력의 방향을 나타내는 것이다.

2) 변압기를 선정할 때는 극성을 확인해 둘 필요가 있다. 국내는 감극성을 표준으로 하고 있다.

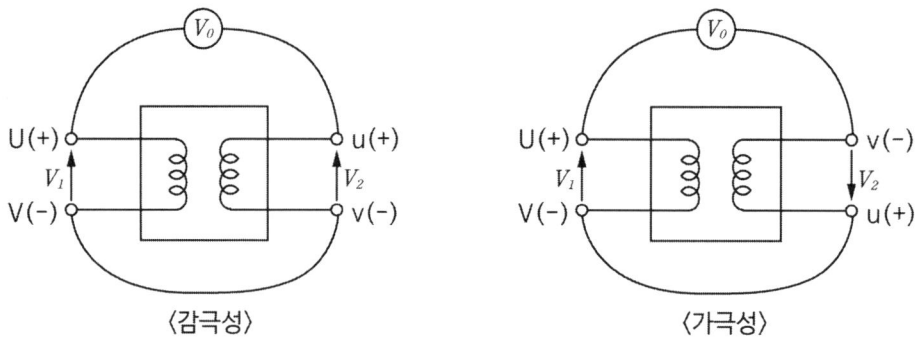

[그림] 변압기 극성시험

3) 전압계의 지시가 $V_0 = V_1 - V_2$이면 감극성, $V_0 = V_1 + V_2$이면 가극성이다.

2. 변압기의 각 변위

1) 각 변위의 정의

① 각 변위란 전압 벡터도에서 고압측과 저압측의 위상차를 의미하고, 고압측을 기준으로 하면,
- 시계방향: 지상
- 반시계방향: 진상

② 저압측에 위상차가 있으면 전압이 같아도 위상차로 인해 과대전류가 흘러 병렬운전이 불가능해지므로 주의해야 한다(각 변위가 다르면 병렬운전이 불가능함).

2) 각 변위의 표시법

① 고압측 결선기호: 대문자로 스타결선은 Y, 델타결선은 D

② 저압측 결선기호: 소문자로 스타결선은 y, 델타결선은 d

③ 위상차 표시: 동상(0), 30° 지상(1), 150° 지상(5), 30° 진상 = 330° 지상(11)

전압벡터도		각변위	기호	결선도	적용
고압	저압				
(Y 벡터)	(y 벡터)	0°	Y_{y0}	(결선도)	50kVA 이하로 중성점이 필요한 것
(Y 벡터)	(△ 벡터, 30°)	30° 지상	Y_{d1}	(결선도)	75kVA 이상으로 중성점이 필요 없는 것
(△ 벡터)	(△ 벡터)	0°	D_{d0}	(결선도)	75kVA 이상으로 저압-고압의 것 또는 20호, 30호로서 용량이 큰 것
(△ 벡터)	(y 벡터, 30°)	30° 진상	D_{y11}	(결선도)	저압측의 중성점이 필요한 것

13. 변압기의 손실

1. 변압기 손실의 분류

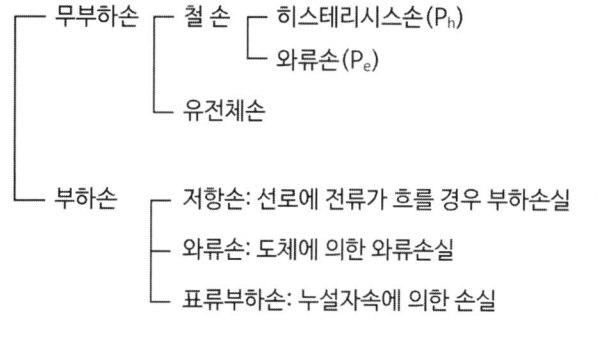

※ 무부하손 20%, 부하손은 80%

2. 무부하손의 발생원리

무부하손은 철심이 자화되면서 발생하는 손실로 히스테리시스손과 와전류손으로 구분되며, 다음과 같다.

1) 히스테리시스손 (Hysteresis Loss)

① 히스테리시스 곡선의 경우 0점 상태에서 출발하여 H를 증가시키면 자속밀도 B는 자화곡선을 그리다 A점에 이르러 포화상태가 되어 모든 자기영역이 정렬된다.

② 이후 자계 H를 역으로 감소시키면 자계 H값이 0이 되는 b점에서 자기유도가 잔류하여 자속밀도 B_r를 잔류자기라고 한다.

③ 더욱 역방향으로 증가하면 자속밀도 B의 값이 0이 되는데 이 c점에 해당하는 자계세기를 H_c 보자력이라 한다. 이후 A'점을 거쳐 b'와 c'점을 거쳐 원점인 A점 루프를 형성하는데 이를 히스테리시스 곡선이라 한다.

④ 히스테리시스손이란 철심이 자화하면서 자속밀도 B_1에서 B_2까지 변화하는 데 필요한 에너지를 말한다. 즉 [그림2]의 B-H곡선에서 자속밀도축의 폐면적이 손실로서 철심에 교번자장이 유도되었을 경우 자속변화에 따라 열이 발생한다.

⑤ 히스테리시스손

$$P_h = k_h \cdot f \cdot B_m^{1.6} \ [W/m^3]$$

k_h : 재료의 종류에 따른 정수(규소강판 1.6 ~ 2.0)
B_m : 최대자속밀도 $[wb/m^2]$

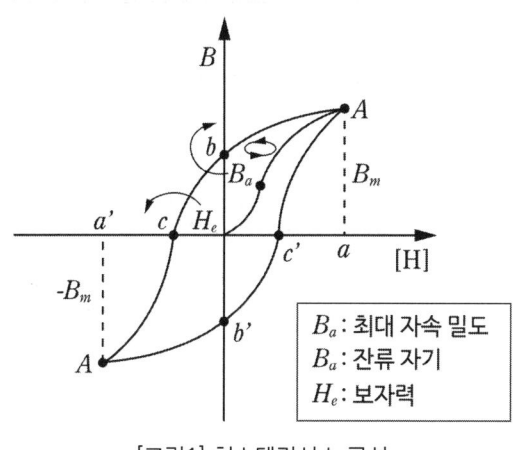
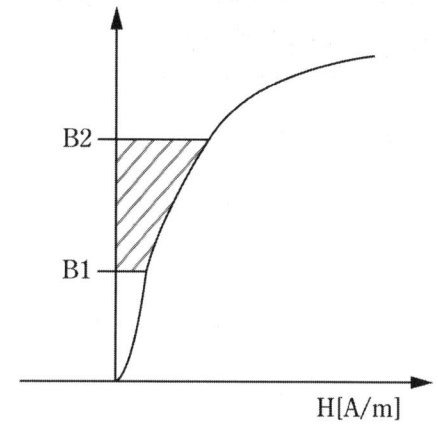

[그림1] 히스테리시스 곡선　　　　　　[그림2] 자화에너지(B-H 곡선)

2) 와전류손 (Eddy Current Loss)

① 와전류손은 철 등의 금속내부를 지나는 자속이 변화하면 철 내부에서는 자속의 변화를 방해하려는 방향으로 유도기전력이 발생하여 와류손이 흐른다.

② 따라서 와류손은 철심강판 두께의 제곱에 비례하여 발생하며 무부하 손실의 20%를 점유한다.

③ 와전류손

$$P_e = k_e(t \cdot f \cdot k_f \cdot B_m)^2 \ [W/m^3]$$

k_e: 재료의 종류에 따른 정수
t: 강판두께
k_f: 파형률

3. 변압기 손실대책

1) 무부하손

① 히스테리시스 손실은 투자율 ($\mu = B/H$)과 포화자속밀도가 높고, H_c 보자력이 낮은 철심소재를 사용한다.

② 와류손은 얇은 철판을 겹쳐서 사용하면 와류 전류통로가 좁아지게 되어 저항이 증가함으로 와류손은 작아진다.

2) 부하손

① 부하손은 동손이라고 하며 부하전류 (I^2R)에 의한 손실이다.

② 동손의 감소대책은 권선수의 저감, 권선의 단면적 증가 등이 있다.

14. 고효율 변압기

1. 아몰퍼스 변압기

1) 철심소재로서의 요구사항

① 보자력(H_c)이 낮을 것

② 투자율(B/H)이 높을 것 ($B = \mu H$)

③ 포화자속밀도가 높을 것

④ 소재 두께가 얇을 것

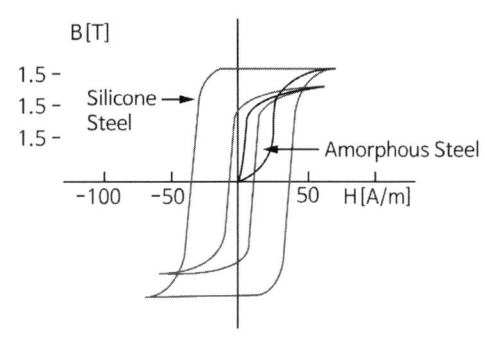

[그림1] 아몰퍼스 변압기의 B-H곡선

2) 비정질 자성재료 특징

① Fe(철), B(붕소), Si(규소) 등 혼합물은 용융 후 급속 냉동시켜 불규칙한 원자배열을 갖도록 한 얇은 박판 철심이다.

② 소재로 특성상 투자율이 높고 보자력이 적다.

③ 불규칙한 비정질구조에 의해 자속변화에 대응하기 쉬워 히스테리시스 손을 줄인다.

④ 현재 사용 중인 규소강판의 1/10 두께로 와전류손이 적다.

⑤ 규소강판 철심에 비해 손실이 1/5 수준에 불과하다.

특징	비정질자성재료	전기강판	비고
철심손실	0.23	1.72	전자기적 성질
여자특성	0.37	5.2	
두께	20 ~ 30	250 ~ 300	물리적 성질
경도	900	210	
온도	400	780 ~ 820	열처리

3) 아몰퍼스 변압기의 특징

① 비정질구조 및 초박판 철심소재에 의한 무부하 손실(80%)이 절감된다.

② 변압기 운전보수비 저감 및 변압기 수명연장이 가능하다.

③ 전력 절감효과로 발전소 증설억제 및 환경오염 방지효과가 있다.

④ 고주파 대역에서 우수한 자기적 특성에 의한 고효율화 및 Compact화가 가능하다.

⑤ 아몰퍼스 소재의 높은 경도 및 나쁜 취성으로 제작상 어려움이 있다.

⑥ 낮은 자속밀도 및 점적률로 고가이다.

2. 자구미세화 변압기

고효율 변압기의 종류에는 아몰퍼스 변압기, 자구미세화 변압기가 있다.

1) 자구미세화 철심의 특징

① 자구미세화 철심은 방향성 규소강판을 레이저빔으로 가공하여 분자구조인 자구를 미세하게 분할함으로써 실을 개선한 강판을 말한다.

② 자구(Domain)를 강제적으로 분할시켜 철손을 개선하였다.

③ 레이저처리의 경우 500℃ 이상에서 열처리 했을 때 철손의 열화로 손실이 개선된다.

④ 소음이 적고 가공이 용이하여 1,250kVA 이상의 변압기 제작이 가능하다.

2) 변압기 효율의 개선방안

① 일반적으로 변압기 손실은 100% 부하기준에서 부하 손실과 무부하 손실의 비율이 8:2로 구성된다.

② 효율은 평균부하율이 낮으면 무부하 손실에 의해 좌우되며, 반면에 평균부하율이 높으면 부하 손실이 효율에 큰 영향을 미친다.

③ 무부하 손실을 줄이는 방법은
- 철심의 자속밀도를 낮추는 방법
- 철심의 재료를 개량하는 방법
- 가공방법을 개선하는 방법
- 철심두께를 얇게 하여 와류손을 줄이는 방법

④ 부하 손실을 개선하는 방법은
- 변압기 소형화를 통하여 코일의 크기를 작게 하는 방법
- 도체의 길이를 짧게 하는 방법
- 단면이 넓은 도체를 채택하는 방법

3. 최근 경향

1) 환경규제 관리강화 : 전력용 변압기의 절연유에 PCB_S(폴리염화비페닐)를 친환경의 광유, 실리콘유로 대처했으며, 건식변압기의 VPI(진공압력합침)을 친환경 제품으로 등록하고 있다.

2) 저탄소 성장을 위한 고효율화 : 변압기의 주요 손실은 철손과 동손이며, 손실률을 줄이기 위한 저소음 고효율 변압기 개발이 지속될 것이다.

3) 친환경의 제품개발 : 변압기는 전력손실뿐만 아니라 고조파 발생부하의 대응 CO_2, SO_2, NO_2 등 유해가스 배출 등 문제도 야기되고 있으므로 이와 같은 여러 문제점에 대응할 수 있는 기술개발이 필요하다.

4. 아몰퍼스와 자구미세화 변압기 비교

1) 아몰퍼스 변압기

① 변압기 철심을 종래의 방향성 규소강판 대신에 비정질 자성재료 아몰퍼스 합금을 사용하여 무부하손(철손)을 크게 줄인 고효율 변압기

② 특징

장점	단점
저손실, 고효율	소음이 큼
전력 품질 향상	가격 고가
고주파대역 우수한 자기적 특징	고전압 인가 부분 노출
철심 발열 최소화 과부하 내량 커짐	대형화

2) 자구미세화 변압기(저소음 고효율 몰드변압기)

변압기 철심의 원재료인 방향성 규소강판을 레이저 빔으로 가공 분자 구조인 자구를 미세하게 분할함으로써 손실을 개선한 전기 강판

3) 특징 비교

구분	자구 미세화 TR	아몰퍼스 TR	규소강판 TR	비고
총손실(%)	64	79	100	100% 부하
고조파부하	K-factor7 상시운전	불가	불가	-
소음(dB)	53	70	70	KS규격70dB
가격비교	150	200	100	-
과부하 운전	115% 연속운전	100%	100%	-
제작 용량	최대 20MVA	최대1.25MVA	최대 30MVA	-

15. 변압기의 냉각방식

1. 개요

변압기용량은 온도상승으로 제한되므로 같은 변압기라도 냉각장치의 성능에 따라서 사용 가능한 용량이 약 20% 정도 증감되어 사용할 수 있다.

2. 냉각방식의 분류

1) 권선 및 철심을 냉각하는 냉각매체의 종류(공기, Oil, 물)에 의하여 분류한다.

2) 권선 및 철심을 냉각하는 냉각매체의 순환방식에 의하여 분류한다.

3) 권선과 철심 외부의 냉각매체와 순환방식에 의하여 분류한다.

> ※ **IEC규격에 의한 냉각방식 표기 원칙:** | 1 | 2 | 3 | 4 |
>
> 1. 첫 번째 글자: 내부 냉각매체의 물질
>   A(Air): 공기, O(Oil): 광유, 절연유로 인화점이 300℃ 이하인 것, G: Gas(가스),
>   K: 난연성 절연유로서 인화점이 300℃를 초과하는 경우
> 2. 두 번째 글자: 내부 냉각매체의 순환방식
>   N(Natural): 자연순환방식
>   F(Forced): 강제순환방식
>   D(Direct Forced): 직접강제순환방식
> 3. 세 번째 글자: 외부 냉각매체의 물질
>   A(Air): 공기, W(Water): 물
> 4. 네 번째 글자: 외부 냉각매체의 순환방식
>   N(Natural): 자연순환방식
>   F(Forced): 강제순환방식

3. 냉각 방식 표시 기호

냉각 방식	JEC-204 IEC 76 BS 171	ANSI C 57. 12
유입 자냉식	ONAN(1)	OA
유입 풍냉식	ONAF	FA
송유 자냉식	OFAN	–

송유 풍냉식	OFAF(3)	FOA
유입 수냉식	ONWF	OW
송유 수냉식	OFWF	FOW
건식 자냉식	AN	AA
건식 풍냉식	AF	AFA
건식 밀폐 자냉식	ANAN(2)	GA
건식 밀폐 풍냉식	ANAF	-

(주) (1) 합성유 사용일 때에는 LNAN
　　(2) 가스 사용일 때에는 GNAN
　　(3) IEC 76, BS 171에서 코일 내에 강제적으로 도유(道油)하는 것은 ODAF

4. 냉각장치

유입 자냉식	유입 풍랭식	송유 풍랭식	송유 수냉식
판넬형 방열기 (라디에이터)	판넬형 방열기 + 냉각 팬	유닛 쿨러	수냉식 유닛 쿨러 + (냉각탑)

5. 적용 및 효과

1) 유입변압기에서는 일반적으로 100MVA 정도까지는 유입 자냉 방식이, 그 이상에서는 송유 풍냉방식이 사용된다.

2) 유입 풍냉식은 기존의 유입 자냉식 변압기의 용량을 20~30% 정도 증가시킬 때 많이 사용된다.

16. 변압기 단락강도시험

1. 단락 시험 조건

1) 리액턴스 측정은 반복적으로 수행하며 측정값이 ±0.2% 이내가 되어야 한다.
2) 시험을 시작할 때 권선의 평균온도는 10 ~ 40℃ 사이에 있어야 한다.
3) 시험전류를 흐르도록 하기 위한 전압은 정격전압의 1.15배를 초과하지 않도록 한다.
4) 주파수는 변압기의 정격 주파수를 사용함을 원칙으로 한다.
5) 100MVA 미만 단상 변압기에 대한 시험은 3번 실시한다.
   (가장 높은 전압 탭 위치에서 1회, 기본 탭에서 1회, 가장 낮은 전압 탭 위치에서 1회)
6) 100MVA 미만 3상 변압기의 시험은 각각의 상에서 단상 변압기의 경우와 같이 시험해야 하므로 총 9회 시험을 해야 한다.

2. IEEE / ANSI 에 의한 시험방법

1) 시험전류

① 변압기 대칭단락 시험전류는 변압기 정격전류, 일정 Tab에서의 변압기 임피던스 Z_T, 변압기가 결선된 계통의 임피던스 Z_S를 기준으로 다음과 같이 계산된다.

② 시험전류

$$I_{test} = \frac{I_r}{Z_T + Z_S}$$

I_r: 변압기 Tap 전류[A]
Z_T: 탭에서의 변압기 임피던스(p, u)
Z_S: 계통임피던스(일반적으로 무시함)

2) 시험지속시간

시험시간은 0.25초로 하되 장시간 전류시험 1회는 다음 식으로 계산된 시간으로 한다.

$$t = \frac{1250}{I^2} [\sec] \left(I = \frac{I_{test}}{I_r} \right) \quad t: 장시간 대칭 단락전류 시험시간[\sec])$$

3) 시험방법

위 식에 의해서 계산된 시험전류로 각 상에 정격전류 2회씩 총 6회를 시험한다.
시험시간은 0.25초로 하고, 이중 1회는 대칭 장시간 전류시험을 실시한다.

3. IEC에 의한 시험방법

1) 시험전류

IEC에서도 대칭단락 시험전류는 변압기 정격전류, 일정 Tab에서의 변압기 임피던스 Z_T, 변압기가 결선된 계통의 임피던스 Z_S를 기준으로 다음과 같이 계산된다.

$$I = \frac{U}{\sqrt{3} \times (Z_T + Z_S)} \quad [kA]$$

I: 대칭단락전류 (실효치),
U: 시험되는 탭과 권선의 정격전압[kV]
Z_T: 변압기 시험되는 탭과 권선의 단락 임피던스[Ω/상]

$$Z_T = \frac{z_t \times U^2}{100 S_r}$$

z_t: 기준온도에서의 임피던스
S_r: 변압기 정격용량[kVA]
U_r: 탭의 정격전압

2) 시험지속시간
단락회로가 견딜 수 있는 열적능력시험을 위한 전류지속시간은 2초이다.

3) 시험방법
시험횟수는 각 상에 3회씩 총 9회로 하고, 시험시간은 변압기 정격출력이 2,500kVA 이하인 경우에는 0.5초, 정격출력이 2,500kVA를 초과하는 경우에는 0.25초로 한다.

17. 기준충격절연강도(BIL)

※ 절연협조

1. 전력계통의 기기, 기구 및 애자 등의 상호간에 적정한 절연강도를 가짐으로써 계통의 구성을 합리적, 경제적으로 할 수 있게 하는 것을 절연협조(Insulation Coordination)라 한다.
2. 전력계통에서 사용되는 설비나 기기는 절연내력이 서로 다르다. 그래서 모든 기기가 적절히 보호되기 위해서는 전체의 절연내력을 하나의 관점으로 보는 절연협조의 개념이 필요하다.
3. 변압기처럼 절연계급을 올리면 가격이 상승하는 것은 낮은 절연계급으로 하고, 피뢰기를 가까이 설치하여 보호하는 방식으로 하고, 선로애자처럼 가격상승이 작은 것들은 절연계급을 높게 하여서 경제적인 계통구성이 되도록 한다.
4. 유효접지계는 지락시에 전위상승이 작아 저감절연·변압기 단절연이 가능하고, 비접지 계통에서는 지락시 전위상승이 크므로 절연계급이 높아진다.

1. BIL의 정의

1) 변압기 또는 수변전기기의 충격전압에 대한 절연강도 기준이 되는 기준충격절연강도(BIL: Basic Impulse insulation Level)이다.

2) 변압기의 충격전압에 대한 절연강도의 표준화를 위해 몇 단의 절연계급으로 나누고, 각 계급에 대응해서 표준파형의 충격파에 대한 내전압 충격값이 제정되어 있다.

3) 표준충격파란 파두 및 파미(파고치의 50%)가 $1.2\mu \times 50\mu s$가 되는 충격전압을 말하며 이때 재단파의 내전압 시험도 병행하여 실시한다.

4) 고압이상의 기기에서는 "시험전압표쥰"에 의하여 기기의 내압시험전압이 표준화되어 있다. 이 규격에서 교류 시험전압 개폐 임펄스 시험전압, 뇌 임펄스 전압이 사용전압별로 제시되어 있으나 이들 중에 뇌 임펄스 시험 전압값를 BIL(Basic Impuls Insulation Level)이라 한다.

5) 기준충격절연강도(BIL) 비교
선로애자 〉 결합콘덴서 〉 기기부싱 〉 변압기 〉 피뢰기

2. 절연설계와 BIL의 관계

1) 고압 이상의 전기기기를 새로 제작 시에는 BIL에 견디는 절연설계를 하는데, 전력계통에서 시험전압을 초과한 서지가 침입 시에는 피뢰기에 의해서 절연협조를 하므로 전력계통에서는 절연협조(절연설계)의 기준은 피뢰기가 된다.

2) BIL은 뇌 임펄스 최고치에 도달할 때까지의 시간이 수 μs 이하의 것을 말하며, 이보다 긴 것을 개폐 임펄스 전압이라 한다.

3) 최근에는 초고압송전 등의 기술이 진보하여 개폐임펄스에 대해서도 시험전압치가 정해져 있어 종래 IEC에 BIL로 되어 있는 것을 LIWL(Lighting Impuls Withstand Level)이라 하고, 개폐 임펄스 시험 전압치를 SIWL(Switching Impuls Withstand Level)로 구별하기도 한다.

4) 피뢰기는 전력기기들과 철저한 절연협조가 이루어져야 하는데, 가장 중요한 보호대상은 변압기이고, 다른 기기들의 BIL 증가에 따라서 경제적으로 변압기만큼 민감하지 않기 때문이다.

3. 변압기의 충격파 시험

1) 표준충격절연강도(BIL)

① 변압기의 내충격전압 특성을 확인하기 위해서 변압기에 표준충격절연강도(BIL)와 같은 파고치를 가진 충격파를 인가해서 충격파 시험을 행한다.

② 모든 기기의 절연은 '상용주파수 내전압'과 '기준충격절연강도'에 의하여 결정된다.

③ 이때 전압은 파두장 $1.2\mu s$ 파미장 $50\mu s$ 가 되는 $1.2\mu \times 50\mu s$ 충격전압파를 인가하고, IEC 추천 표준 BIL[KV] = 50E + 50의 식을 만족하도록 절연계급을 정해 놓았다.

④ 정(+)방형과 부(-)방향에 각각 3회씩 실시한다.

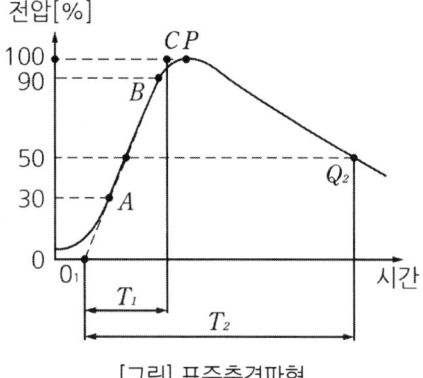

T_1: 규약 파두장 ($1.2\mu s$)
T_2: 규약 파미장 ($50\mu s$)
P: 파고점
O_1: 규약 원점
Q_1, Q_2: 반 파고점

[그림] 표준충격파형

계통최고 전압[kV]	뇌임펄스전압(파고치-kV)		상용주파 내전압[kV]
	전파	재단파	
3.6	40	46	10
7.2	60	69	20
24	150	165	50
170	650	750	275

[표] 유입변압기의 절연강도

2) 50% 충격섬락전압 시험

① 변압기의 파손 가능성을 우려하여 처음부터 100% 충격파전압을 가하지 않고, 먼저 표준충격파형의 50~70% 정도의 낮은 충격파(Reduced Impulse Wave)로 시험을 하고, 이상이 없을 때 전파(Full Wave)를 가한다.

② 필요에 따라서는 재단파(Chopped Wave)를 가하기도 한다. 충격파를 가할 때 변압기의 이상 유무는 접지선에 흐르는 전류의 파형을 분석해서 판별한다.

3) BIL의 계산

① 유입변압기 경우 BIL = 5E + 50 KV   E: 절연계급 = 공칭전압/1.1

  (예 22KV인 경우 20호 × 5 + 50 = 150KV)

② 건식변압기 경우 BIL = 상용주파 내전압 시험치(공칭전압×2.3) × $\sqrt{2}$ × 1.25

  (예 $50 \times \sqrt{2} \times 1.25 = 88.38$KV 따라서 95[KV] 적용

③ 건식변압기의 절연강도는 유입변압·차단기에 비하여 낮다는 것을 알 수 있다. 따라서 개폐서지나 1선지락사고에 대하여 별도의 내부 서지에 대한 대책이 필요하다. 특히 VCB 사용할 경우에는 사용 할 때에는 건식변압기의 BIL를 높이는 것보다 별도의 서지 흡수기(S·A)를 사용하는 것이 현실적이다.

18. 변압기 절연방식

1. 개요

1) 전기 계통의 절연은 상용주파의 과전압이나 개폐서지 등 내부 이상전압에는 견딘다.

2) 뇌서지 등 외부 이상 전압에 대하여는 피뢰기에 의하여 서지 전압을 제한한다.

2. 변압기 절연 방식의 비교

절연 방식	적용 접지의 종류
전(全) 절연	소호 리액터, 고 저항 접지
저감(低減) 절연	공칭 전압의 80~85%
단(端) 절연	중성점 접지 방식
균등(均等) 절연	비 접지 계통 또는 △ 결선

3. 절연 방식별 특징

1) 전 절연(비 유효 접지 방식)
   ① 비 유효, 비 접지 계통에 접속되는 권선에 채용하는 방식
   ② 계통의 공칭 전압을 1.1로 나눈 값과 절연 계급의 수치가 일치하는 경우의 절연

2) 저감 절연(유효 접지 방식)
   ① 중성점 직접 접지 또는 유효 접지 계통에서 사용하는 방식
   ② 계통의 공칭 전압을 1.1로 나눈 값과 절연 계급의 수치가 낮은 경우의 절연

3) 단 절연
   ① 중성점 접지의 경우 서지 충격이 선로 측은 크고 중성점으로 갈수록 약해진다.
   ② 절연 강도는 각 코일에 균일하게 할 필요가 없고, 선로 측은 강하게 중성점 측은 약하게 한다.
   ③ 변압기 크기를 적게 할 수 있고, 경제적이다.
   ④ 유효접지계통 중성점 절연강도는 선로 단자의 1/3 정도
   ⑤ 3상 Y 결선의 경우 (154kV)
      R, S, T 부싱 : 650 BIL
      N 부싱 : 350 BIL

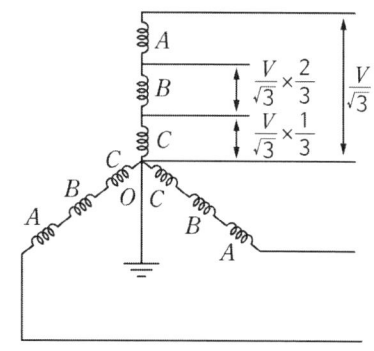

4) 균등 절연
   ① 중성점 단자의 절연강도가 선로 단자와 같은 경우의 절연
   ② △ 결선 시의 권선절연이며, 단절연의 반대 개념

※ 케이블 단절연(Grade insulated cable)

1) 케이블의 절연 내량을 고르게 한 것으로, 절연의 한 방법이다.
2) 고압용 지하 케이블의 절연은 전체가 균질일지라도 더욱 충분한 절연 내력을 같게 하려면 매우 두꺼운 것으로 하지 않으면 안 된다.
3) 그러나 도체 가까이에 고유전율 물질을 쓰고, 바깥쪽에는 저유전율의 물질을 쓰면 절연 내력의 분포를 고르게 하고, 또 같은 고절연 내력에 대하여 두께를 되도록 얇게 할 수 있다.

19. 변압기의 K-Factor

1. 개요

K-Factor란 비선형 부하들에 의한 고조파 영향에 대하여 변압기가 과열현상 없이 안정적으로 전력을 공급할 수 있는 능력을 말한다.

2. 부하 특성에 따른 K-Factor

K	부하 특성
1	Purely Linear No Distortion(순수한 선형, 왜곡이 없음)
7	50[%] 3 Phase Nonlinear(3상 부하 중 50% 비선형, 50% 선형)
13	3 Phase Nonlinear(3상 비선형)
20	80th Single And 3 Phase Nonlinear(단상과 3상 비선형의 양립)
30	Purely Single Phase Nonlinear(순수한 단상 비선형)

[표] ANSI/IEEE C57.110 K-Factor

종류	용량[MVA]	PEC-R (와류손실)
건식 · 몰드	1 이하	5.5
	1 초과	14
유입	2.5 이하	1
	2.5~5 이하	2.5
	5 초과	12

[표] 변압기 종류별 와류 손실 (변압기 손실 중 와류손의 비율[%])

3. K-Factor로 인한 변압기 출력감소율

ANSI Std. C57. 110-1998에서 정하고 있는 K-Factor로 인한 변압기 출력감소율(THDF: Transformer Harmonics Derating Factor)은

$$THDF = \sqrt{\frac{P_{LL-R}}{P_{LL}}} \times 100 = \sqrt{\frac{1 + P_{EC-R}}{1 + (K-Factor \times P_{EC-R})}} \times 100$$

여기서, P_{LL-R}: 정격에서의 부하손
　　　　P_{LL}: 고조파 전류를 감안한 부하손실
　　　　P_{EC-R}: 와전류손

4. K-Factor의 적용

1) 몰드변압기에서 K-Factor가 1일 경우 (비선형 부하가 없다.)

$$THDF = \sqrt{\frac{1+0}{1+(1\times 0)}} \times 100 = 100[\%]$$

2) 몰드변압기에서 K-Factor가 20, 와류손이 13%일 경우

$$THDF = \sqrt{\frac{1+0.13}{1+(20\times 0.13)}} \times 100 ≒ 56[\%]$$

변압기 용량의 56%만 부하를 걸어야 안전하다.

5. 출력 감소 대책

변압기 2차 측에 고조파를 저감시키기 위해 직렬 리액터가 연결된 커패시터 뱅크나 수동 동조 필터를 설치한다.

20. 변압기 누설전류의 영향

1. 개요

1) 누설전류란 전로 이외의 경로로 흐르는 전류로서 전로의 절연체의 내부 또는 표면과 공간을 통하여 선간 또는 대지 사이를 흐르는 전류를 말한다.

2) 허용기준 (전기설비기술기준 제27조)

   누설전류 ≤ 최대공급전류 × 1 / 2,000

2. 전력용 변압기의 누설전류 발생원인

① 변압기 자체 또는 부하설비 절연성능 저하

② 부하 불평형에 의한 순환전류

③ 영상분 고조파

④ 기타

3. 전력용 변압기의 누설전류가 설비에 미치는 영향

1) 국내배전설비 대부분 380 / 220V 중성점 접지방식 채용

   ① 부하에서 발행한 누설전류가 접지경로를 통하여 모두 변압기 중성점으로 흐른다.

   ② 인체 감전사고, 화재위험, 전압강하로 전력손실 우려된다.

2) 정전 등 비상시 비상발전기 가동 중단

   ① 발전기운전 시 부하 측에서 발생된 누설전류는 비상발전기 중성점으로 흐른다.

   ② 일정치 이상이면 ACB에 내장된 OCGR 동작하여 차단기가 트립된다.

3) 일반적으로 누설전류 보호용으로 간선회로에 ZCT + ELD 설치하여 정격 1차 영상 전류가 200mA 이상 시 경보하는 방식을 채용하고 있다.

   ① 인건비(관리비) 절감목적으로 변전실 무인화 및 순회 점검을 실시한다.

   ② ELD 경보 시 즉시 원인을 제거하지 못하여 사고 확대가 우려된다.

   ③ 변압기 중성점에 흐르는 전체 누설전류량을 알 수 없다.

4. 대책

누설전류 통합 감시장치를 변압기 중성점에 설치한다.

21. 변압기 열화진단

1. 열화진단의 목적

1) 변압기 열화 시 사고로 인하 파급현상 예방
2) 효율의 증대와 LCC(Life Cycle Cost) 적용
3) 전력 공급의 안정과 신뢰성 증대, 고품질 전력 확보

2. 변압기 열화

1) 열화 원인

열화 종류	원인	진행 및 결과
열 열화	열	산화. 열분해 → 기계적 강도 저하, 흡습성 증대
전계 열화	보이드, 돌기, 이물	산화천공 → 절연두께 감소, 관통 파괴
응력 열화	열응력, 히트사이클	크랙, 박리 등 보이드 발생 지전 → 절연 열화
환경 열화	습기, 먼지 등	오손, 흡습 → 절연 저하 트래킹

2) 열화 현상 영향

① 변압기 및 기기 등의 전기적, 기계적 성능이 저하된다.
② 변압기의 기계적 강도 저하되고, 진동이 증가한다.
③ 가연성 가스 등이 발생하여 사고로 이어진다.

3. 변압기의 열화진단 항목

운전 중 진단(활선진단)	정지 중 진단(사선진단)
• 유중 $CO + CO_2$ 진단 • 유중가스 분석, 푸르푸럴 진단 • 유특성 시험, 부분 방전 • 진동진단, 국부과열	• 절연 저항 측정 • $\tan\delta$ 측정, 정전용량 측정 • 초음파 수분 측정 • 여자전류 측정, 권선저항 특성

4. 변압기 열화 진단

1) 유전정접($\tan\delta$)법

① 교류전압 인가 시 충전전류(I_c)는 유전손실 때문에 위상차가 발생한다.
② 앞선 90°보다 δ 만큼 뒤지는 위상이며, 정접을 $\tan\delta$ 라 한다.
③ 절연물 열화 시 $\tan\delta$ 가 증가, 절연저항 감소한다.

④ 절연물 흡습 시 tanδ 절연저항 변화가 커진다.

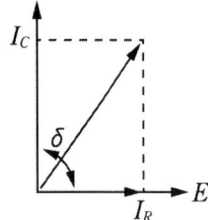

유전정접(%)	양호	주의 필요	불량
고무케이블	1.0 이하	1 ~ 3	3 이상
플라스틱케이블	0.1 이하	0.1 ~ 1	1 이상

2) 부분 방전 측정

① 절연물에 보이드(공극) 있으면 부분방전(코로나 방전) 발생한다.

② 방전 펄스를 전기적 측정, 보이드 상태를 비파괴적으로 진단한다.

③ 외상이나 보이드 등의 국부적 결함 검출에 적합한 방법이다.

④ 단점으로는 계측기의 취급이 복잡하고 숙련된 기술이 필요하다.

3) 내전압 시험

① 사용 전압보다 높은 직류 또는 교류 전압을 인가하여 절연내력을 판단한다.

② 사용가능 여부를 즉시 판단할 수 있지만 절연파괴 발생 우려가 있다.

시험 전압	배수	비고
최대사용전압 7,000V 이하	Vmax × 1.5배	시험전압에 10분간 견딤. 직류는 교류의 2배로 한다.
최대사용전압 7kV초과 ~ 60kV 이하	Vmax × 1.25배	
최대사용전압 60kV 초과	Vmax × 1.1배	

4) 목시점검

① 목시에 의해 절연물의 외부에 이상 현상을 발견한다.

② 절연물 이상 시 외부로 크랙, 변색, 냄새, 소리 발생, 경험, 판단력을 요구한다.

5) 초음파 측정

① 초음파 센서를 이용하여 절연물의 박리나 크랙을 조사한다.

② 부분 방전에 의한 초음파로 검출하고 발생 위치를 조사한다.

6) X선 검사

① 절연물에 X선을 투과하여 그 투과 사진을 검토한다.

② 큰 이상 현상만을 검출, 감도 면에서는 떨어진다.

모아 전기응용기술사

Chapter 06

차단기

1. 차단기의 정격

1. 차단기란?

1) 차단기는 전력계통에서 고장전류나 계통의 이상 시 신속히 차단을 하여 고장의 파급효과를 저감시키거나 일반적인 개폐의 기능도 있다.

2) 차단기는 각종 계전기와의 조합으로 신속히 전로를 차단하여 계통을 보호하고, 일반적으로 고압차단기와 저압차단기로 분류할 수 있다.

3) 차단기는 개폐 시에 전극에서 발생하는 아크를 소호시키는 방법에 따라서 차단기의 종류가 구분이 된다. 차단기의 가장 중요성능은 정격전압, 정격전류, 투입전류, 정격차단전류이다.

정격전압	Ur (kV)	24/25.8							
정격전류	Ir (A)	2500	1250	2000	3000	1250	2000	3150
정격주파수	fr (Hz)	60							
정격차단전류	Isc (kA)	25			31.5			40	
정격 단시간 내 전류	Ik/tk(kA/s)	25 / 3			31.5 / 3			40 / 3	
정격차단용량	(MVA)	1039 / 1117			1309 / 1407			1662 / 1787	
정격투입전류	Ip (kA)	26 × Isc (60Hz)							
정격차단 시간	(cycle)	3							
내전압 상용주파(1min)	U_d(kV)	50(65)							
내전압 뇌임펄스(1.2×50μs)	U_p(kV)	125							
표준동작책무		O-0.3s-CO-3min-CO							
제어전원 투입코일, 트립코일	(V)	DC 48V, DC 110V, DC 125V, DC 220V, AC 48V, AC 110, AC 220V							
정격개극시간	(sec)	≤ 0.04							
무부하 투입시간	(sec)	≤ 0.06							

[표] 22.9kV VCB 차단기의 정격

2. 차단기의 정격

1) 정격전압

① 정격전압(rated voltage)이란 차단기의 적용이 가능한 사용회로 전압의 최대공급전압을 의미한다.

② 정격전압은 계통의 공칭전압에 따라서 결정된다.

③ 국내의 경우 한국전력공사 표준에 의하여 차단기의 정격전압은 25.8kV로 규정하고 있다.

$$정격전압\ V_n = 공칭전압 \times 1.2/1.1$$

2) 정격전류

① 정격전류(rated current)란 정격전압, 정격주파수에서 허용온도를 초과하지 않고 연속사용이 가능한 전류의 상한값을 의미한다.

② 정격전류와 정격전압은 대칭실효치(Symmetrical rms)로 표시한다.

③ 차단기의 정격전류(IEC)는 400A, 630A, 800A, 1250A, 2000A, 3150A, 4000A 등으로 되어 있다.

$$\text{정격전류 } I_n = P/\sqrt{3}\,V\cos\theta$$

3) 정격투입전류

① 정격투입전류는 회로조건에서 규정된 표준 동작 책무에 따라서 투입할 수 있는 전류의 한도를 의미한다.

② 차단기의 재투입 시에 고장이 회복이 안 된 경우 접촉자는 고장전류로 인해 전자적인 반발력이 생기고, 접촉자는 반발력을 이겨서 투입이 완료되어야 하므로 큰 힘이 필요하다.

③ 투입전류는 투입 시 전류의 첫 주파수의 파고치로 말하며, 단위는 kA로 표시한다.

④ 50Hz 경우는 정격차단전류의 2.5배, 60Hz 경우에는 정격차단전류의 2.6배로 한다.

$$\text{정격투입전류 } I_{input} = \text{정격차단전류} \times 2.6\text{배}$$

4) 정격차단전류

① 정격차단전류는 정격전압 및 회로조건에서 규정된 표준 동작 책무에 따라서 차단기가 차단할 수 있는 단락전류의 한도를 의미한다.

② 직류성분비율이 20% 이하일 때 교류성분의 대칭 실효치로(Symmetrical rms)로 표시한다.

③ 정격 비대칭 차단전류는 차단 시의 DC성분을 포함한 실효치 전류이다.

④ 일반적으로 차단기는 대칭전류만을 적용하고 계통의 단락전류보다 큰 값을 선정한다.

⑤ 정격차단전류(IEC)는 6.3kA 8kA 10kA 12kA 16kA 20kA 25kA 31.5kA 40kA 50kA이다.

$$\text{단락전류 } I_s = \frac{I_n}{\%Z} \times 100 \text{ 또는 } I_s = \frac{Q \times 100}{\sqrt{3}\cdot\%Z\cdot V}$$

$$\text{정격차단전류 } I_n = Qns/\sqrt{3} \times \text{정격전압}[kV] \times \cos\theta$$

5) 정격차단용량

① 정격차단용량은 정격전압 및 회로조건에서 규정된 표준 동작 책무에 따라서 차단기가 차단할 수 있는 용량(MVA)을 의미한다.

② 차단기의 차단용량이 충분하지 못할 경우에는 단락 시 차단이 안 되고 폭발 위험이 있다.

③ 국내의 22.9kV 경우 정격차단용량 표준은 $520[MVA] = \sqrt{3} \times 24[kV] \times 12.5[kA]$

정격차단용량 $Q_{ns}[MVA] = \sqrt{3} \times 정격전압[kV] \times 정격차단전류[kA]$

6) 정격차단 시간

① 정격차단 시간은 모든 정격 및 회로조건에서 규정된 표준 동작 책무에 따라서 차단하는 경우에 차단 시간 한도를 의미한다.

② 차단기의 접점의 개극(Departing)에서 Arc가 소호되는 최종 소호까지의 시간이며, 차단 시간은 Cycle로 표시한다.

• 정격차단 시간 = 개극시간 + 아크시간

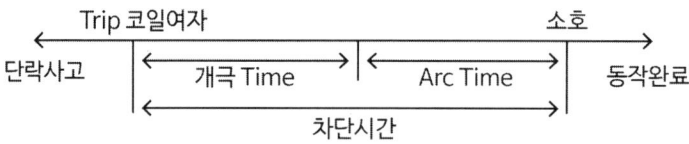

[그림] 차단기의 차단 시간 Time Line

7) 정격개극시간

① 차단기의 Trip 장치의 Trip Coil에 전류가 흐르도록 회로의 접점을 폐로하여 Trip Coil이 여자된다.

② 정격개극시간이란 Trip Coil이 여자되어 접촉자가 개극하는 시간을 말한다.

8) 정격투입조작전압

① 차단기의 투입개방장치의 설계전압으로 기기의 단자에서 측정한 전압을 말한다.

② 일반적으로 조작전압은 직류이며, 국내의 경우 정격전압은 24V, 48V, 110V를 많이 사용한다.

9) 정격단시간 내전류

① 차단기에 1초간 흘려도 차단기에 이상이 없는 전류의 한도를 말한다.

② 이 전류는 일반적으로 차단기의 차단전류와 같은 크기이며, 대칭실효치로 표시한다.

10) 동작책무

① 차단기의 정격차단용량은 항상 일정한 책무화에서의 값으로 표시되고 있다.

② 즉 계통의 고장 시에 차단기가 차단과 투입의 일련의 단위동작을 일정한 시간을 두고

연결된 동작을 차단기의 동작책무라고 한다.

종별	정격전압[kV]	동작책무
일반용	7.2	CO-(15초)-CO
고속도 재투입용	25.8	O-(0.3초)-CO-(3분)-CO

※ C(close: 투입동작), O(open: 차단동작)

[표] 차단기의 표준동작책무

11) 차단기의 절연강도

① 차단기는 이상전압에 대하여 견딜 수 있는 충분한 내구성을 필요로 한다.

② 차단기의 절연강도는 뇌임펄스전압(LIWL)과 상용주파내전압으로 구분하여 시험한다.

정격전압실효치(kV)	정격 뇌임펄수 전압(LIWL-파고치)	상용주파 내전압(정격1분, 실효치)
3.6	40	10
7.2	60	20
24	125	50
170	650	275

[표] 차단기의 절연강도(대지, 상간)

12) 정격조작압력

① 정격투입조작압력이란 차단기의 유체 조작 장치를 동작할 수 있는 설계된 압력을 의미한다.

② 정격조작압력의 표준값은 0.5Mpa, 1Mpa, 1.6Mpa, 2Mpa, 3Mpa, 4Mpa 이다.

13) 과도회복전압(TRV)

① 차단기의 정격과도회복전압은 전류 차단 후에 차단기의 접촉자 간에 과도한 회복전압(TRV)이 나타난다.

② 차단기의 선정 시에는 TRV보다 충분히 큰 용량의 차단기를 선정하여야 한다.

2. 차단기의 종류

1. 차단기 선정 시 고려사항

1) 계통고장 시 신속히 안정정으로 차단할 것
2) 사용 용도에 따른 적정용량의 선정
3) 사용조건, 설치환경, 경제성, 유지관리의 고려
4) 여자돌입전류에 의한 차단기 접점손상을 방지
5) 차단속도의 신속성으로 재점호방지 및 계통의 보호
6) 개폐서지 고려(VCB 2차 측에 S・A설치)
7) 다른 차단기들과의 보호 협조

2. 차단기의 분류

1) 차단기는 일반적으로 고압차단기와 저압차단기로 크게 분류할 수 있다.
2) 고압차단기는 VCB, GCB, OCB, MBB, PF 등이 있고, 저압차단기는 ACB, MCCB, ELB, PF, 전자접촉기 등이 있다.
3) 일반적인 수변전설비에서 가장 많이 사용되는 차단기로는 22.9kV 인입용에는 ASS, LBS+PF, PF, VCB를 사용하고, 변전설비에서는 주로 VCB와 PF, 저압에서는 대부분 ACB, MCCB, ELB를 사용한다.
4) 차단기는 적용 장소에 특성에 따라서 적절한 차단기를 적용한다. 대부분의 차단기는 소호 특성에 따라서 구분될 수 있다.

3. 차단기의 종류

1) 진공차단기(VCB: Vacuum Circuit Breaker)
   ① 진공 특성 중 높은 절연내력과 진공 중에 Arc의 급속한 확산을 이용하여 소호시키는 차단기이다(진공도는 10^{-3}Torr 이하).
   ② 고속도 차단(3~5Cycle)으로 차단성능이 우수하다(정격차단전류 22.9kV - 40kA까지 개발).
   ③ 아크가 적고 접촉부의 소모가 적어 개폐수명이 길다.
   ④ 불연성이며 화재, 폭발 위험이 적다. 비교적 소형경량이며 콤팩트하고 유지점검이 용이하다.
   ⑤ 현재 일반적인 건축물의 22.9kV, 6.6kV의 계통에 가장 많이 사용하는 차단기 이다.
   ⑥ 단, 차단 시 Surge가 발생할 수 있어 Mold 변압기에 사용하는 경우 S・A(서지흡수기)를 사용해야 한다.

2) 가스차단기(GCB: Gas Circuit Breaker)

① 차단기 개폐 시 접점에서 발생하는 Arc에 SF_6를 불어넣어 소호하는 방식이다.

② 차단성능이 우수하며, 소음이 작다. 불활성이며 화재위험이 작다.

③ 단, 가격이 고가이며 설치 시 면적이 작다. 주로 초고압계통에서 주로 GIS형태로 사용된다.

④ 현재는 3.3kV, 6.6kV 까지 사용증가 추세이다(정격차단전류 22.9kV-50kA까지 개발).

⑤ SF_6 가스의 특징
- 절연내력은 공기의 3배
- 소호능력은 공기의 100배
- 비중은 공기의 5배
- 불활성 가스, 불연성, 무독, 무취

3) 공기차단기(ABB: Air Blast Circuit Breaker)

① 차단기 개폐시 접점에서 발생하는 Arc에 압축된 공기를 불어넣어 소호하는 방식이다 (압축공기는 10~30kg/cm^2 정도).

② 유입차단기에 비해 화재의 위험이 적고 차단능력이 우수하며, 유지보수가 간단하다.

③ 단, 압축공기 등의 부대설비가 필요하고, 설비가 복잡하여 근래에는 잘 사용하지 않는다.

4) 자기차단기(MBB: Magnetic Blast Circuit Breaker)

① 차단기 개폐 시 접점에서 발생하는 Arc에 직각 방향으로 자계를 주어 발생된 전자력으로 소호실로 밀어넣어 냉각 소호시키는 방식이다.

② 전류차단 시 과전압이 발생하지 않아서 직류차단도 가능하다.

③ 단, 차단기 투입 시 소음이 크고, 유지관리가 어렵고, 회복전압의 초과로 성능이 떨어질 수도 있어 근래에는 잘 사용하지 않는다.

5) 유입차단기(OCB: Oil Circuit Breaker)

① 차단기 개폐 시 접점에서 발생하는 Arc에 유류를 뿌려서 소호시킨다. 전류가 클 경우에는 발생하는 Arc에 의한 기름분해 현상으로 Arc가 소호현상을 가중시킨다.

② 가격이 저렴하고, 차단성능이 매우 우수하며, 소음이 작다.

③ 단, 기름을 사용하여 유지관리가 어렵고, 화재위험이 있어 근래에는 거의 사용하지 않는다.

6) 기중차단기(ACB: Air Circuit Breaker)

① 저압용 Main 차단기로 가장 많이 사용하고 있고, 외부에서의 신호로 ON/OFF 자동제어가 가능하다.

② 차단기 개폐 시 접점에서 발생하는 Arc를 공기의 자연소호방식에 의해 소호시킨다.

③ 즉, 차단전류가 소호코일에 흐름으로 발생하는 자속이 Arc에 직접 작용하여 대기압인 아크슈트 속에서 자연 소호한다.

④ 교류용은 1,000V 이하, 직류용은 1,500V 이하에 사용되고, 정격차단전류는 100kA 정도까지 있다.

7) **배선용차단기(MCCB: Molded Case Circuit Breaker)**

① 저압용 차단기로 배전반이나 분전반에서 가장 많이 사용되는 대표적인 저압차단기이다.

② 차단기 개폐 시 접점에서 발생하는 Arc를 Grid 형태 자성판이 Arc를 분할시키고, 냉각시킨다.

③ 또한 측면에서의 소호성 Gas 또는 Mold Case의 공기가 끌려가서 내부압력 상승과 Arc를 급속히 소호시킨다.

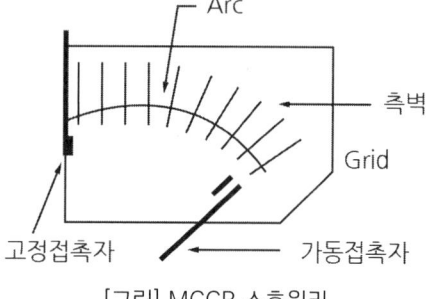

[그림] MCCB 소호원리

④ 수동조작방식이고 판넬에서 개폐기의 역할과 단락, 과부하 전류를 차단시킨다.

8) **아크차단기(AFCI: Arc Fault Circuit Interrupter)**

① 전기화재의 발생원인인 Arc전류를 미리 검지하는 장치로, 일반차단기와 조합하여 설치한다.

② 화재징후 Arc전류는 일반적인 누전, 과전류, 단락전류의 특성과 달라서 일반적인 차단기로는 검출하지 못한다.

③ 전력선에서 아크파형을 분석하여 화재징후 저전류 및 고임피던스의 Arc전류를 미리 검출한다.

④ 미국에서는 침실의 전원에 의무적으로 설치하고 있다.

⑤ 전원 제공하는 모든 배선과 욕실 등에 기존의 누전차단기 외에 AFCI 설치를 의무화하고 있다.

⑥ 분전반의 15A, 20A의 2차 측에 설치한다.

⑦ 관련규정으로 KEC 214.2.1, UL 1699, NEC 210-12이 있다.

4. 고압차단기의 비교

구분		유입차단기(OCB)	가스차단기(GCB)	진공차단기(VCB)	자기차단기(MBB)
전류[A]		400~1,250	630~4,000	630~3,150	630~3,150
차단전류[kA]		8~40	20~25	8~40	12.5~50
서지 전압		약간 높음	매우 낮음	매우 높음	낮음
차단 성능	단락전류	대전류 차단에 적합	대전류 차단에 적합	대전류 차단에 적합	중전류 차단에 적합
	콘덴서전류	재점호 거의 없음	최적	최적	재점호 1회 정도
	유도성 소전류	이상전압이 발생할 수도 있음	이상전압은 발생하지 않음	이상전압이 발생하여 보호가 필요함	이상전압이 발생할 수도 있음
	이상지락고장	가능	가능	가능	가능
	차단 시장	3(Cycle)	3(Cycle)	3(Cycle)	5(Cycle)
화재 위험도		가연성	불연성(가장안전)	불연성(가장안전)	난연성
차단 시 소음		큼	매우 작음	가장 작음	큼
보수·점검		번잡	용이(가스점검)	용이	약간번잡
기계적 수명		10,000회	10,000회	20,000회	10,000회
외기의 영향		습기의 영향을 받음	영향을 받지 않음	전혀 받지 않음	영향을 받지 않음
부하의 적용		일반용에 적용	개폐서지 관계없이	Condenser 개폐용	개폐서지를 고려

3. 수변전설비 개폐기

1. 부하개폐기(LBS: Load Breaker Switch)

1) 부하개폐기로 수변전 설비 인입구 개폐기로 사용하고, 부하전류를 개폐할 수는 있으나 고장전류는 차단할 수 없다.

2) 근래에는 주로 차단성능이 있는 휴즈와 조합하여 사용하고 있다.

3) LBS의 특징

   ① 한류 퓨즈가 있는 것과 한류 퓨즈가 없는 것 2종류가 있다.

   ② 퓨즈부착형 LBS의 한류퓨즈는 과전류, 단락전류의 보호를 하며 부하전류를 개폐하는 장치

   ③ LBS는 스트라이커 핀 트립 방식을 사용하므로 퓨즈가 용단될 때 동작표시장치가 튕겨 나오는 돌출 에너지에 의해 개폐기 래치를 트립한다.

   ④ 3상을 동시에 개로하여 결상을 방지한다. 정격 24kV, 630A

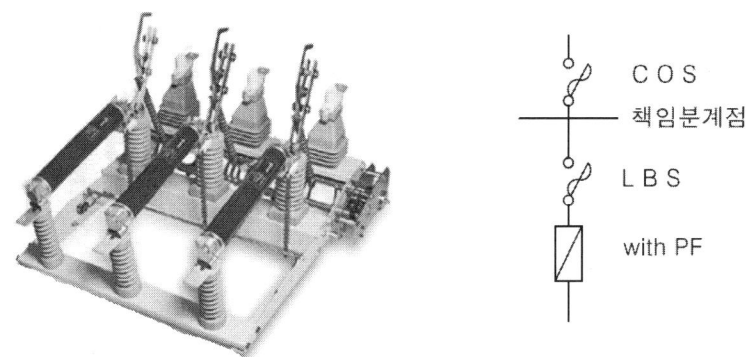

2. 자동 고장 구분 개폐기(ASS: Automatic Section Switch)

1) ASS는 선로구분 기능을 갖고 있는 개폐기에 수용가 측의 사고발생 시 사고전류를 감지하여 자동으로 접점을 분리시켜 사고구간을 분리한다.

2) 22.9[kV-Y] 배전선로에서 계통의 Recloser 부하 측으로 부하용량 7,000[kVA] 이하인 지점에 설치하여 고장구간을 후비보호장치와 협조하여 자동으로 구분, 분리하는 기능을 갖고 있다.

3) 배전계통의 Recloser와의 협조

   ① 수용가에서 800A 이상의 고장전류 발생 시 → 배전 선로상의 Recloser trip

   ② Recloser가 open되면(무전압 상태가 되면) ASS는 1.4~1.7sec에 개로준비 시간을 걸쳐 자동 trip한다.

③ Trip 된 Recloser는 약 2sec (120Hz) 후에 재투입
→ 배전선로상의 고장 수용가 분리 후 송전 가능

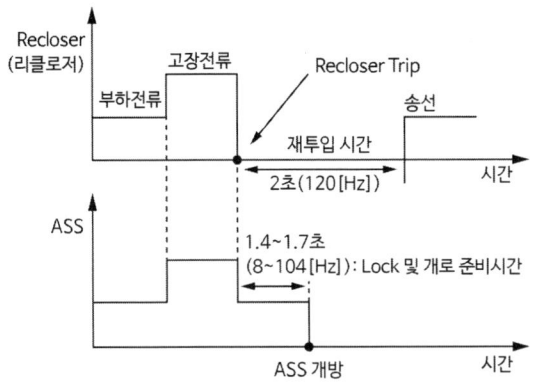
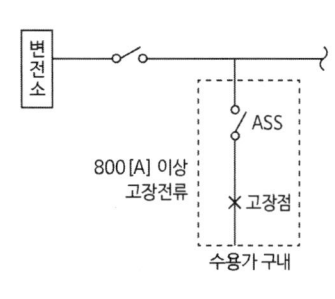

4) ASS의 정격
- 공칭전압: 22.9kV
- 정격전압: 25.8kV
- 정격전류: 200A
- 정격 차단전류: 900A
- 정격 차단용량: 40MVA

3. 배전선로 차단장치

1) 리클로저(R/C : Recloser)

① 전력회사 배전선로의 대표적인 보호장치로 배전선로의 고장 시 개방과 투입을 반복한다.

② 배전선로의 고장의 대부분이 순간정전(조류, 나뭇가지 접촉 등)이 많이 발생하므로, 그 고장요소가 순간적으로 제거되는 것이 대부분이다.

③ 리클로저는 고장구간을 차단한 후에 일정시간(120Hz) 대기 후 다시 재투입(재폐로)하는 동작을 한다.

④ 재폐로가 반복하는 경우에는 고장요소가 제거되지 않았다고 판단하면 3회 재폐로 동작 후 영구히 개방(Lock Out)하여 고장구간을 완전히 분리한다.

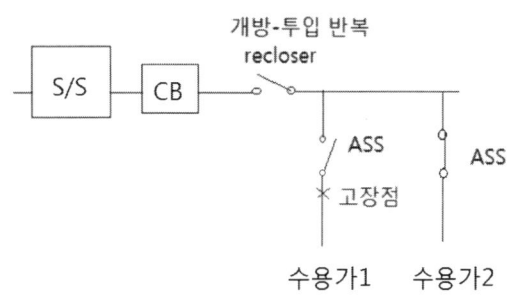

2) 자동구간개폐기(S/E: sectionalizer)

  (1) 고압 배전선에서 사용되는 차단 능력이 없는 유입 개폐기로 리크로저 부하쪽에 설치된다.

  (2) 리크로저의 개방동작 횟수보다 1~2회 적은 횟수로 리크로저의 개방 중에 자동적으로 개방 동작한다.

4. 선로개폐기(LS: Line Switch)

1) 선로개폐기는 책임분계점에 보수점검 시 전로를 개폐하기 위하여 사용하는 것으로 반드시 무부하 상태에서 사용해야 한다.

2) 근래에는 LS 대신 ASS를 사용하며 22.9[kV-Y] 계통에서는 사용하지 않고 66kV 이상의 경우 LS를 사용한다.

3) 작은 한 개의 수직 파이프에 3개를 동시에 조작하는 수평연결봉으로 연결되어 지상에서 개폐가 가능하도록 핸들로 연결되어 있다.

4) 단로기와 비슷하지만, 단로기는 각상 개폐하고, LS는 3상 동시 개폐를 한다.

5) 정격전압: 25.8kV, 정격전류: 600A, 충격파내전압 150kV

> **[특고압설비 표준결선도]**
> - 결선도 중 점선 내의 부분은 참고용 예시이다.
> - LA용 DS는 생략할 수 있으며, 22.9[kV-Y]용의 LA는 disconnector(또는 isolator) 붙임형을 사용하여야 한다.
> - DS 대신 자동고장 구분개폐기(7,000[kVA] 초과 시에는 sectionalizer)를 사용할 수 있으며, 66kV 이상의 경우에는 LS를 사용하여야 한다.

5. 인터럽터 스위치(Int Sw: Interrupter Switch)

1) 수동상태로 무부하 개폐조작이 가능하고, 고장전류를 차단하는 능력은 없다.

2) 책임분계점의 개폐기로 수전용량 300kVA 이하의 인입개폐기로 ASS 대신 사용한다.

3) 근래에는 거의 사용하지 않는다.

6. 단로기(DS: Disconnecting Switch)

1) 단로기는 고압 이상(3.6, 7.2, 24, 168kV) 전로에서 단독으로 전로의 접속 또는 분리하여 선로의 점검 및 선로변경을 할 수 있다.

2) 무부하 시에만 전로를 개폐할 수 있고, 66kV 미만에 사용할 수 있으며, 그 이상은 LS(선로개폐기)를 사용한다.

3) 미약한 충전전류와 여자전류개폐는 가능하다.

4) 정격전압은 7.2 25.8 72.5 170 362kV, 정격전류는 600, 1200, 2000, 3000, 4000A가 있다.

4. 자동고장구분개폐기(ASS)

1. 개요

1) 우리나라의 배전전압은 그 대부분이 22.9[kV-Y]의 3상 4선식 다중접지방식으로 여러 가지 장점도 있으나 단점도 있다.

2) 그 단점 중 하나가 지락 시 지락전류가 너무 커서 지락 사고 시에는 단락 사고와 같이 한국전력공사의 배전선로에 설치된 recloser나 차단기가 동작하여 한 수용가의 사고가 많은 수용가에 피해를 유발시킨다.

3) 따라서 건전 수용가의 피해를 최소화하기 위한 방안으로 22.9[kV-Y]의 경우 300[kVA] 이상 1,000[kVA] 이하 특별고압 수전설비에 대하여 자동고장 구분개폐기를 설치화하도록 의무화하고 있다.

2. ASS의 기능

1) ASS(Automatic Section Switch)는 선로구분 기능을 갖고 있는 개폐기에 수용가측의 사고발생 시 사고전류를 감지하여 자동으로 접점을 분리시켜 사고구간을 분리하는 것으로서 22.9[kV-Y] 배전선로에서 변전소의 차단기 또는 recloser 부하 측으로 부하용량 7,000[kVA] 이하인 지점에 설치하여 고장구간을 후비보호장치와 협조하여 자동으로 구분, 분리하는 기능을 갖고 있다.

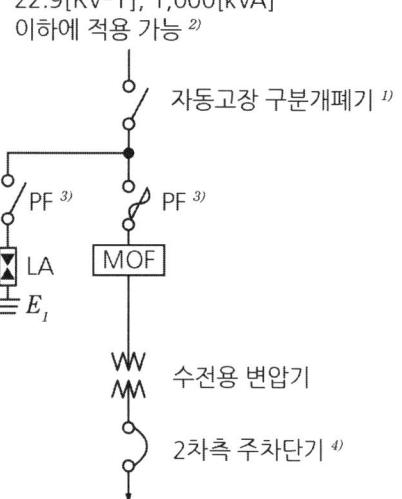

2) ASS의 정격
   - 공칭전압 : 22.9[kV]
   - 정격전압 : 25.8[kV]
   - 정격전류 : 200[A]
   - 정격 차단전류 : 900[A], 정격 차단용량 : 40[MVA]

3) 최소동작 전류
   - phase(상): 30, 50, 70, 100, 140, 200[A]
   - ground(지락): 25, 35, 50, 70, 100, 140[A]
   - 개폐기 본체의 차단 시간 : 5[Hz]

$$\text{상동작 전류} = \frac{\text{계약용량(설비용량)}}{\text{공칭전압} \times \sqrt{3}} \times 2 \sim 3\text{배}(2.5\text{배})$$

$$지락동작전류 = 상전류 \times \frac{1}{2}$$

3. ASS의 보호 협조

1) 배전계통의 Recloser와의 협조

   ① 수용가에서 800[A] 이상의 고장전류 발생 시 → 배전선로상의 Recloser trip

   ② Recloser가 Open되면(무전압 상태가 되면) ASS는 1.4~1.7[sec] (84~102[Hz])의 개로준비 시간을 걸쳐 자동 Trip

   ③ Trip된 Recloser는 약 2[sec](120Hz) 후에 재투입 → 배전선로상의 고장 수용가 분리 후 송전 가능

2) 변전소 차단기(CB)와의 협조

   ① 수용가에서 800[A] 이상의 고장전류 발생 시 → 변전소 차단기(CB) Trip

   ② 차단기(CB)가 open되면 ASS는 3~4[Hz]의 개로준비 시간을 걸쳐 자동 Trip

   ③ Trip된 CB는 약 18~30[Hz] 후에 재투입 → 고장 수용가 분리 후 송전 가능

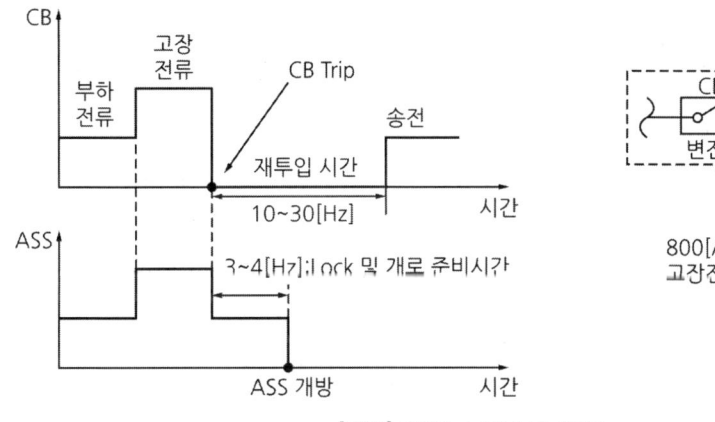
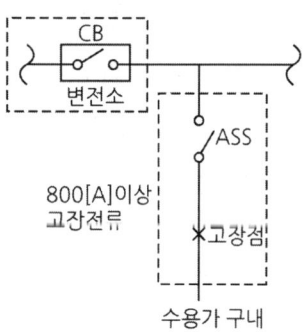

[그림] CB와 ASS 보호 협조

5. ATS와 CTTS

1. ATS와 CTTS의 구성 및 원리

1) ATS(Automatic Tranfer)

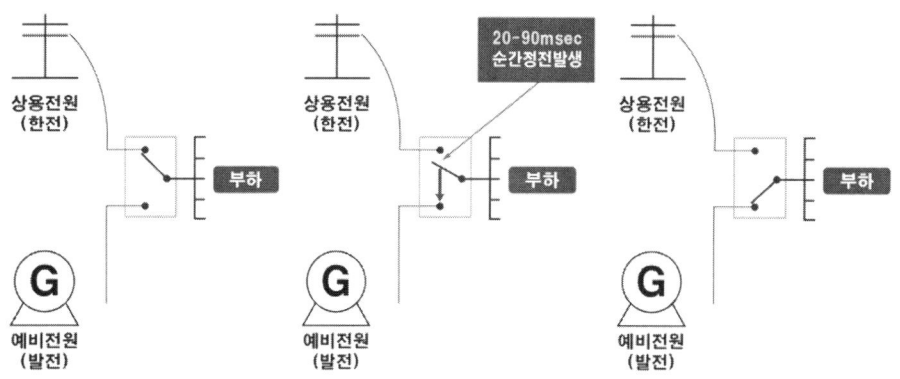

① ATS는 상용전원이 공급되고 있는 상태에서 20~90ms의 순간적으로 정전이 되는 시간 때를 가지고 동작한다.
② 현재 저압계통에 비상전원과의 절체기기로 가장 많이 활용되고 있다.

2) CTTS(Closed Transition Transfer Switch)

① CTTS는 상용전원이 공급되고 있는 상태에서 양 전원이 동시에 공급되는 상태에서 무정전 절체가 가능한 설비
② 양 전원이 동기되면서 부하를 전환시킬 수 있는 무정전 절체 방식 스위치

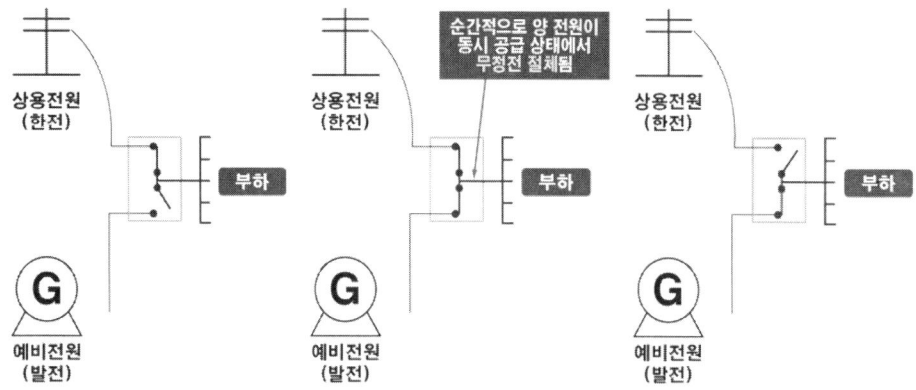

2. 특징 및 차이점

1) CTTS의 적용범위

① 한전에서 예고 정전 시

② 한전은 이상이 없으나 천재지변에 의한 순간 정전이 예상될 시

③ 한전이 복전되어 발전기에서 한전으로 재 절체 시

④ 한전은 이상이 없으나 발전기 및 기타 장비의 테스트 시

2) CTTS의 특징

① 솔레노이드에 의한 스프링 절체방식

② 양 전원이 동시에 공급된 상태에서 동기를 맞추어 절환시키는 무정전 절체 방식

③ 양질의 전원 전압차 3%, 정격 주파수의 ±0.3Hz일 경우 위상각 5도 이내로 무정전 절체 제어한다.

구분	CTTS	ATS
절체시간	무정전	20~90ms
개방상태	밀폐식	개방식
양질의 전원	전원의 질이 높다.	전원의 질이 떨어진다.

6. 전력퓨즈(PF: Power Fuse)

1. 개요

1) 고장전류 차단에 대단한 한류효과와 신속한 차단효과가 있지만, 1회성 동작으로 인한 신속한 재투입이 불가능하고, 외부에 신호에 의한 동작(전력자동제어)이 불가능한 단점이 있다.

2) 하지만 가격이 매우 저렴하고 경량이라서 그 사용범위가 매우 크다.

2. 퓨즈의 구성

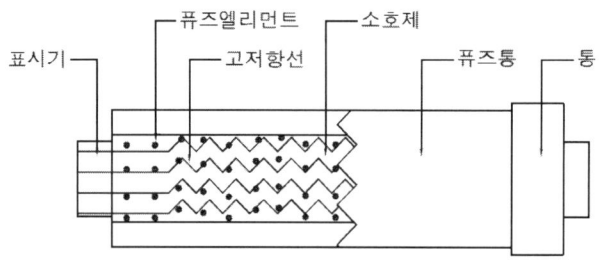

3. 퓨즈의 특성

1) 한류특성

   (1) **한류형 퓨즈(전압 "0"점에서 차단한다.)**

   높은 아크저항을 발생하여 사고전류를 강제적으로 한류 차단하는 퓨즈를 한류형 전력퓨즈라 하고, 현재 밀폐퓨즈통 안에 엘레멘트와 규소 등 소호제를 충전한 규소퓨즈로 대표되고 있다.

   (2) **비한류형 퓨즈(전류 "0"점에서 차단한다.)**

   소호가스를 뿜어대어 전류 0점인 극간이 절연내력을 재기전압 이상으로 높여서 차단하는 퓨즈를 비한류형 전력퓨즈라 하고, 붕산 혹은 파이바에서의 발생가스를 이용하는 퓨즈가 실용되고 있다.

2) 특징 비교

구분	한류형	비한류형
동작원리	arc 전압을 높여 주어 단락전류를 억제함(전압 0점)	arc에 소호가스를 불어 절연내력을 재기전압 이상으로 높여 차단(전류 0)
차단 시 전류파형	용단시간 0.1cycle, Arc시간 0.4cycle, 전차단시간 0.5cycle	용단시간 0.1cycle, Arc시간 0.55cycle, 전차단시간 0.65cycle
장점	소형이며 차단용량 크다. 한류 효과가 크다. 백업용으로 적합	과전압을 발생시키지 않는다. 녹으면 반드시 차단한다(과부하 보호 가능). 이중회로용으로 최적
단점	과전압을 발생한다. 최소차단 전류가 있다.	대형 한류효과가 적다.

4. Fuse의 장·단점(CB와 비교)

장점	단점
가격저렴, 소형경량 보조장치 필요 없음, 무소음, 무방출 (한류형), 보수간단, 고속차단 후비보호 완벽. 현저한 한류특성	재투입 불가능, 과전류 용단 I-t 조정불가 (동작시간 조정 불가) 열화로 인한 결상위험 (과전압 발생) 고임피던스 접지계통 지락보호 불가능

5. 퓨즈 선정 시 고려

1) 정격 전압 선정

전 원	퓨즈갯수	V_n: 퓨즈 정격 전압, V: 회로, 선간전압
3∅	3	$V_n > 2V$
1∅	2	$V_n > V$ $V_n > 1.15$ (한국형)

2) 차단 용량 선정

(1) 회로의 단락전류

① 회로의 단락전류 충분히 차단할 것

② 대칭 단락 전류는 전원 측과 케이블 치수용량과 관계가 있음

(2) **소요차단용량(일반적 40kA)**

회로의 대칭 단락용량을 구하여 그 이상 값의 퓨즈 선정

(3) **정격 전류 선정**

① 일반적 선정기준 - 상시통전 전류의 안전통전 타 기기 회로와 보호 협조

② 용단특성 전동기, 진상용 콘덴서 선정기준 등

(4) **최소 차단 전류**

① 광역퓨즈: 소전류에서 장시간까지 차단

② 후비 보호퓨즈: 최소 차단부터 전전류까지 차단

3) 회로 선정 기준 및 용단특성

구분	회로 선정기준	용단 특성
변압기	허용과부하, 여자 돌입전류 단전통전, 2차단락 시 TR 보호	$2.5 I_n \leq I_{10} \leq 5 I_n$ $10 I_n \leq I_{0.1} \leq 25 I_n$
전동기	허용과부하통전, 시동 전류 및 빈번한 개폐 시 미손상	$6 I_n \leq I_{10} \leq 10 I_n$ $15 I_n \leq I_{0.1} \leq 35 I_n$
일반부하	상시 통전 전류의 안전통전 다른 기기회로와 보호 협조	$2 I_n \leq I_{10} \leq 5 I_n$ $7 I_n \times k \leq I_{0.1} \leq 20 I_n \times k$
콘덴서용	돌입전류 안전통전 ($I^2 t$) 연속최대 과부하전류 안전통전	정격전류 2배에 2시간 불용단 $70 I_n$ 0.002초 100회 불용단

※ 변압기, 전동기, 일반부하는 정격전류 1.3배 2시간불용단　　$k = \left(\dfrac{I_n}{100}\right)^{0.25}$

4) 동작특성

(1) 퓨즈의 동작 파형

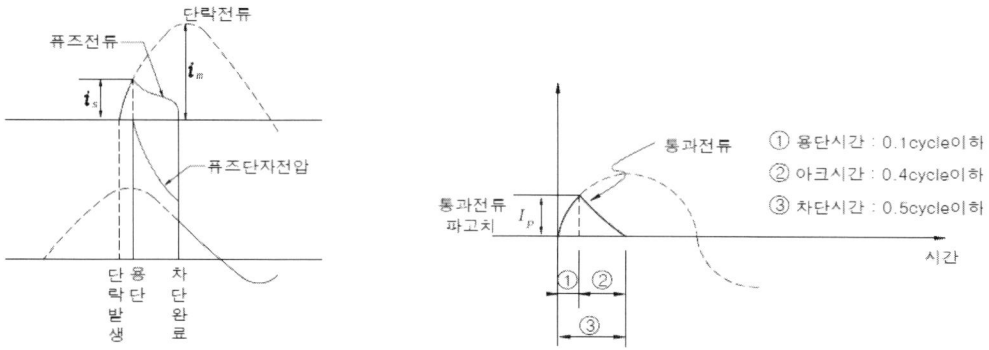

[그림] 한류형 전력퓨즈의 차단 시 퓨즈단자 전압　　[그림] 한류퓨즈 동작특성

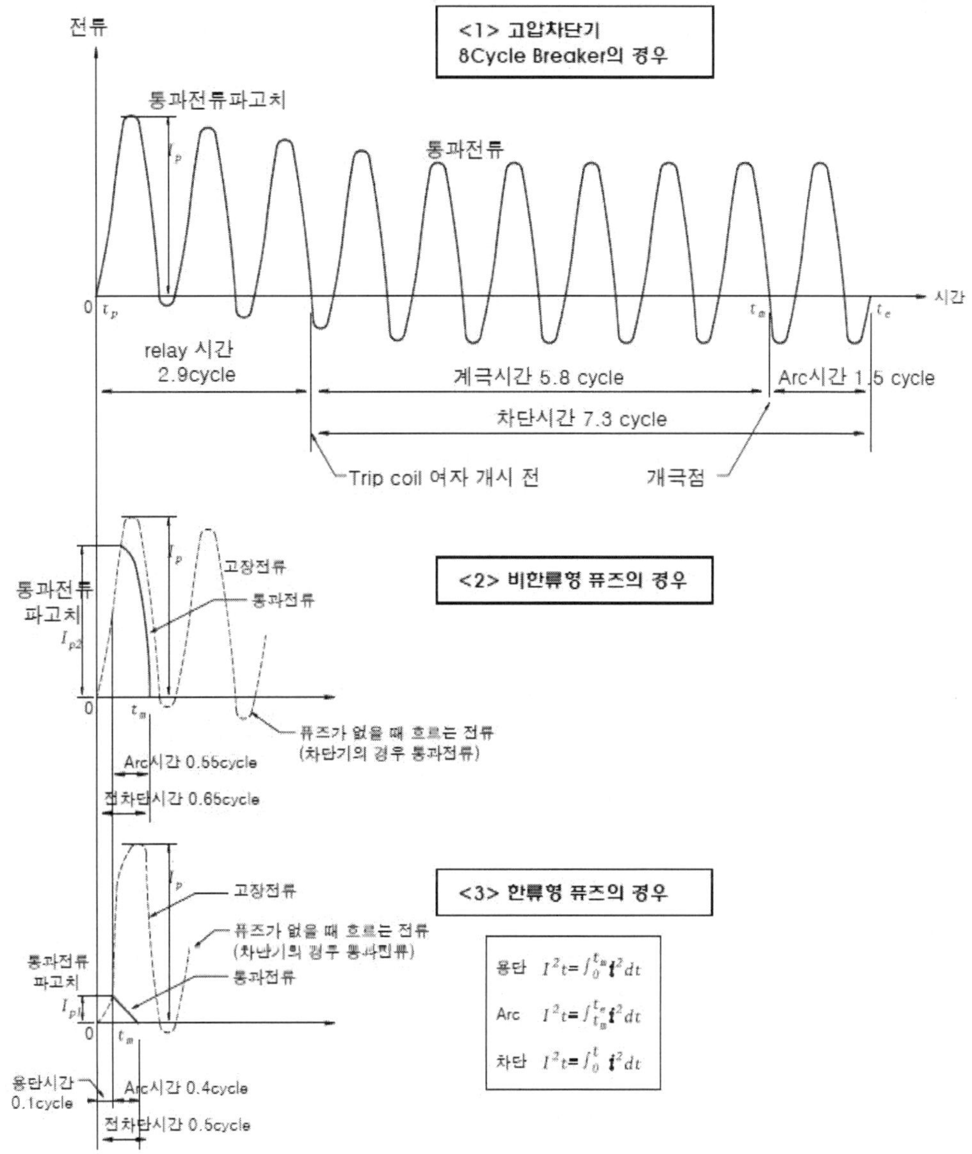

[그림] 각종 단락보호장치의 차단 시 전류파형 비교도

7. 전력퓨즈(PF)의 전류-시간 특성

1. 퓨즈의 전류-시간특성

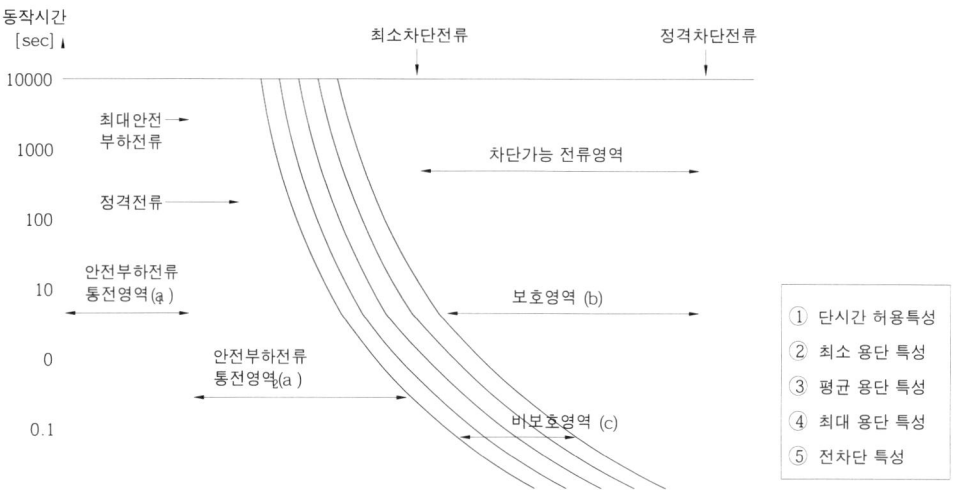

① 비한류형 (0.01초 이상)
   안전통전, 동작보호특성

② 한류형 (0.0083초 이하)
   (ㄱ) 안전통전 I^2t = 단시간 허용 I^2t
   (ㄴ) 비보호 영역차단 I^2t
   (ㄷ) 피보호기 I^2t 보다 작은 퓨즈 사용

1) 동작특성
   (1) 퓨즈가 동작하는 전류와 시간과의 관계에는 전류가 커질수록 시간이 짧아지는 특성이 있어 1/2[Cycle] 이하에서 동작될 수 있는 전류영역에서는 한류작용이 크게 나타난다.
   (2) 60[Hz] base에서 1/2[Cycle]에 상당하는 시간은 약 0.0083[sec]로 되어 한류작용이 없는 0.0083[sec] 이상의 영역과 한류작용을 가진 0.0083[sec] 이하의 영역을 구분한다.

2) 동작시간 0.0083초 이상의 동작특성(한류작용이 없음)
   (1) 안전 통전영역 (a구간)
      ① 안전 부하전류 통전영역과 안전 과부하 통전영역으로 구분된다.
      ② 안전 부하전류 통전영역은 최대안전 부하전류 이하의 영역이다.
      ③ 안전 과부하전류 통전영역은 최대안전 부하전류와 단시간 허용특성 사이의 영역이다.
   (2) 보호영역 (b구간)
      ① 보호영역에서는 어떠한 경우에도 퓨즈의 용단으로 보호되는 범위를 말한다.
      ② 전차단 특서와 정격차단전류 사이의 영역이다.

(3) 비보호영역 (c구간)

① 비보호영역은 안전 통전영역과 보호영역 사이에 들어가는 영역을 말한다.

② 이 영역 내의 사고전류는 퓨즈로 보호되지 않고 용단되지도 않아 손상 열화할 우려가 있다.

③ 이 영역을 가지는 것이 퓨즈의 단점이다.

④ 이 영역에서는 전류를 흘리지 않도록 하는 것이 매우 중요하다.

3) 동작시간 0.0083초 이하의 동작특성(한류작용이 있음)

(1) 이 영역에서는 차단기는 동작하지 않으나 퓨즈는 동작하므로 주의가 필요하다.

(2) 단시간 허용 I^2t: 과도전류가 커져서 I^2t가 중대 → 단시간 허용 I^2t 보다 커지면 - 단시간에 소멸하는 영역에서도 퓨즈는 용단 열화한다.

(3) 차단 I^2t: 퓨즈가 차단 완료할 때까지 회로에 유입하는 열에너지로 이 값이 피보호 기기의 내량 I^2t보다도 작은 퓨즈를 사용하면 완전보호가 된다.

(4) 통과전류 파고치: 한류퓨즈는 한류작용에 따라서 사고전류를 크게 한류하는 특성을 가지고 있다.

8. 전력퓨즈(PF)의 문제점과 대책

문제점	대책
재투입 불가능	예비품 확보 최소 차단 전류 이하 부동작 (큰 정격 선정) 과부하 전류는 다른 보호기와 협조 (CB)
과전류 용단	상시 과부하 영역 사용금지 과도 전류가 안전 통전 특성내 위치토록 정격 선정 사용용도, 회로특성, 퓨즈전류 – 시간특성비교
동작시간 (I-t) 조정 불가능	다른 기기와 보호 협조 PF: 단락전류 (후비 보호용 사용) CB: 과부하 과도전류 차단
열화에 결상 우려	과부하로 인한 결상 시 주간 과전압 발생 결상에 따른 IM, TR 열화 및 소손 가능 3상 일괄 LBS와 조합 / 결상 계전기와 조합
고임피던스계통 지락보호 불가능 (지락전류 작다.)	계전기와 CB조합 접지콘덴서+계전기+CB조합

9. TRV(Transient Recovery Voltage : 과도회복전압)

1. TRV의 개념

1) 회복전압의 정의
차단 직후 양 단자 간 또는 차단점 간에서 발생하는 전압을 말한다. 정격과도회복전압은 차단기 정격차단전류 또는 그 이하의 전류를 차단할 때 부과될 수 있는 고유회복전압의 한도를 말한다.

2) 회복전압의 종류
과도회복전압(TRV)이란 단락고장 차단 시 전류차단직후에 나타나는 진동하는 회복전압, 순시과도회복전압(ITRV)이란 차단기와 고장점간 전압진동에 의하여 정해지는 회복전압, 상용주파회복전압(PFRV)은 TRV 진동이 진정된 후 상용주파수와 같이 진동하는 회복전압이다.

2. 회복전압의 특징

1) 과도회복전압(TRV: Transient Recovery Voltage)
① TRV는 단일주파수 또는 다중 주파수를 가지며 차단기 차단능력에 직접적인 영향을 준다.
② 접촉자 사이에 걸리는 전압은 과도진동을 일으키며 과도진동주파수는 회로의 LC에 의하여 정해지는 고유주파수이다.

$$f = 1/2\pi\sqrt{LC}\,[Hz]$$

③ 접촉자간 절연이 과도회복전압에 견디지 못하면 절연이 파괴되고 재점호가 발생된다.
④ 무부하 송전선로에서 콘덴서의 충전전류를 차단할 때 가장 크게 나타난다.

2) 순시과도회복전압(ITRV: Instantaneous Transient Revocery Voltage)
① 전류 0점으로부터 최댓값에 이르는 시간은 $1\,\mu s$ 이내 이다.
② 차단기 종류에 따른 차단능력에 특별한 영향을 주며, 특히 열적파괴특성에 영향을 준다.

3) 상용주파회복전압(PFRV: Power Frequency Recovery Voltage)
① 회로조건과 고장조건에 따라 다르며 TRV진동의 중심을 결정하기 때문에 중요하다.
② 차단기의 단락 시험의 조건으로서 규정된다.

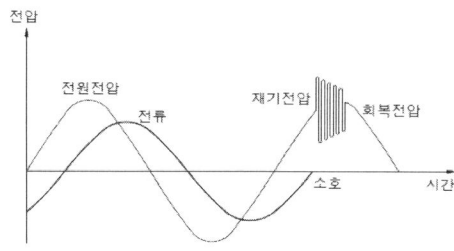

10. 차단기 개폐 과전압

1. 개요
과전압에 대한 보호는 상용주파수에 의한 것과 대기현상 또는 개폐에 의한 서지보호에 의한 것이 있다. 본론에서는 개폐 과전압에 대하여 위주로 설명하고자 한다.

2. 관련규정
1) 내선규정 5220-2절
2) KSC IEC 60364-4-44

3. 개폐로 인한 과전압
1) 일반적으로 개폐과전은 대기현상에 기인한 과전압보다 낮기 때문에 대기현상 과전압보호 요구사항을 준수하므로 개폐과전압 보호도 동시에 이루어진다.
2) 개폐서지의 종류

   (1) **투입서지**

   무부하 선로에 차단기 투입 시 개방말단 A지점에서 교류전압 E_m이 반사되어 $2E_m$의 투입서지 발생한다.

   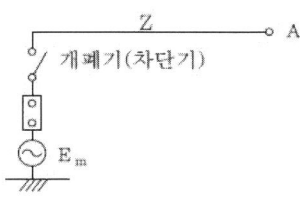

   (2) **재점호 서지**

   무부하 충전전류 차단 시(전류 0점) 차단기 극간의 과전압에 의한 재점호로 단자전압 진동, 상승으로 $3E_m$ 발생한다.

   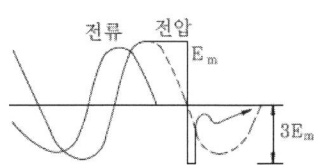

   (3) **반복재점호 서지**

   차단기 전류 차단 시 극간절연이 충분치 못하여 짧은 시간 내 발호·소호가 여러 번 반복될 때 발생하는 서지이다.

   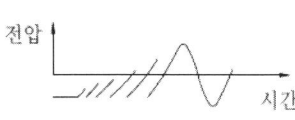

   (4) **유도절단 서지(유발재단)**

   한상이 전류 "0"점에서 차단되면 거의 동시에 나머지 2상도 차단되어 큰 전류를 절단하는 현상으로 최대 상전압의 6~7배나 되나 실제 회로에서는 거의 발생하지 않음

4. 등전위 접속

1) **뇌보호용 등전위 접속**

   (1) 본딩도체를 이용하여 직접 시공하는 방법

   (2) 전력케이블이나 통신케이블은 SPD를 이용하여 접지극에 접속

2) 감전보호용 등전위 접속

위험한 접촉전압으로부터 인체보호를 위해 노출 도전부와 계통의 도전부를 주접지 단자에 본딩용도체(PE)접속

3) 기능용 등전위 접속

(1) star형 본딩 Network System

(2) 수평메시형 본딩 Network System

(3) 다중메시형 본딩 Network System

5. SPD설치방법

1) 설비 인입구 또는 건축물 인입구와 가까운 장소에 설치

2) 중성선이 보호도체(PE)에 접속되어 있는 경우 또는 중성선이 없는 경우에는 SPD를 선도체와 주접지단자 간 또는 보호도체 간에 설치할 것

3) 설비 인입구 또는 그 부근에서 중성선이 보호도체에 접속되어 있지 않은 경우

(1) SPD를 ELB의 부하 측에 설치하는 경우에는 SPD를 선도체와 주접지단자 또는 보호도체간 및 중성선과 주접지단자 간 또는 보호도체 간에 설치한다.

(2) SPD를 ELB의 전원 측에 설치하는 경우에는 SPD를 선도체와 중성선 간 및 중성선과 주접지 단자 또는 보호도체 간에 설치한다.

4) SPD의 모든 접속도체는 가능한 짧게 할 것

5) SPD의 접지도체는 1등급은 16mm^2 이상인 동선

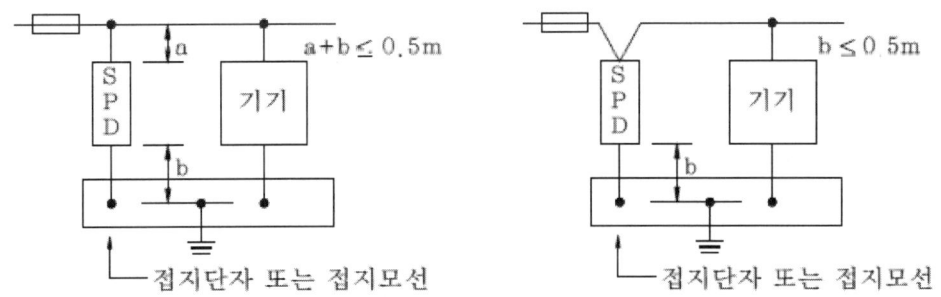

[그림] 설비의 인입구 또는 근처의 SPD 설치

11. 직류고속 차단기 자기유지현상

1. 자기유지(自己維持: Self-holding)

차단기에서 회로의 상태를 유지시키기 위한 회로의 구성이며, 다음 회로에서 Push Button2 S/W를 누르면 보조계전기 X가 여자되며 보조계전기 X의 a접점에 의하여 Push Button S/W를 놓아도 X코일은 여자를 지속한다.

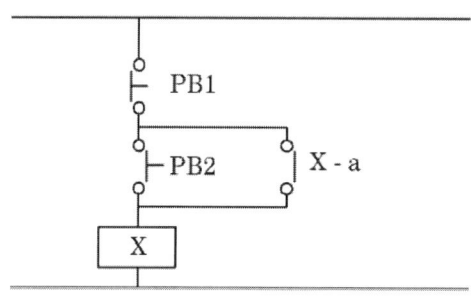

[그림] Self-Holding 회로

2. 직류고속도 차단기 특징

1) 저전압 대전류인 직류 전기방식에서 직류 전기는 교류와 같이 0(Zero)점이 되는 순간이 없으므로 차단이 곤란하다.

2) 따라서 조속한 검출과 차단을 위해 직류 고속도 차단기를 선택장치(50F) 및 연락 차단장치(85F)와 병행하고 있다.

3) 직류고속도차단기는 교류차단기와 달리 차단기 자체에 사고전류 검출 기능과 차단기능을 동시에 갖는 것이 특징이다.

3. 자기유지현상 방지 대책

역방향 큰 단락전류가 급전 측으로 유입되는 경우 자기유지 코일의 전류가 영(0)으로 되어도 트립되지 않은 경우가 있다. 이때 수동으로 개방유지 코일 전류를 역방향으로 한다.

12. 반도체 GTO(Gate Turn off Thyristor) 직류차단기

1. GTO 차단기 (GTO circuit breaker)
1) 직류 전기 철도용의 정지형 차단기에서 턴·오프 사이리스터 차단기라 하며, 일반적으로 GTO 차단기라 한다.
2) 차단기는 GTO 스위치와 비직선 저항의 소호(消弧)장치 및 제어장치의 조합에 따라서 구성되고 있다.

2. 구성
1) 주접촉자: GTO 밸브
2) 소호장치: 산화아연 (ZnO)

3. 특징
1) 차단 시 아크가 발생하지 않음
2) 조작운용, 유지 보수면에서 좋음
3) 기계식 차단기에 비해 차단특성이 우수하여 차단기 단락용량 저감
4) 사고확대 방지 가능
5) 기중 차단기보다 저소음

4. 적용
지하철, HVDC 등

13. 저압회로의 과전류 보호협조

1. 개요

1) 저압회로 보호 목적은 저압회로와 이에 접속되는 기기의 고장에 대해서 고장회로를 신속히 차단하여 고장 구간을 최소화하는 데 있다.

2) 이 목적을 위해서 사용되는 보호기기로서 ACB(기중차단기), MCCB(배선용차단기), 퓨즈, 전자개폐기가 있다. 이들 보호기기 적용 시 보호기기 설치점에서의 추정단락전류를 안전하게 차단할 수 있는 것을 설치하여야 하나 부하가 요구하는 급전조건의 정도, 보호기기의 배열상태, 경제성의 고려 등 여러 조건에 따라 다음과 같은 보호방식이 취해진다.

2. 과전류 보호협조방식

1) 선택차단방식

고장회로에 직접 관계하는 보호기기만이 동작하고 다른 건전한 회로는 그대로 급전이 계속되는 것을 목적으로 한 회로의 보호방식이다.

2) 후비차단방식(캐스케이드 차단방식)

주배전반 모선에 접속되는 보호기기만이 설치점에서의 추정단락용량 이상의 차단용량을 가지며, 이것에 직렬로 이어지는 급전회로의 보호기기는 그 점의 추정단락전류보다 작은 차단용량으로 구성하는 보호방식이다.

3) 전용량보호방식

① 모든 보호기기는 이것을 설치하는 점에 흐르는 추정단락전류 이상의 차단 용량을 지닌 보호장치로 구성되는 방식이며, 단락전류 차단에 대한 보호는 충분하여 가장 신뢰할 수 있는 방식이지만 경제적으로 값이 비싸지는 수가 많다.

② 개개의 보호기가 설치된 지점을 통과하는 단락전류 이상의 차단용량을 가지고 있는 보호 구성방식인 전용량 보호방식과 소전류정격의 과전류 보호기를 채용함으로써 차단용량이 작아 전원 측 전로에 별도의 고차단 용량 보호기(한류형퓨즈, 한류형 배선용차단기 등)를 시설하여 단락전류를 차단할 수 있는 캐스케이드 보호방식과의 비교는 다음과 같다.

협조의 종류		협조의 목적	협조의 적용	
			과전류사고	지락사고
보호기와 보호대상물 간의 협조		보호대상을 보호	○	○
보호기기 간의 협조	선택차단 협조	계통의 급전신뢰성 향상	○	○
	캐스케이드차단 협조	경제적 보호구성	○	-

[표] 저압회로의 보호 협조

14. 배선용차단기(MCCB) 차단협조

1. 개요

1) 일반적으로 저압계통에서 단락보호 협조방식으로 선택차단방식(Selective system)과 캐스케이드 차단방식(Cascade system)이 있다.

2) 부하의 내용, 성질에 따라 이들을 조합시킴으로써 경제적으로 신뢰성이 높은 저압배전 보호시스템을 구축할 수 있다.

2. 선택차단방식

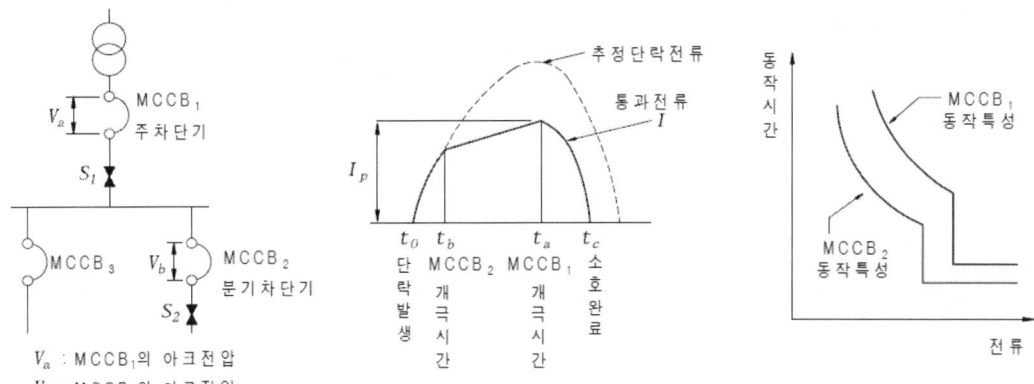

[그림] 선택차단방식의 보호 협조

1) 선택차단방식이란 그림에 S_2 지점에서 사고가 발생하였을 때 $MCCB_2$만 동작하고 $MCCB_3$나 상위의 $MCCB_1$이 동작되지 않는 방식으로 사고회로에 직접 관계되는 보호 장치만 동작하고 다른 건전한 회로는 급전을 계속하는 차단방식이다.

2) 선택차단 협조조건
   - 분기회로 차단기의 전차단 시간이 주회로 차단기의 릴레이시간 미만일 것
   - 분기회로 차단기의 트립 전류값은 주회로 차단기의 단한 시 픽업전류보다 작을 것
   - 주회로 차단기 설치점에서의 단락전류는 주회로 차단기의 차단용량을 초과하지 않을 것
   - 분기회로 차단기 설치점에서의 단락전류는 그 차단기의 차단용량을 초과하지 않을 것

3. 캐스케이드 차단방식

1) 저압 변압기의 용량이 증가하면 단락전류도 동시에 증가한다. 이와 같이 커진 단락전류를 차단할 수 있는 MCCB를 모든 회로에 설치한다는 것은 경제적으로 큰 부담이 되므로 이럴 경우에 캐스케이드 차단방식을 선정한다.

2) 캐스케이드 차단이란 분기회로의 MCCB 설치점에서 추정 단락전류가 분기회로의 $MCCB_2$의 차단용량보다 큰 경우 주회로용 $MCCB_1$로 후비보호를 행하는 방식이다. 즉, 두 개의 차단기를 조합하여 동시에 단락회로를 차단하는 방식이다. 그러므로 주회로용 $MCCB_1$의 차단 시간이 분기회로의 차단 시간과 같거나 그보다 빨라야 한다.

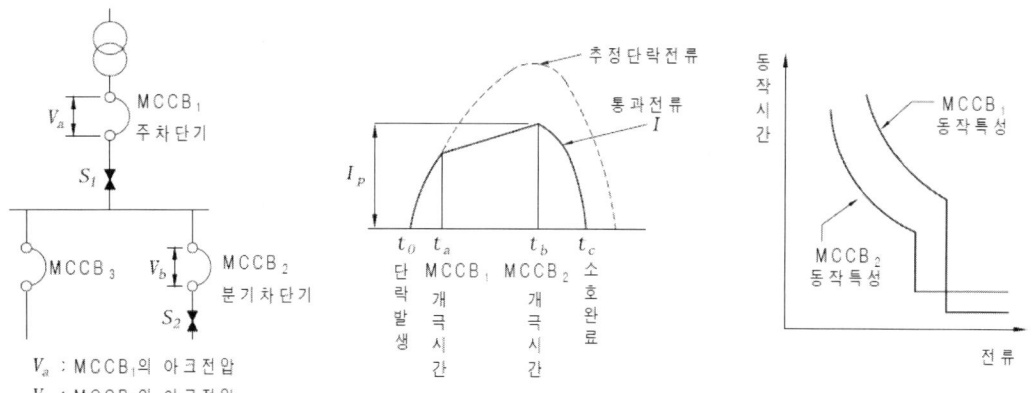

[그림] 캐스케이드 차단방식의 보호협조

3) 캐스케이드 차단방식의 동작협조 조건
   ① 주차단기의 전류제한 파고값이 분기차단기의 기계적 강도 이하일 것
   ② 주차단기의 단락전류 차단 시의 최대 통과 I^2t가 분기차단기의 열적강도 이하일 것
   ③ 분기차단기의 전차단 특성곡선과 주차단기의 개극시간의 교차점이 적어도 분기차단기의 차단용량 이내일 것
   ④ 분기차단기에 발생되는 arc 에너지는 주차단기에 의해 후비보호되어 분기차단기의 내량 이하일 것
   ⑤ 주차단기는 모선의 단락에 대해 그것만으로 충분한 차단용량을 지니고 있을 것

4. 전용량 차단방식

전로 각 부분의 단락강도가 그 점에 흐르는 추정 단락전류 이상의 차단용량을 지닌 보호 장치로 구성되며 단락전류 차단에 대한 선택성은 좋지만 최대단락전류가 클 때 모든 보호기의 차단용량이 커져 경제적으로 값이 비싸진다.

15. 저압전로의 지락보호

1. 저압전로의 지락

1) 인체보호: 감전사고 특징, 인체특성, 의료쇼크, 통전전류영향

2) 기기의 보호: 선로의 각종 기기, 계전기, 차단기 등 보호

3) 저압전로의 지락전류: 지락 시 전류가 수mA ~ 수 kA 분로

2. 보호접지

1) 접지하여 지락 시 전류를 대지로 방류하여 접촉전압을 낮게 유지

2) 보호 접지계통도

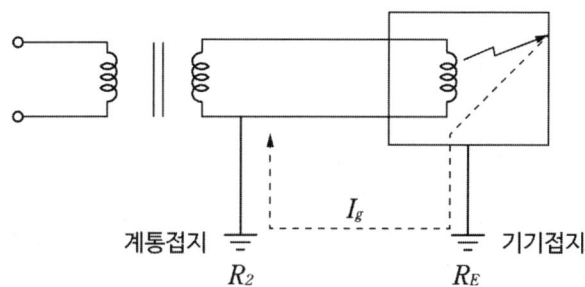

고장전압 $E_F = I_g \cdot R_E$

대지전압 $E = I_g \cdot (R_2 + R_E)$

접지저항 $R_E = \left(\dfrac{E_F}{E - E_F} \right) R_2$

3) 접촉전압 및 접지저항

종류	1종	2종	3종	4종
보호 접지저항 $R_E[\Omega]$	$\dfrac{2.5}{E-2.5}R_2$	$\dfrac{25}{E-25}R_2$	$\dfrac{50}{E-50}R_2$	≤ 100
허용 접촉전압[V]	2.5 이하	25 이하	50 이하	제한 없음

3. 지락차단장치 시설

1) 직접접지계통

　① ELB와 ZCT 조합

　② CB와 CT 조합

2) 비접지계통

　① GPT와 OVGR 64 조합　② ZCT와 OCGR 조합

　③ GPT +OVGR+ ZCT + SGR 조합　④ GSC와 ELB 조합

16. 누전차단기

1. 누전차단기 설치목적

1) 인체감전 보호
2) 누전에 의한 화재의 예방
3) 교류 600V 이하에 저압전로의 보호
4) 전기설비 및 전기기기의 보호

2. 누전차단기의 동작기능과 구성

1) 동작기능

동작 종류	동작원리
지락 시	지락 → ZCT 검출 → 증폭 → 구동 → 트립(전자식)
과부하 시	내장된 메커니즘을 이용하여 검출한다.
테스트 버튼	지락회로를 구성하여 고의로 고장전류를 발생한다.
Surge 시	서지흡수회로가 내장되어 서지전압이 인가되지 않는다.

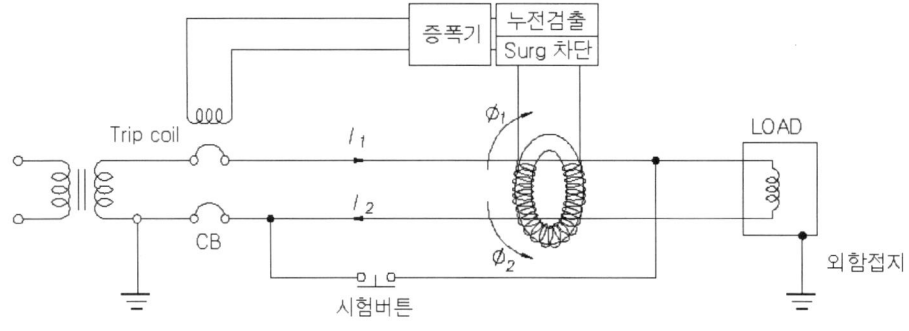

[그림] 누전차단기의 구조

2) 구성

장치	내용
소호장치	전류차단 시 발생되는 아크를 소호하는 장치
과전류 트립장치	과전류발생 시 이를 검출 및 차단하는 장치
개폐기구(CB)	투입과 차단을 행하는 장치
시험버튼	누전차단기의 차단특성을 확인 및 점검하는 장치
트립장치(Trip coil)	누전을 검출 차단하는 장치

3) 누전차단기의 동작특성

(1) 누전 트립 특성

전로의 지락 부하기기의 누전이 발생하여 정격 감도 전류 이상의 지락 전류가 흐를 때 누전 트립 장치가 동작하여 트립된다.

(2) 과전류 트립 특성

- 과부하 단락보호 겸용은 한시 트립 및 순시 트립 특성을 가지는 과전류 트립 장치 내장
- 한시 트립 장치는 과부하 보호를 하고 순시 트립 장치는 단락전류와 같은 대전류가 흐를 경우 순시동작한다.

(3) 평형특성

영상변류기의 잔류 영향으로 전동기 등의 시동전류가 흐를 때 지락이 발생한 것과 같이 ZCT의 2차 측 출력에 오동작이 발생하므로 부 동작의 한계를 정격전류의 배수로 나타낸다.

(4) 충격파 부 동작 특성

서지 등과 같은 충격파의 부 동작하는 특성을 가진다.

3. 누전차단기 종류

1) 전기방식 및 극수: 단상 2선식 2극, 단상 3선식 3극, 3상 3선식 3극, 3상 4선식 4극
2) 동작별 분류: 전류동작형, 전압동작형
3) 사용목적별 분류: 지락보호용 범용(지락, 과부하, 단락)
4) 정격 감도별 분류

분류	정격감도 전류[mA]	종류	동작시간[sec]
고감도형	5, 10, 15, 30	고속형	t ≤ 0.1
		시연형	0.1 ≤ t < 2.0
		반 한시형	0.2 ≤ t < 1.0
중감도형	50, 100, 200 500, 1000	고속형	t ≤ 0.1
		시연형	0.1 ≤ t < 2.0

4. 누전차단기 동작원리

1) 단상식

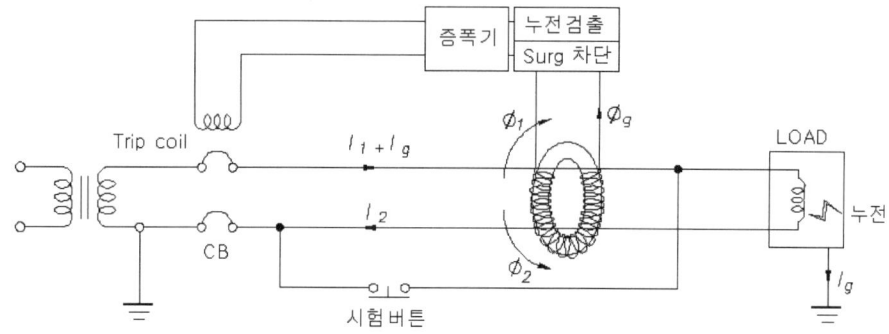

[그림] 누전차단기의 동작원리

(1) 평상시
- $I_1 = I_2$ ($\phi_1 = \phi_2$)으로 합성자계는 0이 된다.

(2) 전류 누설시(I_g)
- $I_1 \neq I_2$, $I_2 = I_1 - I_g$이 된다. (즉, 공급전류보다 귀로전류가 작아진다.)
- $\phi_2 = \phi_1 - \phi_g$ 되어, 자속차(ϕ_g)를 검출한다.
- 즉 ZCT가 누설전류에 의한 자속차(ϕ_g)를 검출하여 차단기에 트립신호를 보내어 차단하게 된다.

2) 3상식

(1) 평상시

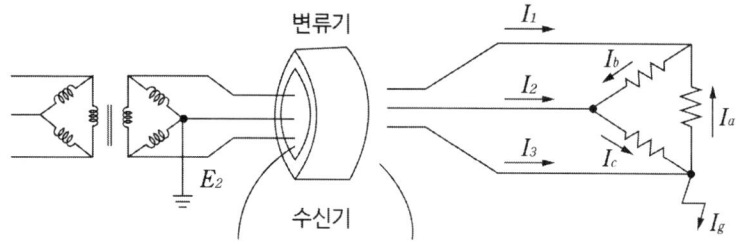

- $I_1 = I_a - I_b$, $I_2 = I_b - I_c$, $I_3 = I_c - I_a$ 이므로, $I_1 + I_2 + I_3 = 0$이 되어, 자속($\emptyset$)은 모두 상쇄된다.
- 즉 각 선의 전류가 평형을 이루어 변류기에는 아무런 출력이 나타나지 않는다.

(2) 전류 누설시(I_g)
- $I_1 = I_a - I_b$, $I_2 = I_b - I_c$, $I_3 = I_c - I_a - I_g$
- $I_1 + I_2 + I_3 = -I_g$가 되어, 누설전류($-I_g$)에 의한 자속(ϕ_g)을 검출한다.

- 즉 누설전류(I_g)에 의한 자속(ϕ_g)이 발생하며, 영상변류기 2차 측에 유기전압을 발생시켜 차단기에 트립 신호를 보내어 차단하게 된다.

5. 설치장소

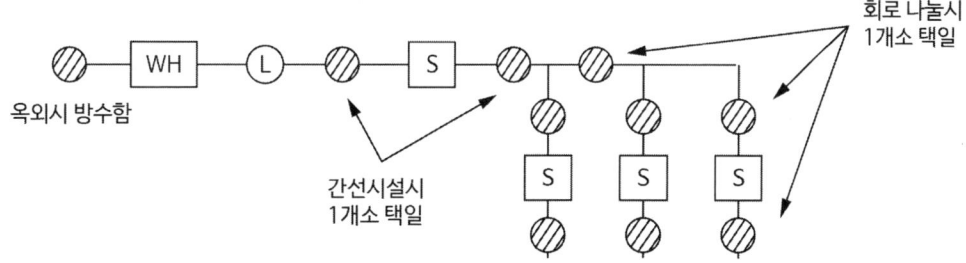

[비고 1] ⊘ 는 누전차단기 설치장소
[비고 2] 분전반 분기회로가 7회로 이상시 인입개폐기 겸용시 과전류차단기 붙은 것 설치

[그림] 누전차단기 설치장소(내선규정 1475-1)

1) 사람이 쉽게 접촉할 우려가 있는 장소, 사용전압 50V를 초과하는 저압의 전원 측
2) 고압 및 특고압 전로의 변압기에 결합되는 400V 이상의 전압전로
3) 주택의 옥내에 시설하는 대지전압 150V를 넘고 300V 이하의 저압전로 인입구
4) 화약고 내의 전기 공작물에 전기를 공급하는 전로
5) 전기 온상 등에 전기를 공급하는 경우
6) 습기가 많은 장소에 설치하는 경우
7) 플로어 히팅, 로드히팅, 난방 또는 결빙방지를 위한 발열선을 시설하는 경우
8) 일반적인 설치 예

기계기구의 설치장소 전로의 대지전압	옥내		옥외		옥외	물기 장소
	건조	습한 곳	우선 내	우선 외		
150V 이하	-	-	-	□	□	○
150V 초과 300V 이하	△	○	-	○	○	○

○ : 누전차단기 시설
△ : 주택에 기계기구 설치 시 누전차단기 시설
□ : 주택구내 또는 도로변의 전기시설에 누전차단기 설치 바람직

6. 선정방법 및 고려사항

1) 보호 목적에 따른 선정(누전, 인체보호, 누전화재검출, 지락보호 등)
2) 동작시간에 따른 선정
3) 정격전류 및 정격감도전류
   ① 감전보호를 목적인 경우는 고감도 고속형일 것(30mA 이하, 0.03초 이하)
   ② 접지저항값이 기준에 적합하고, 동작시간이 0.1초 이내(고속형)인 경우 중감도형 가능하다.
   ③ 30mA 경우는 전등회로에서는 정격전류 100A 이하의 회로, 전동기회로는 50A 이하의 부하가 바람직하다.

7. 설치 시 주의사항

1) 최소 동작 전류는 정격 감도전류의 50% 이상이다.
2) 감전방지용은 정격감도전류 30mA 이하, 동작시간 0.03sec 이내이어야 한다.
   욕실 등 인체가 물에 젖어 있는 장소에는 15mA 이하, 동작시간 0.03sec 이하의 전류동작형으로 한다.
3) 화재 방지용은 중감도 1,000mA 시연형이 사용된다.
4) 인입선 시설점에서 부하 측에 시설하는 것이 원칙이다.
5) 정격전류 용량은 당해 전로의 부하전류 이상의 값을 사용한다.
6) 정격감도 전류에서는 보통의 상태에서는 동작하지 않아야 한다.
7) 조작전원은 전용으로 하고 누전차단기용이라는 표지판을 설치한다.
8) ZCT를 부하 측에 설치할 때는 접지선을 관통시키지 아니하고 전원 측에 설치할 때는 접지선을 ZCT에 관통시킨다.

8. 설치 환경조건

1) 주위온도가 -10 ~ +40℃의 범위
2) 표고가 1,000m 이하
3) 상대습도 45~85%
3) 비, 이슬에 젖지 않는 장소에 설치 또는 방수구조함 내 설치
4) 먼지, 진동, 충격, 부식가스 등이 적은 장소에 설치
5) 전원의 전압변동이 적은 장소
6) 불꽃, 아크의 발생에 의한 폭발이 위험 없는 장소
7) 배선의 절연상태 및 절연저항이 적당한 장소

9. 누전차단기 오동작

1) 서지(Surge)에 의한 오동작
2) 순환전류에 의한 오동작(ELB병렬 사용금지)
3) 유도전류에 의한 오동작
4) 고주파신호에 의한 오동작(50~400kHz)
5) 누전차단기 오접속(병렬회로금지, 중성선에 설치불가, 3상 4선회로에 3극 ELB금지)

※ 산업안전보건기준에 관한 규칙

제304조(누전차단기에 의한 감전방지)

① 누전차단기 설치 전기 기계·기구(설치장소)
  1. 대지전압이 150V를 초과하는 이동형 또는 휴대형 전기기계·기구
  2. 물 등 도전성이 높은 액체가 있는 습윤장소에서 사용하는 저압용 전기기계·기구
  3. 철판·철골 위 등 도전성이 높은 장소에서 사용하는 이동형 또는 휴대형 전기기계·기구
  4. 임시배선의 전로가 설치되는 장소에서 사용하는 이동형 또는 휴대형 전기기계·기구
② 누전차단기 설치 어려울 경우 작업 시작 전 접지선 연결 및 접속부 상태 점검
③ 누전차단기 설치 제외
  1. 이중절연구조 또는 이와 동등 이상으로 보호되는 전기기계·기구
  2. 절연대 위 등과 같이 감전위험이 없는 장소에서 사용하는 전기기계·기구
  3. 비접지방식의 전로
④ 전기기계·기구 사용 전 누전차단기 작동상태 점검 및 이상 시 보수 또는 교환
⑤ 누전차단기 접속방법(설치방법)
  1. 전기기계·기구에 설치되어 있는 누전차단기는 정격감도전류가 30mA 이하이고 작동시간은 0.03초 이내일 것. 다만, 정격전부하전류가 50A 이상인 전기기계·기구에 접속되는 누전차단기는 오작동을 방지하기 위하여 정격감도전류는 200mA 이하로, 작동시간은 0.1초 이내로 할 수 있다.
  2. 분기회로 또는 전기기계·기구마다 누전차단기를 접속할 것. 다만, 평상시 누설전류가 매우 적은 소용량부하의 전로에는 분기회로에 일괄하여 접속할 수 있다.
  3. 누전차단기는 배전반 또는 분전반 내에 접속하거나 꽂음 접속기형 누전차단기를 콘센트에 접속하는 등 파손이나 감전사고를 방지할 수 있는 장소에 접속할 것
  4. 지락보호전용 기능만 있는 누전차단기는 과전류 차단하는 퓨즈나 차단기등과 조합하여 접속할 것

17. 누전경보기

1. 누전경보기의 개념

1) 누전경보기는 사용전압 600 [V] 이하인 경계전로의 누설전류 또는 지락전류를 검출하여 관계인에게 경보를 발하는 설비이다.

2) 전기배선과 전기기기의 부하측에서의 절연파괴나 단락 등에 의해 전류가 누설되어 발생되는 전기화재 등을 방지하기 위한 설비이다.

2. 누전경보기의 설치대상 및 기준

1) 설치대상

   (1) 계약전류용량이 100A를 초과하는 특정소방대상물

   (2) 예외: 위험물 저장 및 처리 시설 중 가스시설, 지하가 중 터널 또는 지하구

2) 설치기준

   (1) 누전경보기의 종류

      ① 정격전류 60 A 초과: 1급 누전경보기

      ② 정격전류 60 A 이하: 1, 2급 누전경보기

   (2) 변류기

      ① 변류기는 옥외인입선 접지선측의 점검이 쉬운 위치에 설치할 것. 부득이한 경우에는 인입구에 근접한 옥내에 설치할 수 있다.

      ② 변류기를 옥외에 설치할 경우에는 옥외형의 것으로 설치할 것

   (3) 수신부

      ① 옥내의 점검이 편리한 장소에 설치하되, 가연성 증기, 먼지 등이 체류할 우려가 있는 장소의 전기회로에는 차단기구를 가진 수신부를 설치할 것

      ② 누전경보기의 수신부 설치제외 장소

      • 가연성의 증기·먼지·가스 등이나 부식성의 증기·가스 등이 다량으로 체류하는 장소

      • 화약류를 제조하거나 저장 또는 취급하는 장소

      • 습도가 높은 장소, 온도의 변화가 급격한 장소

      • 대전류회로·고주파 발생회로 등에 따른 영향을 받을 우려가 있는 장소

   (4) 음향장치

      수위실 등 상시 사람이 근무하는 장소에 설치하고, 그 음량 및 음색은 다른 기기의 소음 등과 명확히 구분될 수 있을 것

(5) 전원: 전기사업법 제67조의 규정 외에 다음의 기준을 따를 것

① 전원은 전용회로로 하고, 각 극에 개폐기 및 15 [A] 이하의 과전류 차단기를 설치할 것

② 전원의 분기 시에는 다른 차단기에 의해 전원이 차단되지 않도록 할 것

3. 누전경보기의 구성

1) 영상변류기(ZCT)

① 누설 전류를 자동적으로 검출하는 변류기

② 환상의 철심에 검출용 코일을 감은 것

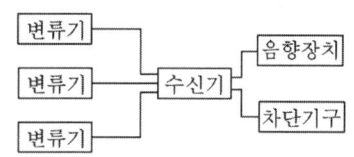

2) 수신기

변류기로부터의 전류를 수신하여 증폭시켜서 음향장치를 울리게 하는 장치

3) 음향장치

수위실 등 사람이 상주하는 장소에 설치하여 누전을 알리는 장치

4. 누전경보기의 작동원리

1) 작동원리

① 영상변류기(ZCT)라고 하며, 각 전선 간에 흐르는 전류의 차가 있을 때만 검출한다.

② 전류의 누설이 없는 평상시는 자속(ϕ)이 상쇄되어 검출이 없고, 전류의 누설이 있을 때만 자속의 차가 발생하여 검출하는 원리이다.

③ 누전경보기와 누전차단기의 원리는 동일하다. 누전을 검출하여 경보와 차단만 다를 뿐이다.

2) 단상식의 원리

(1) 평상시

$I_1 = I_2$ ($\phi_1 = \phi_2$)으로 합성자계는 0이 된다.

(2) 전류 누설시(I_g)

$I_1 \neq I_2$, $I_2 = I_1 - I_g$ 이 된다.

$\phi_2 = \phi_1 - \phi_g$ 되어, 자속차(ϕ_g)를 검출하여 경보한다.

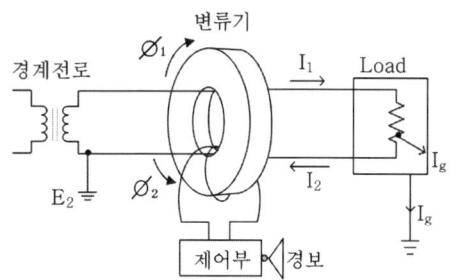

3) 3상식의 원리

(1) 평상시

$I_1 = I_a - I_b, I_2 = I_b - I_c, \ I_3 = I_c - I_a$이므로,

$I_1 + I_2 + I_3 = 0$이 되어, 자속(ϕ)은 모두 상쇄된다.

(2) 전류 누설시(I_g)

$I_1 = I_a - I_b$,

$I_2 = I_b - I_c$,

$I_3 = I_c - I_a - I_g$

$I_1 + I_2 + I_3 = -I_g$가 되어, 누설전류($-I_g$)에 의한 자속(ϕ_g)를 검출하여 경보한다.

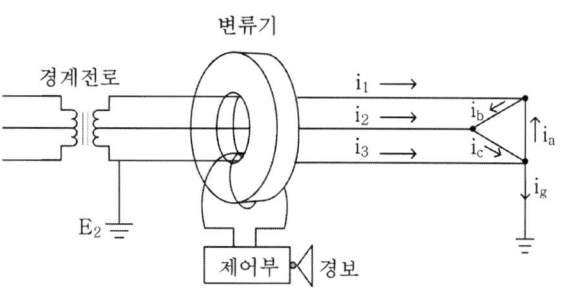

5. 누전경보기 작동 성능기준

1) 전류 특성 시험

(1) 공칭 동작 전류치의 50 [%]에서 30초 이내에 동작하지 않을 것

(2) 차단기구 있는 것: 공칭동작 전류치에서 0.2초 이내에 동작할 것

(3) 그 밖의 것: 공칭동작 전류치의 120 [%]에서 1초 이내에 동작할 것

2) 전압 특성 시험

(1) 정격전압의 80~100 [%]로 변화 시 공칭 동작전류의 70 [%]에서 30초 이내에 동작하지 않을 것

(2) 차단기구 있는 것: 100 [%]에서 0.2초 이내에 동작할 것

(3) 그 밖의 것: 120 [%]에서 1초 이내에 동작할 것

※ 누전경보기(화재안전기준)

1) 설치대상
계약 전류 용량이 100A를 초과하는 장소 (가스시설, 지하구 또는 지하가중 터널 제외)
단, 아크경보기 또는 지락차단장치를 설치한 경우에는 설치가 면제된다.

2) 설치기준
(1) 정격전류 60 [A] 초과: 1급 누전 경보기
정격전류 60 [A] 이하: 1, 2급 누전 경보기

(2) 변류기
① 변류기는 옥외인입선의 제1지점의 부하 측 또는 제2종 접지선 측의 점검이 쉬운 위치에 설치할 것. 부득이한 경우에는 인입구에 근접한 옥내에 설치할 수 있음
② 변류기를 옥외에 설치할 경우에는 옥외형의 것으로 설치할 것

(3) 수신부
① 옥내의 점검이 편리한 장소에 설치하되, 가연성 증기, 먼지 등이 체류할 우려가 있는 장소의 전기회로에는 차단기구를 가진 수신부를 설치할 것
② 누전경보기의 수신부는 가연성 증기의 체류장소, 다습, 온도변화가 큰 장소, 고주파 등에 영향을 받을 우려가 있는 장소 등에 설치하지 않을 것

(4) 음향장치
수위실 등 상시 사람이 근무하는 장소에 설치하고, 그 음량 및 음색은 다른 기기의 소음 등과 명확히 구분될 수 있을 것

(5) 전원: 전기사업법 제67조의 규정 외에 다음의 기준을 따를 것
① 전원은 전용회로로 하고, 각 극에 개폐기 및 15 [A] 이하의 과전류 차단기를 설치할 것
② 전원의 분기시에는 다른 차단기에 의해 전원이 차단되지 않도록 할 것

3) 누전 경보기 작동 성능 기준
(1) 전류 특성 시험
① 공칭 동작 전류치의 50 [%]에서 30초 이내에 동작하지 않을 것
② 차단기구 있는 것: 공칭동작 전류치에서 0.2초 이내에 동작할 것
그 밖의 것: 공칭동작 전류치의 120 [%]에서 1초 이내에 동작할 것

(2) 전압 특성 시험
정격 전압의 80~100 [%]로 변화될 때
① 공칭 동작 전류의 70 [%]에서 30초 이내에 동작하지 않을 것
② 차단기구 있는 것: 100 [%]에서 0.2초 이내에 동작할 것
그 밖의 것: 120 [%]에서 1초 이내에 동작할 것

18. 영상변류기(ZCT)

1. ZCT란

1) 영상변류기(ZCT: Zero Current Transformer)란 누전을 감지해야 할 배선을 ZCT내부를 관통하도록 하여 각 상에의 불평형분의 자속을 검출하는 원리이다.

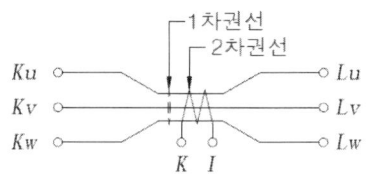

2) 일반적으로 누설전류 검출을 위해 많이 사용되는 ELB, ELD, 누전경보기에 많이 사용되고, 비접지 계통에서의 미소지락전류(수 mA)를 검출하기 위하여 사용한다.

3) ZCT 그 자체만으로는 검출기능밖에 없지만, 지락계전기·CB·경보기 등과 조합하여 그 목적별로 사용한다.

2. ZCT의 동작원리

1) ZCT를 관통한 각 전선의 벡터합이 정상 시는 0이 되어야 하는데, 누전시 벡터합이 0이 되지 않는 것을 검출한다.

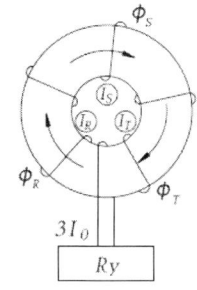

2) 평상시 벡터합: $I_R + I_S + I_T = 0$, $\varnothing_R + \varnothing_S + \varnothing_T = 0$
   지락 시 벡터합: $I_R + I_S + I_T = 3I_0$

3) 지락 시 ZCT 철심에는 영상전류에 대응자속인 $3\varnothing$ 가 생기고, 2차측에는 $i_R + i_S + i_T = 3i_0$ 가 흐른다. 즉 각 상의 정상·영상전류 영향 없이 2차 전류를 얻을 수 있다.

3. ZCT의 정격

1) 정격정류

   1차 정격전류는 200mA, 2차 정격전류는 1.5mA 이다.

2) 허용오차

   ① 극히 작은 영상전류로 변성하는 ZCT는 2차 측 오차를 적게 하기 위해서는 여자임피던스가 큰 것이 바람직하지만 가격이 고가이고 비경제적이다.

   ② 영상 2차 전류의 허용오차

계급	정격여자 임피던스(Ω)	영상 2차 전류
H급	$Z_0 < 40$, $Z_0 < 20$	1.2mA 이상 1.8mA 이하
L급	$Z_0 < 10$, $Z_0 < 5$	1.0mA 이상 2.0mA 이하

   1) 위 표의 영상 2차전류값은 정격영상1차 전류 2.5mA, 정격부담(역률 0.5지상)에서의 값
   2) 과전류 배수가 큰 것을 필요로 할 때는 철심에 C급 규소강판을 사용한 L급이 적합
   3) 과전류 배수보다 정밀도를 요구할 때는 H급이 적합

3) 정격과전류 배수

① 철심이 포화하지 않는 영상 1차 전류의 범위를 의미한다.

② 지락전류가 정격 1차 전류를 초과하거나 지락 시 영상과전류에 대해서 과전류 보호를 고려하는 경우 이 값이 문제가 된다.

③ 과전류배수 표준값

표준값	적용 대상
$-n_0$	계전기가 정격영상전류 이하 동작할 때. 즉 과전류 영역특성 미 고려 시
$n_0 > 100$	영상 1차 전류 20A 정도 고려 시
$n_0 > 200$	지락 시 과전류 보호를 고려 시

4) 잔류전류

① 잔류전류는 ZCT의 철심구조에 1차 도체와 2차 권선 사이의 전자적인 불균형으로 발생한다.

② 잔류전류의 한도는 정격부담(10 Ω, 역률 0.5 지상)에서 2차 측에 흐르는 잔류전류의 최대치를 의미한다.

③ 잔류전류크기와 위상은 1차 도체, 철심, 2차 권선의 구조나 위치관계에 의해 변하고 1차 전류가 클수록 크고, 오동작·오부동작의 원인이 된다.

④ 대책으로는 1차 도체와 철심 2차 권선의 상호관계를 기하학적으로 대칭이 되게 배치하고, 정격 1차 전류가 큰 영상 변류기를 사용하면 좋다.

정격 1차 전류	잔류전류의 한도
400A 이상	영상 1차 전류 $100mA$에서, 영상 2차 전류치
400A 미만	영상 1차 전류 $100mA$에서, 영상 2차 전류치의 80%

5) 영상변류기 접속

① ZCT는 CT와 마찬가지로 감극성이고, 1회로에 1대 사용하고, 2차 측은 서로 접속하지 않는다.

② ZCT 2차 접지는 변류기와 같이 전원이 가장 가까운 곳에 한 곳만 접지를 한다.

③ 동일회로 병렬포설 시

• 병렬포설회로는 모두 한 개의 ZCT를 통과

• 각각 ZCT를 병렬접속 시는 동작감도가 저하(다른 여자임피던스 병렬유입)

• 각각 ZCT를 개별접속 시는 오동작 발생(전류불평형, 영상순환전류 흐름)

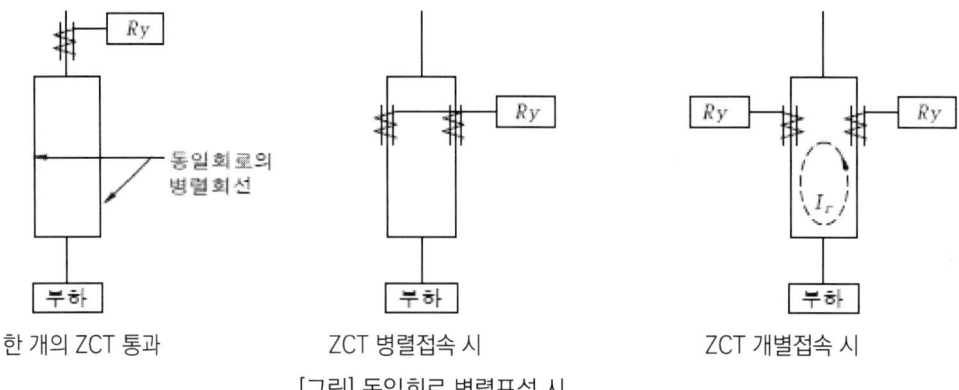

[그림] 동일회로 병렬포설 시

④ 케이블 시스 접지선은 ZCT 관통해서 접지한다. 그렇지 않을 경우에는 지락 시 시스에 흐르는 전류가 도체에 흐르는 전류를 상쇄하여 오동작 원인이 될 수 있다.

⑤ ZCT가 지락차단기의 전원 측에 설치되는 경우 접지선을 ZCT를 관통해서 접지하고 부하 측에 시설하는 경우 관통하지 않고 접지한다.

⑥ 선로의 길이가 길 경우(300m) 이상의 경우 양단접지를 하고 짧은 경우 1개소만 접지하는 것이 좋다.

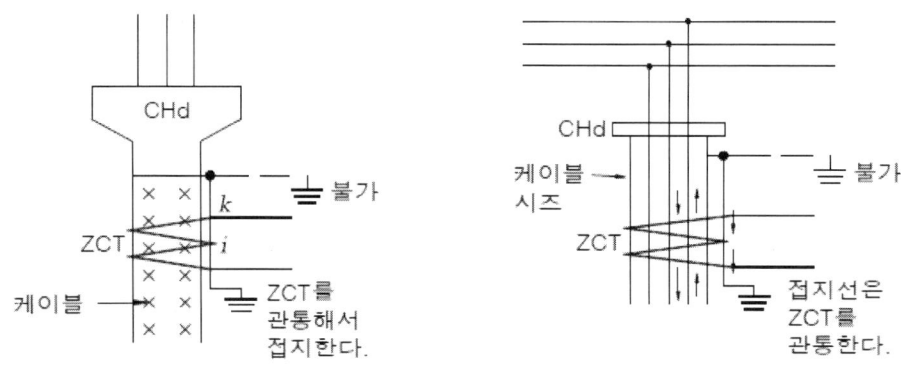

[그림] 케이블 시즈접지(관통형ZCT)

※ 지락 차단장치의 시설

1) 고압 전로 또는 특고압 전로에 지기가 생겼을 경우에는 자동적으로 전로를 차단하도록 지락 차단장치를 전원의 가장 가까운 위치에 시설하는 것을 원칙으로 한다.
2) 전항의 지락 차단장치에는 비접지식 고압 또는 특고압 전로용(영상전압을 검출하는 경우에는 접지 콘덴서에 의한 것에 한한다)을 사용하는 것을 원칙으로 한다.
3) 지락 차단장치는 수전용 차단기에서 부하 측의 고압 또는 특고압 전로의 대지정전용량이 클 경우에는 콘덴서 접지형의 방향성을 가지는 지락계전기를 사용하는 것이 바람직하다.
4) 지락 차단장치의 동작시한정정에 대해서는 전기사업자와 협의하는 것을 원칙으로 한다.
5) 지락 차단장치에 케이블 관통형 영상변류기를 사용하는 경우에는 다음과 같다.

　가. 영상 변류를 당해 케이블의 부하 측에 설치할 경우(접지선은 영상변류기를 미 관통)

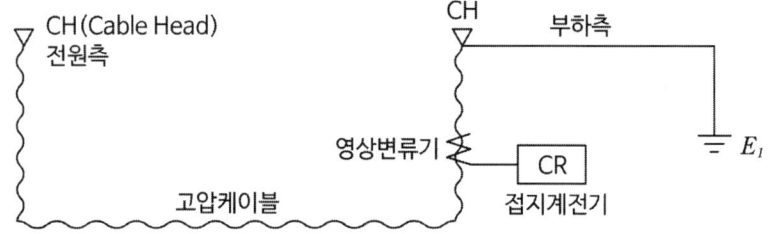

　나. 영상변류기를 당해 케이블의 전원측에 설치하는 경우(접지선은 영상변류기를 관통)

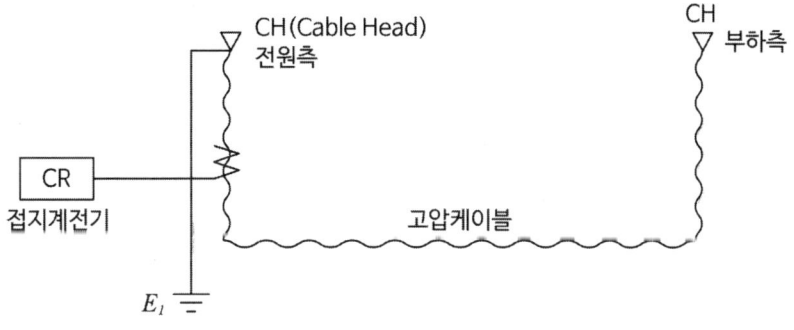

모아 전기응용기술사

Chapter 07

CT·PT

1. 변성기

1. 변성기의 정의

1) 변성기란 고전압・대전류를 직접적으로 계측・보호용으로 사용이 어려워 저전압・저전류로 변성을 하여 계측기와 보호용계전기를 사용하도록 하는 기기를 말한다.

2) 전류를 변성하는 것을 계기용 변류기(CT: Current Transformer)라고 하고, 전압을 변성하는 것을 계기용 변압기(PT: Potential Transformer 또는 VT: Voltage Transformer)라고 한다.

3) 전력회사 전력사용량을 측정하기 위한 계기용 변성기(MOF: Metering Out Fit)가 있다. MOF에는 항상 적산전력량계가 같이 붙어 있어 전력사용량을 측정한다.

2. 계기용 변성기 원리

1) 계기용 변성기는 변압기의 원리 구조와 비교해서 큰 차이가 없다. 단지 특성을 좋게 하고 오차를 줄이기 위해서 비투자율이 크고 철손이 적은 철심을 단면적을 크게 하여 사용한다.

2) 계기용 변류기(CT)원리

① 1차 측에 대전류가 흐르면 암페어의 오른손 법칙에 의해 자계가 형성되고, 이때 발생한 자속은 철심을 통해서 2차 측에 감긴 코일에 자속이 쇄교하면서 기전력이 유기된다.
즉 자속의 변화를 상쇄하는 방향으로 자속 및 기전력이 발생하고 그에 따라 2차 전류가 흐른다.

- 패러데이의 전자유도 법칙: 자속 변화에 의한 유도기전력의 크기를 결정하는 법칙
- 렌츠의 법칙: 유도기전력의 방향을 결정하는 법칙

$$\text{유도기전력} \quad e = -N\frac{d\Phi}{dt}\ [V]$$

② 1차 측은 직렬로 접속(권선형)하고 2차 측은 전류계를 연결한다. 1차 권선과 2차 권선 간의 전류비가 권선비의 역수와 반드시 일치하도록 설계된 높은 정밀도를 가지고 있다.

$$I_1 = \frac{N_2}{N_1}I_2 = \frac{1}{a}I_2 \qquad \text{변류비} = \frac{I_1}{I_2} \simeq \frac{N_2}{N_1} = \frac{1}{a}$$

③ 1차 권선의 구조에 따라 권선형(1000A 이하)과 관통형(대전류측정)으로 구분된다.

④ 대부분 2차 전류는 5A이며, 최근 디지털형용으로 1A, 0.1A용 변류기도 많이 사용된다.

3) 계기용 변성기(PT)원리

① 변압기의 원리 중에 전압부분과 동일하며, 1차 측은 병렬로 접속하고 2차 측은 전압계를 연결한다. 2차 측에 인체 접촉 시 치명적인 위험이 있으므로 반드시 2차 측은 접지를 한다(1, 2차 권선사이에 분포 용량 존재).

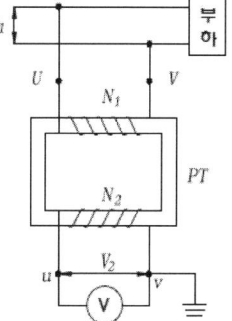

$$V_1 = \frac{N_1}{N_2} V_2 = a V_2$$

$$변압비 = \frac{V_1}{V_2} \simeq \frac{N_1}{N_2} = a$$

② 일반적으로 저전압에서는 건식(컴파운드함침) 또는 몰드(합성수지)을 고압에서는 유입자냉식을 사용한다.

3. 변성기의 종류

분류	종류	특징
절연 구조	건식형	저전압 옥내용으로 사용. 종이 · 면 등을 절연 바니스에 진공함침
	몰드형	30kV 미만의 소용량 변성기. 합성수지 · 부틸고무 등으로 권선을 절연
	유입형	고전압 옥내용에 사용. 절연유로 절연한 것으로 애자형, 탱크형이 있음
	가스형	SF_6 가스로 절연한 구조. 주로 탱크형으로 GIS설비에 사용
권선 형태	권선형	1차, 2차 권선이 하나의 철심에 감겨 있는 구조. 저전류에 사용(1000A 이하)
	관통형	1차 측 선선이 변류기 중심부를 통과하는 구조. 내선류에 사용
	부싱형	관통형의 일종, 부싱내의 도체를 CT 1차 도체로 사용하여 포화특성 향상
특성 분류	계측기용	오차범위 작고, 사고 시 포화하여 2차 측에 계측기 보호
	보호계전기용	정확도는 떨어져도 사고 시 포화되지 않도록 해야 함
	ANSI규격	C형: 정격의 20배 전류에 포화되지 않고, 비오차 -10% 이내 T형: 철심에 누설자속이 커서, 시험을 통해서 가능

2. 변류기의 특성

1. 전류비오차(비오차)

CT의 오차는 전류비오차와 합성오차로 각각 정의된다.

1) 전류비오차

① 전류비오차(Current ratio error)는 비오차·변류비오차라고도 하며, 공칭변류비와 실제변류비의 차이의 비율을 의미한다.

$$\varepsilon = \frac{공칭변류비 - 실제변류비}{실제변류비} \times 100 = \frac{K_n - K}{K} \times 100(\%)$$

$$= \frac{I_1/I_2 - I_P/I_S}{I_P/I_S} \times 100 = \frac{K_n \cdot I_S - I_P}{I_P} \times 100(\%)$$

여기서 K_n: 공칭변류비(정격변성비)
I_P: 실제 1차 전류
I_S: 실제 2차전류(I_P 흐를 때)

② 계기용 변류기는 오차계급은 최고의 허용 %전류오차에 의해서 결정되며, 표준 오차계급은 0.1 0.2 0.5 1 3 5 이다.

2) 합성오차(Composite error)

① 전류비 오차는 단순한 비율이라고 하면, 합성오차는 전류의 순시값과 실횻값을 적용하여 시간 동안 적분한 값을 적용한 합성된 오차를 의미한다.

$$\varepsilon_c = \frac{100}{I_P} \times \sqrt{\frac{1}{T}\int_0^T (K_n i_s - i_p)^2 dt}$$

I_P: 1차 전류의 실횻값
i_p: 1차 전류의 순시값
i_s: 2차 전류의 순시값
T: 1사이클의 주기

② 보호용 변류기의 오차계급은 %합성오차에 의해서 결정되며, 표준 오차계급은 5P, 10P 이다. P(보호)의 문자를 적용하였고, 합성오차는 과전류영역에서의 오차에 적용한다.

3) 오차계급

구분	KS C IEC	JEC
계측기용	0.1 0.2 0.5 1 3 5	0.1 0.2 0.5 1.0 3.0
보호 계전기용	5P, 10P	1P, 3P

2. 과전류 정수

1) 변류기 1차 측이 과전류가 되었을 때 포화되는 전류값을 정수비로 표현한 값이다
2) 즉 전류비오차(비오차)가 -10%가 되는 1차전류에 대한 정격1차 정류의 배수 n을 의미한다.

$$n = \frac{\text{비오차가 } -10\% \text{ 일 때 } 1\text{차 전류}}{\text{정격 } 1\text{차 전류}}$$

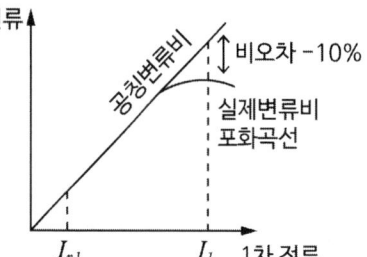

3) 표준: n > 5, n > 10, n > 20, n > 40
4) 선정 시 유의사항
   ① n 클 때 계기 및 계전기 등에 열적, 기계적 내량 문제가 발생할 수 있다(보호용 변류기 적용).
   ② n 작을 때 기기보호엔 유리하나 오, 부동작에 원인이 된다.
   ③ 계측기용 변류기에는 일반적으로 과전류 정수를 적용하지 않는다.
5) 과전류 정수 선정표

보호대상	계전방식	표준(특수) 과전류 정수
발전기, 2권선 변압기	차동	10(20)
3권선 변압기	차동	20(40)
전동기	과전류	10(20)
배전선	과전류	5(10)

3. 정격부담

1) 정격부담이란 계기용 변성기의 2차 단자 간에 접속되는 부하의 합이며, 일반적으로 소비되는 부하(Load)와 구별하기 위해서 부담(Burden)이라고 한다.
2) 정격부담 ≥ 2차 회로 소비부담[VA] + 계기・계전기 소비부담
3) CT 2차 부담 = $5(A)^2$ × 전선저항 + 계기・계전기 소비부담[VA]   [P=I^2R]
4) PT 2차 부담 = $110V^2$ ÷ 전선저항 + 계기・계전기 소비부담[VA]   [P=V^2/R]
5) 고려사항
   ① CT 2차 측 회로는 항상 정격부담 이하로 되어야 한다(오차발생).
   ② 정격부담 초과 시 소손의 우려가 있다.

4. 과전류 강도

1) 과전류강도는 정격 1차 전류에 몇 배의 과전류까지 견딜 수 있는가를 표현한 값이다.

2) 과전류강도 ≒ 열적과전류강도 + 기계적과전류 강도

$$CT \text{과전류강도} = \frac{\text{단락전류}(I_s)}{\text{정격1차전류}(I_{1n})}$$

3) 과전류강도(JEC1201)

1차 전류 배수	2차 부담	역률
40, 75, 150, 300	정격부담	0.8

4) 열적과전류강도

① 표준시간 1초에서 정격 1차 전류의 몇 배까지 견딜 수 있는가를 표현한 값이다.

② 열적과전류강도

$$S = \frac{S_n}{\sqrt{t}}$$

S: 열적과전류 강도
S_n: 정격과전류 강도(kA)
t: 통전 시간(1초)

5) 기계적 강도

① 전자력에 의해 전기·기계적으로 손상하지 않는 1차 전류의 파고치

② 일반적으로 열적과전류 강도의 2.5배(IEC, JEC)를 적용한다.

※ **Knee Point Voltage**

1) 과전류로 인하여 CT가 포화되는 정격포화개시전압을 의미한다.
2) ANSI에서는 여자특성곡선이 45° 절선과 만나는 점에서 2차 여자전압을 Knee Point Voltage로 의미한다.
3) 영국의 BS에서는 CT 1차 측을 개방하고 2차 측 전압을 인가할 경우 전압이 10% 상승 시 여자전류가 50% 증가하는 점을 Knee Point Voltage라고 한다.
4) 보호계전기 정정에서 활용이 가능하고, 보호용변류기에서는 이 값이 충분히 높아야 대전류 영역에서의 적용이 가능하다.
5) Knee Point Voltage 계산

$$V_K = \frac{VA}{I} \times n$$

VA : CT 2차 용량(부담)
n : 과전류정수
I : 2차 측 정격전류(5A, 1A)

6) Knee Point Voltage 시험
  - 변류기의 포화특성전압특성 또는 오차 특성을 확인하는 시험으로 제작사의 시험성적서와 비교 시험한다.
  - 시험절차는 변류기 1차 측을 개방한 상태에서 2차 측 단자에 정격주파수의 교류 전압을 인가하며, 전압(V_2)를 낮은 값에서 서서히 높이면서 이때 흐르는 전류(I_e)를 측정하여 전압과 전류의 관계를 모눈종이에 그린다.

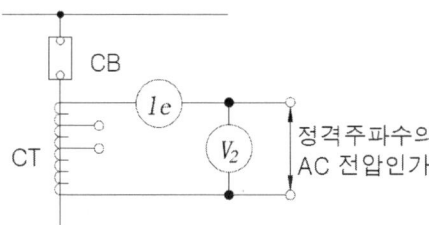

[그림] CT의 포화특성 시험

3. 계측기용과 보호용 변류기

1. 계측기용과 보호계전기용 CT 차이점

1) 계측기용 변류기(Metering CT)
① 계측기용 변류기는 평상시 전류의 크기를 검출하므로 오차가 작고, 정확해야 한다.
② 단락·지락 사고발생 시는 포화되어서 2차 측의 계측기 등에 과전류로 인하여 소손되는 것을 방지해야 한다.
③ 계측기용은 보통 정격전류의 200~500%의 전류에서 포화되고, 과전류에서 견디는 강도는 불필요하여 일반적으로 명시하지 않는다.

2) 보호계전기용 변류기(Relaying CT)
① 보호계전기용 변류기는 정확도는 떨어져도 사고전류 발생 시 철심이 포화되어 계전기가 부동작하는 것을 방지해야 한다.
② 주로 철심특성이 우수하여 1차 대전류에도 철심이 포화되지 않고, 2차 측의 계전기 등이 정상작동이 되도록 해야 한다.

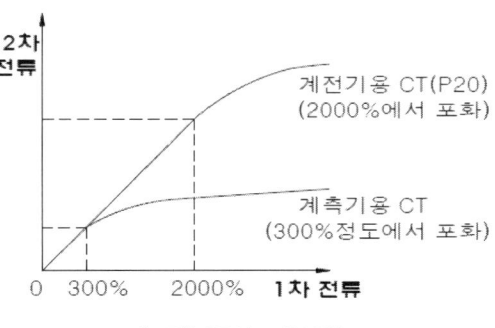

[그림] CT의 포화특성

2. 계측기용과 계전기용 비교

항목	계측기용	보호계전기용
오차	0.1, 0.2, 0.5, 1, 3, 5 정격전류에서 오차이며, 과전류에 대해서는 더 크다.	5P10: 정격전류에서 1% 정격전류 10배에서 5% 10P20: 정격전류에서 3% 정격전류 20배에서 10%
정격전류	전류비 오차	전류비 오차
FS/ALF	합성오차	합성오차
과전류에 대한 1차 정격	정격계기 제한 1차 전류	정격오차 제한 1차 전류
과전류 규정	기기 안전계수(FS: security factor)	오차 제한계수(ALF) n = 5, 10, 15, 20, 30
과전류강도(열적)	계통고장전류(대칭실효치)	계통고장전류(대칭실효치)
과전류강도(기계적)	열적 과전류의 2.5배(파고치)	열적 과전류의 2.5배(파고치)
과전류 정수	규정 없으며, 적을수록 좋다	22.9kV에서는 주로 n 〉10 또는 n 〉20

4. 변류기의 과전류 특성영역

1. 계측기용 변류기

1) 정격 계기 제한 1차 전류(IPL)

① 계측기용 변류기에 1차 최대제한 전류에 의미이다(Rated instrument limit primary current).

② CT 2차가 정격부담이고, 변류기 합성오차가 10%(또는 이상)일 때, 1차 전류 제한값을 말한다.

③ 높은 고장전류로부터 CT 2차 계측기, 회로 등을 보호하기 위해 합성오차는 10% 보다 커야 한다.

2) 기기안전계수(FS)

① Instrument security factor

② 계통 사고 시 대전류가 발생할 때 계기용 기기를 보호하기 위하여 지정하는 값이다.

③ 정격 1차 전류와 IPL의 비율로 안전계수가 작을수록 2차 측에 연결된 기기는 더 안전하다.

④ FS값은 특별히 정한 바는 없으나, IEC에서는 5 또는 10 이하를 추천한다.

$$기기안전계수\ FS = \frac{IPL}{I_{n1}}$$

> CT 1차 정격전류가 100A 라고 하면,
> IPL이 정격전류의 약 5배 정도로 500A 이라 하면,
> FS는 500A ÷ 100A = 5 이다.

2. 보호용 변류기

1) 정격 오차 제한 1차 전류(APL)

① 보호용 변류기의 1차 최대제한 전류에 의미이다(Rated accuracy limit primary current).

② 변류기가 요구된 합성오차를 넘지 않는 한도까지의 1차 전류이다.

③ 계통사고 시에 변류기에 오차를 발생시키지 않는 변류기 1차 최대제한전류이다.

2) 오차제한계수(ALF)

① Accuracy limit factor

② 계통 사고 시 대전류가 발생할 때 계전기의 성능을 보증하기 위하여 지정하는 값이다.

③ 변류기의 1차 정격전류와 정격오차 제한 1차 전류의 비를 말한다.

④ 보호용CT는 과전류 영역 특성이 대단히 중요하다. CT의 1차 정격전류보다 큰 전류가 흐르면 손실로 인하여 변류기 오차가 발생하여, CT 2차에는 변류비에 비례하는 전류보다 적은 전류흐름이 발생할 우려가 있다.

오차제한계수 $ALF = \dfrac{APL}{I_{n1}}$

CT 1차 정격전류가 100A 라고 하면,
APL 이 정격전류의 약 20배 정도로 2,000A이라 하면,
ALF 는 2,000A ÷ 100A = 20 이다.

[권선형 CT]　　　　[관통형 CT]　　　　[부싱형 CT]

5. 이중비 CT

1. 이중비 CT

1) 이중비(Double ratio) CT란 하나의 변류기를 이용하여 계측용과 보호계전기용으로 동시에 적용하는 방식을 의미한다.

2) 다중비 CT는 이중비 CT와 검출원리는 동일하나, 다양한 값을 검출하는 것이 다르다.

3) 최근 디지털계전기의 보급으로 하나의 계전기에 다양한 성능을 요구되고 있다. 이에 따라 단일변류기에서 변류기의 특성을 고려하여 계측기용과 보호계전기용 전류를 동시에 검출할 수 있는 이중비 CT를 고려해 볼 수 있다.

4) 2차 측 이중비 CT의 정격 과전류 정수의 적용은 가장 높은 변류비를 기준으로 선정한다. 낮은 변류비의 적용은 별도 주문한다.

5) 부하 측에 계측기용으로 계기용과 공용으로 사용 시는 계측기용이 포화되어 고장전류에 동작까지 상당한 시간이 필요하여 별도의 계전기용을 사용한 상단의 계전기가 먼저 동작하게 된다. 하지만 디지털 계전기의 사용으로 두 가지를 겸용하고자 할 때는 면밀한 검토가 필요하고, IEC에서는 부싱형 CT를 제외하고는 오차규격 5P인 CT를 추천한다.

2. 이중비 CT의 결선

1) 관통형

① 1 core double ratio 방식으로 1차 측은 K, L 2차 측은 k.ℓ 순으로 표시한다.

② 1차 측 권선에 두 가지의 전류값을 얻을 수 있도록 2차 측 권선을 결선한 구조이다.

③ 관통형의 경우 1차 측의 K에 대응하는 2차 측의 k를, L에 대응하는 2차 측에 ℓ로 표시한다.

④ 이중비 CT는 단자기호에 1, 2 등의 첨자를 붙여서 표시한다.

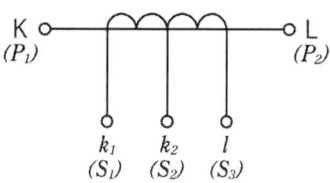

2) 권선형

2 core double ratio 방식으로 계측용과 보호계전기용의 별도의 권선을 두어서 신호를 검출한다.

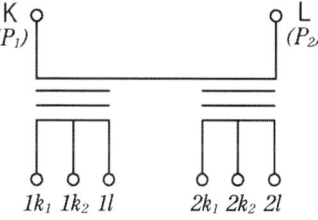

3. 다중비 CT

1) 단일첨심 1차 다중비 CT
전력계통에서 광범위하게 사용할 수 있도록 변류비가 두 개 이상의 CT로 1차 권선을 두 개로 하여 직렬 또는 병렬 결선하므로서 변류비를 변경하는 방식이다.

2) 단일철심 2차 다중비 CT
2차 권선의 중간에 여러 개의 TAP을 만들어 변류비를 검출하는 방식이다.

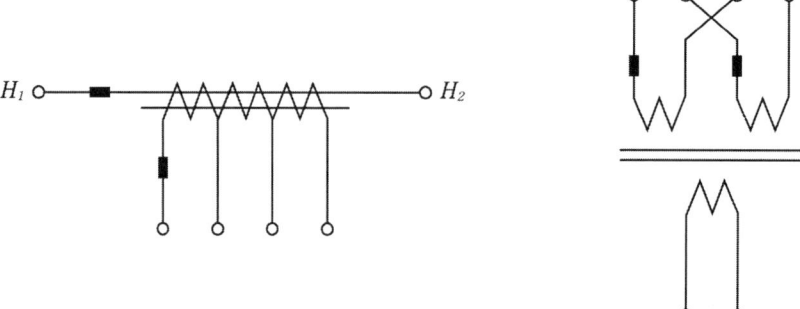

6. CT 2차 개방

1. 변류기(CT)의 변류원리

1) 변류기 등가회로에서 이상적인 변류기는 $I_1 = I_2$가 되지만, 실제의 변류기에서는 1차 전류(I_1)의 일부는 여자전류(I_0)로서 철심의 여자에 소비되고 나머지 전류가 2차 측(I_2)으로 흐른다.

$$I_1 = I_2 + I_0$$

2) 여자전류(I_0)는 철손전류(I_c)와 자화전류(I_m)의 합이다.

$$I_0 = I_c + I_m$$

3) 2차 유기전압은

$$E_2 = I_2\{(R_2 + R_p) + j(X_2 + X_p)\}$$

4) 벡터도는 1차 전류(I_1)와의 대비를 알기 쉽게 하기 위하여 2차 전류(I_2) 및 2차 전압(E_2)의 실제 방향과 반대로 나타내고 있다.

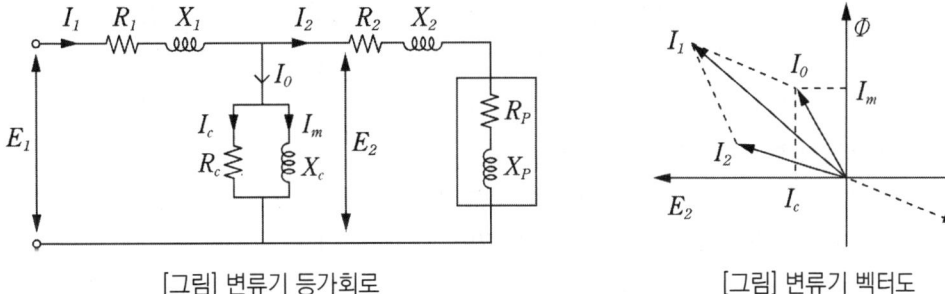

[그림] 변류기 등가회로   [그림] 변류기 벡터도

여기서,
R_1, X_1: 1차권선 저항 및 누설 리액턴스
R_2, X_2: 2차권선 저항 및 누설 리액턴스
R_P, X_P: 2차 부담 및 리액턴스
R_C, X_C: 철심의 철손저항 및 여자리액턴스
I_1, I_2: 1차 전류 및 2차 전류
I_O, I_c, I_m: 여자전류, 철손전류, 자화전류
E_1, E_2: 1차 유기전압, 2차 유기전압
ϕ: 철심 자속

2. 2차 개방현상

1) 2차 개방현상 발생이유
① 2차 측 계전기류·회로의 점검, 보수 시 제어케이블이나 기기 등을 분리 시 발생한다.
② 계전기(OCR) 등의 TAP 조정 미숙(기존 스크류 분리)
③ CT 2차 측 제어케이블의 탈락 등의 현상으로 발생한다.

2) 2차 개방 시 발생현상
① 1차 전류(I_1)는 모두 여자전류(I_0)가 되어 변류기 과열 및 소손된다.
② $V_2 = \dfrac{I_1}{I_2} \times V_1$에서 2차 전류($I_2$)가 0이 되어 2차 측에 고전압이 유기된다.
③ 철손전류(I_ℓ)가 증대하여 철심이 과도하게 여자되고 과열되고, 포화에 의한 한도까지 고전압이 유기된다.
④ 2차 측 과도 전압 발생
   - 1차 전류 모두가 여자전류가 되어 철심의 자기포화로 자기력선속(Φ)이 직사각형파 모양으로 되어 철심에 나타난다.
   - 그러나 반사이클의 시작과 끝 부분에서는 급격한 자기력선속의 변화로 변류기 2차 측에 높은 2차 기전력이 유도되어 절연파괴 또는 소손된다.
   - CT의 절연파괴 시 폭발 위험이 있어 CT 2차 측은 반드시 접지를 해야 한다.

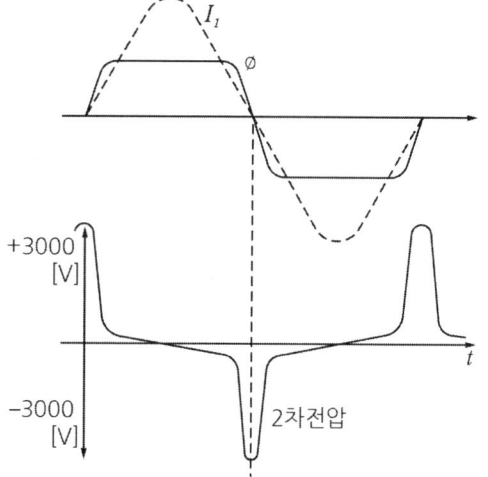

[그림] CT 2차 개방시 2차 측 과도전압

3. CT 2차 개방시 이상현상 대책

1) 2차 측에 계전기 등을 접속하지 않을 경우에도 항상 단락시켜 두어야 한다.
2) 2차 측에 개방보호장치를 설치한다(CTOD: 2차 개방 시 자동으로 2차회로 폐로와 경보 발생).
3) CT의 절연강도를 크게 하여 2차 개방 시에도 전기적·기계적으로 최소한 1분간 견디도록 한다(JEC).

7. 변성기 계산문제

[문제]
아래 그림과 같이 결선된 CT의 3상 평형회로에서 전류계가 5[A]를 지시하였다. CT의 변류비가 20인 경우 선로의 전류는 몇[A] 인지 계산하시오.

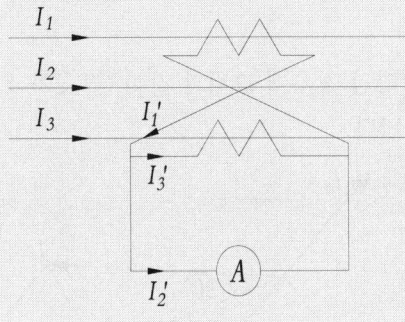

1. CT 교차

1) CT가 교차접속되어 있는 상태에서는 전류계는 2개의 상차의 전류가 흐른다.
2) 평형 3상에서는 2개의 상차 값은 각 상 전류값의 $\sqrt{3}$ 배가 된다.

2. 계산

1) 선로의 전류를 I_1 이라고 하면,

2) 전류계 지시값 $I_A = I_1 \times \sqrt{3} \div CT비\ I_0 = I_c + I_m = \dfrac{I_1 \times \sqrt{3}}{CT비}$

$5 = \dfrac{I_1 \times \sqrt{3}}{20}$ 에서 $I_1 = 57.735\,[A]$ 이다.

※ [별해]건축전기설비기술사(성안당, 송영주 외 3인)_1. 키르히호프 법칙 적용

1. 카르히호프 법칙 적용

$I_2' + I_3' - I_1' = 0$

$I_2' = I_1' - I_3'$

2. 벡터도

1) 1차 측 선로 전류가 평행인 경우에 그림과 같이 CT 2차 측을 결선하면, 위상 벡터도는 아래 그림과 같이 나타난다.

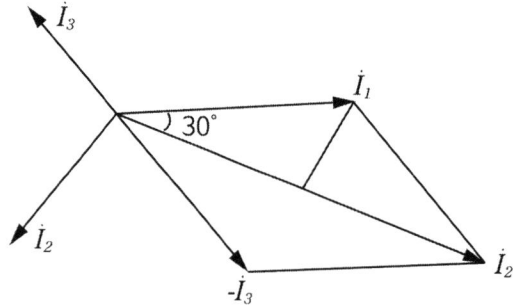

2) I_1' 와 I_3' 의 위상차는 60°이며, I_2' 와의 각각 위상차는 30°이다.

$I_2' = 2 \times I_1' \times \cos 30° = \sqrt{3} \times \dfrac{I_1}{20}$

$I_1 = I_2' \times \dfrac{20}{\sqrt{3}} = 5 \times \dfrac{20}{\sqrt{3}} = 57.735[\text{A}]$

모아 전기응용기술사

Chapter 08

콘덴서

1. 콘덴서의 역률개선

1. 콘덴서란?

1) 콘덴서란 도체 사이 유전체를 사용하여 전하를 축적하는 능력으로 진상전류를 발생하는 기기이다.

2) 변전설비의 부하 측이 부하를 충분히 사용하고 있다면 부하측은 인덕턴스 성분(코일)이 많아 유도성 리액턴스가 발생하여(전류는 전압보다 위상이 늦음) 용량성 성분인 콘덴서를 설치하여(전류는 전압보다 위상이 빠름) 전압과 전류의 위상을 동상으로 하는 원리이다.

3) 콘덴서를 설치하여 부하 측에서의 역률을 1에 가깝게 하는 것이 목적이다. 하지만 최근에는 부하 측의 경부하 시 콘덴서의 과다한 진상전류로 많은 문제점이 발생하여, 전력회사 측에서는 이를 제한하도록 하였다.

2. 콘덴서의 역률개선 원리

1) 부하 측의 인덕턴스성분에 의하여 전류는 전압보다 위상을 늦어지는 현상을, 용량성 성분인 콘덴서를 설치하여 전압과 전류의 위상을 최대한 동상으로 하는 것이 콘덴서의 역률개선 원리다.

2) 즉 전류와 전압이 동상이면 회로의 역률은 1이다. 또한 직류성분에서는 전류와 전압의 위상차가 없기 때문에 역률이 존재하지 않는다.

3) 설치할 콘덴서의 용량은 피상분과 유효분에 관계인 $\cos\theta$ 에 있고, 개선할 역률에 대하여 필요한 콘덴서 용량을 테이블이나 계산방법에 의해서 산정할 수 있다.

4) 전동기나 특정기기처럼 역률이 결정되어 있으면 비교적 콘덴서 용량을 정확히 산정할 수 있지만, 수변전설비의 부하 측에 역률은 모든 기기가 실제로 설치되어야 정확한 역률을 측정하여 정확한 콘덴서용량을 적용할 수 있다. 그래서 수변전설비 계획 시 또는 설계 시 추정하여 콘덴서 용량은 오차를 발생할 수밖에 없다.

5) 전류 · 전압의 위상차와 역률개선

① 인덕턴스 회로에서는

$i = \sqrt{2} I \sin\omega t,$

$v = \sqrt{2} \omega L I \sin\left(\omega t + \dfrac{\pi}{2}\right)$

전류는 전압보다 $\pi/2[\text{rad}]$ 만큼 늦다. 즉, 지상전류 · 유도성 특징이 있다.

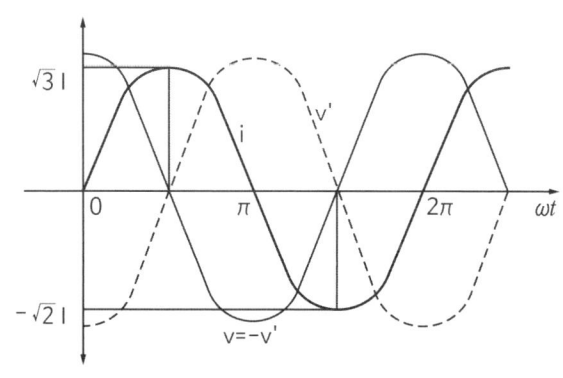

[그림1] 인덕턴스회로의 전류 · 전압 위상

② 이 회로에 진상 용량성 콘덴서를 설치하면 전류가 전압보다 $\pi/2$[rad] 만큼 빨라지므로 전류와 전압의 파형이 동상이 되고 역률이 개선된다.

6) **콘덴서 설치 시 역률개선**

부하용량 P[kW]일 때 부하역률을 $\cos\theta_1$ 에서 $\cos\theta_2$ 으로 개선 시 필요한 콘덴서 용량의 계산은 Table이나 용량계산 방법에 의해서 가능하다.

$$Q_C = Q - Q_L = P(\tan\theta_1 - \tan\theta_2)$$

$$= P\left(\sqrt{\frac{1}{\cos^2\theta_1}-1} - \sqrt{\frac{1}{\cos^2\theta_2}-1}\right)[kvar]$$

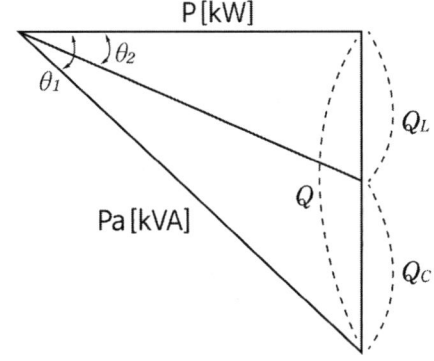

2. 콘덴서 설치 시 효과

1. 콘덴서의 설치 시 효과

1) 선로의 손실경감

① 선로의 손실은 부하의 역률의 제곱에 반비례해서 증가하므로 역률 개선 시 전력손실이 저감

② 3상 3선식 선로의 전력손실

$$3I^2R = \frac{3P^2R}{3V^2\cos^2\theta} = \frac{P^2R}{V^2\cos^2\theta}[kW] \quad \left(I = \frac{P}{\sqrt{3}\,V\cos\theta}\right)$$

③ 배전선의 손실경감

$$W_\ell = \frac{P}{E} \times R \times \left(\frac{1}{\cos^2\theta_0} - \frac{1}{\cos^2\theta_1}\right) \times 10^{-3}[kW]$$

여기서 P: 부하용량[kW] E: 회로전압[kV] R: 선로 1상분 저항

2) 변압기의 손실경감

① 변압기의 손실 중 동손은 부하의 크기에 관련되므로, 변압기를 흐르는 겉보기 전류의 감소는 동손의 감소가 된다(동손은 부하전류의 제곱에 비례하여 증감 $P_t = I^2R$).

② 변압기의 동손저감량(동손비율 75%일 때)

$$W_i = \left(\frac{100}{\eta} - 1\right) \times \frac{3}{4}\left(\frac{P^2}{P_t}\right) \times \left(\frac{1}{\cos^2\theta_0} - \frac{1}{\cos^2\theta_1}\right)[kW]$$

여기서 η: 변압기효율   3/4: 변압기손실비율
       P: 부하용량[kW] P_t: 변압기용량[kW]

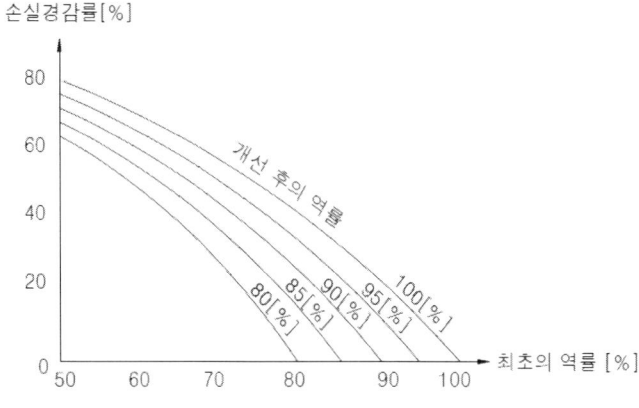

[그림] 역률개선시 변압기 손실경감률

3) 전압강하의 경감

① 전압강하는 $\triangle E = E_S - E_R = I(R\cos\theta + X\sin\theta)$가 된다.

$$\triangle E = \frac{P_R(R + X\tan\theta)}{3 \cdot E_R} \quad \text{여기서 } I = \frac{P_R}{E_R\cos\theta} \text{ 이다.}$$

② 이때 전압강하를 $\triangle E_1 = \dfrac{P_R(R + X\tan\theta_1)}{3 \cdot E_R}$ 이라 하면

전압강하의 감소는 $\triangle E - \triangle E_1 = \dfrac{X \cdot P_R(\tan\theta_0 - \tan\theta_1)}{3 \cdot E_R}$ 이 된다.

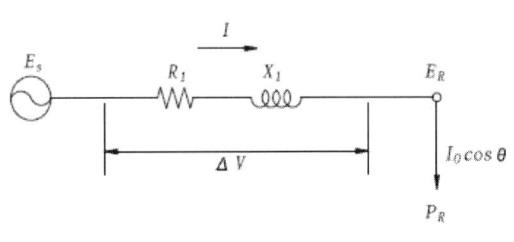

E_S: 송전단의 상전압
E_R: 수전단의 상전압
R, X: 선로의저항 및 리액턴스
I_0: 부하전류
P_R: 부하전력 1상분
$\cos\theta$: 부하역률

4) 계통용량의 증가

① 기존 부하에 콘덴서를 설치하여 역률 개선하여 운전하면 변압기의 사용용량이 증대될 수 있다.

② 증대되는 변압기 용량

$$W_1 = BC = OC - OB = W_0\left(\frac{\cos\theta_1}{\cos\theta_0} - 1\right)[kVA]$$

$$P_1 = P - P_0 = W_0(\cos\theta_1 - \cos\theta_0)[kW]$$

$$Q_C = W_o\cos\theta_1(\tan\theta_0 - \tan\theta_1)$$

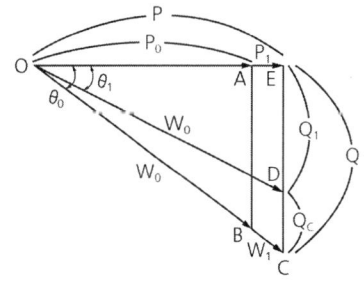

5) 전기요금의 경감

① 전력회사는 역률 개선 촉진을 위해 역률이 90 이하이면 전기요금 할증, 95%까지 할인을 하는 제도를 시행하고 있다.

② 하지만 최근에는 야간 경부하 시에 진상콘덴서 용량에 전기요금을 가중시키는 제도도 진행하고 있다.

$$\text{기본요금} = \text{계약전력} \times 1[kW]\text{당 단가} \times \left(1 - \frac{90 - \text{협정역율}}{500}\right)$$

2. 콘덴서 설치 시 주위사항

1) 콘덴서 용량은 부하설비의 무효성분보다 크지 않아야 한다.

2) 콘덴서 상호간 적절한 이격거리로 설치할 것(30~60mm)

3) 이동시 애자를 잡고 이동시키지 않도록 한다.

4) 콘덴서 접속 전선은 연선을 사용하며, 콘덴서 정격전류의 1.5배 이상을 허용하도록 한다.

5) 규정된 접지공사에 의하여 접지하도록 한다.

6) 신속한 재투입 방지(충분히 방전되지 않은 시점에서 재투입 시 교류전압 중첩되어 콘덴서 파손)

7) 콘덴서 투입 및 개방 시 특수한 상황을 고려한다.

8) 자기여자 전압 상승 방지(유도전동기 직렬로 연결 시 무부하 여자돌입전류 고려하도록 한다)

3. 콘덴서 구성

※ 방전코일에 목적

(1) 콘덴서 투입 시: 과전압 발생 억제
(2) 콘덴서 개방 시: 잔류전하 방전

※ 리액터의 목적

(1) 콘덴서 투입 시: 돌입전류발생 억제
(2) 콘덴서 개방 시: 이상현상억제(재점호현상 억제)
(3) 평상시: 고조파 억제

1. 방전코일(DC: Discharging Coil)

1) 콘덴서 개방 시 잔류전하를 단시간에 방전하고, 재투입 시에는 잔류전하 방전으로 과전압을 방지한다.
2) 소용량 콘덴서에는 방전저항을 사용하고, 대용량 시에는 방전코일이 사용한다.
3) 변압기나 전동기 등의 코일성분의 부하에 콘덴서를 사용 시에는 기기의 권선을 통하여 잔류전하를 방전시킬 수 있으므로 방전장치가 불필요하다.
4) 콘덴서 제작 시에 방전장치 내장형을 사용하면 별도의 설치공간이 없어도 된다.
5) 방전코일의 성능

   ① 단시간에 개폐하는 경우는 방전코일 사용하도록 한다.
   ② 저압경우는 콘덴서 개방 시 3분 이내 잔류전압 75V 이하 되게 한다.
   ③ 고압경우는 콘덴서 개방 시 5초 이내 잔류전압 50V 이하 되게 한다.

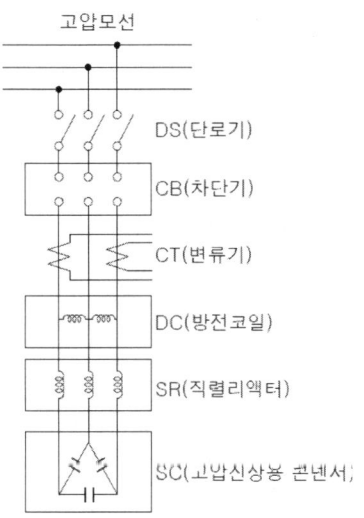

[그림] 고압 진상용 콘덴서

2. 직렬리액터(SR: Series Reactor)

1) 직렬리액터 설치목적

   ① 대용량 진상용 콘덴서 설치 시 고조파에 의해 전압·전류파형을 왜곡시키는 현상을 방지한다.
   ② 일반적으로 소용량에는 리액터를 설치하지 않으나, 고조파 발생이 많은 부하에서는 리액터 설치가 바람직하다.
   ③ 콘덴서 개방 시에는 이상전압을 억제하여 재점호현상을 방지한다.

2) 콘덴서의 고조파 영향

① 계통에 존재하는 고조파가 콘덴서 회로투입에 의해 전원 측 리액턴스 LC 공진에 의해서 확대되는 현상이 발생한다. 즉 콘덴서 삽입으로 콘덴서의 용량성 때문에 고조파가 확대된다.

② 고조파는 콘덴서회로에 이상전류를 발생시켜, 콘덴서 운전에 지장을 주기도 한다.

$$공진주파수\ f_o = \frac{1}{2\pi\sqrt{LC}}$$

③ 일반적으로 3상 회로에서는 제 5고조파가 가장 많고, 그 다음 7차, 9차..등의 순서이다.

④ 공진주파수는 250~300Hz 등 전원주파수의 수배 되는 고조파에 가까워지므로 회로조건에 따라 공진을 일으키는 수가 있다.

3) 직렬리액터 용량산출

① 회로의 제5고조파 이상의 고조파에 대하여 합성리액턴스를 유도성으로 하여 전압파형의 왜곡을 개선하기 위해 직렬리액터를 삽입하는 방법이 널리 쓰이고 있다. 즉, 고조파가 흐르는 회로를 유도성으로 하면 되기 때문에 콘덴서에 직렬리액터를 삽입한다.

② 제5고조파 성분을 유도성으로 하기 위해서는,

$$5\omega L > \frac{1}{5\omega C}\ ,\ \omega L > \frac{1}{5 \times 5\omega C}\ ,\ \omega L > 0.04\frac{1}{\omega C}$$

③ 직렬리액터는 콘덴서의 4% 이상의 용량으로 하면 되지만, 실제로는 주파수의 변동이나 유도성으로 하기 위해서 6%를 표준으로 하고 있다.

④ 제3고조파가 존재할 경우에는 계통의 직렬공진을 피하기 위해서 13% 가량의 직렬리액터를 사용할 수 있다.

⑤ 6%의 리액터는 콘덴서 단자전압 6.4% 이상 상승하고, 콘덴서 전류도 6.4% 이상 상승하며 콘덴서의 용량이 약 10% 증가하므로 발열을 검토해야 한다.

⑥ 직렬리액터가 8% 이상인 경우에는 콘덴서의 최고허용전압을 초과할 우려가 있으므로 면밀한 기술적 검토가 필요하다.

4) 직렬리액터의 적용

① 일반회로 부하에서는 제5고조파를 고려하여 직렬리액터는 6% 용량으로 한다.

② 전철부하 및 아크로 부하에는 제3고조파가 발생되며 직렬리액터는 13~15% 용량으로 한다.

③ 대용량의 정류기 부하, 용접기 등에는 8~13% 용량으로 한다.

※ 리액터의 종류별 목적
(1) 한류리액터: 단락전류 제한
(2) 분로리액터: 페런티 현상 방지
(3) 직렬리액터: 파형 개선
(4) 소호리액터: 아크소호

3. 직렬리액터 설치 효과

1) 콘덴서 투입 시 돌입전류 억제

① 돌입전류가 흐르면 변류기 등에 섬락 발생하거나 계기·계전기가 소손된다.

② 차단기·개폐기 접점이 돌입전류에 의해 마모된다.

③ 돌입전류에 의해 120% 이상의 전류로 OCR이 오동작된다.

④ 싸이리스터, 전력변환기 등의 파손 우려가 있다.

⑤ 리액터를 설치하여 돌입전류를 저감시킨다(리액터 6%는 돌입전류 5배 저감).

2) 콘덴서 개방 시 이상현상 억제

① 콘덴서 개방 시 재점호 현상에 의해 콘덴서 자신과 전동기·변성기 등의 절연파괴가 발생될 우려가 있다.

② 진상전류를 차단할 수 있는 능력이 있는 VCB 등의 차단기를 사용한다.

4. 콘덴서 개폐 시 특이사항

1. 개요

1) 콘덴서는 전하를 축적하고 있는 장치로 콘덴서 전단에 차단기 등을 개폐할 경우에 이상현상이 발생한다.

2) 차단기나 개폐기로 콘덴서를 투입할 경우 여자돌입전류가 발생하고, 콘덴서를 개방할 경우 재점호에 의한 과전압이 발생한다.

2. 콘덴서 투입 시 현상

1) 과도전류 발생

① 콘덴서가 방전된 상태에서 전원 투입 시는 단락상태에서 전원을 투입하는 것과 같아서 여자돌입전류가 발생한다.

② 투입전류는 회로의 R, L에 의하여 결정되는 큰 전류, 전압, 주파수가 흐르게 된다.

③ 콘덴서 투입 시 전류, 전압, 주파수 변화

- 최대 여자돌입전류 $I_{max} = I_C \times \left(1 + \sqrt{\dfrac{X_C}{X_L}}\right)$
- 과도전압 $E_{max} = 2E_C$
- 과도 주파수 $f_1 = f \cdot \sqrt{\dfrac{X_C}{X_L}}$

여기서
I_C: 콘덴서 정격전류
X_C: 콘덴서 커패시턴스
X_L: 회로의 리액턴스
E_C: 콘덴서 정격전압

6%의 직렬리액터 설치 시(콘덴서 100kvar)

$I_{max} = I_C \times \left(1 + \sqrt{\dfrac{100}{6}}\right) = 5 \cdot I_C \qquad f_1 = 60 \cdot \sqrt{\dfrac{100}{6}} = 245\,[Hz]$

2) 과도전압 발생

원인	영향
• 유도성리액턴스(X_L)가 작은 경우 • 콘덴서에 잔류전하가 있는 경우 • 직렬 리액터가 없는 경우 • 전원 단락 용량이 큰 경우	• 콘덴서 과열, 소손 발생 • 전동기 과열, 소음, 진동 발생 • 계기 오동작 및 계측기 오차 증대 • CT 2차 회로 과전압 발생

3. 콘덴서 개방시 현상

1) 재점호에 의한 과전압

① 콘덴서를 차단기·개폐기 등에 의하여 개방할 경우 콘덴서에 잔류전하로 인하여 스위치의 접촉단자 사이에 1/2 Hz 후에 단상회로에서는 약 2배(3상은 2.5배)의 전압이 걸린다.

② 콘덴서에는 단자전압보다 90° 앞선 진상전류가 흐르고 있어 콘덴서 개방 시 전류영점에서 최대전압값에서 잔류전압이 존재한다. 즉 개방 후에는 접촉단자의 전압은 낮지만 1/2 Cycle 후에는 2배나 되는 과도전압이 나타난다.

③ 이러한 과도전압에 의해서 접촉단자 사이에 절연을 파괴하여 재점호(Restriking)를 일으킨다.

④ 재점호가 회로에 직접적인 피해는 콘덴서 단자에 최고 약 3배의 과전압을 주는 것과 전원측에 1.5배의 과전압을 주는 정도이다.

⑤ 따라서 재점호현상을 막기 위해서는 고속개폐기를 사용하고, 개폐기의 정격전류는 콘덴서 정격전류의 1.5~2배가 되는 것을 사용해야 한다.

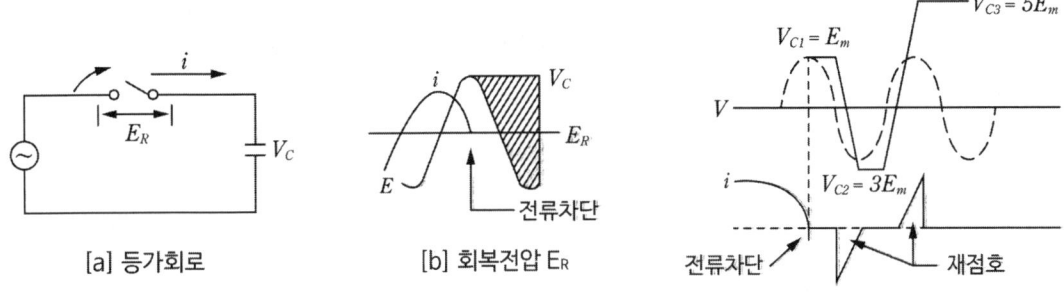

[그림] 콘덴서의 개방전압

2) 유도전동기의 자기여자 현상

(1) 자기여자현상이란 유도전동기에 콘덴서가 직렬로 연결 시 유도전동기의 전원이 차단되면 관성에 의해서 회전을 계속하고, 전동기는 발전 작용을 하여 콘덴서에 전류를 공급한다.

(2) 콘덴서의 진상전류가 유도전동기의 전기자 반작용에 의하여 증자작용(增磁作俑)을 하여 일시적으로 전동기 단자전압이 정격전압을 초과하여 발생하는 현상을 말한다.

(3) 콘덴서는 자기여자현상을 피하기 위하여 콘덴서의 용량은 전동기의 자기여자용량보다 작아야 한다. $I_C < I_M$

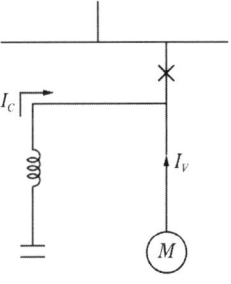

4. 콘덴서 개폐 시의 대책

1) 직렬리액터 설치

2) 방전장치 설치

3) 튼튼한 개폐기, 고속 차단기 설치

5. 역률제어 기기의 종류 및 특징

1. 역률제어란?

전력계통의 역률을 제어하여 유효한 전력을 사용하도록 한다.

2. 역률제어 기기의 종류

1) 동기조상기

① 동기전동기를 무부하로 운전하고 여자전류를 가감하여 1차에 유입하는 전류의 역률 및 전압조정을 한다.

② 동기전동기의 V곡선 특성 중에 여자전류를 조정하여 선로의 역률을 조정한다.

③ 중부하 시: 과여자로 진상전류, 경부하 시: 부족여자로 지상전류

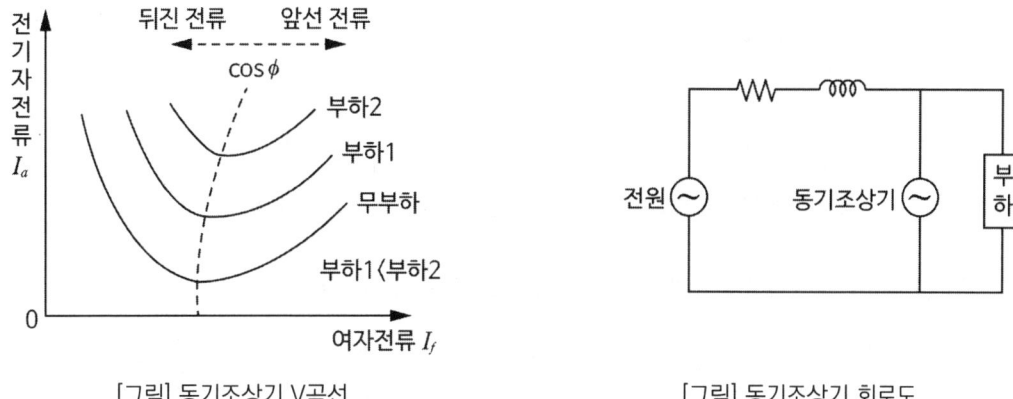

[그림] 동기조상기 V곡선　　　　　[그림] 동기조상기 회로도

2) 전력용 콘덴서

지상무효 전력보상원리, 역률제어방법

3) 분로리액터(Shunt Reactor)

① 심야 경부하 시 장거리 송전선로의 말단 수전단의 전압상승(페란티 현상)을 방지하기 위해 사용한다.

② 선로의 콘덴서에 의한 충전전류를 완화시킨다. 지상무효전력보상

4) 전자식무효전력보상장치

(정지형 무효전력 보상장치, SVC: Static Var Compensator)

① Thyristor Switching하여 과도현상 없이 콘덴서뱅크를 실시간 제어하여 역률을 조정한다.

② 전지식 스위칭 제어는 스위칭에 따른 소자의 접점 손실이나 파손이 없어 투입횟수 제한이 없이 빠른 응답을 가능케 한다.

③ 설비의 안정적인 운전을 도모하고, 전기적 충격에 민감한 전자소자 및 장비의 소손을 미연에 방지한다.
④ 자기진단 기능으로 콘덴서 뱅크의 이상 확인 즉시 해당 뱅크를 운전에서 제외시킨다.
⑤ 특정 고조파에 의한 병렬공진 발생 시 바로 계통에서 콘덴서 뱅크를 해제하며 수 초 후 재투입한다.

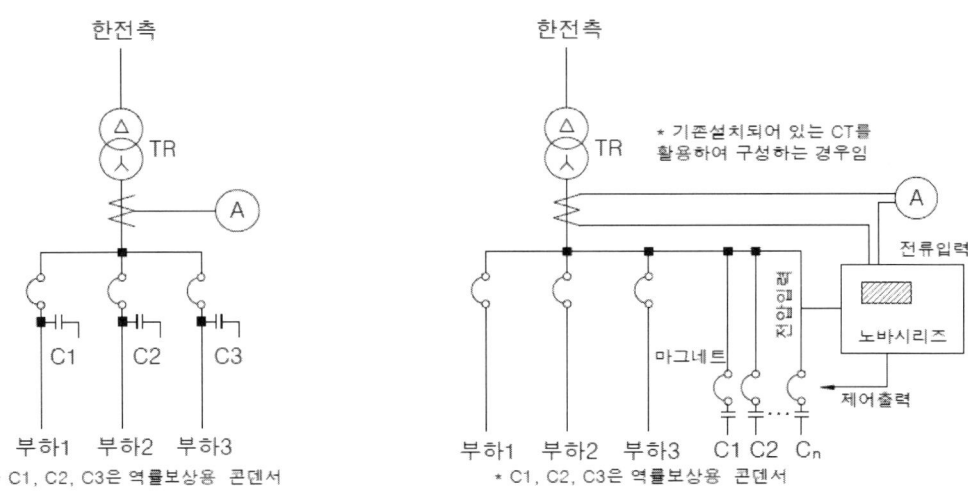

[그림] 자동역률조정기 설치 전   [그림] 자동역률조정기 설치 후

5) 기계식무효전력보상장치(APFR: Automatic Power Factor Regulator)

① 콘덴서뱅크를 실시간으로 기계식제어(전자접촉기)하여 역률을 제어한다.
② 비교적 경제적으로 무효분에 따른 역률을 다단계로 제어가 가능하다.

구분	APFR	SVC
구성부품	콘트롤러, 전자접촉기, 콘덴서	콘트롤러, 전자식스위치(SCR), 리액터, 콘덴서
반응시간	방전 후 일정시간 필요하여 역률 변동 시 재투입에 일정시간 소요(2~5분 정도)	전자식 스위치로 실시간 투입, 개방 가능
돌입전류	콘덴서 개폐 시 과도전류가 발생한다.	전자식 스위치로 과도전류 거의 없다.
콘덴서 투입	특정콘덴서 고정투입으로 피로가 누적된다.	콘덴서의 교체투입 기능이 있다.
순간전압 강하 보상	반응시간이 늦어 보상이 불가능(아크로, 용접기, 대형전동기 등)	2/3 Cycle 내에 무효전력보상으로 전압강하 최소화
경제성	비교적 저렴하다.	고가이다.

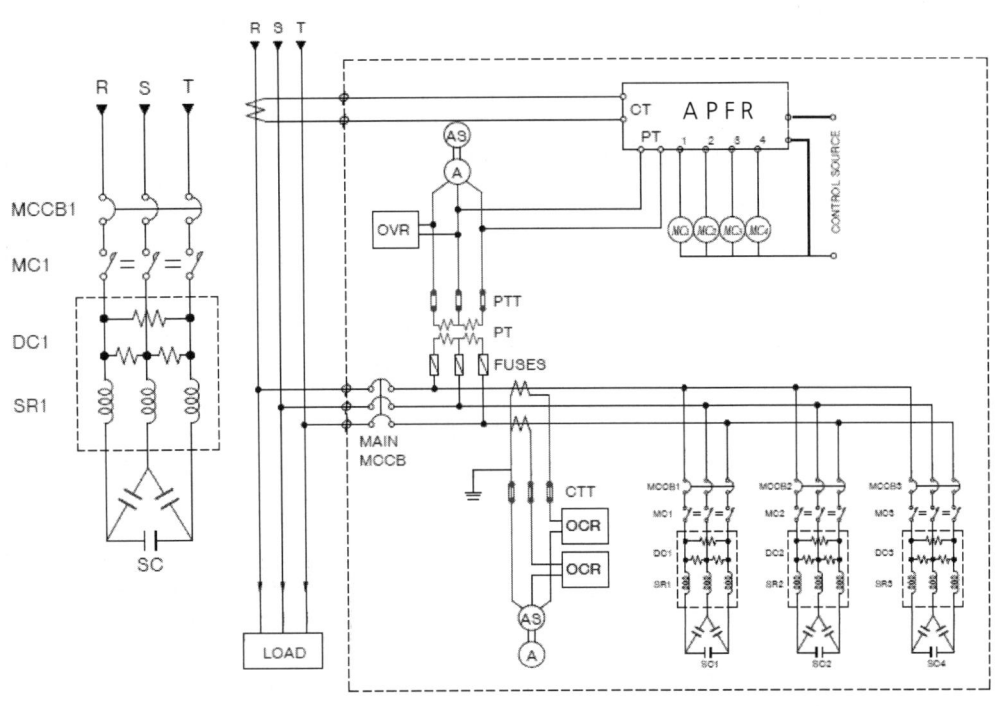

[그림] APFC(삼화콘덴서)

6) 정지형 동기조상기(STATCOM: Static Condenser)

① 용어는 보통 콘덴서를 의미지만 송전계통에서 사용되는 대용량 GTO 싸이리스터에 의한 자려식 인버터를 이용한 정지형 동기조상기이다.

② 전력용 콘덴서를 사용하지 않고 대용량 인버터를 이용하여 진상에서 지상까지 연속적으로 무효전력을 보상할 수 있다.

③ 직류 축전용 콘덴서로 구동되는 3상 인버터로 구성해 출력 전압은 교류계통의 전압과 위상이 일치하도록 제어한다.

④ 정지기기로 소음이 없고, 유지보수가 간편하지만 고가이다.

3. 역률제어 기기 비교

구분	동기조상기	콘덴서	분로리액터	SVC
무효전력흡수	진상, 지상	진상	지상	진상, 지상
조정형태	연속적	단계적	단계적	연속적
전력손실	크다	작다	약간 작다	가장 작다
유지보수	복잡	간단	간단	간단
경제성	고가	저렴	저렴	고가

4. 콘덴서의 제어방식 종류

1) 부하의 전력사용 소비량이 항상 일정하다면 콘덴서의 용량도 일정하면 된다. 하지만 진상용 콘덴서를 설치하였을 경우에는 부하용량이 증대하면 부하 측에는 유도성 성분이 증대하여 콘덴서 용량이 부족해지고, 부하용량이 작은 야간 같은 경우에는 과다한 진상성분이 발생한다.

2) 소규모 수변전설비에는 기본적인 콘덴서 용량으로 설치하고, 특수한 건축물이나 변동부하가 심한 장소에는 부하의 용량에 따라 콘덴서 용량을 조절할 수 있는 콘덴서를 설치해야 한다.

회로도	번호	자동제어방식	적용가능 부하 (무효전력) 변동패턴	특징
	(1)	특정부하의 개폐신호에 의한 제어	변동하는 특정부하 이외의 부하인 무효전력이 거의 일정한 곳	• 개폐기의 접점 수만으로 간단히 할 수 있고, 가장 값이 저렴하다.
	(2)	프로그램 제어	하루의 부하변동 패턴이 거의 일정한 곳	• '(1)' 다음으로 저렴하다. • 타이머는 각종의 것이 시판되고 있으며 조합이 가능하다.
	(3)	무효전력 제어	모든 변동부하	• 부하변동 패턴을 가리지 않고 적용 가능하다. • 순간적인 부하변동에 추종하지 않게 고려해야 한다.
	(4)	모선전압 제어	전원 임피던스가 커서 전압변동이 큰 계통	• 역률개선보다도 전압강하 억제를 목적으로 한 것이며 일반적이 아니다. • 전력회사에서 많이 실시되고 있다.
	(5)	부하전류 제어	전류의 크기와 무효전력의 관계가 일정한 곳	• 말단부하의 역률 개선에 적합하다.
	(6)	역률 제어	모든 변동부하	• 같은 역률에서도 부하의 크기에 따라 무효전력이 다르므로 이것들의 판정회로가 필요하며 일반에게는 채택되지 않는다.

[표] 콘덴서 자동제어 방식 종류

6. OCP(Optimal Capacitor Placement)

1. OCP(Optimal Capacitor Placement)

1) 방사상 배전계통에서 전력손실을 감소시키고 전압을 허용 범위 내에 유지시키기 위하여 캐패시터를 설치할 위치 및 투입용량을 합리적으로 결정하는 것을 말한다.

2) 고려사항

① 방사상 배전계통에 설치될 캐패시터의 위치 및 투입용량 결정

② 계통의 전력손실을 최소화하기 위하여 주어진 시간 동안 부하변동에 대응

2. 3상 불평형 배전계통에서 커패시터의 선정

1) 각기 다른 부하레벨에서 부하제약, 네트워크 제약 및 운전제약(전압범위) 만족

2) 각기 다른 부하레벨에서 손실 감소

3) 캐패시터 배치비용

4) 캐패시터의 이산성 고려(흩어짐 정도)

5) 현존하는 캐패시터와 새로 추가되는 캐패시터와의 상호 협조

3. 계산방법

1) 캐패시터 배치와 관련된 비용함수를 고려함

2) 배치될 위치와 투입량(뱅크)를 구성함

3) 효과적으로 캐패시터 설치 위치의 수를 결정함

4. 효과

1) 불평형 배전계통의 부하변동에 따른 전력 손실

2) 전압강하 보상 등

7. SVC(Static Var Compensator)

1. 개요

1) SVC(Static Var Compensator)는 아크로의 Flicker의 대책장치로서 최초 개발되었다. 그 후 압연기에 의한 전압변동 대책이나 용접기에 의한 Flicker 대책으로의 적용사례가 증가했다.

2) 근래에는 송전계통의 안정도 향상을 위한 중간 조상설비로 주목을 받아 무효전력의 예비 및 전압 안정화용과 기타 다기능의 SVC 적용사례가 증가하고 있는 추세이다.

3) 일반적인 건축물에는 SVC를 적용하기에는 투자비용 대비 그 효과를 반드시 검토해야 한다.

2. SVC 사용 장소

1) 급격한 부하변동을 가진 대규모 공장
2) DC 또는 AC의 아크로, 용해로, 화학플랜트
3) 장거리 송전선로, 변전소

3. SVC의 특징

1) 계통의 역률향상, 삼상부하의 평형, 플리커 억제
2) 순간부하변동으로 인한 전압 변동의 감소
3) 필터콘덴서와 병렬 사용하여 고조파를 제거하고 고조파로 인한 전압 왜곡억제

4. 구성방식과 동작원리

1) TCR(Thyristor Controlled Reactor)
   ① 리액터의 전류를 사이리스터의 점호각으로 제어하는 것으로 반사이클마다 리액터의 전류조정이 가능하며, 아크로의 플리커 대책으로 개발되었고 대용량 장치에 적합한 방식이다.
   ② 근래에는 계통안정화용 설비로 주목 받고 있으며 고조파 전류 발생문제는 진상 콘덴서를 필터로 구성하여 해결할 수 있다.
   ③ 또한 고임피던스 변압기를 사용하는 방법을 TCT(Thyristor Controlled Transformer) 방식이라 부른다.

2) TSC(Thyristor Switched Capacitor)
   사이리스터 스위치를 사용하여 과대한 돌입전류없이 제어하는 방법으로 고조파를 발생시키지 않고 진상분만 소비한다.

3) SCC(Self Commuted Converter)

① SVG(Static Var Generator)라고도 하며, 자려식 컨버터를 보상전원으로 하고 계통과 연계하여 진상과 지상으로 조정하는 방식인데, 직류측 부하에 콘덴서를 사용하는 전압형과 리액터를 사용하는 전류형이 있다.

② 이는 인버터와 결합하여 출력전압을 조정함으로써 콘덴서와 리액터 두 가지 기능을 동시에 수행할 수 있다.

5. 용도

1) 변동부하에 의한 플리커의 억제

① 부하의 무효전력 Q가 변동하여 전압 플리커가 발생하는데, SVC는 부하의 역극성으로 동작하여 무효전력의 변동폭을 0으로 만들어 전압 플리커를 억제한다.

② 따라서 변동부하에 가까운 지점에 설치하는 것이 바람직하다.

2) 수전단 전압의 안정화

① SVC를 수전단에 설치하고 정전압 제어를 함으로써 계통의 안정도가 향상된다.

② 따라서 중부하 변전소의 전압 불안정현상 해소나 단락용량 부족 계통의 전압동요 대책으로 유효하다.

3) 계통안정도의 향상

① 교류계통은 송·수 양단의 전압 상차각에 따라서 전력을 수수하고 있지만 송전선이 장거리화하면 위상각이 증대하여 탈조, 난조에 이르기 쉽다.

② 그러나 중간점의 전압을 SVC에 의해서 유지하면 과도 안정도가 대폭 향상된다. 따라서 이 시스템을 중간 조상설비, baum system 등으로 부르고 대용량 TCR 실용화 이후 그 적용사례가 계속 늘고 있다.

6. 결론

1) 종래, 타려식 사이리스터 변환장치를 사용하여 콘덴서나 리액터의 무효전력을 제어하는 방식의 정지형 무효전력 보상장치(TSC 또는 TCR)가 산업용이나 전력계통에 널리 적용되어 왔지만, 최근에는 자려식 인버터를 사용한 새로운 방식의 무효전력 보상장치(SVG)가 실용화되고 있다.

2) 이 방식은 원리상 무효전력을 발생시키기 위한 콘덴서나 리액터를 필요로 하지 않기 때문에 설치 스페이스를 적게 할 수 있다는 특징이 있고, 또 액티브 필터로서 고조파 보상도 가능하다는 등 종래의 무효전력 보상장치에 비해서 우수한 특성을 많이 가지고 있기 때문에 전력계통용이나 산업용 등에 적극적으로 적용되어 가고 있다.

8. FACTS(Flexible AC Transmission System)

1. FACTS의 정의

1) FACTS는 종래의 교류송전선로에 전력용 반도체 스위칭 소자를 이용한 제어기술을 도입하여 계통의 유연성을 증대시킴으로써 교류계통의 단점을 보완하고 특성을 개선시킨 신 송전 전력시스템 기술이라고 정의할 수 있다.
2) 최근 전력용 전력용반도체소자 기술의 급속한 발전으로 단위 스위칭용량이 15MW에 이르는 대용량의 자기소호능력을 갖는 GTO(Gate-Turn Off) Thyristor가 개발되었다. 이와 같이 반도체 스위칭 제어장치를 이용함으로써 종래의 기계적 제어장치의 한계를 극복한 다음과 같은 특징과 장점을 갖고 있다.

2. 설비의 개체특성

① 기계적인 동작부가 없어 신뢰도가 높고 진동소음이 적다.
② 진상부터 지상까지 연속적으로 세밀하게 제어할 수 있다.
③ 응답특성이 매우 빨라 정상 시는 물론 과도 시의 특성까지 적용할 수 있다.
④ 차단기의 설치보다 설치면적이 적어도 된다.

3. 전력계통 운영상의 장점

① 전력계통 제어 범위의 확대로 지정된 송전선로에 지정된 만큼의 전력조류부담 가능
② 신뢰도를 떨어뜨리지 않고, 송전선로의 열용량 가까이까지 송전용량 확대 가능
③ 제어지역간의 전력수송능력 확대로 발전예비율 저하 가능
④ 계통 사고 및 기기 고장의 영향을 제한시킴으로써 파급고장 방지
⑤ 송전용량을 제한하거나 기기고장을 일으킬 수 있는 전력계통 동요 억제

4. FACTS 방식 종류

구분	설비명	주요기능 및 특징
TCSC	사이리스터제어 직렬콘덴서 (Thyristor Controlled Series Capacitor)	선로임피던스 제어 전력조류 제어 안정도 향상
TCBR	사이리스터제어 제동저항 (Thyristor Controlled Braking Resistor)	안정도 향상 계통동요 억제
STATCON	정지형 동기조상기 (Static Condenser)	전압유지 안정도 향상
TCPR	사이리스터제어 위상변환기 (Thyristor Controlled Phase Angle Regulator)	위상각 제어 전력조류 제어 안정도 향상

9. 전력제어설비의 전해콘덴서

1. 전해콘덴서의 정의

1) 전해액에 금속(알루미늄의 전극)을 넣어 전기분해하여 표면에 절연성의 유전 피막을 형성한 콘덴서
2) 구성: 알루미늄의 양극박과 음극박, 전해액, 전해지(Separator)
3) 표시: 용량, 내압(최대전압), 온도(최대온도), 극성표시 등

2. 사용온도와 수명과의 관계

전해콘덴서는 사용온도와 수명의 밀접한 관계로 10℃ 변할 때마다 2의 몇 배 승으로 수명이 급격히 변함을 알 수 있다.

$$T = TP \times 2^{(T_{max} - T_a)/10}$$

여기서, T: 실제 사용온도에서의 추정수명
TP: 최근 사용온도에서의 보증수명
T_{max}: 최고 사용온도에서의 보증수명
T_a: 실제 사용온도

예) 최고 사용온도 105℃, 보증수명 1000시간인 전해콘덴서에서

1) 실제 사용온도가 50℃일 경우의 수명계산은
$T = 1000 \times 2^{(105-50)/10} = 45,255 [시간]$

2) 실제 사용온도가 40℃일 경우의 수명계산은
$T = 1000 \times 2^{(105-40)/10} = 90,510 [시간]$

10. 콘덴서 용량계산

1. 콘덴서 용량 계산

부하용량 P[kW]일 때 부하역률을 $\cos\theta_1$ 에서 $\cos\theta_2$ 로 개선 시 필요한 콘덴서 용량은?

$$Q_C = Q + Q_L = P(\tan\theta_1 - \tan\theta_2)$$

$$= P\left(\frac{\sin\theta_1}{\cos\theta_1} - \frac{\sin\theta_2}{\cos\theta_2}\right) = P\left(\frac{\sqrt{1-\cos^2\theta_1}}{\cos^2\theta_1} - \frac{\sqrt{1-\cos^2\theta_2}}{\cos^2\theta_2}\right)$$

$$= P\left(\sqrt{\frac{1}{\cos^2\theta_1}-1} - \sqrt{\frac{1}{\cos^2\theta_2}-1}\right)[kvar]$$

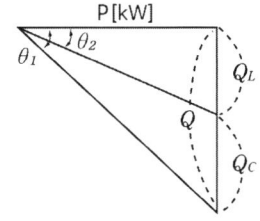

2. 콘덴서의 결선(Δ, Y결선)

1) 콘덴서의 결선에 따라서 콘덴서 용량이 달라진다. 동일용량에서 역률 개선 시에 Y결선 콘덴서는 Δ결선에 비하여 용량이 3배 정도 더 필요하다. 그래서 콘덴서 용량이 작게 소요되는 Δ결선을 한다.

2) 또한 Δ결선의 경우에는 고조파를 억제하는 효과도 있어 대부분 저압에 설치하는 대부분의 콘덴서는 Δ결선을 한다(제3고조파의 순환).

3) 고압에 설치하는 콘덴서는 대부분 Y결선을 한다. 그 이유는 Y결선에서는 상전압이 선간전압보다 $\sqrt{3}$배 작기 때문이다. 즉 콘덴서 상간에 선간전압보다 $\sqrt{3}$배 적은 전압이 콘덴서에 인가되므로 절연내력이 매우 유리하기 때문이다.

4) 일반적으로 전력전자용은 pF, μF 저용량 콘덴서는 μF, kvar 고압용 콘덴서는 대부분 kvar 단위를 사용한다. 즉 전력용 진상용 콘덴서는 용량이 작을 때는 μF 콘덴서 용량이 클 때는 kvar를 사용한다.

Δ 결선	Y 결선
$Q_\Delta = 3VI_d = 3 \times 2\pi f C_d V^2 \times 10^{-3}[kvar]$ $C_d = \dfrac{Q_\Delta}{3 \times 2\pi f V^2} \times 10^3[\mu F]$	$Q_Y = \sqrt{3}\,VI_s = \sqrt{3} \times 2\pi f C_Y \dfrac{V^2}{\sqrt{3}} \times 10^{-3}[kvar]$ $C_Y = \dfrac{Q_Y}{2\pi f V^2} \times 10^3[\mu F]$

※ $V = \dfrac{1}{j\omega C} \cdot I$, $\omega = 2\pi f$

전동기 출력		설치하는 콘덴서 용량					
		200V		380V		400V	
kW	HP	uF	kvar	uF	kvar	uF	kvar
1.5	2	50	0.91	10	0.544	10	0.730
2.2	3	75	1.37	15	0.817	15	1.095
3.7	5	100	1.82	20	1.089	20	1.460
5.5	7.5	175	3.19	50	2.722	40	2.919
7.5	10	200	3.65	75	4.083	40	2.919

[표] 콘덴서 용량산출표(3상유도전동기용, 삼화콘덴서자료)

[문제1] 실부하 6000[kW] 역률 85%로 운전하는 공장에서 역률을 95%로 개선하는데 필요한 콘덴서 용량은?

1. 콘덴서 용량[kvar]

$$Q_C = P\left(\sqrt{\frac{1}{\cos^2\theta_1} - 1} - \sqrt{\frac{1}{\cos^2\theta_2} - 1}\right)$$

$$= 6000\left(\sqrt{\frac{1}{0.85^2} - 1} - \sqrt{\frac{1}{0.95^2} - 1}\right) = 1746[kvar]$$

[문제2] 출력 15[kW], 역률 85%인 3상 380V용 유도전동기가 연결된 회로를 역률 95%로 개선시키기 위해 소요되는 콘덴서의 용량[μF]를 구하라.

1. 콘덴서 용량[kvar]

$$Q_C = P\left(\sqrt{\frac{1}{\cos^2\theta_1} - 1} - \sqrt{\frac{1}{\cos^2\theta_2} - 1}\right)$$

$$= 15\left(\sqrt{\frac{1}{0.85^2} - 1} - \sqrt{\frac{1}{0.95^2} - 1}\right) = 4.37[kvar]$$

2. 결선에 따른 콘덴서 용량

Δ 결선	Y 결선
$C_d = \dfrac{Q_\Delta}{3 \times 2\pi f V^2} \times 10^3 [\mu F]$	$C_Y = \dfrac{Q_Y}{2\pi f V^2} \times 10^3 [\mu F]$
$C_d = \dfrac{4.370 \times 10^3}{3 \times 2\pi \times 60 \times 0.38^2} = 26.8 [\mu F]$	$C_Y = \dfrac{4.370 \times 10^3}{2\pi \times 60 \times 0.38^2} = 80.3 [\mu F]$

[문제3] 10,000kVA 유도전동기에서 역률이 80%이다. 이때 콘덴서를 병렬 연결하여 역률을 90%로 개선하고자 한다. 이때의 콘덴서 용량을 구하시오.[42/5]

1. 콘덴서 용량[kvar]

$$Q_C = P\left(\sqrt{\frac{1}{\cos^2\theta_1}-1} - \sqrt{\frac{1}{\cos^2\theta_2}-1}\right)$$

$$= (10,000\times 0.8)\times \left(\sqrt{\frac{1}{0.8^2}-1} - \sqrt{\frac{1}{0.9^2}-1}\right) = 2,125\,[kvar]$$

[문제4] 정격용량 100[kVA]인 변압기에서 지상 역률 60%의 부하에 100[kVA]를 공급하고 있다. 역률 90%로 개선하는 데 필요한 전력용 콘덴서의 용량과 증가시킬 수 있는 유효전력(역률 90%, 지상)을 구하여라.

1. 콘덴서 용량[kvar]

$$Q_C = P\left(\sqrt{\frac{1}{\cos^2\theta_1}-1} - \sqrt{\frac{1}{\cos^2\theta_2}-1}\right)$$

$$= (100\times 0.6)\times \left(\sqrt{\frac{1}{0.6^2}-1} - \sqrt{\frac{1}{0.9^2}-1}\right) = 51.2\,[kvar]$$

2. 증가시킬 수 있는 유효전력

= (역률 90% 개선 시 유효전력) - (역률 60%일 때 유효전력)
= (100 × 0.9) - (100 × 0.6) = 30kW

[문제5] 어느 수용가가 역률 80%로 75[kW]의 부하를 사용하고 있는데, 새롭게 역률 60%로 55[kW]의 부하를 증가하여 사용하게 되었다. 이것은 전력용 콘덴서를 이용하여 합성 역률을 95%로 개선하려고 한다면 필요한 전력용 콘덴서 용량은 몇 [kvar]가 되겠는가?

1. $Q = Q_{0.8} + Q_{0.6}$

$$= 75\left(\sqrt{\frac{1}{0.8^2}-1}\right) + 55\left(\sqrt{\frac{1}{0.6^2}-1}\right) = 129.58\,[kvar]$$

2. $Q_{0.95} = \left\{(75+55)\times \sqrt{\frac{1}{0.95^2}-1}\right\} = 42.72\,[kvar]$

3. $Q_C = Q - Q_{0.9} = 129.38 - 42.72 = 86.9\,[kvar]$

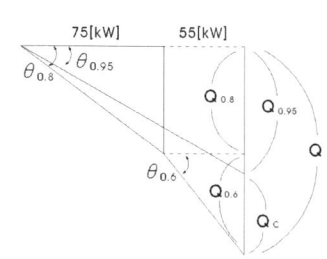

[문제6] 정격용량 300 [kVA]의 변압기에서 지상역률 70 [%]의 부하에 300 [kVA]를 공급하고 있다. 합성역률 90 [%]로 개선하여 이 변압기의 전용량까지 공급하려 한다. 이때 소요되는 전력용 콘덴서의 용량 및 이때 증가시킬 수 있는 부하(역률은 지상 90 [%])는 얼마인가? [69/25]

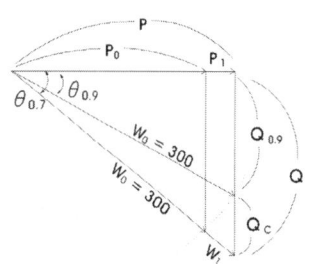

1. 콘덴서 용량

$$Q_C = W_o \cos\theta_{0.9}(\tan\theta_{0.7} - \tan\theta_{0.9})$$
$$= 300 \times 0.9 \left(\sqrt{\frac{1}{0.7^2} - 1} - \sqrt{\frac{1}{0.9^2} - 1} \right) = 144.7\ [kvar]$$

2. 피상증가분

$$W_1 = W_0 \left(\frac{\cos\theta_{0.9}}{\cos\theta_{0.7}} - 1 \right) = 300 \times \left(\frac{0.9}{0.7} - 1 \right) = 85.7\ [kvar]$$

3. 유효전력증가분

$$P_1 = P - P_0 = W_0(\cos\theta_{0.9} - \cos\theta_{0.7}) = 300(0.9 - 0.7) = 60\ [kW]$$

11. 역률요금제도 변경

1. 개요

1) 한국전력은 2012년 3월 1일부터 역률 요금제도를 변경 시행하였다.
2) 경부하인 심야 시간대에는 계통의 역률이 진상쪽으로 심하게 나빠지는 현상이 발생하여 이에 대한 대책으로 수용가에게 지상역률과 더불어 진상역률에 대한 책임을 부가하는 방식으로 요금 제도를 변경하였다.

2. 진상역률의 문제점

1) **계통의 손실증대**

   선로에 흐르는 전류가 적정역률 시 보다 커지게 되므로 선로손실 및 변압기 동손이 증가한다.

2) **계통전압의 상승**

   무부하 또는 경부하 시 콘덴서에 의해 모선 전압이 상승하게 되어(페란티), 이 상승전압이 콘덴서 과부하, 계통에 접속기기 수명 단축 및 변압기 철손이 증가하게 된다.

3) **파형의 왜곡 심화**

   변압기의 과여자에 의해 고조파 전압이 상승하여 직렬리액터가 없는 전력용 콘덴서의 이상, 기기의 오동작 및 소손이 발생할 수 있다.

3. 역률요금제도 변경(한전 기본공급 약관 제43조)

1) **적용대상(무효전력을 계량할 수 있는 전력량계가 설치된 고객)**

   (1) 저압으로 전기를 공급받는 계약전력 20kW 이상의 일반용전력, 산업용전력, 농사용전력, 임시전력

   (2) 고압이상의 전압으로 전기를 공급받는 일반용전력, 교육용전력, 산업용전력, 농사용전력, 임시전력

2) **역률에 따른 요금 추가·감액**

   (1) 요금의 추가 또는 감액은 시간대별로 구분하여 전력량계에 의한 30분 단위 역률을 1개월간 평균하여 산정한다(저압사용자, 원격 검침 없는 경우 1개월 누적값).

   ① 09시부터 23시까지(지상역률 적용)
   - 평균역률이 90%에 미달 경우: 미달하는 역률 60%까지 매 1%당 기본요금의 0.2%를 추가
   - 평균역률이 90%를 초과 경우: 역률 95%까지 초과하는 매 1%당 0.2%를 감액

   ② 23시부터 다음 날 09시까지(진상역률 적용)

- 평균역률이 95%에 미달 경우: 미달하는 역률 60%까지 매 1%당 기본요금의 0.2%를 추가
- 저압으로 전기를 공급받는 고객, 원격검침이 되지 않는 고객은 진상역률 요금적용배제

(2) 해당 월에 역률 추가요금이 발생한 경우 첫 번째 달에는 추가요금의 청구를 예고하고 두 번째 달부터 추가요금을 청구한다.

Chapter 09

예비전원

1. 비상발전기

1. 비상발전기란?

1) 비상발전기는 상용전원인 전력회사의 전원이 정전되면 사용하는 전원으로 그 신뢰성이 뛰어나야 하는 비상전원이다.
2) 전기를 사용하는 모든 건축물에 설치해야 하는 것이 당연하지만 설치비용과 설치장소, 유지관리의 문제 등으로 건축법 또는 소방법에 의해서 설치되고 있다.
3) 대부분의 건축물에서는 소방 주펌프가 사용되는 건축물, 비상용승강기, 피난용승강기가 사용되는 건축물에 비상전원으로 비상발전기가 법규상 설치되고 있다. 하지만 건축물의 특성이나 부하의 중요성이 높을 경우는 일반적으로 비상발전기를 설치하고 있다.
4) 비상발전기에서 가장 중요한 성능은 비상시 기동과 운전이 되어야 하는 운전의 신뢰성이다.

2. 비상발전기 설치대상

1) 중요부하설비
   ① 전산센터, 대형병원, 방송국 등 무정전 전원이 필요한 장소에 대부분 설치한다.
   ② 고층 또는 초고층 건축물의 경우도 정전 시 거주인의 수직이동을 위하여 비상전원을 설치한다.

2) 소방설비 설치대상
   ① 주로 소방주펌프를 사용하는 옥내소화전, 스프링클러설비 대상 등에 설치해야 한다.
   ② 옥내소화전은 연면적 $3,000m^2$ 이상 또는 4층 이상 등에 설치해야 한다.
   ③ 스프링클러설비는 영화관 $500m^2$ 이상, 11층 이상 등에 설치해야 한다.

3) 비상용승강기
   ① 건축물의 높이가 31m를 초과하는 경우에는 비상용승강기를 설치해야 한다.
   ② 소방관들의 화재진압을 위하여 사용되는 비상용승강기의 시간은 건축물의 높이에 따라 차등 적용되어야 하지만 일반적으로 2시간 정도 적용되어 왔다.

4) 피난용승강기
   ① 고층건축물에는 승용승강기 중 1대 이상을 피난용 승강기로 설치해야 한다.
   ② 정전 시 초고층 건축물에는 2시간 이상, 준 초고층 건축물은 1시간 이상 작동해야 한다.
   ③ 상용전원과 예비전원의 공급을 자동 또는 수동으로 전환이 가능한 설비를 갖춰야 한다.
   ④ 전선관 및 배선은 고온에 견딜 수 있는 내열성 자재를 사용하고, 방수조치를 해야 한다.

> ※ 참고
> 1. 고층 건축물: 층수가 30층 이상 또는 높이가 120m 이상인 건축물
> 2. 준초고층 건축물: 층수가 30층 이상~49층 이하 또는 높이가 120m 이상 ~ 200m 미만 건축물
> 3. 초고층 건축물: 층수가 50층 이상 또는 높이가 200m 이상인 건축물

3. 발전설비의 분류

1) 발전기의 분류

상용발전기, 비상발전기, 가스터빈발전기, 증기터빈발전기, 열병합발전기, 연료전지 등

2) 내연기관의 분류

엔진(디젤, 휘발유, 가스), 가스터빈, 증기터빈발전기, 연료전지 등

3) 설치방법에 따른 분류

① 고정식: 건축물 내부에 일정한 기초 위에 설치되는 비상발전기

② 이동식: 임시사용 장소, 공사장, 방송용중계차 등에 사용되는 이동용 발전기

4) 시동방식에 따른 분류

① 공기식: 압축공기를 이용한 시동방식으로 방폭지역에 효과적이다.

② 전기식: 일반적으로 많이 사용하는 방식으로 축전지를 이용하여 엔진을 기동시킨다.

2. 비상발전기 용량선정

1. 비상발전기 용량선정 시 고려사항

1) 건축물의 목적, 부하용도를 고려한다.
2) 부하의 중요성을 고려하여 불필요한 부하는 줄인다.
3) 발전기 전압확립시간 소요를 고려한다.
4) 유도전동기의 기동전류를 고려한다.
5) 소방부하의 법적인 검토를 한다.

2. 수전용량 비율에 의한 산정 방법

1) 비상발전기 용량의 추정을 수전용량의 비율로 추정한다.
2) 대형건축물인 경우는 발전기용량 계획 시 참고할 수 있다.

$$발전기용량\ Q_1[kVA] = T \times \alpha$$

T: 변압기 용량[kVA]
α: 사무실 20~25%, 병원 30% 이상,
통신시설 65% 이상, 상하수도 시설 80% 이상

3. 일반부하 경우 산정방법

1) 비상발전기의 용량은 발전기의 부하에 전력공급을 원활히 하면 된다.
2) 부하 중에 기동전류(전동기류)가 변동이 없으면 적용이 가능한 방법이다.
3) 수용률의 경우는 동력인 경우 80~100%, 전등인 경우 100%를 적용한다.

$$발전기용량\ Q_2[kVA] = 부하전체\ 입력\ 합계 \times 수용율 \times 여유율$$

4. 유도전동기인 경우 산정방법

1) 발전기가 전동기를 기동할 때는 전동기의 큰 기동전류로 인하여 발전기에 큰 부하가 걸리므로 전원의 단자전압 저하로 접촉자 개방하거나, 엔진의 정지 또는 기동실패가 될 수도 있다.
2) 발전기의 기동 후 전압이 확립하였을 때, 전동기를 순차적으로 투입하는 것이 바람직하다.

$$발전기용량\ Q_3[kVA] > \left(\frac{1}{\Delta v} - 1\right) \times X'_d \times 시동용량[kVA]$$

여기서 X': 발전기 과도 리액턴스(25~30%)
Δv: 허용전압강하(20~25%)

5. 비상 발전기용량 계산(국가건설기준 KDS 31 60 20 예비전원설비)

1) 자가발전설비용 구동장치는 일반적으로 디젤엔진, 가스엔진, 가스터빈 방식 등이 있으며, 부하의 운전조건, 특성, 현장 상황 등을 고려하여 선정.
2) 발전장치는 신뢰성, 유지 보수성, 경제성 등을 고려하여 선정.
3) 발전기에서 부하에 이르는 전로는 발전기 가까운 곳에서 쉽게 개폐 및 점검을 할 수 있는 곳에 개폐기, 과전류 차단기, 전압계 및 전류계 등을 시설.
4) 발전기의 철대, 금속제 외함 및 금속 프레임 등은 전기설비기술기준에 따라 접지하여야 함.
5) 자가발전설비의 보호장치 등의 시설은 전기안전관리법 시행규칙 및 전기설비기술기준 등에 따른다.
6) 발전기 용량

$$GP \geq [\Sigma P + (\Sigma Pm - PL) \times a + (PL \times a \times c)] \times k$$

GP : 발전기 용량(kVA)

ΣP : 전동기 이외 부하의 입력용량 합계(kVA)

(1) 입력용량(고조파발생부하 제외) : $P = \dfrac{부하용량(kW)}{부하효율 \times 역률}$

(2) 고조파발생부하의 입력용량 합계(kVA)

① UPS의 입력용량 : $P = (\dfrac{UPS출력(kVA)}{UPS효율} \times \lambda) + 축전지충전용량$

- 축전지충전용량은 UPS용량의 6~10% 적용

② 입력용량(UPS 제외) : $P = [\dfrac{부하용량(kW)}{효율 \times 역률}] \times \lambda$

- λ(THD 가중치)는 KS C IEC 61000-3-6의 표 6을 참고
- 고조파 저감장치를 설치할 경우 1.25를 적용

ΣPm : 전동기 부하용량 합계(kW)

PL : 전동기 부하 중 기동용량이 가장 큰 전동기 부하용량(kW)으로 하고, 동시에 기동 될 경우에는 이들을 더한 용량으로 한다.

a : 전동기의 kW당 입력용량 계수

- a의 추천값 : 고효율 1.38, 표준형 1.45
- 전동기 입력용량은 각 전동기별 효율, 역률을 적용하여 입력용량을 환산

c : 전동기의 기동계수
- 직입 기동 : 추천값 6(범위 5~7)
- Y-△기동 : 추천값 2(범위 2~3)
- VVVF(인버터) 기동 : 추천값 1.5(범위 1~1.5)
- 리액터 기동방식의 추천 값

구 분	탭(Tap)		
	50%	65%	80%
기동계수(c)	3	3.9	4.8

k : 발전기 허용전압강하 계수
- 표 4.1-1 참조.
- 명확하지 않은 경우 1.07~1.13으로 적용.

구 분		발전기 정수Xd"(%)					
		20	21	22	23	24	25
발전기 허용전압 강하율(%)	15	1.13	1.19	1.25	1.30	1.36	1.42
	16	1.05	1.10	1.16	1.20	1.26	1.31
	17	0.98	1.03	1.07	1.12	1.17	1.22
	18	0.91	0.96	1.00	1.05	1.09	1.14
	19	0.95	0.09	0.94	0.98	1.02	1.07
	20	0.80	0.84	0.88	0.92	0.96	1.00

〈 표 4.1-1 발전기 허용전압강하계수 〉

6. PG법(소방용 비상부하 산정방법)

1) PG_1(정상 시 부하용량에 의한 출력)

① 정상(정격)운전 상태에서 부하의 설비기동에 필요한 발전기 용량이다.

② 즉 비상부하로 분류된 발전기 부하에 전력을 공급하여 원활히 기동하도록 한 발전기 용량이다.

$$PG_1 = \frac{P_L}{\eta_L \times PF_L} \times \alpha \, [kVA]$$

여기서, P_L: 부하 출력합계[kW]

η_L: 부하 종합효율(부하의 특성이 불명일 경우 0.85로 적용)

PF_L: 부하 종합역률(부하의 특성이 불명일 경우 0.8로 적용)

α : 수용률(부하 특성이 불명일 경우 1.0로 적용)

2) PG_2 (과도 시 최대전압강하에 의한 출력)

① 부하 중 최대 용량의 전동기를 시동할 때 허용전압강하를 고려한 발전기 용량이다.

② 즉 전동기의 기동전류로 인하여 발전기 단자전압 저하로 접촉자 개방하거나, 엔진의 정지 또는 기동실패가 될 수도 있다.

③ 전압계통의 순시전압 강하를 0.2~0.3초 이내로 유지하도록 고려한 산정식이다.

$$PG_2 = P_m \times \beta \times C \times X_d' \times \frac{100 - \Delta V}{\Delta V} \, [kVA]$$

여기서,

P_m: 부하전동기 kVA(출력 kW×β×C) 중에서 최대시동 kVA를 지닌 전동기 출력[kW]

β: 전동기 출력 1kW에 대한 기동 kVA(전동기의 특성이 불명일 경우 7.2 적용)

C: 기동방식에 따른 계수

X_d': 발전기정수 (발전기 과도리액턴스, 분명하지 않을 경우 0.2~0.25 적용)

ΔV: Pm [kW] 전동기를 투입했을 때 허용 전압강하율[%]

  (일반적으로 0.25 이하로 적용하며, 비상용 승강기 경우는 0.2 이하를 적용)

3) PG_3 (과도 시 최대 단시간 내량에 의한 출력)

① 부하 중 가장 큰 전동기를 기동 순서상 마지막으로 시동할 때 필요한 발전기 용량이다.

② 최대전동기 선정은 부하 중 "기동용량[kW] - 입력용량[kW]"의 값이 최대로 되는 전동기이다.

$$PG_3 = \left(\frac{P_L - P_n}{\eta_L} + P_n \times \beta \times C \times PF_s \right) \times \frac{1}{\cos\phi} \, [kVA]$$

여기서, Pn: [기동kW-입력kW] 값이 최대로 되는 전동기 또는 전동기군 출력[kW]
　　　　P_L: 부하 출력합계[kW]
　　　　PFs: [kW] 전동기 기동 시 역률(전동기의특성이 불명일 경우 0.4)
　　　　η_L: 부하 종합효율(부하 특성이 불명일 경우 0.85로 적용)
　　　　$\cos\varphi$: 부하역률(부하 특성이 불명일 경우 0.8로 적용)
　　　　β : 전동기 출력 1kw에 대한 기동 kVA(전동기 특성이 불명일 경우 7.2)
　　　　C: 기동방식에 따른 계수

4) PG_4(부하 중 고조파 성분을 고려한 발전기 용량)

① 실제로 건축물의 계획·설계·시공 시에는 고조파 성분을 추측하여 고려한다는 것은 어렵다.

② 하지만 고조파 발생 원인이 많거나 고조파로 인한 발전기 용량이 부족이 예상되면 고려해 볼 수도 있다.

$$PG_4 = P_C \times (2 \sim 2.5) + (PG_1 \sim PG_3 \text{ 제일 큰 값})$$

단, P_C: 고조파 성분 부하

5) 선정방법은 $PG_1 \sim PG_4$ 중에 가장 큰 값의 발전기를 선정하면 된다.

7. 소방용 비상부하 산정방법(RG계수법)

1) RG에 의한 발전기 용량계산 방법

$$\text{발전기 용량 } G[kVA] = MAX[RG_1 \sim RG_4] \times K$$

여기서, K: 부하출력의 합계[kw]

$$K = m_1 + m_2 + m_3 + \cdots m_n = \sum_{i=1}^{n} m_i$$

단, m_i: 각 부하기기의 출력[kw](각 부하기기의 정격표시로 산정)
　　n: 부하 대수

2) 발전기 출력계수 조정

① 가장 큰 값의 RG 값이 1.47D 보다 현저히 클 경우 1.47D에 근접하도록 다음과 같이 조정

② RG 값 계수의 범위는 다음과 같이 되도록 한다.

$$1.47\,D \leq RG \leq 2.2$$

③ 만일 RG_4가 원인이 되어 과대한 RG값이 산출된 경우에는 고조파전류 억제 및 부하 평형이 되도록 조정하여 위 범위가 되도록 한다. 또한 이상으로 만족되지 않을 경우에는 고조파 내량이 큰 특수한 발전기를 선정한다.

④ 특수 전동기에 의해서 과대한 값이 산출된 경우 제어방식이나 기동방식 등을 변경 검토해야 한다.

3) RG_1 (정상부하 출력계수)

정상 시 발전기가 부담해야 할 부하전류에 의해 정해지는 계수로서 다음 식으로 계산한다.

$$RG_1 = 1.47 \times D \times S_f$$

단, D: 부하의 수용률(별도 표 참조)
S_f: 불평형 부하에 의한 선전류 증가계수

4) RG_2 (허용전압강하 출력계수)

① 최대기동전류 전동기에 따른 허용 전압강하 출력계수

② 즉 대용량 전동기 등의 기동 시에 전압강하의 허용량에 의해 정해지는 계수이다.

5) RG_3 (단시간 과전류내력 출력계수)

① 과도한 부하전류 최댓값에 의한 단시간 과전류 출력계수

② 즉 대용량 부하의 기동 시에 단시간 과전류가 흐르는 과도기간 동안 발전기가 부담해야 할 최대부하 전류에 의해 정해지는 계수이다.

6) RG_4 (허용역상전류 출력계수)

① 역상전류, 고조파전류에 의한 허용역상전류 출력계수

② 즉 부하에 흐르는 역상전류 및 고조파성분에 의해 정해지는 계수이다.

3. 발전기 용량 선정 시 특수부하 고려

1. 특수부하의 고려

1) 발전기 용량선정 시 부하의 용량 및 종류, 성질에 대하여 충분히 검토하여야 한다.
2) 용량 선정 시 주의해야 할 사항으로는 단상부하, 감전압 기동 전동기, 정류기 부하, 엘리베이터 등 발전기에 미치는 영향과 대책을 반드시 고려해야 한다.

2. 단상부하

1) 단상부하의 문제점

- 3상 발전기에 단상부하를 연결하면 발전기의 이용률이 낮아지고, 불평형 전압이 발생한다.
- 불평형전압이 발생하면 파형의 왜곡, 발전기 이상진동 현상 등이 발생할 수 있다.

2) 단상부하의 영향

① 용량의 감소
- 상간단자에 단상부하 접속 시 이론상으로는 전체용량의 1/3 정도의 용량이 감소한다.
- 선간전압경우는 전체용량의 $1/\sqrt{3}$ 정도 용량이 감소한다.

② 불평형 전류에 의한 영향
- 단상부하에 의하여 불평형 전류가 흐르고, 발전기 고정자에 역상전류가 흘러 반대 자계가 발생하여 회전자에 제동전류가 흐른다.
- 이 제동전류는 회전자를 가열시켜 발전기를 과열시키게 된다.

③ 기계적 진동
- 발전기에 불평형 부하 접속 시, 발전기의 회전자가 회전하는 과정에서 부하가 많은 상과 부하가 적게 걸린 상의 자극을 통과하는 과정에서 부하각이 증가했다가 감소한다.
- 이러한 부하각의 증대·감소로 인하여 일정한 회전 각속도를 유지할 수 없어서 발전기에 기계적인 진동이 발생하게 된다.

3) 대책

- 단상부하만 사용 시에는 정격전류의 약 20% 이하로 한다.
- 3상의 각상 전류가 다를 때는 그 최대와 최소의 비를 10:7 이상으로 한다.

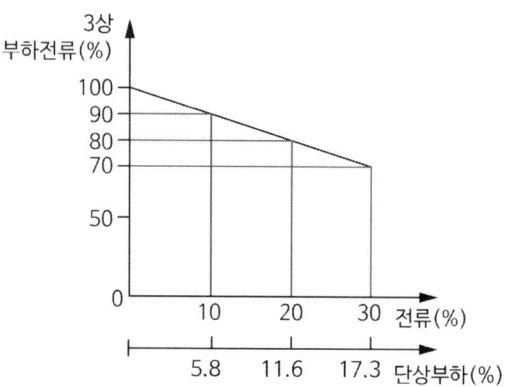

[그림] 3상 교류발전기 허용단상 부하

3. 전동기의 감전압기동

1) 전동기를 감전압기동이나 인버터제어 방식으로 하면 발전기의 시동돌입전류가 감소되어 발전기 용량을 적게 할 수 있다.

2) 감전압기동 후에 충분한 회전속도 후에 전전압을 투입해야 한다(순시전압강하가 발생).

3) 감전압상태에서 전전압으로 전환 시 시간설정을 충분히 검토하여 결정하여야 한다.

4. 정류기부하의 고조파발생

1) 정류기 부하는 전압파형의 왜곡현상을 발생하며 발전기 용량이 적을수록 정류기부하가 클수록 증대한다.

2) 전압파형의 왜곡현상은 발전기 자체의 댐퍼권선 온도가 상승하여 손실이 증가한다.

3) 왜곡현상을 발생하는 고조파를 제거하거나 발전기 용량을 증대하여 설치한다.

5. 엘리베이터 부하

1) 엘리베이터 기동 시 허용순시 전압강하를 20% 이하로 억제한다.

2) 엘리베이터 모터의 기동 역률을 0.4~0.8로 유지하고, 회생제동에 발전기 엔진이 견디어야 한다.

6. 저압 발전기와 고압발전기의 비교

구분	저압용 발전기	고압용 발전기
정격전압	220V, 380V	3.3kV, 6.6kV
정격출력	약 2,500kW 이하	고압기기 또는 대용량으로 설치된다.
장점	• 변전설비 저압 측에 연결이 용이하다. • 별도의 변압기 시설이 필요 없다. • 발전방식이 비교적 간단하다. • 변전실 면적 및 공사비 감소한다. • 고압용보다 저렴하다.	• 대용량을 발전기 설치가 가능하다. • 고압기기 사용이 가능하다. • 부하증설 및 변동에 대처가 용이하다. • 여러 종류의 전압요구에 대처가 용이하다.
단점	• 고압계통 연결 시 별도 TR이 필요하다. • 케이블이 굵어진다. • 단락전류와 차단용량이 크다. • 부하증설 및 변동 시 대처가 곤란하다.	• 발전기 고장 시 파급이 크다. • 별도의 변압기 시설이 필요하다. • 가격이 고가이다. • 발전방식이 복잡하다. • 변전실 면적 및 공사비가 증가한다.
적용	일반 건축물에 대부분 적용	대규모 공장이나 대용량 비상부하설비

4. 가스터빈 발전기

1. 개요

1) 가스 터빈은 압축기와 터빈 그리고 연소실로 구성되어 있고 압축기에서 압축된 공기가 연료와 혼합되어 연소함으로써 고온 고압의 기체가 팽창하고 이 힘을 이용하여 터빈을 구동한다.

2) 에너지는 샤프트를 통해 토크(Torque)로 전달되거나 추력이나 압축 공기 형태로 얻는다. 이렇게 얻은 에너지로 비상발전기, 상용발전기, 항공기, 기차, 선박 등을 구동하는 데 쓰인다.

3) 기본적인 요소로서 압축기·연소기·터빈으로 이루어져 있다. 보통 압축기와 터빈은 직접 또는 간접적으로 1개의 축으로 연결되어 있는데, 압축기를 가동시키는 동력은 터빈에서 발생하는 출력의 25~30%를 사용한다.

2. 가스터빈의 작동원리

1) 압축기로 공기를 압축하고, 연료를 분사해서 연소를 시킨다.

2) 연소 시에 발생하는 고온·고압가스를 터빈에 내뿜어 터빈을 회전시킨다.

3) 터빈이 회전을 하면서 발전기를 회전시키며, 전기를 생산한다.

4) 흡입 → 압축 → 연소 → 팽창 → 연속회전운동을 한다.

3. 가스터빈의 구조

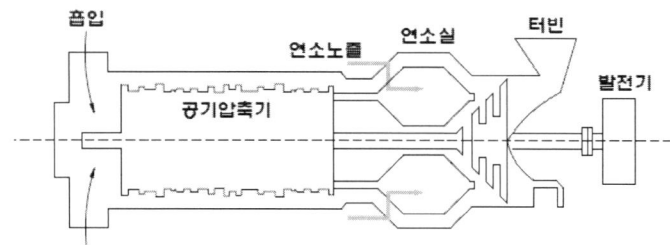

1) **압축기**

① 외부에서 인입되는 공기를 가압하여 연소실로 보내는 장치이다.

② 고속회전에 견딜 수 있는 스크루 날개구조이다.

2) **연소기**

① 압축기에서 가압된 흡입공기에 연료를 분사시켜 고온고압의 기체를 생성하는 장치이다.

② 압력손실이 적고 연소효율이 높아야 되며, 착화성이 좋고 균일한 온도분포를 충족해야 한다.

3) 터빈

① 고온고압의 가열된 기체를 팽창시켜 회전력으로 변환시키는 장치이다.

② 구조적으로 고온고압의 기체에 견딜 수 있도록 열팽창과 마모율이 적은 특수합금으로 제작한다.

4) 발전기

① 일반적인 발전기와 구조는 동일하지만 고속회전에 견딜 수 있는 구조이다.

② 발전기에서 생산된 전력은 변환과정을 거쳐 송전을 하던지 수용가에서 사용을 한다.

4. 가스터빈과 디젤엔진

항목		엔진형태	디젤 엔진	가스 터빈 엔진
일반특성		작동원리	단속연소, 폭발연소가스의 열팽창률을 이용한 왕복운동 변환	연속연소로 인한 연료가스의 열팽창을 이용한 회전운동 변환
		출력특성	주위 조건에 관계가 없으며, 통상 사용 조건이 출력감소 현상에 영향을 미치지 않는다.	흡입공기 온도가 높을 경우 수명에 영향을 주며, 출력에 치명적인 제한을 받는다.
		경 부하운전	완전연소를 기할 수 없어 엔진 내부에 고착현상 발생	특별한 문제점이 없음
		진동	왕복운동기관으로 진동방지대책 필요	회전운동으로 진동이 거의 없다. 진동방지용 별도 기초 불필요
		소음 [dB]	왕복 운동의 충격음	회전 고속음, 패킹이 가능
		부피/중량	부품수가 많아 부피가 크며 중량이 무겁다.	부품수가 적어 부피가 작고 중량이 가볍다.
		냉각수	필요 (약 30~40 $l/PS \cdot h$)	불필요
		몸체가격	-	디젤보다 고가 (약 1.5~4배)
연료특성		연료소비율	-	디젤에 비해 크다 (약 2배 이상)
		사용연료	경우, A중유 (B중유, C중유, 등유)	등유, 경유, A중유, 천연가스, LNG
급기배기특성		급기배기장치	배기시 소음기 부착	급기 및 배기장치 별도로 필요
		배기단열시공	기본 단열로 가능	별도 단열대책 요망
전기적특성		전압변동률 (정지부하)	± 4%	± 1.5%
		기동 시간	5 ~ 40s (대개 8~10s)	20 ~ 40s (대개 40s)
		부하투입	단계적 부하투입	100%(Single shaft), 70%(Two shaft)

※ **마이크로터빈(Microturbine)**

1) 마이크로터빈(Microturbine)은 일반적인 가스터빈을 소형화한 발전기이다. 화력발전소는 일반적으로 24만 kW 가스터빈 엔진을 사용하지만, 마이크로터빈은 1kW에서 수백kW의 출력으로 사용되고 있다.
2) 분산형 전원과 소규모 열병합 발전용으로 기술적인 장점 및 친환경적인 특성으로 인해 기술개발과 보급이 늘어나는 추세다.
3) 마이크로터빈의 개발보급이 가능하게 된 것은 전력기술의 발전으로 전력망과 계통연계할 수 있게 되면서이다. 전력 스위칭 기술로 발전기가 전력망의 주파수와 동조하지 않아도 되어 발전기가 터빈과 샤프트로 바로 연결될 수 있다.
4) 가스 터빈 기술은 개발이후 지속적으로 발전하고 있으며 최근에는 소형 가스 터빈의 발전이 두드러지고 있다. 컴퓨터 설계로 보다 높은 압축비와 고온에서 작동하고 효율적인 연소와 냉각을 하는 엔진이 개발되고 있다.
5) 한편으로는 전력스위칭기술과 microelectronics가 발전함에 따라 마이크로터빈이 분산형 전원기술로 보급되고 있다.

※ **복합화력발전방식**

1) 복합화력 발전방식은 1차 발전설비와 2차 발전설비를 조합한 발전방식이다. 발전소에서는 대용량화가 가능하고 운영이 용이한 1차로 가스터빈을, 2차로 증기터빈을 조합하는 방식을 주로 채택하고 있다.
2) 가스터빈 내부에서 연료를 태워 고온의 연소가스를 만들고, 이 연소가스로 가스터빈을 돌려 1차로 전기를 생산한 후 배출되는 배기가스에 남아 있는 열을 이용, 배열회수 보일러에서 물을 가열, 고온, 고압의 증기를 만들어 증기터빈을 돌려 2차로 전기를 생산하게 된다.
3) 복합화력은 연료의 연소열을 가스터빈에서 1차로 이용하고, 이를 다시 배열회수보일러에서 다시 이용하는 방식으로 에너지의 이용 효율성이 높다.
4) 또한 천연가스나 경유 등의 청정연료를 사용하여 황산화물, 분진 및 매연 등이 거의 발생하지 않고, 같은 용량의 화력발전소에 비해 냉각수 소요량이 적어 온배수 배출량이 적다.

5. 소방전원 우선보존형 발전기

1. 개요

1) 상용전원 차단 시 비상용 자가발전설비에서 소방시설 작동 시 비상전원 용량이 정상부하에 미치지 못하는 부족 사례가 발생하였다.
2) 화재발생 시 상용전원의 정전에도 불구하고 소방부하에는 비상전원을 공급해야 한다는 것이 소방전원우선 확보의 기본적인 개념이다.

> ※ **스프링클러설비의 화재안전기준(NFSC 103) [시행 2012.3.6]**
>
> 제3조(정의)
> 31. "소방전원 보존형 발전기"란 소방부하 및 소방부하 이외의 부하(이하 비상부하라 한다.)겸용의 비상발전기로서, 상용전원 중단 시에는 소방부하 및 비상부하에 비상전원이 동시에 공급되고, 화재 시 과부하에 접근될 경우 비상부하의 일부 또는 전부를 자동적으로 차단하는 컨트롤러를 구비하여, 소방부하에 비상전원을 연속 공급하는 자가발전설비를 말한다.〈신설 2011.11.24.〉
>
> 제13조(제어반)〈신설 2011.11.24.〉
> ⑤ 발전기 제어반의 소방전원 보존형 발전기 컨트롤러는 다음 각 호의 기준 항목이 포함된 한국소방산업기술원 또는 비영리 공인기관의 성능시험을 필한 것으로 설치하여야 한다.
> 1. 소방전원 보존형 발전기 컨트롤러임을 식별할 수 있도록 표기할 것
> 2. 발전기 운전 시 소방부하 및 기타부하에 비상전원이 동시 공급되고, 그 상태가 표시되는 장치를 구비할 것
> 3. 발전기가 과부하에 도달될 경우에는 비상부하는 자동적으로 차단되고, 그 상태를 표시되는 장치를 구비할 것

2. 비상전원 출력용량 산정방식

1) 비상전원에 연결된 모든 부하의 합계로 정격출력을 선정한다. 단, 소방전원 보존형 발전기의 경우는 제외한다.
2) 기동전류 발생 시에 부하에 최저허용전압 이상을 유지하여야 한다.
3) 가장 큰 부하 최종 기동 시 단시간 과전류에 견딜 수 있어야 한다.

3. 소방부하 비상발전기

1) **소방부하 전용 발전기**

① 전용의 정전용 및 소방용 발전기를 별도 설치하는 경우

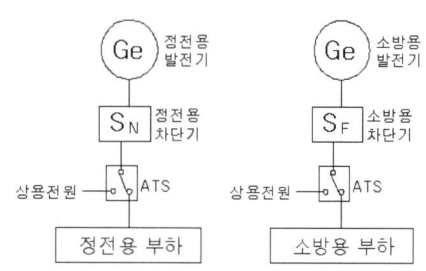

② 정전부하 용량을 만족하는 전용의 정전용 발전기를 설치

③ 전용의 소방용 발전기를 별도 설치

④ 설치 대수와 면적 증가에 대한 평면과 충분한 공간 확보 필요

⑤ 병렬 운전의 경우도 동일한 구분 조건으로 설치

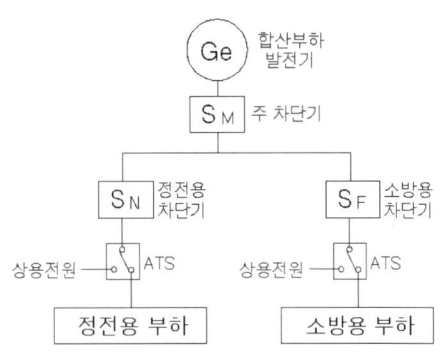

2) 합산부하 발전기

① 정전과 소방부하를 합산한 용량의 발전기를 설치한다.

② 모든 부하의 합계입력용량을 기준한다.

③ 발전기 수용률 적용
- 소방부하는 "1"로 적용
- 기타부하는 "1" 또는 건축전기설비기술기준의 수용률 범위 중 최댓값으로 적용

④ 발전기 크기의 증대에 따른 충분한 설치 공간 확보가 필요하다.

⑤ 병렬 운전의 경우도 동일한 구분 조건으로 설치한다.

3) 소방전원 보존형 발전기

① 정전과 소방용 부하는 큰 부하를 선정함

② 소방전원 보존형 발전기 컨트롤러임을 식별할 수 있도록 표기할 것

③ 운전 시 소방부하와 기타부하에 비상전원 동시 공급되고, 그 상태 표시하는 장치 구비

④ 발전기 과부하 시 기타 부하 자동차단하고, 그 상태 표시하는 장치 구비

⑤ 병렬 운전의 경우도 동일한 구분 조건으로 설치

⑥ 한국소방산업기술원 성능시험을 필한 것으로 설치

4. 결론

1) 비상발전기의 중요한 점은 화재 시 화재로 인한 정전 시에 비상·피난엘리베이터, 제연설비, 유도등, 비상조명등, 소화수의 가압 등을 해야 한다는 것이다.

2) 따라서 비상발전기의 용량은 모든 소방부하를 감당 할 수 있는 용량이어야 한다.

3) 상기 3가지 방법보다 더 중요 한 것은 화재로 인한 정전 시에도 비상발전기는 운전을 해야 한다는 비상 운전 성능이다.

6. UPS(Uninterruptible Power Supply) 원리 및 구성

1. UPS 정의

1) UPS란 고품질 전력공급을 위한 축전지를 이용한 무정전 교류전원 시스템이다.
2) 정류기를 이용하여 교류를 직류로 변화하여 저장하고, 인버터를 이용하여 직류를 교류로 이용하여 교류전원을 공급한다.
3) CVCF(정전압, 정주파수: Constant Voltage Constant Frequency) 기능을 포함한다.
4) 동작방식별(급전방식) 종류로는 On-Line, Off-Line, Line Interactive방식으로 구분할 수 있고, 시스템의 종류는 단일시스템과 병렬운전시스템으로 구성된다.
5) 대규모 전산장비들은 대부분 직류를 사용하기 때문에 정류기(축전기 포함)를 사용한다. 하지만, 무정전고품질 교류전력을 원하는 장소가 증대되고 있으므로 앞으로도 사용 장소가 더욱 많을 것이다. 근래에는 주로 OA, FA기기용으로 소형 UPS가 많이 사용되고 있다.
6) UPS의 용량에 따른 구분
   - 소용량: 10 kVA 미만 · 중용량: 10~100 kVA · 대용량: 100 kVA 이상

2. UPS 동작원리 및 구성

1) 정상시는 전원을 통하여 변환되는 전력을 변환하여 부하에 공급된다.
2) 정전 시는 축전지에 저장된 직류를 인터버를 통하여 변환하여 부하에 공급된다.

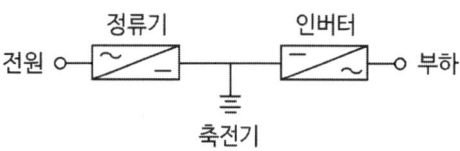

3) 정류부, 축전기, 인버터, 동기절체스위치, 필터(DC전원의 Ripple을 평활하여 고조파를 제거함) 등으로 구성된다.

3. UPS 선정 시 고려사항

1) 성능요건
   ① 주위온도 0~40℃ 동작가능할 것. THD 5% 이하. 인버터에는 출력점검스위치 및 보호장치 설치할 것
   ② 전압 ± 10%, 주파수 ±5%, 출력전압주파수 ±0.5% 이내일 것
2) 부하용량은 20~30%의 여유가 있도록 한다.
3) 기동전류 최대치는 UPS 과전류보다 20~30% 이하가 되도록 한다.
4) 기동전류를 고려하여 부하의 순차적 투입을 고려한다.

5) 대용량 경우는 1대 사용보다는 중용량 2대를 병렬 사용하는 것이 안정적이다.

6) UPS 입력에 ATS 사용하는 경우 ATS 절체 시 발생하는 서지전압에 의한 UPS의 IGBT가 파손되는 경우가 있으므로, UPS 입력 측에 방지회로를 삽입해야 한다.

7) 용량이 20kVA 이상이면 3상 UPS를 사용하는 것이 유리하다.

8) 발전기와 UPS를 조합하는 경우 발전기의 출력전압의 불안정, 제어장치간 응답속도불일치 등에 대한 대책을 고려한다.

7. UPS 동작방식(급전방식)

구분	On-Line	Off-Line	Line Interactive
동작 원리	• 연속 사용방식으로 UPS의 변환된 전력을 지속적으로 부하에 공급된다. • 정전 시는 축전지의 전력을 교류로 변환하여 전원에 공급하는 방식이다.	• 대기 방식으로 평상시는 상용전원을 이용하다가 정전 시에는 축전지의 전력을 교류로 변환하여 전원에 공급하는 방식이다.	• Off-Line 방식에 정전압(AVR) 기능이 부가된 방식이다. • 정류기를 IGBT의 Free Wheeling Diode를 통한 Full Bridge 정류방식으로 충전파형이 개선되었다.
구성	(상시, 정전시 회로도)	(상시/정전시 회로도)	(A.V.R, IGBT 정류기, Auto TR 회로도)
특징	• 효율이 70~90% 이하로 낮다. • 무순단전력공급(4ms) • 입력전원의 Sag, Impulse, Noise 등을 완전차단한다. • 중용량 이상에 많이 사용된다. • 소음이 크다(45~65dB).	• 효율이 90% 이상으로 높다. • 절체시간 길다(10ms). • 입력전원의 Sag, Impulse, Noise 등을 차단하지 못한다. • 소용량에 주로 사용된다. • 소음이 작다(40dB 이하).	• 효율이 90% 이상으로 높다. • 절체시간 길다(10ms). • 입력전원의 Sag, Impulse, Noise 등을 부분적으로 차단된다. • 소용량에 많이 사용된다. • 소음이 작다(40dB 이하).
장점	• 입력전원에 Noise 등을 없앤다. • 절체시간이 빠르다. • 주파수변동이 없다. • 전압의 안정도가 높다.	• 효율이 높다(90% 이상). • 소형화가능하다. • 가격이 저렴하다. • 내구성이 높다. • 소음이 작다.	• 정상 시는 효율이 높다(90% 이상). • 가격이 저렴하다. • 사용자의 편의성이 높다. • 자동전압조정이 가능하다.
단점	• 효율이 낮다(70~90%). • 외형크고, 가격이 비싸다. • 회로구성이 복잡하다. • 소음이 발생한다(FAN 등). • 축전지 및 부속 수명이 짧다.	• 입력전원에 Noise 등을 차단하지 못한다. • 응답속도 느리다. • 순간정전에 약하다(일반적인 PC에는 문제없다). • 정밀기기는 사용이 불가능하다. • 입력변화시 출력변화한다 (전압 조정 안 됨, 정밀부하적용 어려움).	• 내구성이 Off-Line 방식보다 떨어진다. • 과충전 우려가 있다. • 충전부 고장우려 있다.

8. UPS 시스템 분류 및 용량선정

1. UPS 시스템의 분류

1) 단일시스템

바이패스	시스템구성	적용 장소
없다	교류입력 → UPS → 교류출력	주파수 변환을 요하는 부하
절체전환	바이패스회로 / UPS	터널조명등 바이패스 전환 시의 절단시간 (0.05~0.1sec) 허용부하
무순단전환	UPS (SCR 바이패스)	바이패스 전환을 사이리스터(SCR) 등의 반도체스위치에 의해 무순단 전환방식으로 모든 컴퓨터 부하에 적용

2) 병렬시스템

바이패스	시스템구성	적용 장소
없다	No.i UPS ~ No.n UPS (X_n대)	주파수 변환을 요하는 온라인 시스템 등 대용량으로 고신뢰성이 요구되는 부하
절체전환	No.i UPS ~ No.n UPS (X_n대)	각종 온라인 시스템 등의 모든 중요부하
무순단전환	No.i UPS ~ No.n UPS (X_n대)	바이패스 전환을 사이리스터(SCR) 등의 반도체스위치에 의해 무순단 전환 방식으로 금융기관 온라인 시스템 등 가장 높은 신뢰성이 요구되는 부하

2. UPS 정격용량 산정

1) 일반적인 UPS 용량산정

$$P[kVA] = \sum P_0 \times LF \times \alpha \times 1/\eta$$

단, $\sum P_0$: 부하의 총합[kVA]
LF : 수용률(0.8 적용)
α : 여유율(1.2 적용)
η : UPS 효율(0.85)

2) 중·대용량 UPS 용량산정

$$P[kVA] = \frac{\text{부하용량합계}[kW]}{\text{역율}(0.8)} \times K$$

단, K는 예비율 및 내구성 계수 (1.3~1.5 정도)

3) 부하특성에 따른 UPS 용량산정

① 정상부하에 의한 산정

$$P_1 \geq K_1 \sum P_{N1}$$

P_{N1} : 1단계 투입 시 부하전력, K_1 : 여유율(1.0~1.3)

② 부하 기동용량에 의한 산정

$$P_{PN} \geq K_1 \sum P_{N1} + P_{PN}$$

P_{PN} : 최후로 투입하는 돌입부하전력

③ 부하 기동 시 전압변동에 의한 산정

$$P_3 \geq \frac{P_{P1}}{L}$$

P_{P1} : 1단계 투입 시 부하종합전력
L : 전압변동 10% 이내 부하급변 허용계수(0.2~0.3)

4) UPS 축전지 용량계산

① 방전전류의 계산

$$I = \frac{P_0 \times 10^3 \times Pf}{ef \times ns \times inv \times k}$$

단, P_0 : UPS 출력(kVA)
Pf : 부하역률
ef : 방전종지전압[V/Cell]
ns : 축전지 직렬개수
k : 컨버터 효율, inv : 인버터효율

② 축전지 용량산출

$$C = \frac{1}{L} KI [AH]$$

9. 회전형 UPS(Dynamic UPS)

1. Dynamic UPS 정의

1) Dynamic UPS란 엔진, 회전자, 발전기 등으로 구성되어 발전기 기동 시 초기 전압확립시간을 회전자의 운동에너지를 이용하여 대체한 무정전 시스템이다.

2) 비상발전기는 비교적 안정적인 비상전원을 얻을 수 있지만, 초기 기동 시간이라는 한계가 있다. 이러한 초기 기동시간을 회전자의 지속적인 회전운동을 이용하여 발전기를 운전시켜서 무순단 전원공급을 하는 방식이다.

3) 형태는 비상발전기와 유사하지만 회전자와 별도의 제어장치가 추가되어 있다. 단, 구분에 있어서는 UPS만큼 무순단 전원공급이 가능하므로 UPS의 종류로 구분하고 있다.

2. Dynamic UPS 구성

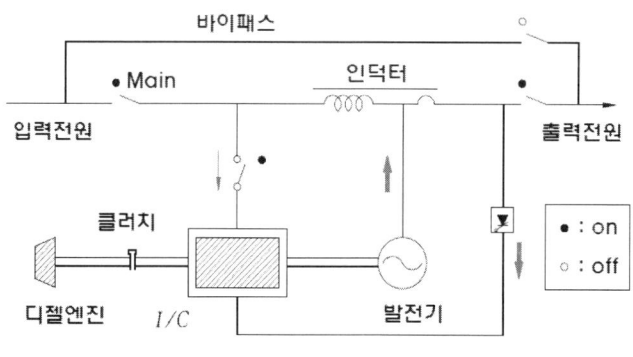

Dynamic UPS 상시운전
[그림] Dynamic UPS 정전 시 동작

3. Dynamic UPS 동작원리

1) 상시운전

① 부하는 상용전원에서 공급한다. 인덕터는 교류출력전압을 기준전압과 비교하여 피드백 제어로 일정전압을 유지한다(CV 특성유지).

② 회전자의 클러치가 분리된 상태이다. 디젤엔진의 클러치도 분리된 상태이다.

③ 내부회전자는 외부회전자에 있는 교류권선에 의해서 여자되어 회전(3,600 rpm, 절대치 5,400 rpm)하고 있다.

④ 외부회전자는 동기전동기에 의해서 1,800rpm 속도로 운전된다.

2) 정전 시운전(V,f 변동시)

① 차단기에 의하여 전원공급이 중단된다. 전원중단 신호는 인턱션커플링과 디젤엔진으로 정전신호를 보낸다.

② 인덕션 커플링의 내부회전자(3,600rpm)의 운동을 클러치가 동작하여 외부회전자(1,800 rpm)에 전달되고, Generator로 전달된다. 동기전동기는 발전기로 전환되며 운전한다.

③ 내부회전자가 감속되며 외부회전자가 Generator를 운전시켜 발전하고 있을 때 디젤엔진이 기동(1,800rpm)하여 투입된다.

④ 디젤엔진 기동 후 2~3초 후 내부회전자가 정상가동한다.

4. Dynamic UPS 비교

구분	Static UPS(정지형)	Dynamic UPS(회전형)
구성	정류기, 축전기, 인버터 등	엔진, 인덕션커플링, 회전자, 발전기 등
효율	효율이 작다(82~92%).	효율이 크다(96% 이상).
설치면적	설치공간이 작다.	설치공간이 크다.
냉방설비	대규모의 경우 별도로 필요하다.	엔진 기동 시 급배기 설비가 필요하다.
고조파	발생	없다.
수명	3~7년	20~25년
설치비용	저렴하다.	고가이다.
소음/진동	40~65dB/진동이 거의 없다.	90~95dB/진동이 크다.
운전시간	단시간 공급	장시간 공급
경제성	소용량, 단시간 공급에 적합하다.	대용량, 장시간 운전에 적합하다.

10. UPS, VVVF, CVCF

구분	UPS	CVCF	VVVF	
정의	• Uninterruptible Power Supply System • 정전, 전압변동, 주파수변동이 없는 전원공급장치이다.	• Constant Voltage Constant Frequency • 정전압, 정주파수, UPS에서 축전지 생략한 방식이다.	• Variable Voltage Variable Frequency • 가변전압, 가변주파수, 유도 전동기 속도 제어에 많이 이용한다.	
구성	(정류기-축전지-인버터-부하)	(정류기-제어-인버터-부하)	(정류기-제어-인버터-전동기)	
회로 방식	전압형 인버터	전압형 인버터	전류형	전압형
특징	• 안전성 및 신뢰성 우수 • 입력전류 정현파 제어 • 입력역률 1.0으로 제어 • 높은 전압정밀도	• 안전성 우수 • 입력전류 정현파 제어 • 정전 시는 전원이 off 됨 • 축전지 없다.	• 토크특성이 우수 • 제어응답이 양호 • 토크맥동이 큼	• 토크, 맥동 없이 원활한 운전 가능 • 범용전동기와 조합에 최적
적용 부하	• 부하의 연속성이 필요한 곳 • 전산부하, 방송부하 등	전원의 연속성은 없으나 전원의 질만을 필요로 하는 장소	75kW 이상 전동기	300kW 이하 전동기

11. 축전지

1. 축전지의 정의

1) 정전 시 및 비상시에 가장 신뢰할 수 있는 비상전원이며, 수변전설비의 비상제어전원, 비상조명 전원, 유도등전원 등에 사용한다. 독립된 전력원, 순수한 직류전원, 경제적이고 유지보수 용이하다.

2) 축전지는 자동차 및 공업용에서 주로 사용하는 납축전지, 가정용으로 사용하는 니켈카드뮴 전지(Ni-Cd, 니카드), 니켈수소전지(Ni-MH, 카메라배터리). 휴대폰에서는 고효율 무공해의 이온전지 (Li)를 사용하고 있으나 최근에는 휴대폰의 안전성 및 소형 경량화를 위해 리튬포리머 전지를 사용하는 업체가 증가하고 있다.

2. 축전지의 종류

1) 연축전지

① CS 형: 완방전형, 일반적인 경우 사용한다.

② HS 형: 급방전형 단시간 대전류 부하 사용 장소로 UPS, CVCF, 엔진시동 등에 사용한다.

2) 알칼리 축전지

① 포켓식(AL, AM, AMH, AH-P형): 장시간 부하, 대전류 부하

② 소결식(AH-S, AHH형): 단시간 부하, 대전류 부하

3) 선정요건별 축전지 종류

선정 요건		축전지 종류
가격면에서 선정하는 경우		연축전지 급방전형(HS형)
성능, 보수면에서 선정할 경우	비상조명용	알칼리 포켓 표준형(AM형)
	30분보다 짧고 순간적 대전류의 부하가 많을 때	알칼리 포켓 급방전형(AMH형)

3. 축전지의 원리

1) 연축전지

① 충전

묽은 황산 속에 과산화연(PbO_2)과 해면상 납(Pb)을 전해액(묽은 황산 H_2SO_4: 38%, 비중: 1.280) 속에 담그면 이온화 경향이 큰 금속인 해면상 납(Pb)은 음극이 되고, 이온화 경향이 적은 과산화연은 양극이 되어 화학반응에 의해 약 2V의 기전력이 발생된다.

연축전지의 화학반응식은

$$PbO_2 + 2H_2SO_4 + Pb \underset{(충전)}{\overset{(방전)}{\rightleftarrows}} PbSO_4 + 2H_2O + PbSO_4$$
(양극) (전해액) (음극)　　(양극) (전해액) (음극)

② 방전

화학에너지를 전기에너지로 변환하는 과정을 말한다. 양극판의 과산화연(PbO_2)과 음극판의 납(Pb)은 황산연($PbSO_4$)으로 변하고, 전해액인 묽은 황산은 극판의 활물질과 반응하여 물로 변하여 비중이 떨어진다.

- 양극: 과산화연(PbO_2) → 황산연($PbSO_4$)
- 음극: 해면상 납(Pb) → 황산연($PbSO_4$)
- 전해액: 묽은 황산(비중1.280) → 물

③ 연축전지의 공칭전압은 2V로 알칼리 축전지에 비하여 높고 가격도 저렴하므로 자동차용을 비롯하여 산업용에도 많이 사용된다.

2) 알칼리 축전지

① 충전과 방전

알칼리 축전지는 양극활물질로 옥시수산화니켈(NiOOH), 음극활물질로 금속카드뮴(Cd), 전해액에 가성칼륨수용액(가성칼리)(KOH)을 사용한 것이다.

알칼리축전지 화학반응식은

$$2NiOOH + Cd + 2H_2O \underset{(충전)}{\overset{(방전)}{\rightleftarrows}} 2Ni(OH)_2 + Cd(OH)_2$$
(양극)　(음극)　(전해액)　　(양극)　　(음극)

② 전해액의 가성칼륨수용액은 연축전지와 같이 직접 충·방전 반응에 관여하지 않고 전기를 전달하는 역할만 한다. 따라서 전해액량은 축전지의 용량에 관계되지 않는다.

③ 알칼리 축전지의 공칭전압은 1.2V이고 연축전지에 비해 고율방전특성, 저온특성이 우수하고 수명도 비교적 길다.

4. 연/알칼리 축전지 비교

구분	연축전지	알칼리 축전지
공칭전압	2[V/cell]	1.2[V/cell]
기 전 력	2.05~2.08[V]	1.32[V]
공칭용량	10[Ah]	5[Ah]
자기방전	보통	작다
수명	짧다.(CS형 10~15년, HS형 5~ 7년)	길다. (12~20년)
경제성	저렴	연축전기에 비해 고가이다.
방전특성	보통	과방전, 과전류에 대해 강하다.
특징	• 축전지의 필요 셀수가 적어도 된다. • 충방전 전압의 차이가 적다. • 부피가 크고 무겁다. • 충방전 시 폭발성가스(H_2)가 발생한다.	• 극판의 기계적 강도가 강하다. • 저온특성이 좋다. • 부피가 작고 가볍다. • 충방전 시 폭발성가스(H_2)가 발생하지 않는다.

12. 축전지 용량산출 방법

1. 축전지 용량산출 방법

1) **부하특성 결정**

   ① 정상부하(연속부하): 유도등, 비상조명, 전산부하, 전기시계

   ② 변동부하(단시간부하): UPS, 비상발전기 기동, 수변전설비 제어, E/L 제어, 소방설비용

2) **방전 시간 결정**

   ① 축전지부하 사용시간을 산정한다.

   ② 소방부하 - NFSC: 60분 감시, 10분 경보
   　　　　　　 NFPA: 24시간 감시, 5분 경보

   ③ 수배전반 ALTS, LBS, VCB, ACB 등 - T1: 0.5분, T2: 29분, T3: 0.5분(사용조건에 따라 다름)

   ④ DC사용하는 전산부하 - 용도에 따라 다르다(5분~30분).

   ⑤ 발전기 설치 시 10분, 발전기 미설치 시 30분

3) **부하용량과 방전전류 산정**

   ① 방전 시간별로 부하용량과 방전전류를 산정한다.

   ② 부하전류 산정

   $$방전전류(A) = \frac{부하용량[VA]}{정격전압[V]}$$

4) **부하특성곡선 작성**

   ① 방전전류와 방전 시간에 따라 부하특성곡선을 작성한다.

   ② 실제로 사용되는 시간조건에 따라서 작성 또는 예상되는 운전조건을 만들어 작성한다.

   ③ 방전전류가 시간과 함께 증가하는 경우와 시간과 함께 감소하는 경우로 산정한다.

   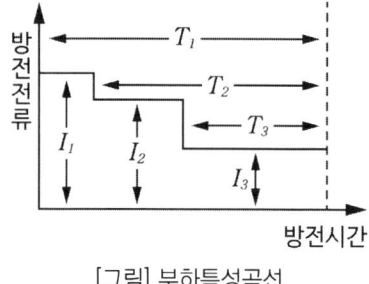

   [그림] 부하특성곡선

5) **최저온도 결정**

   ① 온도가 낮아지면 - 방전특성이 낮아진다(최저 5~10℃), 추운지방(-5℃)

   ② 온도가 높아지면 - 방전특성이 좋아진다(35~45℃), 최고온도(45℃)

   ③ 일반적으로 실내에 설치하며, 발열이 심하고, 대용량 축전지 설비경우는 항온항습설비를 한다.

6) 허용최저전압(방전종지전압)결정

① 축전지의 허용최저전압(Ve)은 각종 부하로부터 요구되는 허용최저전압(Vb)에 축전지와 부하 사이의 선로상에서 발생하는 전압강하(Vc)를 더한 값이다.

$$허용전압강하\ V_e = V_b + V_c$$

② 예를 들어 부하의 허용최저전압(Vb)이 85V이고, 선로의 전압강하(Vc)를 5V라고 하면 축전지 단자에서의 허용최저전압(Ve)은 90V가 된다.

③ 허용최저전압/셀
허용전압에 선정된 축전지의 셀(Cell)수를 나누면 이로부터 연축전지(54cell)당 허용최저전압은 1.7V로 계산되고, 이것은 또한 "방전종지전압"이라고도 한다.

④ 방전종지전압
축전지를 일정한 전압 이하로 방전하면 극판의 열화 등이 발생되므로 방전을 정지시켜야 할 전압. 대부분 계산조건 또는 대상물 특성에 따라 지정되어 있다.

$$방전종지전압 = \frac{허용전압강하}{Cell수},\quad V_o = \frac{V_e}{n} = \frac{V_b + V_c}{n}$$

⑤ 축전지 셀(Cell)수 결정
축전지 셀 수는 계통정격전압과 단위 축전지의 공칭전압이 결정되면 다음 식에 의해 산출된다.

$$축전지\ Cell수\quad n = \frac{정격전압[V]}{Cell의\ 공칭전압[1.2/2.0V]}$$

⑥ 축전지 표준 셀(Cell)수
소방부하경우는 24V 사용 시에는 연축전지(2.0V)를 사용한다고 하면 셀 수는 12개이다.

종류	셀 수	셀의 공칭전압[V]	정격전압[V]
연축전지	54	2.0	108
알칼리축전지	86	1.2	103

7) 용량환산 시간(K) 결정

① 방전 시간, 축전지의 온도, 허용최저전압, 축전지의 종류에 따라 산정한다.
② 표 또는 방전특성 표준곡선에 의해서 구한다.
③ 축전기 계산값 중 가장 큰 비중을 차지하며, 정확히 산정해야 한다.

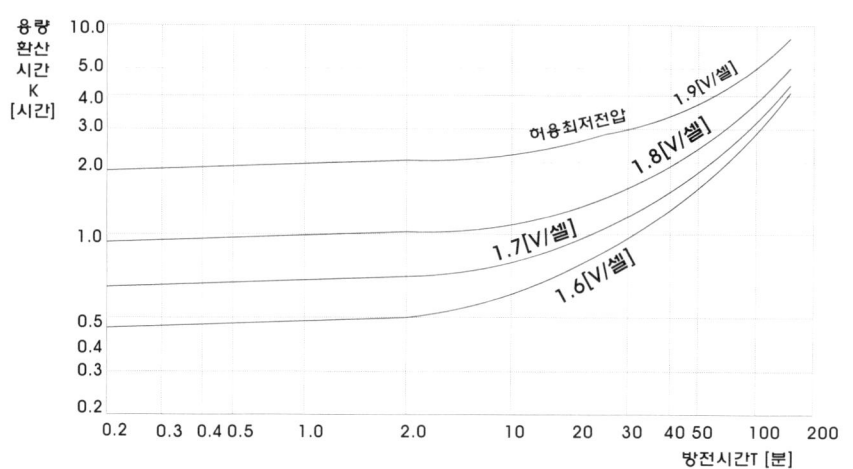

[그림] PS형 연축전지 용량환산곡선(최저온도 5℃ 조건)

8) 보수율(L)

① 축전지는 장기간 사용하거나 사용조건 등이 변경되기 때문에 용량의 변화를 보상하는 보정치다.

② 일반적으로 L = 0.8 을 사용한다.

9) 축전지 용량의 산출

$$C = \frac{1}{L}[K_1 I_1 + K_2(I_2 - I_1) + \ldots K_n(I_n - I_{n-1})](Ah)$$

여기서, C: 25℃에 있어서의 정격 방전율 환산 용량(Ah)
       L: 보수율 0.8   K: 용량환산시간   I: 방전전류(A)

2. 부하감소 · 증가에 따른 부하산정

방전전류 증가	방전전류 감소 후 증가	방전전류 감소
(그래프: T_1, T_2, T_3 구간에 $I_1 < I_2 < I_3$ 단계적 증가)	(그래프: T_1 내에 I_1, I_2로 감소 후 I_3로 증가)	(그래프: T_1 내 $I_1 > I_2 > I_3$ 로 감소)
Ⅰ : $C_I = \dfrac{1}{L}(K_1 I_1)$ Ⅱ : $C_{II} = \dfrac{1}{L}(K_2 I_2)$ Ⅲ : $C_{III} = \dfrac{1}{L}(K_3 I_3)$ Ⅰ + Ⅱ + Ⅲ 의 합성 값 $C = \dfrac{1}{L}(K_1 I_1 + K_2 I_2 + K_3 I_3)$	Ⅰ : $C_I = \dfrac{1}{L}(K_1 I_1)$ Ⅱ : $C_{II} = \dfrac{1}{L}[K_1 I_1 + K_2(I_2 - I_1)]$ Ⅲ : $C_{III} = \dfrac{1}{L}[K_1 I_1 + K_2(I_2 - I_1)] + K_3(I_3 - I_2)$ Ⅰ, Ⅱ, Ⅲ 중 큰 용량 선정	Ⅰ : $C_I = \dfrac{1}{L}(K_1 I_1)$ Ⅱ : $C_{II} = \dfrac{1}{L}[K_1 I_1 + K_2(I_2 - I_1)]$ Ⅲ : $C_{III} = \dfrac{1}{L}[K_1 I_1 + K_2(I_2 - I_1)] + K_3(I_3 - I_2)$ Ⅰ, Ⅱ, Ⅲ 중 큰 용량 선정

※ 참고

1. 부하용량과 방전전류 산정

   1) 방전 시간별로 부하용량과 방전전류를 산정한다.
   2) 부하전류 산정

   $$방전전류(A) = \frac{부하용량[VA]}{정격전압[V]}$$

2. 정류기 용량계산

   1) 정류방식에는 다이오드 또는 SCR 소자를 이용한 단상반파, 단상전파, 삼상반파, 삼상전파의 4가지 방식이 있다.
   2) 산업용축전지의 충전기에 사용되는 정류방식은 SCR 소자를 이용한 전파 정류방식을 주로 사용한다.
   3) 충전기용량계산

   SCR소자를 이용한 3상 전파정류 방식의 충전기 용량 계산식은 다음과 같다.

   $$P_{ac} = \frac{(I_l + I_c) \times V_d}{\cos\theta \times \eta \times 10^3} [kVA] \qquad I_{ac} = \frac{(I_l + I_c) \times V_d}{\sqrt{3} \times E \times \cos\theta \times \eta} [A]$$

   여기서, P_{ac}: 정류기 교류측 입력용량 [kVA]

   I_{ac}: 정류기 교류측 입력전류 [A]

   I_l: 정류기 직류측 부하전류 [A] (상시부하전류+순시부하전류)

   I_c: 정류기 직류측 축전지 충전전류 [A] (선정된 축전지용량을 10으로 나눈 값)

   V_d: 정류기 직류측 전압 [V]

   E: 정류기 교류측 전압 [V]

   $\cos\theta$: 정류기 종합역률 [%]

   η: 정류기 종합효율 [%]

   4) 충전기용량의 선정

   충전기용량의 최종선정은 위에서 계산한 값의 직 상위의 제조사의 표준용량을 선정한다.

3. 충전기의 2차 출력 및 용량산정식

   1) 충전기 용량 계산조건에 따라서 충전기 용량을 계산한다.
   2) 충전기 용량계산

   $$충전기 용량 = 연속부하전류[A] + \frac{C \cdot H}{T}$$

   여기서, C: 충전기 변화율(1.4)

   H: 축전지 용량[Hr]

13. 축전지 충전방식

보통충전	필요할 때마다 표준 시간율로 소정의 충전을 하는 방식이다.
급속충전	• 응급적으로 용량을 약간 회복시키기 위해 대전류로서 단시간에 충전하는 방법이다. • 상시하여서는 안 된다. 일반적으로 급속충전기를 사용한다. • 비교적 단시간에 보통 충전 전류의 2~3배의 전류로 충전하는 방식이다.
부동충전	• 정류기에 축전지와 부하와의 병렬로 접속하고 항상 축전지에 정전압을 가해 이것을 충전상태에 놓아서 정전 시 또는 부하변동 시에 무순단으로 축전지에서 부하에 전력을 공급하는 방식이다. • 충전기(정류기)로 부하공급, 단 일시적 큰 부하는 축전기로 하여금 부담한다. • 거치용 축전지설비에서 가장 많이 채용되는 방식이다. • 축전지는 항상 완전충전상태에 있음. 정류기의 용량이 적어도 된다. • 축전지의 수명에 좋은 영향을 준다.
균등충전	• 축전지 장기간사용하는 경우 충전상태를 균일하게 하기 위해서 하는 일종의 과충전 방식이며, 자기방전 등으로 발생하는 충전상태의 보충이 아니다. • 축전지의 전위차를 보정하기 위해 1~3개월마다 1회, 연축전지: 2.4 ~ 2.5[V/Cell] 알칼리 축전지: 1.45 ~ 1.5 [V/Cell]으로 10~12시간 충전하여 각 전해조의 용량을 균일화하기 위하여 행하는 방식이다.
세류충전	자기방전량만을 항상 충전하는 부동충전 방식의 일종이다.
초기 충전	미충전축전지의 최초의 충전을 말한다. 전해액주입 후 비교적 소전류로 장시간 통전하여 활물질을 충분히 활성화해야 한다.
회복충전	방전한 축전지를 차회의 방전에 대비해 용량이 충분히 회복할 때까지 충전해야 한다.
보충 충전	주로 자기방전을 보충하기 위해 충전. 연축전지로는 장기간 보존하는 경우 하절기에는 1개월에 1회, 동절기에는 2~3개월에 1회 정도 하는 것이 보통이다.
과 충 전	완전방전상태에 도달한 후의 충전을 말한다. 가스발생에 의해 전해액이 급속히 감소한다. 연축전지에는 과전류가 계속되면 수명이 짧게 된다.
트리클충전	축전지의 자기방전을 보충하기 위해 부하에서 끊어버린 상태로 늘 미소전류로 충전하여 놓는 것. 정전류법과 정전압법이 있다.
정전류충전	일정한 전류로서 하는 충전이며, 5~10시간율의 일정전류가 흐르는 방법이다.
정전압충전	일정한 전압으로서 충전이다. 초기의 충전전류가 매우 크게 되어 비경제적으로 일반적으로 사용하지 않는다. 전기 1개당 2.3~2.5V의 일정전압을 가하는 방법이다.
정전류 정전압충전	• 충전개시는 일정한 전류로 충전하고 충전이 진행되어 축전지의 충전전압이 설정전압에 도달한 이후 그 일정한 전압으로 충전하는 방법이다. • 설정전압은 가스발생전위보다 약간 높은 것이 보통이다.

14. 축전지 자기방전 & 설페이션

1. 자기방전

1) 자기방전(自己放電, Self-Discharge)의 정의
① 주액된 제품에 있어 외부회로에 의해 방전시키지 않아도 시간이 흐름에 따라 자연적으로 전압과 비중이 낮아지는 등 전기에너지가 감소되는 현상을 말한다.
② 전지에 축적되어 있던 전기가 저절로 없어지는 현상을 말하며, 충·방전 중은 물론 개로의 상태에서도 자기방전이 이루어진다.
③ 이 자기방전의 원인에는 전기적 원인과 화학적 원인이 있으며, 전기적인 원인에 의한 것은 내부단락을 의미하고, 일반적인 자기방전은 화학적인 원인에 의하여 일어나는 것을 말한다.
④ 화학적 자기방전은 외부에 방전함이 없이 축전지 내부에서 자연적으로 축전지의 용량을 감소시키는 작용을 말한다.

2) 자기방전에 영향인자
① 온도와 자기방전과의 관계
전지온도가 높을수록 자기방전량은 증가하고 이 증가의 비율은 온도 25℃까지에는 거의 직선적으로 증가하며, 그 이상의 온도에서는 가속적으로 증가하게 된다.
② 불순물과 자기방전과의 관계
바리움, 백금, 금, 은, 동, 니켈, 안티모니 등의 불순물이 음극 표면에 접착되면 현저하게 자기방전을 일으키게 된다.
③ 시기와 자기방전
자기방전은 충전완료 직후가 가장 많으며 시간이 경과함에 따라 점차 감소한다. 또 축전지가 신품일 때는 자기방전이 작고 오래된 것일수록 자기방전이 많아진다.
④ 비중과 자기방전
연축전지의 경우 비중이 클수록 자기방전이 많이 발생한다.

3) 자기방전량 계산

$$자기방전량 = \frac{C_1 + C_3 - 2C_2}{T(C_1 + C_3)} \times 100[\%]$$

C_1 : 방치 전 만충전 용량(Ah)
C_2 : T기간(日) 방치 후 충전 없이 방전한 용량(Ah)
C_3 : C_2 방전 후 만충전하여 방전한 용량(Ah)

2. 설페이션(Sulphation)

1) 연축전지에서 과방전이나 배터리가 완충전이 되지 않은 상태에서 사용하는 상태가 지속되면 발생한다.
2) 전극에 부도전성 뿌연 가루의 황산납이 발생하는 현상을 설페이션 현상이라 한다.
3) 설페이션 상태가 계속 진행되면 충전해도 극판은 본래의 과산화인 해면상으로 환원하지 않아 축전지의 성능 및 수명단축 원인이 된다.
4) 극판이 백색으로 되거나 백색반점이 생기며, 비중이 저하하고 충전 용량이 감소한다.
5) 충전 시 전압 상승이 빠르고 다량으로 가스가 발생한다.
6) 그 원인으로는 방전 상태에서 장시간 방치하는 경우나 방전 전류가 대단히 큰 경우, 그리고 불충분한 충전을 반복하는 경우다.

모아 전기응용기술사

Chapter 10

보호협조

1. 접지 · 비접지계통의 보호방식

1. 개요

1) 변압기의 결선방법과 중성선 접지 여부에 따라서 전력공급 접지계통이 결정된다.

2) 전력공급 접지계통은 접지의 형태에 따라서 직접접지계통, 저항접지계통, 비접지계통으로 구분이 된다.

3) 직접접지계통은 지락전류가 매우커서 보호동작이 확실하여 보호방식이 간결하지만, 비접지계통은 지락 시 고장전류가 매우 작아서 보호방식이 매우 복잡하다. 저항접지계통은 저항값에 따라 직접접지의 보호방식이나 비접지형태의 보호방식을 적용할 수 있다.

4) 수변전설비 접지계통은 전력공급 시 접지의 상태에 따라서 전력공급 형태를 의미하는 것으로, 수용가의 일반적 접지(Gronding)와 혼동하면 안 된다.

> ※ **접지계통에 따른 보호방식 분류**
> 1. 직접접지계통: 잔류회로방식, 3차영상 분로방식, 중성점 변류기방식
> 2. 저항접지계통: CT비가 작을 경우 – 잔류회로방식, 중성점변류기방식
>   CT비가 클 경우 – 3차영상 분로방식, 관통형 CT
> 3. 비접지 계통: 단락보호, 영상전압 검출방식, 영상전류 검출방식

2. 접지계통의 보호방식

1) 잔류회로방식

① CT비 300/5A 이하의 비교적 소규모 계통에 가장 널리 사용되고 있다.

② 직접접지계통 또는 저저항 접지일 때 주로 사용된다.

③ 각 상은 OCR로 단락보호, 잔류회로에 OCGR로 지락보호 한다.

④ 잔류회로의 영상전류는 $3I_0 = I_a + I_b + I_c$

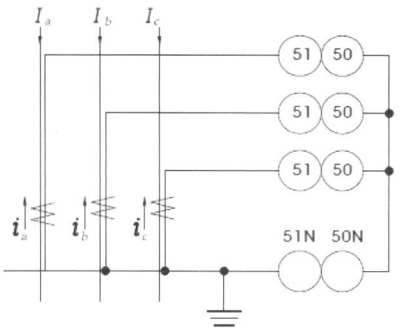

⑤ 변류비가 큰(대규모계통) 경우 지락전류 검출하지 못하는 부동작 영역이 생겨 적당하지 않다.

2) 3차 영상분로회로 방식(3권선 CT방식)

① 고저항 접지계통에 주로 이용하며, CT비가 300/5A 이상의 비교적 용량이 큰 곳에 사용한다. 고저항 또는 CT비가 큰 장소에 잔류회로방식을 사용하면 영상전류값이 적고, 검출감도가 낮아진다.

② 영상전류가 작은 경우 별도의 3차 권선을 두어서 지락을 검출하는 방식이다.

③ 동심철심에 2차권선(과전류검출)과 3차권선(영상전류검출) 동시에 감겨 있는 구조이다.

④ CT비는 1차/2차=정격 1차전류/5A , 1차/3차=100/5A이다.

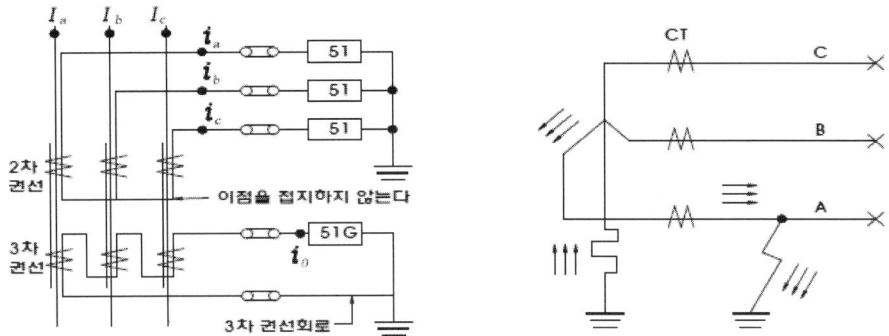

⑤ CT비 300/5A 이하는 잔류회로로 영상전류 검출하고, 300/5A 이상은 3차 CT로 영상전류 검출한다.

⑥ 3차 영상 분로회로 방식의 검출원리

- 3차 권선은 지락사고 없을 시 평형전류가 흐른다. $I_a + I_b + I_c = 0$

- A상 지락 시 2차 권선과 3차 권선에 전류가 흐른다. A상으로 흘러나간 전류가 B상과 C상에 반반 나누어 흘러 A상으로 귀환한다.

- 3차 권선은 직렬이므로 각상 모두에 동일한 전류가 흐르고, 전류를 유기하지 않는 B, C상에는 2차와 3차에 흐르는 전류 방향이 반대되어 서로 상쇄하게 된다.

- 3차 권선에는 I_0만 흐르고, 지락전류의 1/3 만 검출한다.

- 즉, A상에서 300A의 지락 발생 시 2차 권선에는 0.5A와 0.25A를 검출하고, 3차 권선에는 5A를 검출할 수 있다.

- CT 2차 측을 접지했을 때 CT 2차 결선 중 한 선이 지락되면 3차 지락계전기가 동작하지 않게 될 우려가 있으므로 CT 2차 측은 접지하지 않도록 한다.

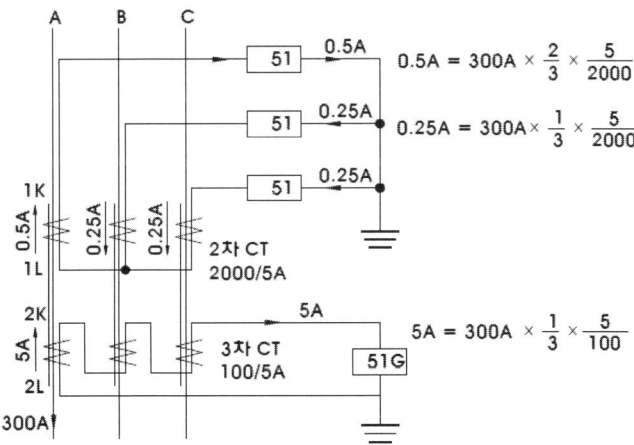

3) 중성점 변류기 방식

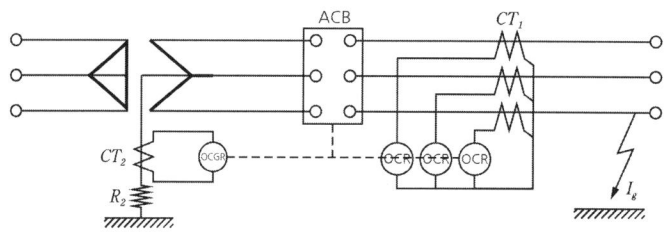

① 주로 저항접지 계통의 중성점 접지에 CT와 OCGR를 사용하여 지락전류를 검출하는 방식이다.

② 다른 변압기나 다른 설비의 접지선과 일부 연접되어 있는 경우 간섭받을 수 있다.

③ CT비 100/5A 이하가 바람직하며, 200/5A 이상이면 부동작 영역이 생길 수 있다.

> ※ 영상전류를 얻기위한 CT결선
> 1. 잔류회로방식
> 2. 영상변류기(ZCT)
> 3. 3차영상분로방식
> 4. Ring core CT
>   1) 일반적인 3상의 CT로 잔류회로 구성 시, 각 CT의 특성차로 인한 여자전류차에 의한 잔류전류가 흐르게 될 우려가 있고, 3차 권선에는 오차의 영향이 있어 잔류회로와 3차 영상분로방식은 비접지 계통에서는 사용할 수가 없다.
>   2) Ring core CT는 3상 1괄 철심의 영상CT의 구조이다.
>   3) 각상의 정합이 쉽고, 정상전류와 역상전류에 의한 기전력은 2차에 발생하지 않는다.
>   4) 영상전류에 의한 자속이 주로 2차 전류를 유기시키므로 특성이 비교적 양호하다.
>   5) 배전반 조립형과 링형 타입이 있다.

3. 저항접지계통 보호방식

1) 저저항 접지 경우는 잔류회로방식, 중성점변류기 방식을 사용한다.
2) 고저항 접지 경우는 3차 영상분로 회로방식, 관통형 CT를 사용한다.

4. 비접지계통 보호방식

1) **단락보호**

   ① 보통 CT와 OCR 2개로 단락을 검출한다.

   ② OCR에 의한 DC Trip 방식으로, CT 2차 전류 Trip, 콘덴서 Trip 방식이 있다.

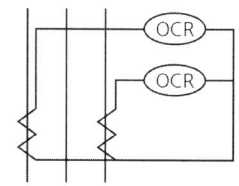

2) 영상 전압검출 방식

① GPT+OVGR(64)의 조합으로 지락 시 영상전압을 검출한다.

② 한시계전기와 조합하고, 주로 후비보호용으로 사용된다.

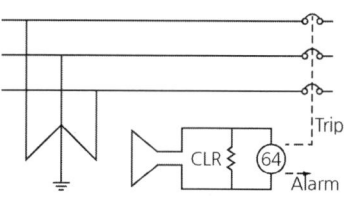

3) 영상 전류검출 방식(ZCT, DGR방식)

① ZCT + DGR(67G: 방향지락계전기)의 조합하여 사용한다.

② 지락시 영상전류 검출하여 차단한다.

③ 저항접지계통, 비접지 계통에 적용할 수 있다.

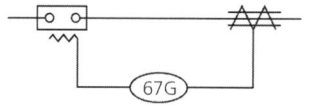

4) 영상 전류 영상 전압 검출 방식(GPT+OVGR+ZCT+SGR방식)

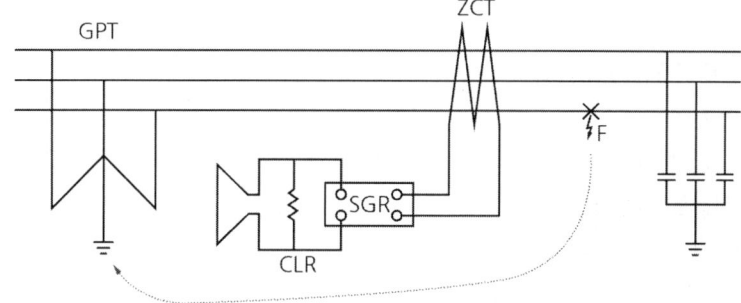

① GPT + OVGR+ZCT + SGR(67: 선택지락계전기)의 조합하여 사용한다.

② 비접지식 다회선 전로의 고장회선 선택차단한다.

③ 고감도 소세력동작이므로 오동작을 방지하기 위해서 OVGR, SGR연결하여 사용한다.

④ 사고회선과 건전상의 전류방향 반대이기 때문에 선택성을 갖는다.

⑤ 한류저항기(전류제한저항기: CLR: Current Limit Resistor)

- GPT의 3차 측 Open Delta회로에 부착하여 비접지계에서 지락방향계전기(SGR, DGR) 사용 시 지락전류의 유효분을 얻기 위해서 사용된다.
- GPT의 3고조파 발생을 억제하고, 중성점 이동 등의 이상 현상을 억제하기 위하여 사용된다.
- 저항접지계에서도 GPT 자체의 철공진 같은 이상 현상을 방지하기 위하여 사용된다.

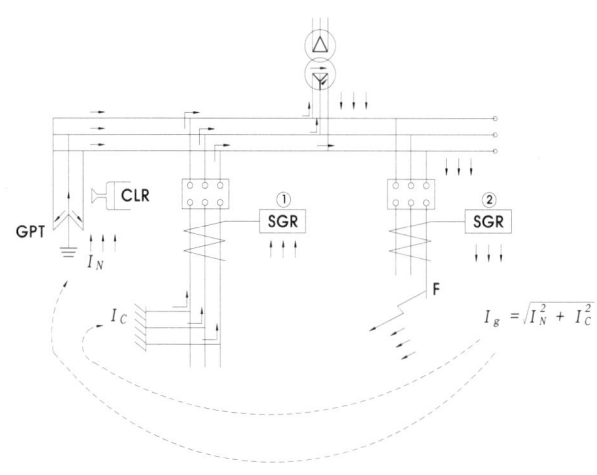

[그림] 비접지 계통의 지락시 동작원리

※ 저압전로의 지락보호방식

1. 보호접지방식
2. 지락과전류차단방식(접지계통방식, 비접지방식)
3. 누전검출방식(ELB)
4. 누전경보방식(ELD)
5. 절연변압기

※ SGR (지락방향계전기 67G, 선택지락계전기: Selective ground relay)

1. 비접지 계통 지락사고 시 계통의 다수의 분기회로에서 모두 영상전압이 발생한다.
2. OVGR를 사용한다면 다수의 회로를 모두 차단시킬 수 있다.
3. SGR은 고장회로의 영상전류를 검출하여 지락사고가 발생한 회로만 차단하도록 하여, 다른 선로에 피해를 주지 않도록 하는 것이 주목적이다.
4. SGR의 단자는 전압단자(GPT의 영상전압검출), 전류단자(ZCT의 영상전류검출)단자가 있다.
5. SGR은 최대감도각이 크고(충전전류 크므로 30° 이상), (디지털계전기는 45° 이상)DGR은 감도각이 작다(충전전류 작으므로 30° 이하).
6. DGR은 저압 직접접지 계통, 고압 저항접지계통에 주로 사용된다.

※ 전력 조류(Power flow)

1) 전력계통(발전기, 부하, 선로)에서의 전력의 흐름 상태를 의미한다.
2) 전력 계통에서 유효 전력, 무효 전력의 흐름을 알기 위해 계통 전체의 각 지점에서의 전압, 전류, 위상각 등을 예측하여 계통을 모델링화하고 다양한 운전조건에 따른 각 지점 간에 전력의 흐름을 나타낸 전력흐름도이다.
3) 송전선에 있어서는 무효 전력 조류를 경감하여 고역률로 운전하는 것이 바람직하며, 이를 위하여 부하점 가까이에 조상기나 커패시터를 설치하도록 한다.

2. 전력설비의 접지계통(중성점접지, 직접접지&비접지계통)

1. 개요

1) 국내의 전력설비 배전계통(22.9kV-Y)은 대부분 직접접지계통에 다중접지 방식으로 100~300m 정도마다 접지한 방식을 적용하고 있다.

2) 일반적으로 수용가의 고압 측은 전력회사의 L_1, L_2, L_3, N 중에 N상을 제외하고 L_1, L_2, L_3상으로 △결선을 한다.

3) 수용가의 저압 측(380/220V) 변압기는 대부분 Y결선을 적용하며 380V의 선간전압과 220V의 상전압을 사용할 수 있다.

4) 하지만 2단 강압방식(22.9/6.6kV → 380V)이나 별도의 고압기기(6.6/3.3kV)가 있는 경우는 변압기 2차 측의 접지계통을 부하특성, 현장여건, 선로길이 등을 고려하여 직접접지·비접지·저항접지 계통방식을 선택하여 구성할 수 있다.

2. 전력계통의 중성점접지의 목적

1) 고장 시 보호계전기의 동작을 확실히 할 수 있고, 고장전류를 신속히 소멸시킬 수 있다.

2) 전력계통의 중성점을 접지하여 각 상의 대지전위를 낮추어 기기 및 선로의 절연을 낮출 수 있다.

3) 중성점을 접지하여 $1/\sqrt{3}$ 배의 상전압을 사용할 수 있다.

4) 변압기 저압 측에서 선간전압과 상전압을 동시에 사용할 수 있다(380V/220V).

3. 전력설비의 접지계통

1) 직접접지 방식(Solid Grounding)

① 변압기의 Y결선에 중선선을 접지한 방식으로 수용가에서 가장 많이 사용하는 방식이다.

② 직접접지 계통에서의 접지방식을 유효접지(Effective grounding)라고 하고, 유효접지는 지락 시 전압상승이 건전상 상전압의 1.3배 이하, 선간전압의 $0.75(1.3/\sqrt{3})$배 이하로 하는 접지계통이며, 이런 조건은 사실상 직접접지방식이다.

③ 1선 지락 시 전압상승이 가장 작고, 기기의 절연을 줄일 수 있으며, 보호계전기가 신속히 동작해야 한다.

④ 직접접지(다중접지)는 22.9kV 배전선로에 주로 사용한다.

⑤ 특징

장점	단점
• 지락시 전압상승이 작고, 기기절연레벨 경감 • 개폐 Surge 작고, LA동작경감 효과 증대 • 단절연 가능, 기기의 중량 경감 • 계전기동작이 확실 • 선로의 선택차단이 용이	• 계통의 과도안정도가 떨어짐 • 지락시 통신선의 유도장애 발생 • 지락사고의 파급우려 발생 • 지락시 기계적 충격 발생

2) **저항접지(Resistance Grounding)**

① 지락 시 지락전류를 억제하기 위하여 계통의 중성점에 저항기(NGR: Neutral Ground Resister)를 사용하여 계통의 지락전류의 크기를 조정할 수 있다.

② 저항값이 낮으면 유도장해가 증대되고, 저항값이 높으면 계전기 미동작 및 건전상 대지전압 상승한다.

③ 주로 일반수용가의 구내 대규모 배전계통이나 발전기접지에 사용한다.

④ 중성점 저항기(NGR)의 저항값에 따라 고저항접지와 저저항접지로 구분된다.

⑤ 고저항접지
   - 접지저항: 100~1,000[Ω] 정도
   - 지락전류: 5~100[A] 정도
   - 전자유도장해를 줄이고 계전기의 확실한 동작을 확보
   - 계통의 안정도가 높고, 운전도 용이하며, 차단기 내량은 보통

⑥ 저저항접지
   - 접지저항: 30[Ω] 정도
   - 지락전류: 100~300[A] 정도
   - 1선 지락전류의 유효분 증가로 과도안정도 향상

3) **비접지계통(Ungrounded System)**

① 변압기의 중성점을 접지하지 않은 비접지 방식으로 주로 변압기 △ 결선에 사용된다.

② 주로 동력용 3∅ 380 V, 6.6 kV, 3.3 kV로 사용되며, 일부 66 kV, 22 kV도 사용되고 있다.

③ 수용가의 전압이 낮고(30 kV 이하), 선로 길이가 짧은 대전류 공급계통에 적용한다.

④ 2단 강압방식(22.9→6.6kV)에서 2차 측을 비접지 방식으로 하면, 상대적으로 증가하는 고장전류의 크기를 제한할 수 있다는 장점이 있다.

⑤ 문제점
- 전압이 높고 선로 길어지면 대지 충전 전류가 상승한다.
- 지락 시 간헐적 아크에 대한 전압변동 및 고전압 발생한다.
- 지락전류의 검출 곤란 및 주변 구성품이 많아 복잡해진다.
- 지락 시 지락전류는 충전전류와 GPT를 통하여 수 A정도 발생한다. 반면 전압은 $\sqrt{3}$ 배까지 상승한다.

※ **비상 발전기 접지계통**
1. 대부분의 비상발전기는 Y결선의 직접접지방식이다.
2. △ 결선 시 고조파를 출력하지 않는 장점이 있지만, 상대적으로 불평형 전류에 의한 순환전류가 발생하여 발전기 동체의 온도상승이 발생한다. 비상부하라는 특성을 감안한다면 상용부하보다 불평형부하가 더 많이 발생할 것이다.
3. 전력회사 전력계통과 병렬운전용 발전기
   1) 시험운전 시는 중성점저항접지를 사용하고, 병렬운전 시는 중성점저항 접지는 분리하며, 계통연계와 관련하여 이를 명시하여야 한다.
   2) 중성점접지 시 전력회사 계통과의 불평형 전류에 의한 순환전류가 임피던스가 작은 발전기 쪽으로 파급되어 발전기 동체온도가 상승되어 심각한 경우 발전기 운전이 정지하게 된다.

3. 전력설비의 접지계통 비교

구분	직접접지계통	비접지계통	저항접지(고저항/저저항)
구성	△/Y 접지	△/△	△/Y + NGR
중성점저항	$Z ≒ 0$	$Z ≒ ∞$	$Z ≒ R$
지락전류	매우 크다 (수~수십KA)	매우 작다 (380mA~수A정도)	5~100 / 100~300(A)
지락시전압	작다(1.3배 이하)	크다($\sqrt{3}$ 이상)	중간(1.3~ $\sqrt{3}$)
공급길이	장거리 적합	단거리 적합	중거리
절연레벨	감소가능(단절연)	감소불가(전절연)	감소불가(전절연)
유도장해	크다.	매우 작다.	보통이다.
과도안정도	나쁘다.	양호하다.	비교적 양호하다.
검출방식	잔류회로(CT×3)	GPT/ZCT	저항값 따라 적용
계전기적용	단락: OCR 지락: OCGR	단락: OCR 지락: SGR	단락: OCR 지락: DGR/OCGR
계전기동작	가장 확실하다.	곤란하다.	확실하다.
적용장소	장거리 배전선로	단거리 구내 배전선로	중거리 구내 배전선로
장점	• 보통의 절연강도 • 단순한 보호방식 • 과도전압 감소	• 고장전류가 매우 작음 • 지락전류의 영향이 작음 • 지락 시 전원공급 가능	• 고장전류가 작음 • 지락보호가 용이 • 중간 수준의 절연강도 필요 • 과도 과전압 상승
단점	• 큰 고장전류 발생 • 높은 고장전압 발생 • 고장 시 전원공급 중단	• 과도 과전압 상승 • 높은 절연강도가 요구 • 지락보호가 어려움	• 고장 시 전원공급 중단 • 열적 스트레스가 발생

4. 보호계전의 기본이론

1. 보호계전 설비 기능

1) 정확성: 고장발생 시 정확히 검출하여 제거하며 오동작을 일으키지 않는다.
2) 신속성: 고장발생 시 신속히 동작하여 고장 구간을 제거한다.
3) 선택성: 고장발생 회선을 선택하여 제거하는 것 등을 기본 기능으로 한다.

2. 보호계전 설비 구성

보호구간의 고장전류 및 전압을 검출하는 구성부로 CT, PT, ZCT, GPT 등의 변성기류 등이 있다.

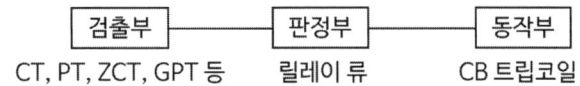

3. 보호계전의 기본동작

1) 정한시: 입력이 있으면 항상 정해진 시간에 동작
2) 반한시: 입력량이 클수록 빨리 동작
3) 순시: 설정된 입력량에서 즉시 고속동작(40ms 이내)

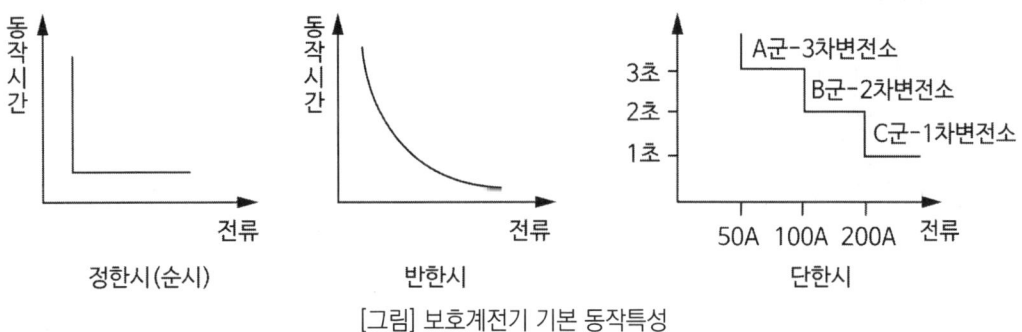

[그림] 보호계전기 기본 동작특성

4. 보호방식의 종류

1) 주보호·후비보호

사고점	주보호	후비보호
F1	87	OC1
-	OC2	-
F2	OC4	OC2
-	OC6	OC5

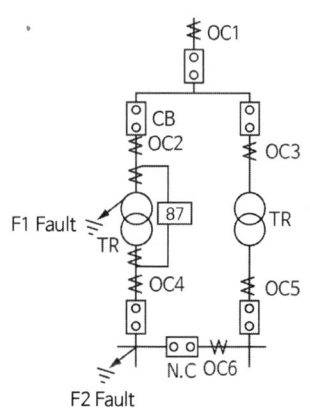

① 보호 시스템을 계통 구분 개소마다 설치하여 사고 발생 시에 사고점 가장 가까운 위치부터 가장 빨리 동작시켜 이상 부분을 최소한으로 분리하는 것이 주보호 장치이다.

② 주보호 장치가 어떤 원인에 의하여 오·부동작 상태에 있을 때 Back-up 동작하는 것이 후비보호 장치이다.

2) 한시차 계전방식

① 각 단계별 보호계전기(OCR) 동작시간을 조절하여 주보호와 후비보호가 상호 협조되도록 구성하는 방식을 말한다.

② 만일 CB4 동작 실패 시(또는 동작 불가능 시) CB3에 의하여 사고구간을 제거(후비보호)하는 방식을 말한다. 이때 각각의 동작시간($t_0 \sim t_4$)은 일정한 간격을 유지하여야 하며, 유지되어야 할 동작시간(Delay time)은 CB 동작시간(3~8Cycle) + OCR 관성시간(공칭 동작시간의 15%) + 여유시간 등을 감안하여 적용한다.

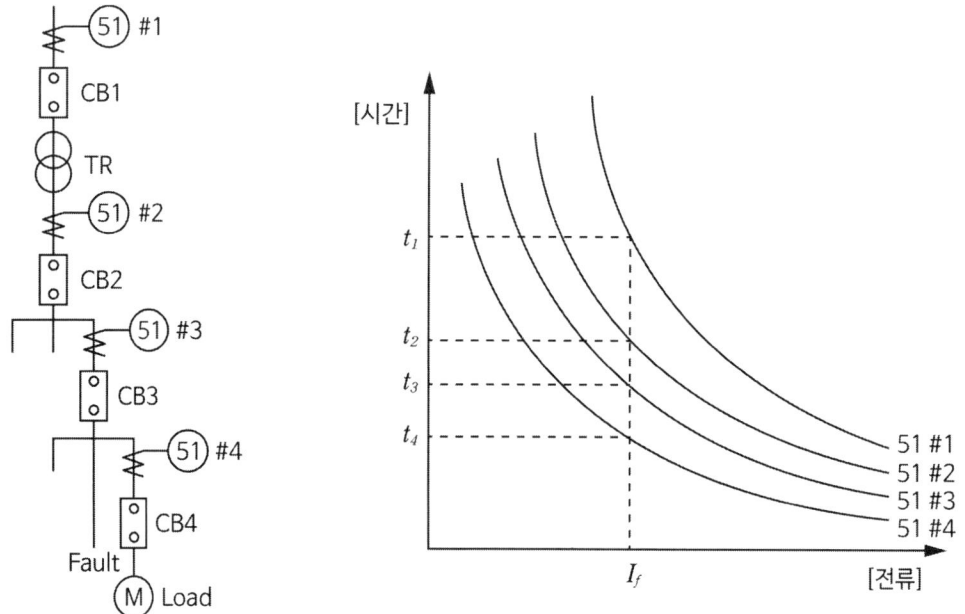

3) 구간 보호방식

① 보호구간 양단에 계전기 동작상태를 서로 전송하는 방식이다.

② 가장 확실한 선택성을 얻을 수 있고, 방식으로는 비율차동계전기나 표시선계전기에 의한 송전선 보호가 대표적이다.

4) 방향선택보호방식

고장전류의 방향에 따라 고장회선을 선택 차단하는 방식으로 병행 2회선 등의 양단전원의 송전선이나 배전선의 지락 보호에 채용한다.

5. 보호계전기의 종류

구분	아날로그형		디지털형
	전자기계형	정지형	
사용소자	가동철심, 유도원판, 유도환, 유도원통	트랜지스터 OP앰프, 다이오드	마이크로 프로세서 LSI / IC
동작원리 및 검출 기능	전자력 기계적응동 기계적, 구조적 특성 제약	TR 증폭, 스위칭 작용 입력 크기/위상 판단 다요소 조합 다특성	마이크로 프로세서 연산으로 크기&위상 판단
내환경성	잡음의 영향이 작음 진동 약함	소세력 신호 회로 사용 디지털과 동일 대책 필요	디지털 신호 오부호 발생 방지대책 필요
변성기 부담	높음	중간	낮음
자동점검 및 상시기능	없음	없음	있음
성능	저속도, 단일기능	고감도, 고속도, 다기능	고감도, 고속도, 다기능 기록(Record)기능
신뢰성	낮음	높음	높음
보수성	정기점검 필요	정기점검 필요	자동점검기능 있음 정기점검 필요
표준화	일부 가능	계전기 특성에 따라 하드웨어가 다름	적용범위의 확장성이 큼 (하드웨어, 소프트웨어)
장치규모	대형	중간	소형

6. 보호계전기 설정

계전기명	용도	동작치 설정	한시조정
과전류 계전기 (OCR)	단락 보호	1) 한시요소 • 최대 계약전력 150~170% • 변동부하일 경우 200~250% 2) 순시요소 • 변압기 2차 3상단락 고장전류 150% • 보호협조 필요할 경우 150 ~ 250%	수전변압기 2차 3상단락 시 0.6초 이하 순시동작
지락 과전류 계전기 (OCGR)	지락 보호	1) 한시요소 • 최대 계약전력 부하전류 30% 이하 • 3상수전 불평형전류 1.5배 이상 2) 순시요소 최대부하전류 3배 이상 설정	수전보호구간 최대 1선 지락 고장전류에서 0.2초 이하 순시동작
과전압(OVR)	과전압 운전 방지	정격전압 120%	직접차단용: 2초 이상
저전압(UVR)	저전압 운전 방지	정격전압 80%	직접차단용: 2초 이상

5. 고장전류의 기본이론

1. 개요

1) 고장전류를 계산하여 차단기의 차단용량의 결정이나 보호계전기의 정정 등에 활용을 한다.

2) 수변전계통에서의 고장전류는 1선지락, 2선지락, 2상단락, 3상단락 사고가 있으며, 가장 많이 발생하는 사고는 1선 지락사고이며, 가장 큰 사고는 3상 단락사고이다. 모든 보호계전시스템은 계통에서 가장 큰 고장전류인 3상 단락사고를 기준으로 계산을 한다.

2. 단락전류 계산목적

1) 각종 차단기의 차단용량 선정

2) 보호 계전기류의 계전기 정정

3) 수변전기기의 기계적 강도 및 정격 결정

4) 통신 유도장해의 검토 및 유효접지의 조건 검토

3. 단락전류 계산 시 필요항목

1) 전원측 임피던스

2) 수전변압기 임피던스(%Z)

3) 모선 및 선로 임피던스

4) 전동기(회전기) 리액턴스
초기과도 리액턴스(단락 후 1Cycle 이내), 과도 리액턴스(수 Cycle 이내), 계통 차단 시 역기전력 검토

4. 고장전류 산출방법

1) 임피던스 법

① Ω법, P·U법, %Z법이 있으며, 주로 %Z법을 가장 많이 사용하다.

② 기준전압 통일 후에 환산집계하는 방법을 주로 사용한다.

2) 대칭좌표법

3상 회로의 불평형 시 계산방법으로 주로 사용한다.

5. 단락전류 계산방법

구분	임피던스 값(환산식)	계산식
옴(Ω)법	$Z = \dfrac{\%Z \cdot V^2 \cdot 100}{P}[\Omega]$ P: 기준용량 V: 선간전압	$I_s = \dfrac{V_s}{Z}$ V_s: 송전단 전압
퍼센트임피던스법 (%Z)	$\%Z = \dfrac{P \times 100}{\sqrt{3} \cdot I_s \cdot V}$	단락전류 $I_s = \dfrac{P \times 100}{\sqrt{3} \cdot \%Z \cdot V}$ 또는 $I_s = \dfrac{I_N}{\%Z} \left(I_N = \dfrac{P}{\sqrt{3} \cdot V}\right)$
퍼유닛임피던스법 (P·U) (기준용량환산)	$Z_p = \dfrac{\%Z}{100} = \dfrac{Z \cdot P}{V^2 \cdot 100}$ Z_p: 퍼유닛 임피던스(Ω) P: 기준용량 V: 선간전압	$I_s = \dfrac{I}{Z_p}$ (삼상 $I = \dfrac{P}{\sqrt{3} \cdot V}$, 단상 $I = \dfrac{P}{V}$)

6. %임피던스

1) 선로의 %Z

회로도	선로의 %Z
선로의 임피던스에 의해서 발생하는 전압강하율을 선로의 %Z라고 한다. $\%Z_L = \dfrac{e}{E} \times 100\%$ e: 1상 선로의 전압강하($e = Z \cdot i$) E: 기준전압	

2) 변압기와 전동기의 %Z

구분	변압기 %Z	전동기 %Z
회로도		
인가전압(e)	2차 단락 시 2차에 정격전류가 흐를 때 1차 인가전압(e)	회전자 구속 시 고정자에 정격전류가 흐를 때 1차 인가전압(e)
%Z	$\%Z_T = \dfrac{e}{E} \times 100\%$ E: 기준전압	$\%Z_M = \dfrac{e}{E} \times 100\%$ E: 기준전압

3) 변압기를 포함한 계통의 %Z 의미

변압기를 포함한 회로에서 기준이 되는 전압과 전류를 정하고, 각각의 임피던스를 기준 임피던스의 백분율로 나타낸 것이다.

$$\%Z = \frac{Z \cdot I}{E} \times 100 = \frac{E \cdot I \cdot Z}{E^2} \times 100 = \frac{기준용량 \times Z}{(기준전압)^2}$$

여기서, E: 기준전압
I: 기준전류
Z: 임피던스

- 3상에서의 %Z

$$\%Z = \frac{Z \cdot I}{E} \times 100 = \frac{Z \cdot I}{V/\sqrt{3}} \times 100 = \frac{\sqrt{3}\, VI}{V^2} \cdot Z \times 100 [\%]$$

- $P = \sqrt{3}\, VI$ 이므로,

$$\%Z = \frac{P \cdot Z}{V^2} \times 100 [\%]$$

- kVA, kV로 용량환산하면,

$$\%Z = \frac{P[kVA] \cdot Z}{10 \cdot [kV]^2}$$

4) 전력계통에서의 %Z 의미

전체계통에서의 %Z는 전체임피던스 중에서 변압기의 임피던스가 차지하는 비율(%)을 의미한다고 볼 수 있다.

7. 임피던스(%임피던스) 크기의 영향

%Z가 클 때	%Z가 작을 때
• 단락전류가 작아진다.	• 단락비가 커져서 전기자 반작용이 감소한다.
• 차단기 동작책무 및 용량이 감소한다.	• 계통의 안정도가 높아진다.
• 전압변동률이 커지고, 동손이 증가한다.	• 철손, 기계손이 증가한고, 가격이 비싸진다.
• 중량이 감소하고, 가격이 저렴하다.	• 부하손이 감소하고, 중량이 증대한다.

6. 단락전류의 종류

1. 고장전류의 종류

1선 지락전류, 2선 지락전류, 2상 단락전류, 3상 단락전류

2. 단락전류의 성분

1) 전력계통에 고장이 발생한 경우에는 비대칭전류가 흐른다. 비대칭전류는 횡축으로 대칭이 되는 대칭분의 교류전류와 직류성분으로 나누어진다.
2) 고장전류 속에 포함되어 있는 직류분은 회로정수(X/R비)에 따라 크기가 정해지고 시간과 함께 감소한다.
3) 고장 시 최초 몇 Cycle 동안 직류분에 의한 비대칭전류가 흐른다.

3. 단락전류의 형태

1) 대칭전류

① 대칭전류란 대칭 실효치이며, 고장전류 가운데 교류분만의 실효치를 의미한다.
② 직류성분비율이 20% 이하일 때의 교류성분의 대칭 실효치(Symmetrical rms)로 표시한다.
③ 차단기의 용량은 대칭실효치로 표시한다(VCB, ACB, Fuse, MCCB 등).

2) 비대칭전류

① 비대칭 전류란 비대칭 실효치이며, 고장전류에 직류분을 포함한 전류의 실효치를 의미한다.
② 비대칭 전류의 계산은 교류분과 직류분의 성분으로 나누어서 계산한다.
③ 전선, CT 등의 열적강도 및 직렬기기의 기계적 강도 검토 시 활용한다.

- 비대칭 전류 실효치

$$I_{AS} = \sqrt{I_{S1}^2 + I_{dc}^2}$$

- 초기대칭단락전류

$$I_{S1} = \frac{E}{Z_1} = \frac{V}{\sqrt{3} \cdot Z_1}$$

I_{AS}: 차단 시점에서의 교류성분의 전류 실효치

I_{dc}: 차단 시점에서의 직류성분전류

$I_{dc}(\%) = dc\% \times \sqrt{2}\, I_{so},\ I_{s1} = k_t \cdot I_{so}$

k_1: X/R이 15 미만이면, $k_t = 1$

3) 단락(고장)전류의 구분

　(1) 초기과도전류(First Cycle fault current)

　　① 고장전류의 1/2Cycle 시점의 고장전류이고 가장 큰 값으로, 최대순시 대칭단락전류점이다.

　　② 전력기기의 정격검토, 차단용량선정, CT선정(과전류강도, 과전류정수), PF정격검토 등에 적용한다.

　(2) 과도전류(Interrupting fault current)

　　① 차단기 접점이 개시되는 시점(3~5cycle)의 고장전류를 과도전류라고 한다.

　　② 고압 및 특고압용 차단기의 차단용량 선정 등에 적용한다.

　(3) 정상상태전류(Steady state fault current)

　　① 전력계통에 임피던스의 변화가 안정되어, 전류가 안정된 시점(5cycle 이후)으로서 정상상태전류라고 한다.

　　② 보호계전기 한시요소에 의한 보호협조 구성에 적용한다.

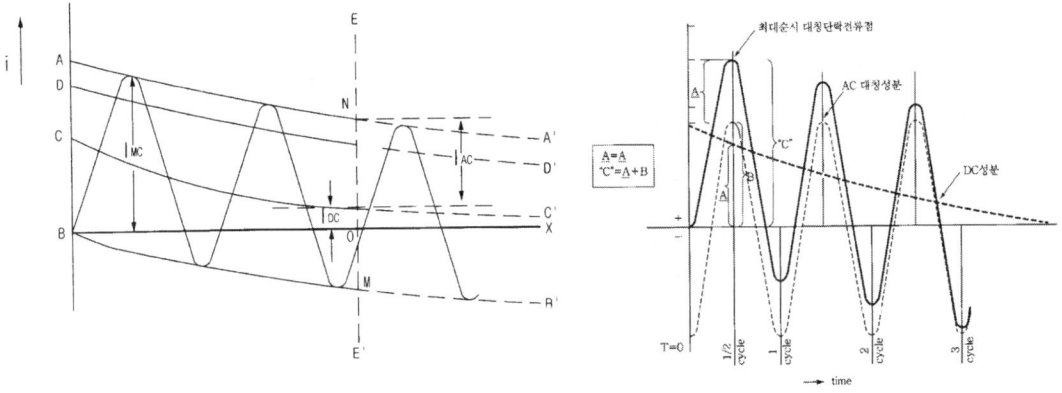

[그림] 단락전류 차단 시 차단전류와 직류성분전류(IEC)　　[그림] 고장전류의 시간에 따른 변화 형태

7. 고장전류 계산

1. 고장전류 계산 FLOW
   1) 단선결선도 준비, 검토
   2) 자료수집 및 임피던스 변환
   3) 임피던스 합성
   4) 고장전류 계산

2. 고장전류계산
   ### 1) 기준용량(Base)선정
   각 선로와 계통(전원, 변압기 1·2차)의 임피던스와 각각의 용량이 다르므로 통일된 고장전류의 계산을 위해 기준용량을 선정한다.

   $$전원\ \%Z = \frac{BASE}{전원용량} \times 100(\%)$$

   $$변압기\ \%Z = \frac{BASE}{TR용량} \times \%Z(환산전)$$

   $$선로\ \%Z = \frac{P[kVA] \cdot Z}{10 \cdot kV^2}$$

   ### 2) 고장전류크기
   최대치는 3상 단락전류, 최소치는 선로말단의 2상단락전류(3상의 86.6%)

   ### 3) 단락전류

   $$I_s = \frac{P \times 100}{\sqrt{3} \cdot \%Z \cdot V} \ \ 또는\ \ I_s = \frac{100 \times I_N}{\%Z} \ \left(I_N = \frac{P}{\sqrt{3} \cdot V} \right)$$

   $$3상\ 차단기\ 용량\ \ P = \sqrt{3}\ VI_s\ [MVA]$$

   V : 정격전압[kV]
   I_s : 단락전류[kA]

4) 지락전류

$$I_g = \frac{3E_a}{Z_0 + Z_1 + Z_2 + Z_f} = \frac{3 \times 100}{Z_0 + Z_1 + Z_2 + Z_f} \times \frac{BASE}{\sqrt{3} \times V}[A]$$

5) 충전전류

$$I_c = 2\pi f C_0 \frac{V}{\sqrt{3}}\,[A]$$

C_0 : 정전용량$[\mu F/km]$

8. 단락전류 대책

1. 개요

1) 단락전류는 수용가에서 발생할 수 있는 가장 큰 고장전류로서, 수변전설비 계획 시에 단락전류를 미리 예측하여 적절한 보호계통의 구성과 단락전류를 반영한 차단기 용량을 선정해야 한다.

2) 수용가에서 발생할 수 있는 사고는 1선 지락사고가 가장 많고, 가장 큰 고장전류 3상 단락사고이다. 보호계통의 검토 시는 고장전류 중 가장 큰 3상 단락전류를 기준으로 보호계통을 검토해야 한다.

3) 단락전류에 비해 차단기의 차단용량이 부족하면 차단기의 기능상실(차단용량의 1배) 및 파괴(차단용량의 2배)가 발생할 수 있다(일본 JEAG).

2. 단락전류 고려사항

1) **고압회로의 경우**

   ① 배전전압 증대, 변압기의 뱅크수 증가, 한류형 퓨즈사용 등의 방법 등으로 단락전류 대책을 수립할 수 있다.

   ② 단, 고압회로 차단기의 정격차단전류(kA)를 초과하지 않도록 하고, VCB의 kA를 초과할 경우 GCB를 사용하거나 각 Maker 제품을 검토해야 한다.

2) **저압회로의 경우**

   ① 계통분리, 변압기 %Z 조절, 한류리액터 설치, Cascade 보호방식, 계통연계기 사용 등의 방법으로 단락전류 대책을 수립할 수 있다.

   ② 저압회로에서는 단락전류가 매우 크지만, 전압이 작으므로 고압보다는 비교적 용이하게 단락전류를 차단할 수 있다. 하지만 단락사고가 가장 많이 발생하는 부분은 저압측이므로 적절한 대책을 수립해야 한다.

3) **실무적 단락전류의 검토**

   ① 일반적인 수용가에서는 대부분의 수변전설비 계통은 검증된 표준적인 계통을 많이 사용하므로 한시차 계전방식과 주보호, 후비보호를 같이 적용하고 있다.

   ② 그래서 대부분의 수용가에서는 단락전류를 산정하여 차단기의 차단용량의 선정에 중점을 두고 있다.

   ③ 현재는 소규모 수용가는 수작업으로 단락전류를 산정하지만, 중대형규모의 수용가에서는 단락전류 계산을 컴퓨터프로그램(EDUSA, ETAP, POWER TOOLS 등)을 사용하여 계산한다.

④ 즉 일반적인 수용가에서는 아래와 같은 대책은 거의 세우지 않고, 차단기의 차단용량산정에 중점을 둔다. 하지만 대규모수용가, 대형공장, Plant 등의 설비에서는 별도의 단락전류대책을 세워야 한다.

3. 단락전류의 문제

정전, 전자 및 전기기기의 고장, 기기의 절연 파괴 및 절연특성 저감, 전력품질의 신뢰도 저하

4. 단락전류 대책

1) 계통분리

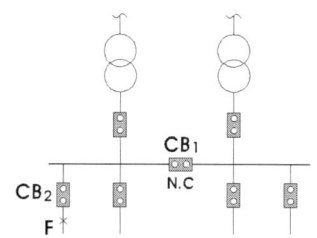

① 변압기 또는 발전설비를 병렬운전하는 경우에 단락 시 계통을 신속히 분리하여 부하측의 단락용량을 저감시키는 방식이다.

② 부하 측 고장 시 주 모선에서 다른 회로와 먼저 분리하고, 고장회로의 차단기를 개방하는 한시차적 단락전류 억제 방식이다. 즉 F점 고장 시 신속히 CB1점을 먼저 분리하고 CB2점을 개방하는 방식이다.

③ 각 차단기 등의 단락용량이 경감되어 약간의 비용이 절약된다.

④ 다만 보호협조 및 인터록 회로가 복잡하며, 계통분리가 완료되고 회로의 차단기가 동작할 때까지 단락전류에 의한 피해가 발생한다.

⑤ 송배전계통에서는 적용이 가능한 방법이지만, 일반 수용가에서는 계통분리보다 신속한 차단에 중점을 두고 있다.

2) 한류퓨즈

① 한류퓨즈를 사용하여 단락전류 파고치에 도달 전에 고장전류를 억제하고, 가장 신속히 (0.5 Cycle) 차단시키는 차단기이다.

② 다만 재투입이 불가능하고, 과부하영역에서는 사용이 어렵고, 차단 시 과전압이 발생한다.

3) 변압기 % 임피던스 변경

① 변압기의 % 임피던스를 크게 하여 단락전류를 경감하는 방식이다.

$$\text{단락전류 } I_s = \frac{Q \times 100}{\sqrt{3} \cdot \%Z \cdot V} \text{ 또는 } I_s = \frac{I_N}{\%Z} \left(I_N = \frac{Q}{\sqrt{3} \cdot V} \right)$$

② 기존에 사용하는 변압기를 단락전류 대책으로 %Z를 변경하기는 어렵다.

③ 수변전설비의 계획 시에 단락전류 계산한 경우, 단락전류의 과다로 인하여 적합한 차단기 선정이 어려울 때 변압기의 %Z를 다소 크게 하여 단락전류를 감소시킬 수 있다.

④ 표준변압기의 %Z (22.9kV/380-220V)

변압기용량(kVA)	100, 200, 300, 400, 500, 600, 750	1000, 1250, 1500	2,000	2,500	3,000
%Z	6%	7%	7.5%	8%	8.5%

4) 변압기 Bank 구성

① 변압기를 1 Bank 구성을 2 Bank 이상으로 구성하여 계통의 단락용량을 저감하는 방식이다.

② 단락전류용량 저감효과는 매우 우수하지만, 비용과 설치면적 등이 매우 증가하는 문제점이 있다.

③ 1 Bank와 2 Bank 비교

구분	1 Bank (7500kVA, 3.3kV)	2 Bank (4000kVA×2, 3.3kV)
차단용량	$I_s = \dfrac{7500 \times 100}{\sqrt{3} \times 7 \times 3.3} = 19\,kA$	$I_s = \dfrac{4000 \times 100}{\sqrt{3} \times 7 \times 3.3} = 10\,kA$
케이블 굵기	$200\ mm^2$	$100\ mm^2$
변성기 과전류 강도	31.5 kA	16 kA
경제성 및 설치면적	매우 경제적이고, 설치면적이 작다.	비용이 많이 소요되고, 설치면적이 크다.
단락전류	단락전류가 매우 크다.	단락전류가 매우 작다.

5) 한류리액터(current limiting reactor)

① 기존 수변전설비의 변압기용량 증설 등으로 인하여 차단용량이 증가한 경우 차단기를 교체하거나 한류리액터를 설치하여 단락용량을 억제할 수 있다.

② 수변전설비 계통에서 모선 또는 선로 도중에 직렬로 리액터를 설치하여 단락전류를 억제한다.

③ 다만, 전압변동·전력손실·무효전력 증가로 전구수명저하 및 전동기 기동을 하지 못하는 문제점이 있다.

④ 일반수용가에서는 적용하기에는 부하에 미치는 영향이 커서 거의 사용하지 않고, 대부분 발전소이나 송배전 계통에서 리액터 방식으로 많이 사용하고 있다.

※ **리액터의 종류**

1. 한류리액터(Current limiting reactor): 계통에 직렬로 설치하여 단락전류 제한 및 차단기의 차단용량저감 효과 있다.
2. 분로리액터(Shunt reactor): 선로의 진상분에 충전전류를 완화할 수 있어 송배전 선로에 심야 경부하 시 페란티 현상을 방지하기 위하여 계통에 병렬로 설치한다.
3. 전동기 리액터기동: 유도전동기 기동 시 기동전류를 억제하기 위하여 리액터를 사용한다.
4. 소호리액터: 송배전 선로의 지락 사고 시 아크를 소멸시키는 기능이 있다.

6) 캐스캐이드(Cascade) 보호방식

① 분기회로 차단용량을 작게 하고, 주회로의 차단용량을 크게 하여, 분기회로에서 고장발생 시 주회로의 차단기가 후비 보호하는 방식이다.

② 분기회로의 차단기의 차단용량이 작아져 경제적이지만, 분기회로 고장 시 주회로 전체 전원이 차단되는 전체 정전 현상이 발생하여 근래에는 거의 사용하지 않는 방식이다.

③ 즉, 부하 측 회로 단락사고 시 메인차단기인 FUSE가 부하 측 MCCB보다 먼저 차단되는 후비 보호방식이다. MCCB의 단락용량이 경감될 수 있다.

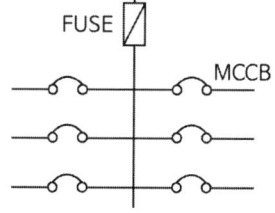

7) 계통연계기

① 계통연계기는 L과 C의 조합인데, 평상시는 LC직렬공진 회로를 만들어 전류를 통과시키고, 단락 시는 싸이리스터 스위칭 작용으로 LC병렬공진 회로가 되어 고임피던스로 단락전류를 억제한다.

② 계통연계기는 무효전력도 제한없이 통과시키고, 한류리액터처럼 전압변동의 문제도 없고, 정전범위의 축소, 계통구성의 강화 등의 장점이 있다.

③ 다만 일반수용가에서는 비용적인 문제로 거의 사용되지 않고, 송변전계통에서 주로 사용한다.

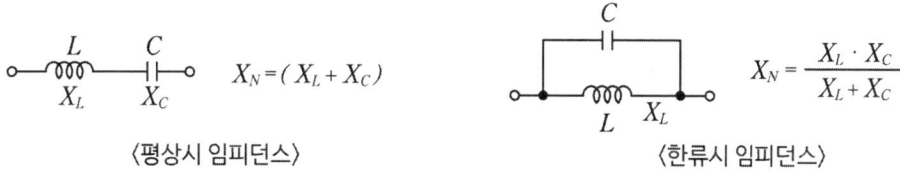

[그림] 계통연계기 원리

8) 초전도 한류기(SFCL · Superconducting Fault Current Limiter)

① 기존의 보호 차단기의 문제들을 해결하는 신개념의 보호 기기로, 1/4 Cycle 이내에 사고전류를 제한함으로써 차단기의 용량 증대 효과와 선로 증설 감축, 전력 기기 기준 완화 등을 가능케 하여 전력 계통의 유연성, 안정도, 신뢰도를 획기적으로 개선한 기기이다.

② 초전도현상을 이용하여 상시에는 저항 '0'으로 유지하여 평상시 전류는 제한 없이 통전하고, 단락사고 시는 초전도 소자의 임계전류값 이상의 전류가 흐르면서 초전도 현상을 잃게 되는 퀀치(Quench) 현상으로 인한 큰 임피던스를 발생시켜 사고전류를 제한한다.

③ 사고전류 제한 후에 0.5초 이내에 다시 초전도 상태로 복귀되는 회복능력도 우수하며, 구조가 간단하고 기존 기기의 교체 없이도 적용이 가능하다.

9. 초전도 전류제한기기

1. 상 변화 응용방식

1) 저항형 한류기(SFCL)
① 고장으로 큰 전류 흐르면 퀸치(Quench) 현상으로 큰 임피던스를 발생시켜 고장전류를 제한한다.
② 교류에서 적용이 가능하고, 고전압·대전류 기기로 개발되고 있다.

2) 논리소자
① Josephson효과를 이용한 고속 논리소자이다.
② 직류에서 적용이 가능하고, 정밀기술 및 반도체 기술에 응용 가능하다.

2. 초전도체 한류기의 종류별 특징

1) 저항형 한류기
① 저항형 한류기는 구조가 간단하지만 충분히 많은 양의 초전도체를 사용한다.
② 초전도체에 고장전류가 흐를 때 초전도성을 잃어 저항이 발생하는 성질을 이용해 고장전류를 억제한다.
③ 초전도체를 일정한 온도 이하로 냉각하면 저항은 0이 되어 많은 전류가 흘러도 열이 발생하지 않으나, 전류가 과도하게 많이 흘러 일정한 값을 넘으면 초전도성을 잃어 저항이 급속하게 발생하게 된다.
④ 과도전류가 흐를 때 초전도체의 고유성질에 의해 선로에 저항이 급격히 투입되어 전류를 제한하게 된다.

2) 자기차폐형 한류기
① 자기차폐형 초전도 한류기는 철심의 1차 측에 AC코일을 감아 선로에 연결하고, 2차 측에 초전도 링 또는 튜브를 설치하여 구성한다.
② 초전도체는 초전도상태에 있을 때에는 초전도체 내부의 자기장이 0이 되며, 초전도성을 잃고 상전도 상태가 되면 자기장이 생기지 않는다.

3) 포화철심형 한류기
① 포화철심형 초전도 한류기는 한 쌍의 철심 한쪽에 AC 코일을 감아 선로에 연결하고 반대쪽은 DC 코일을 감아 DC회로에 연결해 구성이 된다.
② DC 코일에 전류를 인가해 철심이 포화되도록 하면 임피던스가 작고, 고장전류가 흐를 때에는 임피던스가 커져 전류를 제한하게 된다.

10. 저압회로의 단락(과전류)보호 방식

1. 개요

1) 저압회로의 단락보호방식 또는 과전류 보호방식은 회로의 고장 시에 회로를 차단할 수 있는 차단기의 종류, 회로의 구성 등에 따라서 구분될 수 있다.

2) 일반적으로 계전기와 차단기 등은 과전류검출과 단락전류검출 원리가 동일하여, 과전류 보호와 단락전류 보호를 겸하여 사용하고 있다.

3) 저압전로에 시설하는 과전류차단기는 단락전류를 차단하는 능력을 가진 것으로 해야 하며, 다만 단락전류가 10 kA 이상 시 MCCB를 설치하고, Cascade 차단방식인 경우에는 제외할 수 있다.

2. 단락보호기

1) 실무적으로는 ACB, MCCB, 한류형퓨즈, 전자개폐기 등

2) **보호장치의 종류**

① 과부하전류 및 단락전류 보호장치

과부하 및 단락 보호는 그 지점의 예상 단락전류 이상의 과전류를 차단할 수 있는 능력을 가진 것으로 한다.

(과부하제거기능을 포함한 차단기, 퓨즈와 조합한 회로차단기, G특성 퓨즈)

② 과부하전류 보호장치

과부하 보호장치는 반한시형 보호장치로서, 그 지점에 예상 단락전류보다 작게 할 수 있다.

③ 단락전류 보호장치

- 단락보호 경우는 예상단락전류 이상의 단락전류를 차단할 수 있어야 한다.
- 단락 제거 기능을 갖는 회로차단기, 저압퓨즈가 있다.

3. 저압회로의 단락(과전류)보호 방식

1) **선택 차단방식**

① 수변전설비 보호방식으로 가장 많이 적용되는 방식으로 고장 시 고장회로만 차단시키고, 나머지 회로는 계속 전원을 공급하는 방식이다.

② 분기회로에서 고장발생 시 분기회로 차단기는 주회로 차단기보다 먼저 동작해야 한다.

2) **Cascade 차단방식**

① 분기회로 차단용량을 작게 하고, 주회로의 차단용량을 크게 하여, 분기회로에서 고장발생 시 주회로의 차단기가 후비 보호하는 방식이다.

② 분기회로의 차단기의 차단용량이 작아져 경제적이지만, 분기회로 고장 시 주회로 전체 전원이 차단되는 전체 정전 현상이 발생하여 근래에는 거의 사용하지 않는 방식이다.

3) 전용량 차단방식

① 모든 차단기는 설치지점에서 발생할 수 있는 모든 고장전류를 차단할 수 있는 차단용량을 갖는 차단기를 설치하는 방식이다.

② 가장 이상적인 보호방식으로, 근래에는 가격대비 차단기의 성능이 우수하여 대부분의 수용가에서는 전용량 차단방식에 해당된다.

구분	전용량 차단방식	케스케이드 방식
회로구성	MCCB / MCCB	FUSE / MCCB
특징	• 매우 안정적이다. • 분기회로 차단기의 차단용량이 크다. • 분기회로 차단 시 다른 회로는 전원공급이 가능하다.	• 매우 경제적이다. • 분기회로 차단기의 차단용량이 작다. • 분기회로의 단락 시 주회로 차단으로 전체 계통의 전원을 차단한다.
경제성	고가이다.	저렴하다.
신뢰성	신뢰성이 높다.	신뢰성이 낮다.

[표] 전용량차단방식과 케스케이드 방식

11. 저압용 단락보호기의 종류와 특징

1. 단락보호기의 정의

검출, 판정, 동작부가 별도로 된 고압회로의 보호와는 달리 저압보호기능이 일체화된 ACB, MCCB, 저압 FUSE, 전자개폐기 등이 있다.

2. ACB

1) 공기 중의 자연 소호 방식
2) 고정형, 인출형, 수동조작형, 전동기 조작방식
3) 정격차단용량: 단락 후 반사이클 동안 단락전류를 기준으로 하는 정격차단전류로 표시
4) 과부하 트립장치: 순시, 단한시, 장한시의 동작시한을 가짐
5) 순시트립장치(단락보호)

3. MCCB

1) 소호장치, 트립장치 등이 절연물 용기 내 수납
2) 트립기구(과부하 보호용, 단락보호용)
3) 한류형 배선용 차단기

4. 저압FUSE

1) FUSE의 한류특성과 용단특성을 이용하여 전로의 단락 보호
2) 차단용량이 적은 보호기의 후비보호 및 말단부하 보호에 적합
3) 결상, 반복사용 불가, 고속도 차단, 온도영향 등에 주의

5. 전자개폐기

1) 전자 접촉기 + 열동계전기 또는 EOCR과 조합하여 사용
2) 부하의 빈번한 개폐 및 과부하 보호용으로 단락사고 시 후비 보호로는 MCCB 또는 FUSE에 의해 보호

12. GPT의 중성점 불안정 현상

1. 개요

PT, GPT에서 중성점 불안정 현상은 중성점이 계통의 혼란, 전기적 충격 단선 등으로 인해 철공진을 일으키는 과도 진동이 정상진동으로 이행되는 현상으로 계기용변압기 특이현상 중 하나이다.

2. 불안정현상의 발생

1) 전기충격에 의한 PT애자 전압이 높아져서 철심이 포화되기 때문에 방향성 돌입전류가 흐르게 되고 이것이 다른 상의 대지전압을 높여 다음 2상의 PT가 포화된다.
2) GPT의 대지용량과 관련하여 주기적으로 포화, 무포화를 반복하여 중성점이 진동하기 때문이다.

3. 중성점 불안정 발생원인 및 현상

1) 발생원인

① 전력계통이 비접지계 계기용변압기를 접지한 경우
② 전력계통이 접지계일 때 일시적으로 계통분리에 의하여 전력계통이 비접지계로 되는 경우
③ 계기용변압기의 2차 부담이 극히 적을 때 전력계통에 갑자기 전압이 인가되거나 1선 지락사고의 복귀와 같은 전기적인 충격에 의한 전력계통의 혼란
④ 차단기, 개폐기 단로기의 개방 또는 FUSE용단과 같은 선력계통의 난선

2) 현상

① 1선 대지전압이 정상전압의 2~3배까지 상승함
② GPT에는 상시 여자전류의 수십 배에 달하는 이상전류가 흐름

4. 대책

1) GPT의 부담을 적절히 선정한다.

2) OPEN 델타 방식을 적용하여 적정용량의 CLR을 삽입한다.

   (1) 전압별 CLR 등가저항 및 용량

   ① 등가저항
   - 3.3kV 50[Ω]: $Rn = n^2 Re/9 = ((3,300/\sqrt{3})/(190/3))^2/9 \times 50 = 5,000[\Omega]$
   - 6.6kV 25[Ω]: $Rn = n^2 Re/9 = ((6,600/\sqrt{3})/(190/3))^2/9 \times 25 = 10,000[\Omega]$

   ② 정격용량
   6.6kV: $P_r = V_0^2/R_n = 190^2/25 = 1,444[W]$
   ∴ 2[kW]의 CLR 선정

   (2) 구성 및 기능

구성	기능
	• SGR에 필요한 유효전류 발생 • GPT 3차의 제 3고조파 발생분 흡수 • 비접지 회로의 이상현상 방지 • GPT 자체의 철공진 현상 발생 방지

모아 전기응용기술사

Chapter 11

감전보호

1. 전격 및 감전사망

1. 전격

1) 전격의 정의
① 전격(Electrical Shock)이란 전류가 인체를 통과하였을 때 발생하는 인지적인 또는 물리적인 현상으로 2차적 재해가 더 많이 발생한다.

② 인체에 전류가 흐르면 호흡 정지 및 심실세동에 의한 사망·골절 등이 발생한다.

2) 전격의 원인(인체의 감전형태)
① 충전부에 직접 접촉

② 고압선로의 절연파괴 감전

③ 누전된 전기기기 외함에 접촉

④ 콘덴서·케이블의 잔류전하에 의한 감전

⑤ 보폭전압·접촉전압에 의한 감전

⑥ 송전선의 정전유도 또는 전자유도 전압 감전

⑦ 회로의 오조작 또는 발전기 기동, 낙뢰에 의한 감전 등

2. 감전사망 메커니즘

1) 심장부 통전: 호흡기능 정지

2) 뇌의 호흡 중추신경 통전: 호흡기능 정지

3) 흉부의 통전: 흉부 수축 및 질식

4) 2차적 재해

　① 전격에 의한 전도 및 추락

　② 전류 장시간 통전 시 체온의 상승 또는 화상

　③ 아크에 의한 화상 및 시력의 손상

※ **전류크기에 대한 인체 영향**
1mA 정도: 최소감지전류
10mA 정도: 상해발생
100mA 정도: 치사전류한계
1000mA 정도: 심장일시정지

3. 전격·감전의 영향요인(결정요인)

1) 통전전류의 크기
① 전격에 가장 큰 영향을 주는 요인, 감전 시간과 비례하여 영향력 증가한다.

② 10 mA 이상일 시 상해가 발생하고, 1 A 이상일 시 심장이 일시적으로 정지한다.

③ 인체에 전압이 인가되어도 전류 통전이 없으면 전격발생이 없다.

2) 전원의 질
   ① 직류보다 교류가 더 위험하다. 고주파수보다 저주파수가 더 위험하다.
   ② 전압보다 전류가 더 위험하다. 전압이 높을수록 쇼크로 인한 2차 재해가 더 위험하다.
   ③ 인체는 50~60 Hz인 교류전류에 가장 취약하다. 100 mA 정도가 치사전류 한계이다.

3) 통전경로
   ① 인체의 통전경로에 따라 인체의 내부저항이 달라지고, 신체장기에 미치는 위험도가 다르다.
   ② 심실세동은 심장을 통한 감전경로가 형성된다. 기타 경로는 쇼크로 인한 2차 재해가 크다.

4) 통전 시간
   ① 전격에 의한 위험은 통전 시간에 비례하여 증가한다.
   ② 통전 시간 증가 시 열에너지가 축적되어 인체 내부 조직의 괴사증가 및 신경회로 손상된다.
   ③ 위험전류의 한계는 Dalziel과 Koeppen의 이론이 있다.

5) 인체의 감전조건
   ① 인체의 저항은 감전전류 크기를 결정하는 가장 중요한 요인이다.
   ② 피부 건조 시와 습할 경우 피부저항이 100배 이상 차이가 나며 전격의 직접적 원인이 된다.
   ③ 노인보다 어린이가 위험하고, 남자보다 여자가 더 위험하다.

6) 주위환경(기타)
   충전부에 접촉된 상태, 대지면에 접촉된 상태, 자연 기후조건 등

4. 전격의 대책

1) 전기설비의 점검을 철저히 한다. 전기기기 및 설비의 정비를 한다.
2) 전기기기 및 설비의 위험부에 위험 표지를 설치한다.
3) 전기기기 및 설비의 외함에 보호접지를 실시한다.
4) 충전부에 절연보호의 설치 또는 전로를 절연화한다.
5) 노출형 기기를 밀폐화(옥내화, 큐비클화, GIS화)한다. 누전차단기를 사용한다.
6) 이중 절연기기를 사용한다.
   - 기능절연
     기기 본래의 기능에 필요한 절연으로 감전에 대해서 기본적인 의무가 있는 절연
   - 보호절연
     기기의 기능절연 파괴에 의한 감전을 방지하기 위하여 기능절연 위에 설치한 독립된 절연

7) 절연변압기의 사용에 의한 비접지식 전로를 채용한다.
- 절연변압기 2차 전압을 250 V 이하, 3 kVA 이하로 한다.
- 병원의 Isolation Tr은 7.5 kVA 이하로 한다.

2. 인체의 감전 및 허용전류 한계

1. 인체의 허용전류 한계

1) Dalziel의 감전사고 위험도

① 심실세동을 일으키지 않고 안전하게 통전하는 전류의 한계의 실험식이다.

$$I^2 T = K\,[\text{일정}], \quad I = \frac{K}{\sqrt{T}},\ I_{70} = \frac{0.157}{\sqrt{T}}\ [mA]$$

여기서, K: 비례상수로 몸무게 비례
  K_{50}: 0.116
  K_{70}: 0.157

② 몸무게 50kg, 70kg인 사람을 기준한 인체허용전류이다. 감전전류 적용 시에는 일반적으로 70kg의 사람을 기준으로 계산을 한다.

③ 이 식은 57.4 kg의 양이 치사확률 0.5%일 경우를 기준으로 하였으며, IEEE를 채택하였다.

④ 통전 시간이 1초이면 한계치는 116 mA이다.

2) Koeppen의 감전전류 안전한계

① 실험식의 상수 K값을 50으로 제한하고 있다.

$$IT = K\,[\text{일정}]$$

여기서, K: 상수 I: 인체통과 전류(mA) T: 상수

② 통전 시간이 1초이면 한계치는 50 mA 이다.

3) 한계 허용전류 산정 시 주의점

① 인체 허용전류는 주파수, 인체저항, 연령, 성별, 나이 등에 따라 다르다.

② 접지설계, ELB 정격감도 및 동작시간의 선정, 접촉·보폭전압 등의 선정 시 참고자료가 된다.

2. 심실세동의 요건

1) 통전 시간과 전류의 크기

① 동물적 실험식으로 통전 시간과 전류의 관계식은 $I = \dfrac{157}{\sqrt{t}}\ [mA]$

여기서, 통전 시간이 1초이면 157mA, 0.5초이면 222mA이다.

② Dalziel의 감전사고 위험도 계산치의 약 270% 정도에서는 확실한 심실세동이 발생한다.

2) 위험한계 에너지

① 인체저항 1,000 Ω인 경우

$$W = I^2 R T = \left(\frac{0.157}{\sqrt{T}}\right)^2 \cdot R \cdot T = \left(\frac{0.157}{\sqrt{T}}\right) \times 1000 \times 1 = 24.6 \, [J]$$

② 피부건조 시 1,500 Ω, 습기 시 500 Ω인 경우

$$W = \left(\frac{0.157}{\sqrt{T}}\right) \times 500 \times 1 = 12.3 \, [J], \quad 2.9 \, [cal]$$

> ※ 전격의 위험에너지 한계
>
> 인체가 전격시 위험한 경우는 심실세동의 경우로서 심실세동전류는 $\left(\frac{0.157}{\sqrt{t}}\right)^2 [A]$로 표현된다.
>
> 이때의 운동에너지 $W = I^2 R T = \left(\frac{0.157}{\sqrt{T}}\right)^2 \times 500 \times T = 12.3 \, [W \cdot \sec] = 12.3 \, [J]$으로, 인체의 저항은 최저값인 500 Ω을 적용한다.

3) 전원의 질

4) 주변환경 및 기타

3. 통전전류와 인체의 방응(생리적 현상)

1) 최소감지전류(Perception current)

① 전류를 '0'에서부터 증가 시 고통 없이 전류를 느낄 때의 값이다.

② 성인 남성은 상용주파수 교류에서 약 1mA 정도이다. 여자는 약 2/3 정도이다.

③ 신체 중 가장 민감한 부분은 안구 $20\mu A$, 혀 $45\mu A$ 이다.

④ 저주파수가 더 위험하고, 직류의 경우 교류의 5배 정도(5.2mA), 2차적 재해 발생 우려가 있다.

2) 가수전류 & 불수전류(마비한계전류)

① 전류 증가 시 고통발생하고 어느 한계 이상에서는 이탈하는 것이 불가능하다.

② 가수전류(Let go Current): 인체가 자력으로 이탈할 수 있는 전류(교류: 이탈전류, 직류: 해방전류)

③ 불수전류(Freezing Current): 인체가 자력으로 이탈할 수 없는 전류

구분(男 경우)	가수전류(mA)	불수전류(mA)
직류	62	74
교류(60Hz)	9	16

3) 고통한계 전류
① 전류 증가 시 참을 수 있는 한계 전류이다.
② 상용주파수 교류에서 성인남자 경우 7~8 mA 정도이다.

4) 심실세동 전류
① 감전에 의해서 심장이 주기적인 수축운동 기능을 상실하고 미세하게 떠는 현상이다.
② 혈액의 순환 기능을 상실하여 사망한다.

5) 기타 생리적 반응
① 고온증
- Joule 열에 의해 체온상승하여 조직이 손상되거나 기능을 상실한다.
- 고주파수 전류에 의해 유전체손실과 표피효과 등이 있어서 고온증을 유발한다.

② 실신
- 전격에 의해 의식불명에 빠지는 것을 말한다.
- 최소 2~3분, 최대 20~30분 두통, 권태감 이외 특별한 경우 후유증은 없다.

6) 통전전류에 따른 인체의 반응

4. 감전사고의 특징

1) 인체의 전기적 특성

구분	전류의 크기[mA]	인체의 반응
최소 감지전류	1 mA 정도	자극을 느끼는 정도
이탈 한계전류	16 mA	근육수축, 경직, 이탈 불가능
심실 세동전류	100~1000 mA 이상	심근팽창, 수축. 정지, 사망

2) 의료쇼크(Micro shock & Macro shock)

3) 통전전류 영향

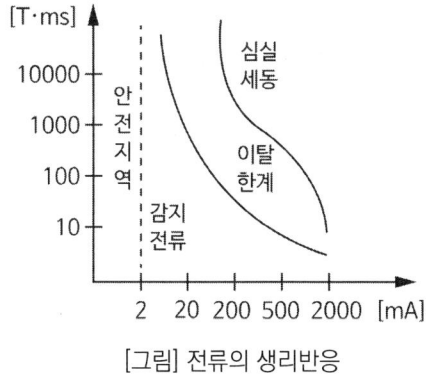
[그림] 전류의 생리반응

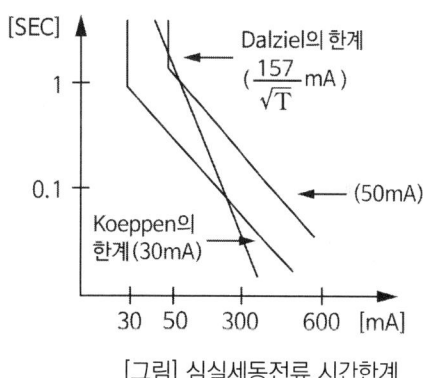
[그림] 심실세동전류 시간한계

3. 인체 저항과 감전

1. 인체의 저항

1) 인체의 등가적 회로

① 독일의 플라이벨거의 등가회로는 피부저항과 내부저항으로 나타낼 수 있다.

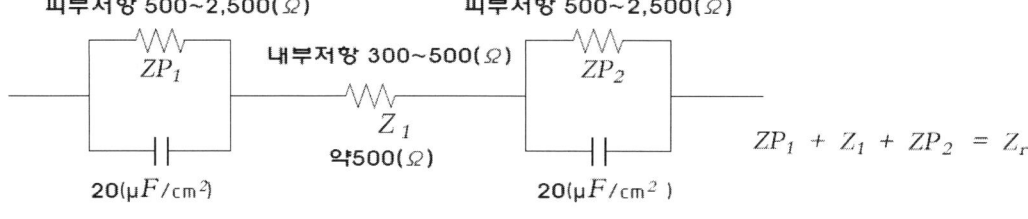

[그림] 인체의 등가적 회로

② 직류 감전 시는 저항값 고려하고, 교류감전 시는 임피던스를 고려한다.
③ 인체의 각부는 전류에 대해 저항분과 용량분으로 구분되는 임피던스를 가지고 있다.

2) 인체 각 부분의 저항

① 인체저항은 피부의 젖은 정도와 인가전압 등에 의해 크게 변화한다.

② 인가전압이 높을 시는 약 500 Ω 정도가 된다.

③ 건조 시와 비교하여 피부에 땀 있는 경우: $\frac{1}{12} \sim \frac{1}{20}$

  물에 젖어 있는 경우: $\frac{1}{25}$

④ 전격의 정도 결정 시는 최악을 가정하여 인체저항을 500 Ω, 미국의 경우는 1,000 Ω 정도가 된다.

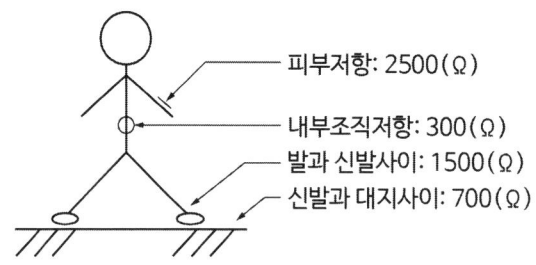

[그림] 인체 부분의 저항(전체저항 약 5,000Ω)

> ※ **인체의 임피던스(KS C IEC 60364-5)**
> 일반적인 상황(건조 또는 습한장소)에서는 허용접촉전압을 결정하기 위한 인체의 전기적 임피던스 Z는 다음 식으로 계산한 값을 고려하여 결정한다.
> $Z = 1,000 + 0.5\,Z_{95\%}\,[\Omega]$
> 여기에서 1,000: 신발(양쪽 발)과 바닥 양쪽을 고려해 선정한 값
> $\qquad\quad Z_{95\%}$: 인구의 95% 이상이 이 값을 상회하는 인체의 임피던스[Ω]
> $\qquad\quad$ 0.5: 한 손과 양발 사이의 접촉에 대해 양손, 양발의 이중접촉을 고려한 값

3) 피부의 전기 저항

① 피부는 전기저항이 가장 크지만 손·등·턱·볼·정강이 부분은 저항이 매우 작은 피접점이 존재한다.

② 피접점 크기는 $1\sim2mm^2$ 정도이고, 전기저항은 주변의 1/10 정도이다.

③ 습기에 의한 전기저항 변화는 건조 시와 비교해야 한다.

④ 접촉면적과 접촉압력이 클수록 저항이 감소한다.

⑤ 인가전압이 높을수록 인체저항이 감소하고, 1 kV 이상 시 피부 절연이 파괴된다.

4) 내부조직의 저항변화

Joule 열에 의해서 인체조직은 온도상승에 의해서 저항치가 약간 낮아진다.

4. 인체의 감전 시 전기적 특성

1. 전기의 위험성

1) 전기는 눈에 보이지 않고 소리 또는 냄새도 맡을 수 없을 뿐만 아니라 손으로 확인할 수도 없기 때문에 전기적 위험의 감지는 상당히 어렵다.
2) 감전재해는 다른 재해에 비하여 발생률이 낮으나 일단 재해가 발생하면 호흡정지, 심장 마비, 근육수축 등의 신체기능 장해와, 고소작업 시 추락 등으로 인한 2차재해가 발생한다.

2. 전기에 관한 각종 재해

1) 가장 빈도수가 높은 것이 감전이다. 감전은 전격에 의한 재해이며, 이는 인체의 일부 또는 전체에 전기가 흘렀을 때 인체 내에서 일어나는 생리적인 현상이다.
2) 인체의 반응 및 사망의 한계는 그 속성상 인체실험과 검증이 어렵다. 또한 인간의 다양성, 재해 당시의 상황변수 등으로 인하여 획일적으로 정하기는 어렵다.
3) 인체의 감전 시 그 위험도가 비교적 일치하고 있는 사항은 통전전류의 크기, 통전 시간, 통전경로, 전원의 종류 등이다.

3. 감전재해 발생원인

1) 피복이 벗겨진 상태의 전선이나 전기설비에 직접 접촉이 되는 경우
2) 기기의 결함 등으로 누전된 전기설비의 외함, 철구조물에 접촉되는 경우
3) 고전압 부위에 인체가 근접되어 공기의 절연파괴로 감전 또는 화상을 입는 경우
4) 낙뢰로 인하여 전기에너지가 인체를 통해 방전되는 경우

4. 인체 감전 시 전기적 특성

1) 인체에 대한 전격의 영향

(1) 전기신호가 신경과 근육을 자극해서 정상적인 기능(호흡정지·심실세동)을 저해한다.
(2) 전기에너지가 생체조직의 파괴, 손상 등의 구조적 손상을 일으킨다.

2) 통전전류에 의한 영향

(1) 감전에 의한 사망의 위험성은 보통 통전전류의 크기에 의해 결정된다.
(2) 인체는 금속체와 같은 양도체로 전류가 잘 통하며, 인체에 전류가 흐르게 되면 아주 작은 전류에서는 아무런 느낌이 없다.
(3) 전류 증가 시 '전류 크기와 시간의 곱($I \cdot t$)'에 따라 전격을 느끼고, 더 증가되면 화상 또는 고통이 발생한다.

3) 심실세동 현상

(1) 통전전류가 심장부근 흐를 시 펄스전압 형태의 이상을 주어 심장제어계의 교란·파괴되어 심장이 불규칙적인 세동(細動)으로 혈액순환이 원활하지 못한 현상을 의미한다.

(2) 즉, 심장의 박동에서 심실의 각 부분이 무질서하게 불규칙적으로 수축하는 상태이다.

(3) 통전전류가 차단되어도 심장박동이 자연적으로 회복되지 못하고 수분 내로 사망한다.

전격	심실세동
• 맥박이 점점 빨라지며 결국 느끼지 못하게 됨 • 피부가 거칠어지고 윤기가 없어짐 • 이마에 식은땀이 흐르며 체온이 떨어짐 • 불안, 초조, 심한 요동을 일으키기도 함	• 후두부 맥박이 정지됨 • 동공이 확대됨 • 눈동자가 불빛에 반응을 보이지 않음

4) 통전경로에 의한 영향

(1) 인체 감전 시의 영향은 전류의 경로에 따라 그 위험성이 달라지며, 전류가 심장 또는 그 주위를 통과하게 되면 심장에 영향을 주어 더욱 위험하게 된다.

(2) 즉 인체에 전류가 통과하게 되면 심장이 전류의 분로역할을 하여 한계전류 이상에서 심실세동이 발생하며 통전경로에 따라서 낮은 전류에서도 심실세동이 발생할 수 있다.

〈전류의 크기에 따른 감전의 영향〉

전류크기	현상
1mA	전기를 느낄 정도
5mA	상당한 고통을 느낌
10mA	견디기 어려운 정도의 고통
20mA	근육수축이 증대로 의지대로 행동 불능
50mA	상당히 위험한 상태
100mA	치명적인 결과 초래

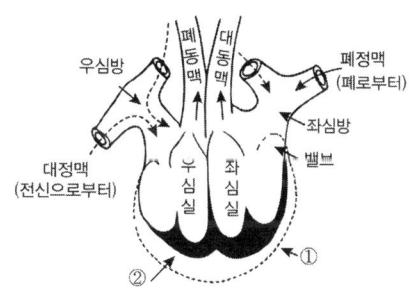

[그림] 심장의 운동 ① 이완, ② 수축

5) 통전경로별 위험도

(1) 왼손과 가슴 간에 53 mA의 전류가 통전되는 것과 양손과 양발 사이에 80 mA의 전류가 흐를 때의 위험도가 서로 동일하다.

(2) 여기에서 "왼손과 가슴"인 경우에는 전류가 심장을 통과하므로 가장 위험하고, 오른손보다는 왼손이 통전경로가 되는 경우에 심장을 통과할 가능성이 높으므로 더 위험하다.

순위	통전경로	Kh
1	왼손 → 가슴	1.5
2	오른손 → 가슴	1.3
3	왼손 → 한발 또는 양발	1.0
4	양손 → 양발	1.0
5	오른손 → 한발 또는 양발	0.8
6	왼손 → 등	0.7
7	한손 또는 양손 → 앉아있는 자리	0.7
8	왼손 → 오른손	0.4
9	오른손 → 등	0.3

※ Kh: Kill of Heart(위험도를 나타내는 계수)

[표] 통전경로별 위험도

5. 전원과 인체의 접촉형태

1) 인체의 감전은 인체와 전원이 어떠한 형태이든 접촉할 경우에 일어나며, 이때 인체를 통과하는 전류가 일정수준 이상이면 전격을 유발하게 된다.

2) 인체의 접촉형태

   (1) 직접접촉

   ① 평상시 충전되어 있는 충전부에 인체의 일부가 직접 접촉하여 전압이 인가되는 형태 발생한다.

   ② 활선작업 중 부주의, 정전작업 중 타인이 전원스위치를 투입 시 자주 발생되는 형태이다.

   (2) 간접접촉

   ① 전선피복의 절연손상 또는 아크 발생에 의해서 발생한다.

   ② 평상시 비 충전 금속제 외함 등에 누전이 되어 있는 상태에서, 인체의 일부가 이 외함과 접촉하여 인체에 전압이 인가되게 되는 형태이다.

   ③ 특히 누전으로 인한 충전상태의 외함과 비 충전상태를 육안상 구분이 어렵고, 특별한 주의 없이 기기 외함과 접촉할 수 있다는 점 때문에 각별한 대책이 필요하다.

출처 대한산업안전협회

5. 감전사고의 특징

1. 감전사고의 특징

1) 전기작업과 직접 관련이 없는 일반작업자에게 많이 발생되고 있다.
   ① 일반작업자의 경우에는 생산설비인 저압전동기의 누전에 의해서 전기작업자의 경우에는 정전 또는 활선, 활선근접작업 시의 안전수칙의 미준수로 발생된다.
   ② 일반적으로 고압이 상대적으로 더 위험하나 실제 재해발생은 고압보다 저압에서 훨씬 많이 발생되고 있는 것으로 나타나고 있다.
2) 결론적으로 현장의 생산설비에서 설비미비와 유지관리 미흡 등으로 인한 누전사고, 그리고 교육 불충분으로 인한 안전수칙 미준수로 인해 대부분의 감전사고가 발생한다고 볼 수 있다.

2. 저압 및 고압에 의한 감전

1) 저압에 의한 감전
   ① 저압감전은 전격의 강도가 약해서 감전의 위험이 경시되는 경우가 많지만 통전경로, 통전시간 또는 작업자의 상태에 따라 치명적인 재해가 발생할 수도 있다.
   ② 특히 고소작업 감전 시 전격으로 인해 추락되어 중상 또는 사망사고가 날 가능성이 많으므로 각별히 주의해야 한다.
   ③ 저압 감전사고는 충전부에 직접 접촉되거나 누전된 기기에 접촉될 경우에 주로 발생하게 되며, 이를 방지하기 위해서는 누전 차단기의 접속, 접지의 실시 등의 조치를 취하여야 한다.

2) 고압에 의한 감전
   ① 고압이상의 전압에 감전되었을 경우에는 중대재해를 면하기가 어렵다.
   ② 고압감전은 불안전행동·착오·무지 등에서 발생하며 고압·특별고압 작업에서 접근거리 이내에 접근하거나 긴 도전성 물체를 이동시키다 일어나는 경우가 많다.
   ③ 고전압에서는 직접접촉 이외에 일정거리 이내에서 섬락에 의해 감전될 수도 있다.
   ④ 일반적으로 직류감전은 화상의 위험이, 교류감전은 근육마비 현상이 있으며, 직류에 비하여 교류에 의한 감전의 위험성이 훨씬 크다.

3. 감전사고 방지의 기본대책

설비의 안전화	작업의 안전화	위험성에 대한 지식습득
• 전로를 전기적으로 절연 • 충전부로부터 격리 • 설비의 적법시공 및 운용 • 고장 시 전로를 신속히 차단	• 보호구 및 방호구 사용 • 검출용구 및 접지 용구 사용 • 경고표지 및 구획 로프의 설치 • 활선접근 경보기 착용	• 기능 숙달 • 교육훈련으로 안전지식 습득 • 안전거리 유지

6. 감전사고의 현장

1. 크레인 팬던트 스위치 수리 중 충전부 접촉 사망

1) 재해발생 개요
① 작업장 바닥에 물기가 많은 염색 작업장에서 크레인 수리작업 중이었다.
② 220V 전압이 충전된 팬던트 스위치 단자부에 손이 접촉돼 감전에 의한 심장마비로 사망한 재해이다.

2) 재해발생 원인
① 염색 작업장의 특성상 바닥에 물기가 고여 있는 등 지면의 저항값이 낮은 상태였다.
② 팬던트 스위치의 전선접속 작업 후 덮개를 덮지 않은 상태에서 전원을 투입하여 충전부가 노출된 조작버튼을 누르며 크레인의 동작방향을 확인하였다.
③ 물기로 인하여 발 부위가 젖은 상태에서 맨손으로 충전부가 노출된 전기설비를 취급하였다.
④ 팬던트 스위치의 조작전압이 220 V로 대지 간 전압이 220 V였다.

3) 감전원인 분석
① 인체에 대한 전기적 절연 보호조치 없이 충전된 팬던트 스위치의 조작 버튼을 누르다가 220V의 전압에 감전되어 심장마비로 사망하였다.
② 감전재해 유형: 인체의 한 부분이 충전부에 접촉되고 다른 한 부분은 지면에 접촉된 경우
③ 통전경로: 팬던트 스위치 버튼 → 오른손 → 심장 → 발 → 대지지면 → 전원변압기 2차측 중성점

4) 전기적 등가회로 및 인체통전전류

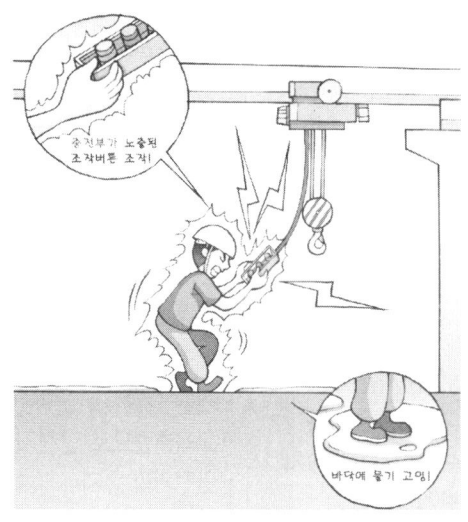
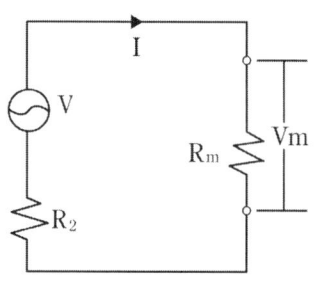

- $I = \dfrac{V_m}{R_m} \ [A]$

- $V_m = \dfrac{R_m}{R_2 + R_m} \cdot V \ [V]$

I : 인체 통전전류
R_m: 인체저항(≒ 1,000Ω)
R_2 : 전원변압기 중성점 접지 저항최대 5Ω
V : 대지 간 전압 220V
V_m : 인체의 인가 전압 219V
　　= 1,000Ω/(1,000Ω+5Ω) × 220V

① 인체통전전류(I) : 219 V/1,000 Ω = 219 mA

② 재해 발생 시 인체 통전전류 219mA가 심실세동전류
(157 mA, 70 kg 기준 이상이므로 심장마비로 사망가능성이 있다.)

5) 재해예방대책

① 크레인의 작동점검은 절연이 확보된 상태에서 실시한다.

② 팬던트 스위치의 수리 후 작동점검은 조립 후 충전부가 노출되지 않은 상태에서 실시한다.

③ 부득이한 경우에는 조작전압의 절연등급에 적합한 절연장갑을 착용하고 작동점검을 실시한다.

④ 충전부 접촉되더라도 심실세동이 발생치 않도록 조작전압을 안전전압(30 V) 이하로 변경한다.

2. 천장 내부의 충전부 노출 전등 배선에 접촉사망

1) 재해발생 개요

① 천장마감재 내부에 설치된 철제 하수배관의 누수부분 수리작업 중이었다.

② 인근의 충전부가 노출된 220 V 전등배선에 목 뒷부분이 접촉되어 감전으로 심장마비로 사망하였다.

2) 재해발생 원인

① 충전부가 노출된 220 V 배선에 대한 절연보강 조치 없이 주변에서 철제 하수배관을 수리하다가 충전부에 신체가 접촉되면서 220 V의 전압에 감전되어 심장마비로 사망하였다.

② 감전재해 유형
인체의 한 부분이 충전부에 접촉되고 다른 한 부분은 접지가 양호한 금속체에 접촉된 경우

③ 통전경로
220 V가 충전된 전등배선 접속부 → 목 뒷부분 → 심장 → 왼손 → 철제배관 → 대지지면 → 전원변압기 2차 측 중성점

3) 전기적 등가회로 및 인체통전전류

 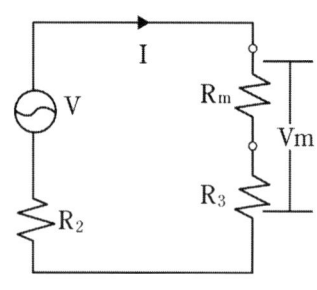

- $I = \dfrac{V}{R_m + R_3 + R_2}$
- 또는 $I = \dfrac{R_V}{R_m}\,[A]$

I : 인체 통전전류
R_m : 인체저항(≒ 1,000Ω)
R_2 : 전원변압기 중성점 접지 저항최대 5Ω
R_3 : 주변 접지체의 접지저항 ≒ 3Ω
V : 대지 간 전압 220 V
V_m : 인체의 인가 전압 218 V
　　= 1,000Ω / (1,000Ω + 3Ω + 5Ω) × 220 V

① 인체 통전전류[I] 218 mA = 218 V/1,000 Ω

② 재해 발생 시 인체 통전전류 218mA가 심실세동 전류
　(157 mA, 70 kg 기준 이상이므로 심장마비로 사망 가능성이 있다.)

4) 재해예방 대책

① 배선의 절연관리 철저

② 작업 전 주변 위험 상황파악 및 안전조치 실시

출처 안전보건공단자료 중 감전재해사례와 대책

7. 감전사고의 응급조치

1. 감전사고 시의 응급상황

1) 전격재해가 발생하였을 때 의식을 잃고 호흡이 끊어질 경우가 있다. 이러한 상태를 가사상태라 하는 데, 이때 폐에 인위적으로 공기를 불어넣었다 뺐다 하여 폐의 기능을 회복시켜 호흡을 정상화하는 것을 인공호흡법이라 한다.

2) 호흡의 정지로 인한 산소결핍은 대뇌의 산소공급 중단으로 이어지며, 그로 인해 뇌사상태에 빠지게 된다. 따라서 인공호흡의 중요성은 상당히 크다.

3) 감전쇼크에 의하여 호흡이 정지되었을 경우 혈액 중의 산소함유량이 약 1분 이내에 감소하기 시작하여 산소결핍현상이 나타나기 시작한다. 그러므로 단시간 내에 인공호흡 등 응급조치를 실시할 경우 감전사망자의 95% 이상을 소생시킬 수 있다.

2. 감전사고 시의 응급조치

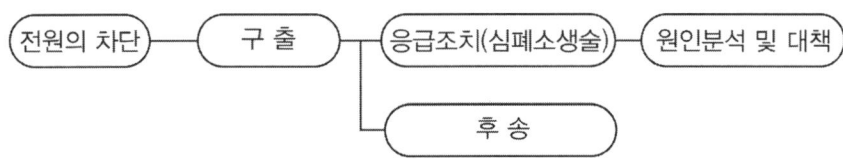

[그림] 감전자의 응급조치 Flow chart

1) 감전재해가 발생하면 우선 전원을 차단하여 2차 피해발생을 제거한다.

2) 피해자를 위험지역에서 신속히 대피시키는 동시에 구급차나 의사를 부르고, 2차재해가 발생하지 않도록 조치하여야 한다.

3) 재해상태를 신속·정확하게 판단하여 불필요한 시간을 줄이고, 구명시기를 놓치지 않도록 한다.

4) 감전에 의하여 넘어진 사람에 대한 중요 관찰사항은 의식상태, 호흡상태, 맥박상태이며, 높은 곳에서 추락한 경우에는 출혈의 상태, 골절의 이상 유무 등을 확인한다.

5) 관찰한 결과 의식이 없거나 호흡 및 심장이 정지해 있거나 출혈을 많이 하였을 때에는 관찰을 중지하고 즉시 필요한 응급조치(인공호흡, 심장마사지 등)를 하여야 한다.

3. 감전사고의 응급조치 방법

1) 구강 대 구강 법(입맞추기 법)

① 피해자의 입으로부터 오물, 이물질 등을 제거하고 평평한 바닥에 반듯하게 눕힌다.
② 왼손의 엄지손가락으로 입을 열고 오른손 엄지손가락과 집게손가락으로 코를 쥐고 피해자의 입에 처치자의 입을 밀착시켜서 숨을 불어넣는다.
③ 사정에 따라 손수건을 사용하되 종이수건의 사용은 금한다.
④ 처음 4회는 신속하고 강하게 불어넣어 폐가 완전히 수축되지 않도록 한다.
⑤ 사고자의 흉부가 팽창된 것을 확인하고 입을 뗀다.
⑥ 정상적인 호흡간격인 5초 간격으로(1분에 12~15회) 위와 같은 동작을 반복한다.

※ **구강 대 구강 법 주의사항**
- 환자를 발견하면 그곳에서 곧바로 실시해야 한다.
- 우선 인공호흡을 실시하고 다른 사람은 구급차나 의사를 부른다.
- 추락 등에 의해 출혈이 심한 경우 지혈을 한 후 인공호흡을 실시해야 한다.
- 환자가 소생하지 않을 때는 구급차로 후송하면서 계속 인공호흡을 실시해야 한다.

※ **주상 인공호흡법**
- 승주하여 환자를 활선으로부터 격리시킨 후 안전대에 걸쳐 즉시 인공호흡을 시작한다.
- 승주하여 부주의로 닿을 수 있는 활선에 방호구를 설치한다.
- 호흡장애가 없도록 환자의 입을 검사한다.
- 환자의 승주구를 벗기고, 환자를 내리기 위한 밧줄을 맨다.
- 환자의 허리띠와 안전장구를 벗긴다.
- 환자를 땅에 내릴 때에는 밧줄을 조절하여 환자를 땅에 내린다.

2) 심장 마사지(인공호흡과 동시에 실시)

① 피해자를 딱딱하고 평평한 바닥에 눕힌다.
② 엄지손가락을 갈비뼈의 하단에서 3수지 위 부분에 놓고 다른 손을 그 위에 겹쳐 놓는다.
③ 체중을 통하여 엄지손가락이 4cm 정도 들어가도록 강하게 누른 후 힘을 빼되 가슴에서 손을 떼지 말아야 한다.
④ 심장마사지 15회 정도와 인공호흡 2회를 교대로 연속적으로 실시한다.
⑤ 심장 마사지와 인공호흡을 2명이 분담하여 5:1의 비율로 실시한다.

호흡이 멈춘 후 인공호흡의 소생률

시간[분]	소생률%
1	95
3	75
5	25
6	10

구강 대 구강 / 심폐소생법

3) 전기 화상 사고의 응급조치

① 불이 붙은 곳은 물, 소화용 담요 등으로 소화하거나 급한 경우에는 피해자를 굴리면서 소화한다.

② 상처에 달라붙지 않은 의복은 모두 벗긴다.

③ 화상부위를 세균 감염으로부터 보호하기 위하여 화상용 붕대를 감는다.

④ 화상부위가 사지에 있는 경우 통증감소를 위해 10분 정도 물에 담그거나 물을 뿌릴 수 있다.

⑤ 상처 부위에 파우더, 향유, 기름 등을 발라서는 안 된다.

⑥ 진정, 진통제는 의사의 처방 없이는 사용하지 말아야 한다.

⑦ 의식을 잃은 환자에게는 물이나 차를 조금씩 먹이되 알코올은 삼가야 하며, 구토증 환자에게는 물, 차 등의 취식을 금해야 한다.

⑧ 피해자를 담요 등으로 감싸되 상처 부위가 닿지 않도록 한다.

8. 의료쇼크

1. 의료쇼크

1) 마이크로 쇼크(Micro shock)

　(1) 마이크로 쇼크 정의

　　① 마이크로 쇼크는 전류의 유입점 또는 유출점 중에 한 점이 심장근처의 체내에서 발생하는 감전 사고이다.

　　② 의료용 전기기구의 일부를 인체에 삽입할 시 환자 주위에 있는 노출 도전성 부분 사이에 미소한 전위차로 인해 내부 장기에 수 μA의 미약한 전류가 통전되어 쇼크가 발생한다.

　(2) 마이크로 쇼크의 한계전류

　　① 일반적으로 병원의 안전기준은 안전계수를 적용하여 $10\,\mu A$를 채택한다.

　　② 환자가 마취상태 또는 의식이 없는 경우는 그 이하에서 감전사고 발생할 수 있다.

2) 매크로 쇼크(Macro shock)

　(1) 매크로 쇼크의 정의

　　① 수술자, 환자, 보조원에게 누설전류가 심리적 악영향을 주고 2차 장애를 일으킬 수 있는 전류에 의한 감전사고이다.

　　② 심장과 떨어진 곳에서의 감전이고, 최소감지전류는 $100\,\mu A$를 채택한다.

　(2) 의료쇼크의 한계전류

구분	Micro shock	Macro shock
IEC	$10\,\mu A$	$100\,\mu A$

2. 대책

1) 설계 시 또는 제작 시에 누설전류를 최소화한다.

2) 의료기기 사용 장소의 청결과 기기의 정리정돈 등 환경이 중요하다.

3) 접촉 가능한 금속부위에 대해 등전위 접지를 한다.

4) 환자사용 의료기기는 공통 접지를 하며, 1점 접지를 한다.

9. 의료기기에서의 감전사고

1. 의료기기의 감전사고 특징

1) 일반전기설비에서 감전으로 취급되는 누설전류는 수 10 mA 이상의 수준인데 비하여 의료용 설비에서 감전보호 대상으로 취급되는 전류는 0.1 mA 이하의 매우 작은 값이다.

2) 감전사고가 발생할 시 위험이 경보되거나 제거될 수 있는 객관적 상황이 조성되지만 의료용 기기와 관련한 감전사고가 발생한 경우에는 환자의 마취상태, 체력의 약화, 부자유 등으로 인하여 제3자가 이러한 상황을 감지할 수 없는 경우 치명적인 경우가 있을 수 있기 때문이다.

3) 누전은 기기고장이나 절연물의 열화 등으로 일어나는 고장전류에 기인하는 경우가 많지만 의료 관련 감전사고는 정상적인 기기로부터 발생되는 누설전류나 순환전류 등 극미한 전류까지 문제가 된다. 즉 절연이 양호해도 감전될 수 있다.

2. 의료기기에서 발생 가능한 감전사고의 종류

1) 인접실에서 발생된 누설전류에 의한 감전사고

① 인접실에서 고장 난 누설전류가 A, B점을 통하여 접지극으로 유입되어 A, B점 전선의 저항에 의한 전압강하 발생

② 감전 전류 경로 : B → 침대 → 환자 피부 → 카테터

③ 의료실의 감전사고 도해

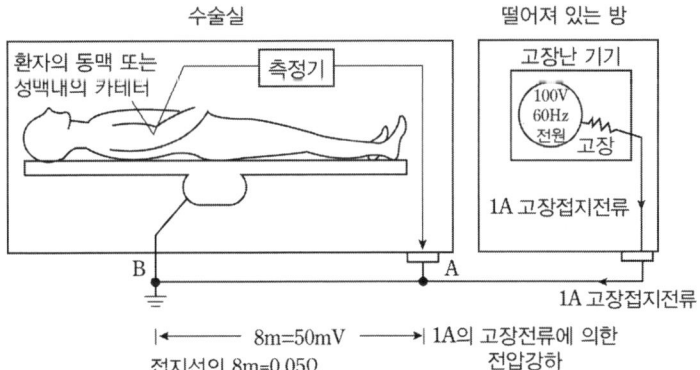

2) 접지선 단선에 의한 감전사고

① 전동식 베드의 접지선의 단선으로 인해 베드 프레임에는 모터의 정전용량에 의하여 대전

② 감전전류 경로 : 간호사 신체 → 전기혈압계 → 심장 내 카테터 → 모니터 심전계 → 접지선

③ 접지선 단선에 의한 감전사고 도해

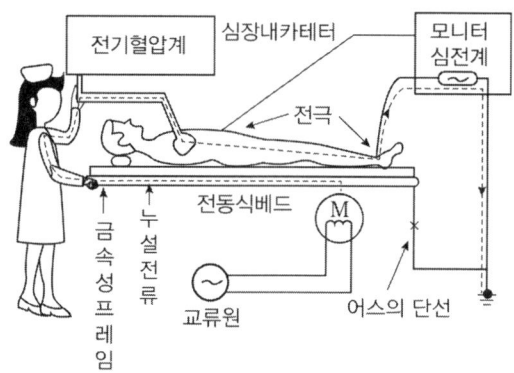

3) 마이크로 쇼크(Micro Shock)

① 환자가 사용하고 있는 2개의 의료기기를 각각 접지
② A, B점의 전위차가 10mV 발생했을 경우 인체저항이 1kΩ이라 가정했을 때 심장부근에 $10\mu A$ 전류가 흐른다.
③ 마이크로 쇼크의 발생 도해

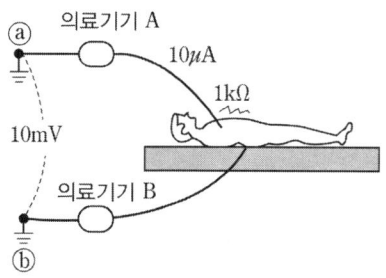

4) 매크로 쇼크(Macro Shock)

① 의료기기에 누전이 발생된 경우 외함에 충전되었다가 사람이 외함에 접촉
② 감전전류 경로: 의료기기 → 팔 → 신체 → 접지선
③ 매크로 쇼크의 발생 도해

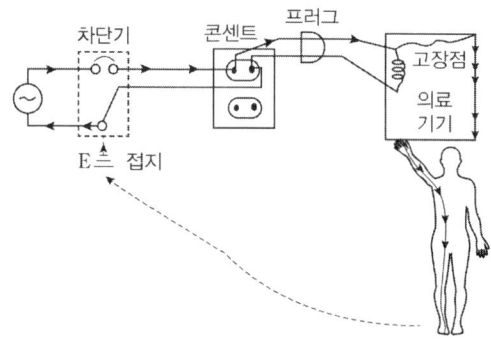

3. 감전사고 대책

1) 보호 접지
① Macro Shock에 대한 대책이며 ME기기 등의 전기기기 금속제 외함 등에 행하는 접지
② 일반적으로 0.1Ω 의 전기저항으로 규정

2) 등전위 접지
① Micro Shock 방지 대책으로서 누설전류가 10 μA 이하가 되도록 정전자계가 유기되는 도전체를 접지하는 것
② 의료용 기기의 외함은 물론 환자가 직접 혹은 간접적으로 접촉할 우려가 있는 범위의 모든 도전성 부분을 1점에서 접지
③ ME기기와 수술실바닥, 환자용 철재침대 등 환자를 중심으로 수평 1.5m, 바닥 위 2.5m 내의 모든 도전체 접지(KEC 242.10.4)
④ 의료실 내에 표면적 $0.02m^2$ 이상, 길이 0.2m 이상은 모두 접지한다.

3) 정전기 장해 방지용 접지
① 등전위 접지와 병행조치
② 환자용 승강기 수술대 등

4) 잡음 방지용 접지
① 전자 쉴드룸이라고 하며, 내외부에 강한 전계의 침입으로 인한 잡음으로 검사장해, 통신기기의 장해로 인한 기능저하를 방지하기 위한 접지
② 뇌파검사실, 심전도실

5) 바닥 도전 처리
① 수술실에서 유기될 수 있는 누설전류 및 정전기 등을 신속히 조밀하게 대지로 방류시키기 위한 설비
② 수술실, 내시경실, 분만실, 마취가스창고 등에 적용

6) 쉴드 차폐
① Noise를 방지하기 위한 종합적인 대책
② 내, 외부의 강한 전계 침입으로 인한 각종 ME 기기의 기능저하를 막기 위한 접지

7) 절연 변압기
① 단상 2선식 250 V 이하 / 10 kVA 이하
② 입력권선과 출력권선 사이의 보호를 위하여 전기적으로 분리되어 있는 변압기
③ 전기적 간섭을 최소화하기 위하여 1차 권선과 2차 권선 사이에 정전차폐가 되어 있고 등전위 본딩 접속을 위한 절연단자에 연결되도록 되어 있다.

10. KS C IEC 60364 감전보호 방식

1. 개요

1) 전기설비에 있어서 감전보호는 직접접촉보호와 간접접촉보호의 조합 또는 특별저압(ELV)에 대한 보호(SELV, PELV, FELV) 중 어느 것인가에 따라 시행한다.

2) 감전보호는 사람의 생명과 관계되는 가장 중요한 보호이므로 하나의 보호수단이 기능을 상실할 경우에는 또 다른 하나의 보호수단이 작동되어 사람을 보호하도록 하는 것이 IEC 60364의 감전보호에 대한 기본 사상이다.

2. 감전 보호 체계도

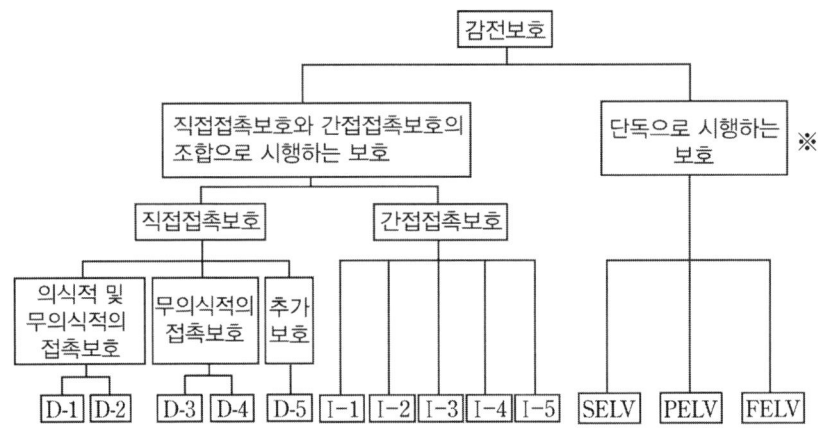

D-1 : 충전부의 절연
D-2 : 격벽, 외함
D-3 : 장애물
D-4 : 손의 접근한계 외측 시설에 의한 보호
D-5 : 누전차단기에 의한 보호

I-1 : 전원의 자동차단에 의한 보호
I-2 : II급기기 사용에 의한 보호
I-3 : 비도전성 장소에 의한 보호
I-4 : 비접지 국부적접속에 의한 보호
I-5 : 전기적 분리에 의한 보호

※ 특별저압 전원 회로에 의한 보호

3. 직접접촉에 대한 감전보호(기본보호)

1) 직접접촉보호는 전기설비가 정상으로 운전하고 있는 상태에서 해당 전기설비에 사람 또는 동물이 접촉되는 경우를 대비하여 감전방지를 위한 보호

2) 보호 방식

(1) **충전부의 절연에 의한 보호**

충전부를 절연재료로 완전히 피복해야 하며, 이 피복은 파괴하여야만 제거할 수 있다.

(2) 격벽(배리어) 또는 외함(폐쇄함)에 의한 보호

격벽 또는 폐쇄함에 의한 보호는 충전부를 보호등급 IPXXB 또는 IP2X 이상을 갖는 폐쇄함의 내부 또는 장벽의 후면에 설치하는 것을 말한다.

(3) 장애물(Obstacle)에 의한 보호

장애물은 열쇠 또는 공구를 사용하지 않고도 제거할 수 있겠지만 쉽게 철거되지 않도록 견고하게 고정하여야 한다. 장애물의 종류에는 난간, 금속망, 울타리 등이 있다.

(4) 손의 접근한계(Arm's reach) 외측 시설에 의한 보호

암즈 리치는 사람이 일상적으로 일어서서 움직일 수 있는 면의 임의의 점에서 보조기구 없이 임의의 방향에 대하여 맨손으로 직접 접촉할 수 있는 한계의 범위를 말한다.

① 수직

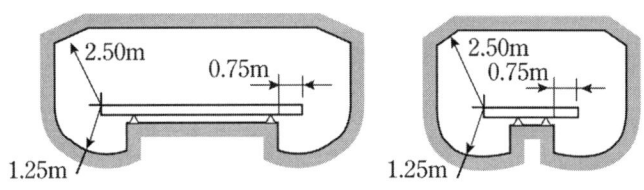

② 수평

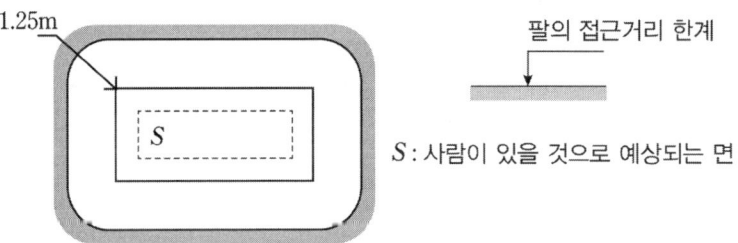

S : 사람이 있을 것으로 예상되는 면

(5) 누전차단기에 의한 추가 보호(단독으로 적용할 수 없다)

30mA의 고감도 누전차단기를 이용한 보호방식이며, 이 보호방식은 다른 방식과의 병용을 전제로 적용하는 보호방식으로 단독으로는 사용될 수 없는 보호방식이다.

4. 간접접촉에 대한 감전보호(고장보호)

1) 간접접촉보호

간접접촉보호는 전기설비에 지락 등의 고장이 발생한 경우에 해당 전기설비에 사람 또는 동물이 접촉한 경우를 대비하여 감전방지를 위한 보호를 말한다.

2) 보호 방식

(1) 전원의 자동차단에 의한 보호

절연고장 시 전원을 자동적으로 차단하는 목적은 그때 발생하는 위험한 접촉전압을 제거하여 사람과 가축이 감전되는 것을 방지하는 것이다.

(2) Ⅱ급기기의 사용 또는 이것과 동등 이상의 절연에 의한 보호
① 기초절연 고장으로 노출도전성부분에 위험한 전압이 발생하는 것을 방지할 목적으로 전기기기를 클래스Ⅱ 기기 이상의 성능으로 만들어 간접접촉보호를 하는 것이다.
② 클래스Ⅱ기기란 IEC 60536(감전보호 전기·전자기기 분류) 정의에 적합한 기기이다.
③ IEC 60536에서는 절연레벨 및 접지와의 관계에 따라 기기를 분류하며 클래스 0기기, 클래스 Ⅰ기기, 클래스 Ⅱ기기, 클래스 Ⅲ기기가 있다.

(3) 비도전성 장소에 의한 보호
① 충전부의 기본절연 고장으로 인해 서로 다른 전위가 발생할 우려가 있는 부분에 대한 동시접촉을 방지하는 것을 목적으로 하는 보호방식이다.
② 이 방식은 비도전성장소를 기본으로 하며 보호도체는 시설하지 않고, 두 개의 노출 도전부 하나의 노출 도전부와 계통 외 도전부는 사람이 동시에 접촉하지 않도록 배치하는 조건이 되어야 된다.
③ 비도전성장소의 절연성바닥 및 벽의 저항은 설비의 공칭전압이 500 V 이하인 경우에는 50 kΩ, 500 V 초과인 경우에는 100 kΩ 이상이어야 한다.

(4) 비접지용 국부적 등전위 접속에 의한 보호
① 위험한 접촉전압의 발생을 방지할 목적으로 노출도전성 부분, 계통 외 도전성 부분 및 대지와 관련되어 발생하는 위험한 접촉전압을 방지하여 간접접촉보호를 실시하는 것이다.
② 간접접촉보호의 조건으로는 동시접근이 가능한 모든 노출도전성 부분 및 계통 외 도전성부분을 본딩하는 것이다.

(5) 전기적 분리에 의한 보호
① 개별회로를 전기적으로 분리함으로써 회로의 기본절연 고장으로 인해 노출도전성부가 충전되고 거기에 접촉함으로써 감전전류가 흐르는 것을 방지하는 것을 목적으로 한다.
② 회로는 분리전원, 즉 절연변압기 또는 이와 동등한 안전등급의 전원에서 공급되어야 하며, 회로의 충전부는 다른 회로 또는 대지로 접속되지 않아야 한다.

5. 특별저전압에 의한 보호

1) 직접접촉예방 및 간접접촉예방을 동시에 시행하고 사용전압은 교류 50 V 이하, 직류 120 V 이하의 전압으로 한다.
2) 보호 방식
   (1) 비접지회로에 적용하는 SELV 계통
   (2) 접지회로에 적용하는 PELV 계통
   (3) 기능상 ELV를 사용하는 경우에 적용하는 FELV

⑷ 특별저전압에 의한 보호방식은 교류 50 V 이하의 전압이 사용되는 SELV, PELV, FELV를 말한다.

  S : Safety(안전) 확실하게 전기적으로 분리된 특별저전압

  P : Protective(보호) 확실하게 전기적으로 분리된 기능특별저전압

  F : Functional(기능) 확실하게 전기적으로 분리되어 있지 않은 기능특별저전압

※ ELV (Extra Low Voltage, 특별저전압)

11. 안전전압(SELV, PELV, FELV)

1. 전압의 구분

전압 구분	AC (rms : 실효치)	DC
High Voltage (HV)	1000 V를 넘는 것	1500 V를 넘는 것
Low Voltage (LV)	50~1000 V	120~1500 V
Extra Low Voltage (ELV)	50 V 미만	120 V 미만

2. Extra Low Voltage의 정의

1) Separated or safety extra-low voltage(SELV)

정상상태에서와 지락을 포함한 단일 고장 상태에서도 전압이 ELV를 초과하지 않는 전기 시스템이다.

2) Protected extra-low voltage(PELV)

정상상태에서와 지락을 제외한 단일 고장 상태에서도 전압이 ELV를 초과하지 않는 전기 시스템 컴퓨터가 그 대표적이다.

3) Functional extra-low voltage(FELV)

① 회로의 일부에서 ELV를 사용하고 있지만 회로의 다른 부분에서 더 높은 전압을 사용하고 있어서 고장 시 ELV를 사용하는 부분이 이들 고압 부분과 접촉하는 데 대한 적절한 보호조치가 없는 경우를 말한다.

② FELV의 예로는 반도체를 통해서 ELV를 만드는 경우와 Potentiometer를 통해서 ELV를 얻는 경우

3. 전원의 구비조건

1) SELV

(1) ELV 보다 높은 전압으로 충전된 모든 부분으로부터 이중절연, 보강절연, 보호스크린 등으로 보호장치가 설치되어 있을 것(장난감, 수중용 설비)

(2) 다른 SELV 시스템, PELV 시스템 또는 대지로부터 절연되어 있을 것

(3) 더 높은 전압과 접촉될 위험이 적을 것

(4) 사람이 접촉했을 때 대지로의 전류통로가 형성되지 않을 것

(5) SELV 시스템을 설계 시 준수사항

① 절연변압기를 사용할 것

② 도체 간에 최소 절연이격거리가 확보될 것

③ 콘넥터들은 SELV 가 아닌 다른 회로의 콘넥터와는 맞지 않는 것으로 할 것

2) PELV

① ELV 보다 높은 전압으로 충전된 부분으로부터 보호장치가 설치되어야 한다(방송, 통신 기기).

② 다만 다른 PELV 시스템 또는 대지와의 접속은 할 수 있다. 즉, SELV의 경우와는 달리 보호접지를 하는 것이 가능하다.

③ 더 높은 전압과 접촉될 위험이 적을 것

④ 변압기를 사용하는 경우 1차와 2차 코일 사이는 보강절연을 하거나 고저압 혼촉방지판을 설치하고 접지할 것

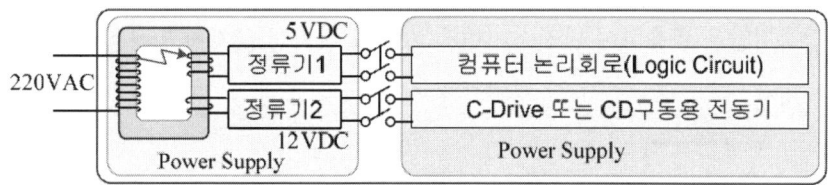

3) FELV

① ELV 부분이 다른 높은 전압부분과 접촉되는 경우에 대비한 보호장치를 설치할 것

② 고저 혼촉으로 2차 측에 1차 측 전압이 유기되는 경우

12. 접촉전압과 보폭전압

1. 안전전압

1) 절연파괴 등으로 인체 감전 시 위험을 주지 않는 전압을 의미한다.

2) 안전전압 이하로 사용하는 기계기구들은 일반기계 수준의 안전대책은 필요 없다.

3) 안전전압은 교류전압은 50V, 직류전압은 120V을 규정하고 있다(KS C IEC 60364-5).

2. 허용접촉전압

1) 접촉전압의 정의

① IEEE에서의 접촉전압의 정의는 구조물과 대지면의 거리가 1m에서의 접촉 시 전위차를 의미한다.

② 대지에 접촉된 발과 다른 신체부분과의 사이에 인가되는 전압이다.

③ 허용접촉전압을 활용하여 발전소·변전소 등의 접지선 굵기에 활용할 수 있다.

2) 접촉전압 계산

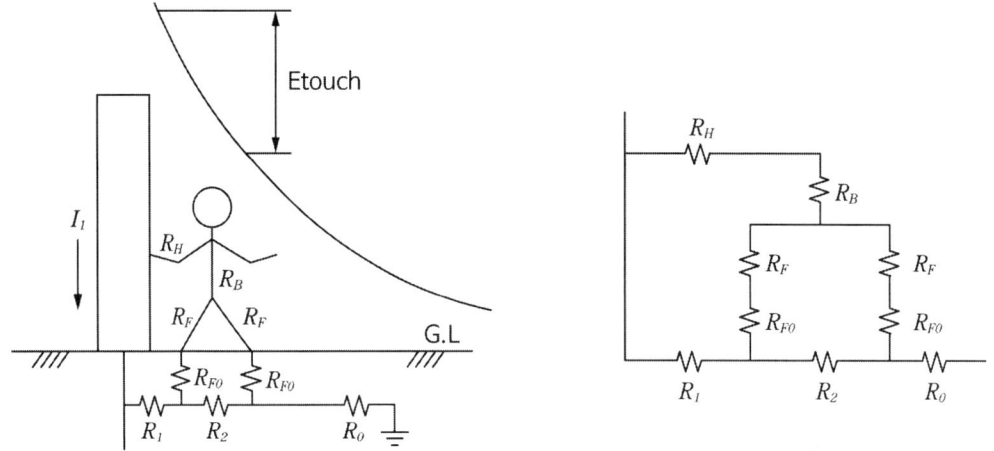

[그림] 접촉전압과 등가회로

- 등가회로에서 R_1, R_2, R_0, R_{F0} 는 매우 작으므로 무시하면,

$$R_T = R_H + R_B + \frac{R_F}{2}$$

$$E_{touch} = I_g \cdot R_T = \frac{0.157}{\sqrt{t}} \cdot (R_H + R_B + \frac{R_F}{2})$$

3) 허용접촉전압의 접촉상태

종별	허용접촉 전압	접촉상태
제1종	2.5 V 이하	인체 대부분의 수중에 있는 상태
제2종	25 V 이하	인체 젖어 있음, 금속물에 인체 일부 상시 접촉 상태
제3종	50 V 이하	1,2종 이외에 접촉전압 인가 시 위험성 높은 상태
제4종	제한 없음	1,2종 위험성 낮은 상태, 접촉전압 인가 우려 없는 상태

제1종: 이탈한계전류 최저치는($5mA$), 인체저항 최저치는(500Ω 경우) → 0.005A × 500Ω=2.5V
제2종: Koeppen의 인체통과전류 하한값($50mA$), 인체저항 최저치는(500Ω 경우) → 0.05A × 500Ω=25V

4) 고려사항

① 인체의 최악의 조건을 고려한다.

② 고장에 대한 차단기의 동작시간을 고려한다.

5) 접촉전압 저감방법

① 금속기구 주위 약 1m 위치에 깊이 20~30cm의 보조접지선 매설 후 주 접지선과 접속한다.

② 접지기기, 철구 등의 주변에 자갈, 아스팔트 등 고저항 표면재를 포설한다.

③ 필요시 접지망의 간격을 축소한다. 접지선 굵기를 증대한다.

3. 허용보폭전압

1) 보폭전압의 정의

① 고장전류가 흘렀을 때 접지전극 근처에 전위발생하고, 이때 사람의 양다리에 인가되는 전압을 의미한다.

② 지표면 위의 1m 떨어진 2 지점간의 전위차이다.

③ 허용보폭전압을 활용하여 발전소 · 변전소의 Mesh 접지의 간격 계산에 활용할 수 있다.

2) 보폭전압의 계산

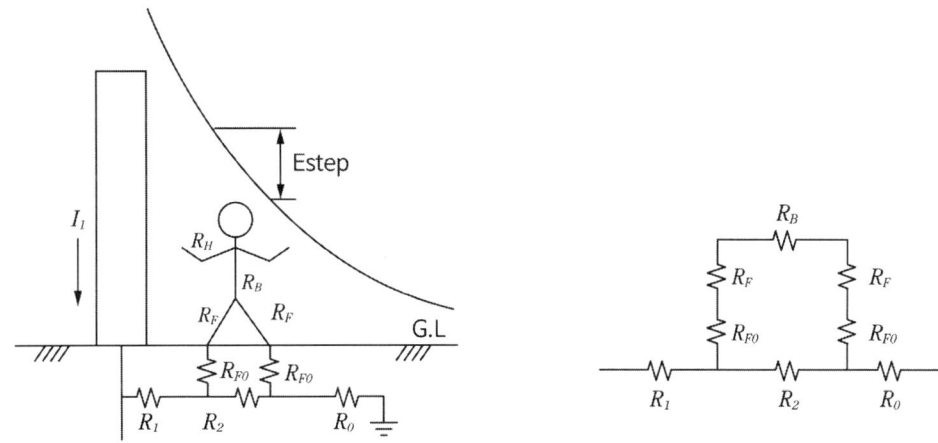

[그림] 보폭전압과 등가회로

- 등가회로에서 R_1, R_2, R_0, R_{F0} 는 매우 작으므로 무시하면,

$$R_T = R_B + 2R_F$$

$$E_{step} = I_g \cdot R_T = \frac{0.157}{\sqrt{t}} \cdot (R_B + 2R_F)$$

3) 보폭전압의 저감대책

① 보폭전압의 결정에 주된 인자는 인체접촉저항 및 고장 시 지표면에 나타나는 전위경도이다.

② 전위경도를 작게 한다(Mesh접지의 밀도를 높게, 넓게 포설한다. 고장전류의 제한).

③ 접촉저항을 증대할 때(접촉우려 금속부분의 표면절연, 작업면에 절연체 포설, 변전소 대지면에 자갈이나 아스팔트 포설)

모아 전기응용기술사

Chapter 12

전기응용 계산문제

[문제 1] 중첩의 정리, 밀만의 정리, 데브난 정리, 노튼의 정리를 설명하시오.

주의) Z와 R, V와 E가 혼용되어 사용되었다.

1. 중첩의 정리: 선형회로망

1) 다수의 전압원 및 전류원을 포함하는 회로의 전류는 각 전압원·전류원이 단독으로 존재할 때의 전류의 대수합과 같다는 원리이다. 이때 전압원은 단락, 전류원은 개방시켜 전류의 특성을 파악한다.

2) 전압원과 전류원이 다수로 있는 회로망에 흐르는 전류는 각각을 단독으로 했을 때 전류의 총합과 같다.

각각을 단독으로 했을 경우는

① 전압원 제거(단락): 전류원을 전원으로 (I_1)
② 전류원 제거(개방): 전압원을 전원으로 (I_2)
③ 한소자에 흐르는 전류는 $I = I_1 + I_2$

※ 회로망의 정리 Tip

중첩의 정리: 다수의 전압원, 다수의 전류원
밀만의 정리: 다수의 전압원(병렬)
데브난의 정리: 하나의 전압원 + 복잡한 회로
노턴의 정리: 하나의 전류원 + 복잡한 회로

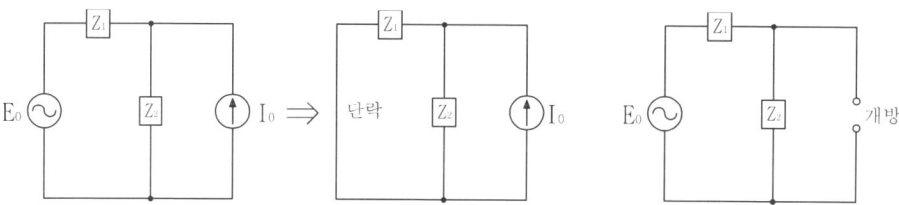

[문제1] 그림의 회로에서 2[Ω]의 단자전압을 계산하여 구하시오.

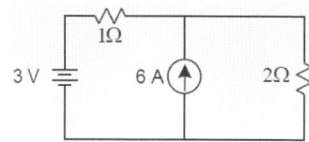

1) 전압원을 단락하여 전류원에 의한 전류 I_1 은?

$$I_1 = \frac{R_1}{R_1 + R_2} \times I = \frac{1}{1+2} \times 6 = 2\,[A]$$

2) 전류원을 개방하여 전압원에 의한 전류 I_{21} 은?

$$I_2 = \frac{V}{R} = \frac{E}{R_1 + R_2} = \frac{3}{1+2} = 1\,[A]$$

3) 2[Ω]에 흐르는 전류는 $I_t = I_1 + I_2 = 2 + 1 = 3\,[A]$

4) 2[Ω]에 인가된 전압은 $E = I_t \times R_2 = 3 \times 2 = 6\,[V]$

2. 밀만의 정리

1) 여러 개의 전압원이 병렬로 연결된 회로에서의 합성전압을 산정하는 원리이다. 즉 이 회로의 합성전압은 각각의 전압원(단락)에 흐르는 전류의 합을 각각의 어드미턴스의 합으로 나눈다는 원리이다.

$$합성전압(V_{ab}) = \frac{각\ 전류의\ 합(전압원단락)}{각\ 어드미턴스의\ 합}$$

Tip) $V = IR$, $V = IZ$, $V = \dfrac{I}{Y}$

2) 다수의 전압원이 병렬로 접속된 단자에 걸리는 전압계산(V_{ab})

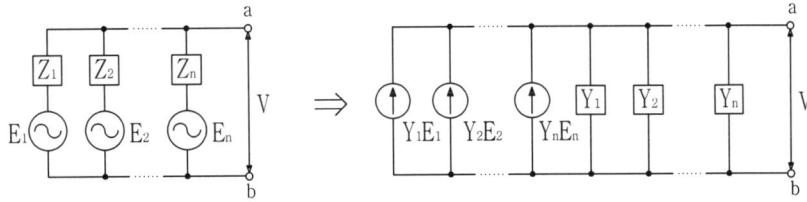

$I_o = I_1 + I_2 + I_3 + \cdots\cdots + I_n$

$Y_o = Y_1 + Y_2 + Y_3 + \cdots\cdots + Y_n$

어드미턴스$(Y_o) = \dfrac{1}{Z}$

$$V_{ab} = \frac{I_o}{Y_o} = \frac{I_1 + I_2 + I_3 + \cdots + I_n}{Y_1 + Y_2 + Y_3 + \cdots + Y_n} = \frac{\dfrac{E_1}{Z_1} + \dfrac{E_2}{Z_2} + \dfrac{E_3}{Z_3} + \cdots\cdots + \dfrac{E_n}{Z_n}}{\dfrac{1}{Z_1} + \dfrac{1}{Z_2} + \dfrac{1}{Z_3} + \cdots\cdots + \dfrac{1}{Z_n}}$$

[문제2] 다음 회로에서 스위치 S를 닫기 직전의 전압 $V_{oc}(V)$와 a-b 점에서 전원 측을 쳐다본 등가 임피던스 (Z_{eq})와 스위치 S를 닫은 후에 Z에 흐르는 전류(A)를 구하시오.

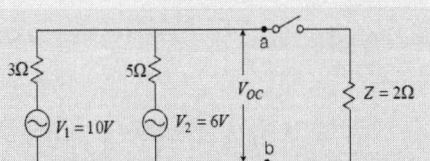

1) 스위치 닫기 직전의 전압 V_{oc}는?

밀만의 정리에 의해서 $V_{oc} = \dfrac{\dfrac{E_1}{Z_1} + \dfrac{E_2}{Z_2} + \dfrac{E_3}{Z_3} + \cdots\cdots + \dfrac{E_n}{Z_n}}{\dfrac{1}{Z_1} + \dfrac{1}{Z_2} + \dfrac{1}{Z_3} + \cdots\cdots + \dfrac{1}{Z_n}} = \dfrac{\dfrac{10}{3} + \dfrac{6}{5}}{\dfrac{1}{3} + \dfrac{1}{5}} = 8.5\,[V]$

2) a-b점에서 전원측의 등가 임피던스 Z_{eq}는?

전압원을 단락하였다 하면 각 저항이 접속한 상태이므로,

$Z_{eq} = \dfrac{R_1 \times R_2}{R_1 + R_2} = \dfrac{3 \times 5}{3 + 5} = 1.875\,[\Omega]$

3) 스위치을 닫은 후에 Z에 흐르는 전류는?

스위치 닫기 직전 좌측회로와 닫은 후 우측회로가 접속되므로,

$$I = \frac{V}{R} = \frac{V}{Z_{eq} + Z} = \frac{8.5}{1.875 + 2} = 2.19 [A]$$

3. 데브난의 정리 (등가 전압원 원리)

1) 복잡한 회로망은 하나의 전압원과 하나의 등가저항(직렬접속)으로 대치될 수 있다.
2) 임의의 회로의 개방단자 ab에서 회로망으로 본 V_{ab}, Z_o(내부합성임피던스) 회로는 V_T와 ZL(직렬임피던스)로 연결된 회로와 같다.
   ① V_{ab} : 개방 단자 ab 간의 전압
   ② Z_o : 전압원 단락, 전류원 개방 상태에서 구한 내부합성 임피던스

   ⇨ 데브낭의 등가회로

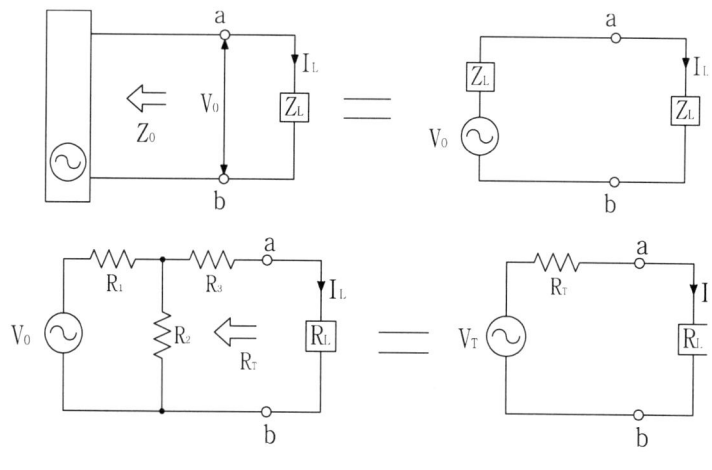

$$I = \frac{V}{Z_0 + Z_L}[A] \qquad R_T = R_3 + \frac{R_1 R_2}{R_1 + R_2}, \qquad V_T = \frac{R_2}{R_1 + R_2}E$$

[문제3] 어떤 임의의 리셉터클(콘센트)에 부하를 연결하여 해석하고 싶다. 이때 가장 간단히 응용할 수 있는 것이 테브넌 등가회로이다. 현장에서 어떤 계측기를 이용하면 이 회로를 구할 수 있는지 답하고, 다음 회로의 테브넌 등가회로를 구하시오.

1) 계측기 종류

　전압계, 전류계, 저항계, 테스터기등

2) 데브난 등가회로

　① a,b 단자에서 전원측의 본 전압은?

$$I = \frac{V}{R} = \frac{E}{R_1 + R_2} = \frac{3}{4+2} = 0.5\,[A]\quad,\quad V_{ab} = I \times R_2 = 0.5 \times 2 = 1\,[V]$$

　② a,b점에서 전원측의 등가 임피던스 Z_{ab}는?

　　전압원을 단락되었다 하면, 각 저항이 병렬접속 있으므로

$$Z_{ab} = \frac{R_1 \times R_2}{R_1 + R_2} = \frac{4 \times 2}{4+2} = \frac{4}{3} = 1.333\,[\Omega]$$

　③ 등가회로는?

4. 노튼의 정리(등가 전류원 정리)

1) 복잡한 회로망은 하나의 전류원과 하나의 등가저항(병렬접속)으로 대치될 수 있다.

2) 임의의 회로의 ab를 단락한 I_o와 Z_o(내부합성임피던스)회로는 I_o와 Z_L(병렬임피던스)의 회로와 같다.

　① I_o: 개방 단자 단락 전류

　② Z_o: 전압원 단락, 전류원 개방 시킨 상태에서 구한 내부합성 임피던스

　　⇨ 노튼의 등가회로

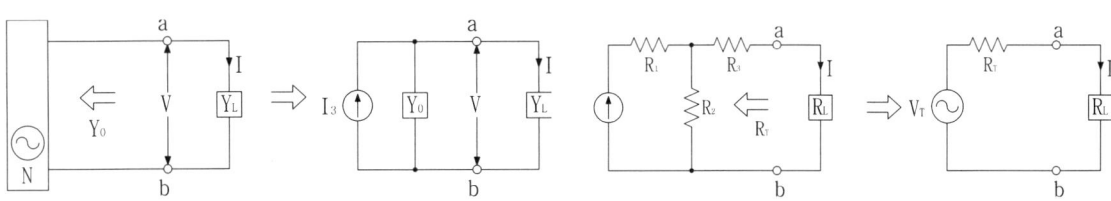

$$I = \frac{Y_L \cdot I_S}{Y_0 + Y_L}\,[A]\quad,\quad \frac{R_1 R_2}{R_1 + R_2}\quad,\quad I_N = \frac{R_2}{R_2 + R_3} \times \frac{E}{R_1 + \dfrac{R_2 R_3}{R_2 + R_3}}$$

5. 데브난-노튼의 상호변환

1) 데브낭의 회로에서 노튼의 회로형태로 변환 가능하며, 역으로 변환하는 것도 가능하다
2) 데브난의 정리와 노튼의 정리는 서로 쌍대적인 관계가 있다. 즉, 접속된 부하에 흐르는 전류를 계산함에 있어 데브난의 정리는 임피던스와 개방단자전압을 사용하고, 노튼의 정리에서는 어드미턴스와 단락전류를 사용한다는 점이 다르나 본질적으로는 동일한 내용을 표기하고 있는 것이다. 데브난의 정리를 변형시켜보면,

$$I = \frac{V}{Z_S + Z_L} = \frac{V}{\frac{1}{Y_S} + \frac{1}{Y_L}} = \frac{Y_S\, Y_L\, V}{Y_S + Y_L} = \frac{Y_L}{Y_S + Y_L} \cdot I_S \quad (\because Y_S V = \frac{V}{Z_S} = I_S)$$

로 되어 두 가지의 정리가 본질적으로 동일한 내용을 기술하고 있음을 볼 수 있다.

[참고] 정전압원과 정전류원의 의미와 적용방법을 설명하시오.

1. 정전압원

1) 부하전류에 상관없이 항상 일정한 전압을 발생하는 전원을 말한다.
2) 이상적인 정전압원은 내부저항 '0'이고, 전압원 단락하면 단락전류는 무한대이다.
3) 실제 전압원은 내부저항이 존재하므로 정전압원과 내부저항은 직렬로 표시한다.
4) 그림과 같이 능동회로에 a, b단자의 전압을 V라 하고, a,b 단자로부터 회로망 쪽으로 본(전압원단락) 임피던스를 Z_0라 할 때 a,b단자에 임피던스 Z_L을 접속하면 흐르는 전류

$$I = \frac{V}{Z_0 + Z_L}[A] \text{ 가 된다.(데브난의 정리적용)}$$

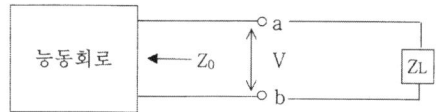

2. 정전류원

1) 부하전류에 상관없이 항상 일정한 전압을 발생하는 전원을 말한다.
2) 이상적인 정전류원은 내부저항이 무한대이고, 전류원을 개방하면 단자전압은 무하대 이다.
3) 실제 전류원은 내부저항이 존재하므로 정전류원과 내부저항은 병렬로 표시한다.
4) 그림과 같이 a,b단자를 단락했을 때 단락전류를 I_S라 하고 a,b단자에서 회로망을 본(전류원 개방) 어드미턴스를 Y_0라 하면 a,b 사이에 Y_L를 접속했을 때 흐르는 전류

$$I = \frac{Y_L \times I_S}{Y_0 + Y_L}[A] \text{ 가 된다(노튼의 정리적용).}$$

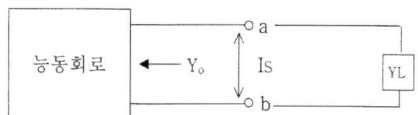

[문제4] 그림과 같은 회로에서 교류전압을 인가하는 경우 저항 R을 변화시켜 저항에서 소비되는 전력이 최대가 되기 위한 조건과 최대 소비전력을 구하시오.

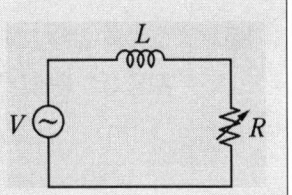

1. 소비전력 최대조건

회로에서 흐르는 전류를 I, 소비전력을 P 라 하면

$$I = \frac{V}{R} = \frac{V}{\sqrt{R^2 + (\omega L)^2}} [A]$$ 이므로,

소비전력 $P = I^2 R = \frac{V^2 R}{R^2 + (\omega L)^2} = \frac{V^2}{R + \frac{1}{R}(\omega L)^2} [W]$

Tip) 결론
$r = R$
$R = wL$
$R = \frac{1}{wC}$

따라서 P가 최대가 되려면 $A = R + \frac{1}{R}(\omega L)^2$ 이 최소가 되어야 한다.
(주의! 분모는 최솟값인 '0'에 가까워진다는 의미지 '0'이 되면 안 된다.)

저항이 변화가 되므로, A를 저항에 대하여 미분을 하면,

$$\frac{dA}{dR} = 1 - \frac{1}{R^2}(\omega L)^2 = 0$$

$$\frac{1}{R^2}(\omega L)^2 = 1$$

$$(\omega L)^2 = R^2 \qquad R = \omega L$$

Tip) 미분요령
$(X^n)' = nX^{n-1}$
$(R^1)' = 1 \cdot R^{1-1}$
$\quad\;\; = 1 \cdot R^0$
$\quad\;\; = 1$

$(\frac{1}{R})' = (R^{-1})'$
$\quad\;\;\; = -1 \cdot R^{-2}$
$\quad\;\;\; = -\frac{1}{R^2}$

즉, 부하저항과 선로의 임피던스가 같은 조건일 때 소비전력은 최대가 된다.

2. 최대 소비전력

$$P_{\max} = \frac{V^2}{\omega L + \frac{1}{\omega L}(\omega L)^2} = \frac{1}{2}\frac{V^2}{\omega L} [W]$$

[문제5] 그림과 같은 60Hz 교류회로에서 저항 R을 변화 시킬 때 저항에서 소비되는 최대전력을 구하시오.(단, E=100[V], C=100[μF])

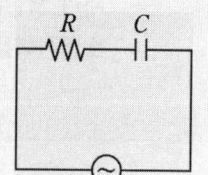

회로에 흐르는 전류를 I, 소비전력을 P라고 하면,

$$P = I^2 R = \frac{E}{\sqrt{R^2 + (\frac{1}{wC})^2}} \cdot R$$

$$= \frac{E^2 R}{R^2 + (\frac{1}{wC})^2} = \frac{E^2}{R + \frac{1}{R}(\frac{1}{wC})^2}$$

따라서 P가 최대가 되려면, 분모가 최소로 되어야 한다.

즉, $R^2 + \frac{1}{R}(\frac{1}{wC})^2 = A$라 하면 $\frac{dA}{dR} = 1 - \frac{1}{R^2}(\frac{1}{wC})^2 = 0$

$$\therefore R = \frac{1}{wC}$$

즉, 최대 전력의 조건은 $R = \frac{1}{wC}$이 된다.

$$P_{\max} = \frac{E^2}{\frac{1}{wC} + wC(\frac{1}{wC})^2} = \frac{1}{2} wCE^2$$

여기서, $C = 100[\mu F]$, $E = 100[V]$이므로

$$P_{\max} = \frac{1}{2} \times 2\pi \times 60 \times 100 \times 10^{-6} \times 100^2 = 188.1[W]$$

[문제6] 저항R, 정전용량C, 인덕턴스 L 다음과 같이 주어진 회로에서 전압E 및 각 주파수 ω가 일정하면 R이 변하여도,
1) 전류 I가 일정한 조건을 구하시오.
2) 또한 이때의 전류 I는 얼마인가? 단, L과 C는 손실이 없는 것으로 한다.

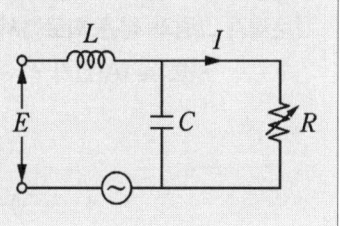

1. 회로의 전류 $\dot{I}$는?

$$\dot{I} = \frac{\dot{E}}{jwL + \dfrac{R/jwC}{R + \dfrac{1}{jwC}}} \times \frac{\dfrac{1}{jwC}}{R + \dfrac{1}{jwC}} \ [A]$$

$$= \frac{\dot{E}}{jwL + \dfrac{R}{jwCR + 1}} \times \frac{1}{jwCR + 1}$$

$$= \frac{\dot{E}}{R + (jwL - w^2 LCR)} = \frac{\dot{E}}{R(1 - w^2 LC) + jwL} \ [A]$$

2. 전류 $\dot{I}$가 일정한 조건은?

R이 변하여도 $\dot{I}$가 일정한 조건은 $\dot{I}$식에서 분모의 $R(1 - w^2 LC) = 0$인 조건이다.

즉, $1 - w^2 LC = 0$인 조건이다.

$$\therefore wL = \frac{1}{wC}$$

3. $wL = \dfrac{1}{wC}$ 이면,

$$\dot{I} = \frac{\dot{E}}{jwL} = -j\frac{\dot{E}}{wL} \ [A]$$

크기는 $\dfrac{E}{wL} \ [A]$이고, 전압 $\dot{E}$보다 위상이 90° 늦다.

[문제7] 그림과 같은 회로에서 S를 열었을 때 전류계의 지시는 10[A]였다. S를 닫을 때 전류계의 지시는 몇 [A]인가?

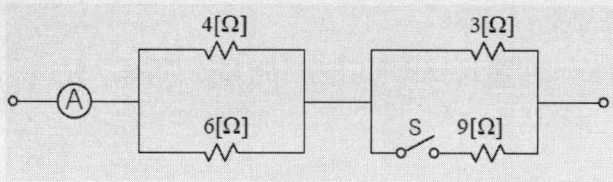

1. 스위치를 열었을 때 양단의 전압

$$V = IR = 10 \times \left(\frac{4 \times 6}{4+6} + 3\right) = 54\,V$$

2. 스위치를 닫았을 때 합성저항을 구하면,

$$R = \frac{4 \times 6}{4+6} + \frac{3 \times 9}{3+9} = 4.65\,\Omega$$

3. 스위치를 닫았을 때 전류는,

$$I = \frac{V}{R} = \frac{54}{4.65} = 11.6\,A$$

[문제8] 다음 회로에서 I_1, I_2의 전류(ampere) 값을 구하시오.

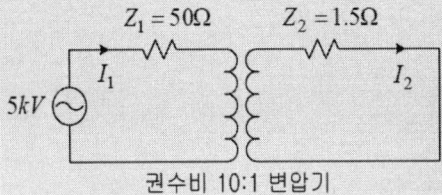

1. 변압기 1차 측에서 본 합성임피던스는

$$Z_{1T} = Z_1 + a^2 Z_2$$
$$= 50 + (10^2 \times 1.5) = 200 \ \Omega$$

2. 1차 측 전류는

$$I_1 = \frac{V}{Z_{1T}} = \frac{5000}{200} = 25 \ A$$

3. 2차 측 전류는

$$aI_1 = 10 \times 25 = 250 \ A$$

※ 변압기 임피던스 전압 中

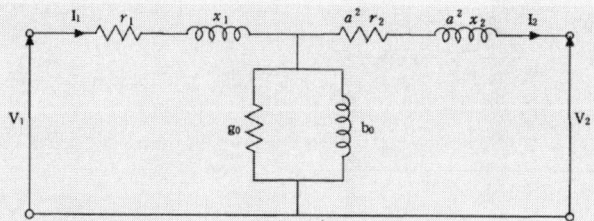

[그림] 변압기 등가회로(1차 측에서 본 임피던스)

1차 환산 임피던스(1차 측에서 본 임피던스)

$Z = (r_1 + a^2 r_2) + j(x_1 + a^2 x_2)$

a: 변압기의 환산계수(Reduction factor)

$IR = I_1 (r_1 + a^2 r_2)$

$IX = I_1 (x_1 + a^2 x_2)$

※ 변압기 환산 Tip

$I_2 = a I_1$, $E_2 = \dfrac{E_1}{a}$, $Z_1 = a^2 Z_2$

[문제9] 아래 그림에서 공진주파수를 구하시오.

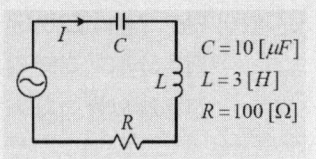

1. RLC 직렬회로에서 공진주파수는

$$w_r L = \frac{1}{w_r C}$$

$$w_r = \frac{1}{\sqrt{LC}}[rad/s],\ f_r = \frac{1}{2\pi\sqrt{LC}}[Hz]$$

2. 공진 시 임피던스는

   $Z_r = R[\Omega]$가 되어 순저항 성분만으로 되며, [그림2]와 같이 최소가 된다.

3. 공진주파수는

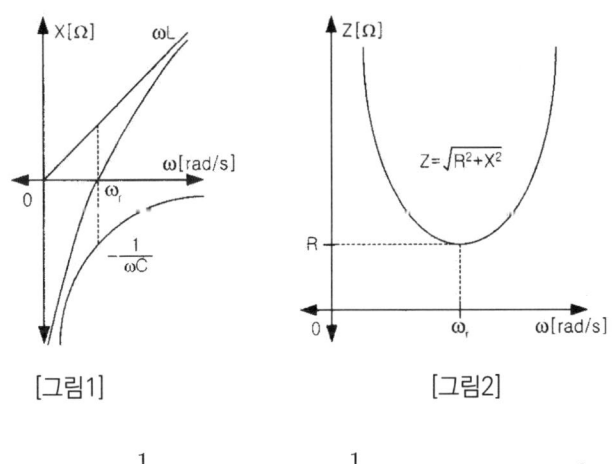

[그림1]　　　　　　　　[그림2]

$$f_r = \frac{1}{2\pi\sqrt{LC}} = \frac{1}{2\pi\sqrt{3 \times 10 \times 10^{-6}}} = 29.06[Hz]$$

4. 공진주파수 적용의 의미

   1) 공진주파수 f_0 일 때 L 또는 C의 전압 (E_L), (E_C)는 전원전압의 Q배가 된다.(Q: 첨예도)

   2) 즉, 공진 시(직렬공진 시)에는 최대 전류가 흐름을 의미한다.

   이때 전류 $I = \dfrac{E}{\sqrt{R^2 + (wL - \dfrac{1}{wC})^2}} = \dfrac{E}{R}$ 이다.

[문제10] 단상 2선식 220V로 공급되는 전동기가 절연 열화로 인해 외함에 전압이 인가될 때 사람이 접촉하였다. 이때 접촉전압은 몇 [V]인가?(단, 변압기 2차 접지저항은 9Ω 전로의 저항 1Ω, 전동기 외함 접지 저항은 100Ω 이다.)

1. 지락시 누설전류 및 대지전압

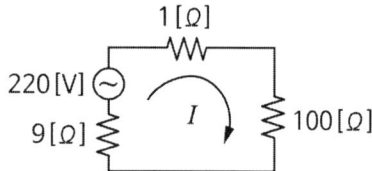

1) $I = \dfrac{V}{R} = \dfrac{220}{1 + 100 + 9} = 2[A]$

2) $V = I \cdot R_1 = 2 \times 100 = 200[V]$

2. 지락시 접촉전압 및 인체 통과전류

1) 인체의 저항은 일반적으로 500 ~ 1500[Ω] 으로서 1000[Ω]을 적용한다.

2) 선로전류 I 는?

$$I = \dfrac{V}{R} = \dfrac{220}{1 + 90.9 + 9} = 2.18[A]$$

$$\left(\text{병렬회로 합성저항} = \dfrac{100 \times 1000}{100 + 1000} = 90.9\,\Omega\right)$$

3) 접촉전압 $V_t = 2.18 \times 90.9 ≒ 198[V]$

4) 인체통과전류 I_{R2} 는?

$$I_{R2} = \dfrac{198}{1000} = 0.198[A]$$

[문제11] 선간전압이 350V인 3상 평형계통이 그림과 같이 연결되어 있다.
(1) One-phase Diagram을 그리시오.
(2) v1, i2 부분의 전압[V], 전류[A]의 실횻값을 구하시오.

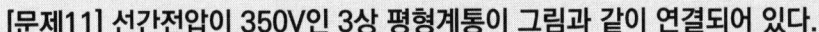

1. One Phase Diagram

1) 문제에 주어진 회로에서 a', b', c'의 △ 회로를 Y로 변환하면

$$Z_{Ya} = \frac{Z_{ab}Z_{ca}}{Z_{ab}+Z_{bc}+Z_{ca}} = \frac{2\times 2}{2+2+2} = \frac{2}{3}$$

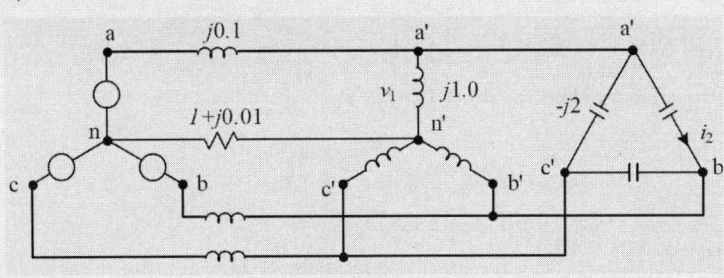

2) 3상 평형인 경우 중성선에는 전류가 흐르지 않으므로 중성선의 임피던스는 의미가 없다. 따라서 중성선의 임피던스를 무시하면 단상(a상) 회로는 다음과 같다.

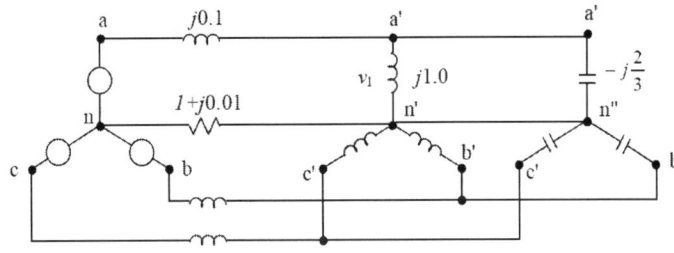

2. v_1, i_2 부분의 전압 전류의 실횻값

1) 회로의 합성임피던스는

$$Z = j0.1 + \frac{j1.0 \times (-j\frac{2}{3})}{j1.0 - j\frac{2}{3}} = j\,0.1 - j2 = j1.9$$

2) $j0.1\Omega$의 인덕턴스를 통해 흐르는 전류는

$$I_{j0.1} = \frac{\frac{350}{\sqrt{3}}}{-j1.9} = j106.35\,A \text{ (이는 진상전류이다.)}$$

3) $j0.1\Omega$ 의 인덕턴스에서의 전압강하는

$$\triangle E = j0.1 \times j106.35 = -10.635\,V$$

4) v_1 의 전압은

$$E_{v1} = \frac{350}{\sqrt{3}} - (-10.635) = 212.71\,V$$

이 경우에는 진상전류에 의한 페란티 효과에 의해서 v_1이 전원전압보다 높아진다.

$-j\frac{2}{3}\Omega$의 콘덴서와 $i_{j1.0}\Omega$에 흐르는 전류는 각각

$$I_{-j2/3} = I_{j1.0} \times \frac{j1.0}{j1.0 - j\frac{2}{3}} = j106.35 \times \frac{j1.0}{j\frac{1}{3}} = j319.05\,A$$

$$I_{1.0} = I_{j1.0} \times \frac{-j\frac{2}{3}}{j1.0 - j\frac{2}{3}} = j106.35 \times \frac{-j\frac{2}{3}}{j\frac{1}{3}} = j212.7\,A$$

5) 즉 콘덴서에는 90° 진상전류 319.05A 가 흐르고, 인덕턴스에는 212.7A의 90°지상전류가 흘러서 이들이 서로 상쇄되고 남은 106.35A의 진상전류가 $j0.1\Omega$의 인덕턴스에 흐른다.

6) Y로 변환된 콘덴서에 흐르는 전류는 선전류이고, 이를 △로 변환하면 콘덴서에는 상전류가 흐르는데, △ 결선에서 상전류는 선전류의 $1/\sqrt{3}$ 이므로 i_2는

$$i_2 = \frac{j319.05}{\sqrt{3}} = j184.2\,A$$

[문제 12] 어떤 코일에 단상 100v의 전압을 인가하면 20A의 전류가 흐르고 1.5KW의 전력을 소비한다. 이 코일과 병렬로 콘덴서를 접속하여 합성역률이 1이 되기 위한 용량리액턴스를 구하시오.

1. 용량리액터스 계산

1) $R = \dfrac{P}{I^2} = \dfrac{1500}{20^2} = 3.75\ \Omega$

2) $Z = \dfrac{V}{I} = \dfrac{100}{20} = 5\ \Omega$

   ∴ 리액턴스 $X_L = \sqrt{Z^2 - R^2} = \sqrt{5^2 - 3.75^2} = 3.3\ \Omega$

3) $Q = I^2 \cdot X = 20^2 \times 3.3 = 1320\,[\mathrm{Var}]$

   ∴ $X_C = \dfrac{V^2}{Q} = \dfrac{100^2}{1320} = 7.5\ \Omega$

Chapter 13

KEC 전기철도 분야

※ 본 내용은 한국전기설비규정(KEC) 140 전기철도분야의 기준으로 원문 그대로 사용한 자료입니다.

(400 통칙)

401 전기철도의 일반사항

401.1 목적
4장은 전기철도 차량운전에 필요한 직류 및 교류 전기철도 설비의 기술사항을 규정하는 것을 목적으로 한다.

401.2 적용범위
1. 4장은 직류 및 교류 전기철도 설비의 설계, 시공, 감리, 운영, 유지보수, 안전관리에 대하여 적용하여야 한다.
2. 4장은 다음의 기기 또는 설비에 대해서는 적용하지 아니한다.
    가. 철도신호 전기설비
    나. 철도통신 전기설비

402 전기철도의 용어 정의

4장에서 사용하는 용어의 정의는 다음과 같다.
1. 전기철도: 전기를 공급받아 열차를 운행하여 여객(승객)이나 화물을 운송하는 철도를 말한다.
2. 전기철도설비: 전기철도설비는 전철 변전설비, 급전설비, 부하설비(전기철도차량 설비 등)로 구성된다.
3. 전기철도차량 : 전기적 에너지를 기계적 에너지로 바꾸어 열차를 견인하는 차량으로 전기방식에 따라 직류, 교류, 직·교류 겸용, 성능에 따라 전동차, 전기기관차로 분류한다.
4. 궤도: 레일·침목 및 도상과 이들의 부속품으로 구성된 시설을 말한다.
5. 차량: 전동기가 있거나 또는 없는 모든 철도의 차량(객차, 화차 등)을 말한다.
6. 열차: 동력차에 객차, 화차 등을 연결하고 본선을 운전할 목적으로 조성된 차량을 말한다.
7. 레일: 철도에 있어서 차륜을 직접지지하고 안내해서 차량을 안전하게 주행시키는 설비를 말한다.
8. 전차선: 전기철도차량의 집전장치와 접촉하여 전력을 공급하기 위한 전선을 말한다.
9. 전차선로: 전기철도차량에 전력를 공급하기 위하여 선로를 따라 설치한 시설물로서 전차선, 급전선, 귀선과 그 지지물 및 설비를 총괄한 것을 말한다.
10. 급전선: 전기철도차량에 사용할 전기를 변전소로부터 전차선에 공급하는 전선을 말한다.
11. 급전선로: 급전선 및 이를 지지하거나 수용하는 설비를 총괄한 것을 말한다.

12. 급전방식: 변전소에서 전기철도차량에 전력을 공급하는 방식을 말하며, 급전방식에 따라 직류식, 교류식으로 분류한다.
13. 합성전차선: 전기철도차량에 전력을 공급하기위하여 설치하는 전차선, 조가선(강체포함), 행어이어, 드로퍼 등으로 구성된 가공전선을 말한다.
14. 조가선: 전차선이 레일면상 일정한 높이를 유지하도록 행어이어, 드로퍼 등을 이용하여 전차선 상부에서 조가하여 주는 전선을 말한다.
15. 가선방식: 전기철도차량에 전력을 공급하는 전차선의 가선방식으로 가공방식, 강체방식, 제3레일방식으로 분류한다.
16. 전차선 기울기: 연접하는 2개의 지지점에서, 레일면에서 측정한 전차선 높이의 차와 경간 길이와의 비율을 말한다.
17. 전차선 높이: 지지점에서 레일면과 전차선 간의 수직거리를 말한다.
18. 전차선 편위: 팬터그래프 집전판의 편마모를 방지하기 위하여 전차선을 레일면 중심수직선으로부터 한쪽으로 치우친 정도의 치수를 말한다.
19. 귀선회로: 전기철도차량에 공급된 전력을 변전소로 되돌리기 위한 귀로를 말한다.
20. 누설전류: 전기철도에 있어서 레일 등에서 대지로 흐르는 전류를 말한다.
21. 수전선로: 전기사업자에서 전철변전소 또는 수전설비 간의 전선로와 이에 부속되는 설비를 말한다.
22. 전철변전소: 외부로부터 공급된 전력을 구내에 시설한 변압기, 정류기 등 기타의 기계 기구를 통해 변성하여 전기철도차량 및 전기철도설비에 공급하는 장소를 말한다.
23. 지속성 최저전압: 무한정 지속될 것으로 예상되는 전압의 최저값을 말한다.
24. 지속성 최고전압: 무한정 지속될 것으로 예상되는 전압의 최고값을 말한다.
25. 장기 과전압: 지속시간이 20 ms 이상인 과전압을 말한다.

(410 전기철도의 전기방식)

411 전기방식의 일반사항

411.1 전력수급조건

1. 수전선로의 전력수급조건은 부하의 크기 및 특성, 지리적 조건, 환경적 조건, 전력조류, 전압강하, 수전 안정도, 회로의 공진 및 운용의 합리성, 장래의 수송수요, 전기사업자 협의 등을 고려하여 [표 411.1-1]의 공칭전압(수전전압)으로 선정하여야 한다.

[표 411.1-1] 공칭전압(수전전압)

공칭전압(수전전압) (kV)	교류 3상 22.9, 154, 345

2. 수전선로의 계통구성에는 3상 단락전류, 3상 단락용량, 전압강하, 전압불평형 및 전압왜형율, 플리커 등을 고려하여 시설하여야 한다.
3. 수전선로는 지형적 여건 등 시설조건에 따라 가공 또는 지중 방식으로 시설하며, 비상시를 대비하여 예비선로를 확보하여야 한다.

411.2 전차선로의 전압

전차선로의 전압은 전원측 도체와 전류귀환도체 사이에서 측정된 집전장치의 전위로서 전원공급시스템이 정상 동작상태에서의 값이며, 직류방식과 교류방식으로 구분된다.

1. 직류방식: 사용전압과 각 전압별 최고, 최저전압은 [표 411.2-1]에 따라 선정하여야 한다. 다만, 비지속성 최고전압은 지속시간이 5분 이하로 예상되는 전압의 최고값으로 하되, 기존 운행중인 전기철도차량과의 인터페이스를 고려한다.

[표 411.2-1] 직류방식의 급전전압

구분	지속성 최저전압 [V]	공칭전압 [V]	지속성 최고전압 [V]	비지속성 최고전압 [V]	장기 과전압 [V]
DC (평균값)	500	750	900	950([1])	1,269
	900	1,500	1,800	1,950	2,538

([1]) 회생제동의 경우 1,000 V의 비지속성 최고전압은 허용 가능하다.

2. 교류방식: 사용전압과 각 전압별 최고, 최저전압은 [표 411.2-2]에 따라 선정하여야 한다. 다만, 비지속성 최저전압은 지속시간이 2분 이하로 예상되는 전압의 최저값으로 하되, 기존 운행중인 전기철도차량과의 인터페이스를 고려한다.

[표 411.2-2] 교류방식의 급전전압

주파수 (실효값)	비지속성 최저전압 [V]	지속성 최저전압 [V]	공칭전압 [V](²)	지속성 최고전압 [V]	비지속성 최고전압 [V]	장기 과전압 [V]
60 Hz	17,500 35,000	19,000 38,000	25,000 50,000	27,500 55,000	29,000 58,000	38,746 77,492

(²) 급전선과 전차선 간의 공칭전압은 단상교류 50 kV(급전선과 레일 및 전차선과 레일사이의의 전압은 25 kV)를 표준으로 한다.

(420 전기철도의 변전방식)

421 변전방식의 일반사항

421.1 변전소 등의 구성
1. 전기철도설비는 고장 시 고장의 범위를 한정하고 고장전류를 차단할 수 있어야 하며, 단전이 필요할 경우 단전 범위를 한정할 수 있도록 계통별 및 구간별로 분리할 수 있어야 한다.
2. 차량 운행에 직접적인 영향을 미치는 설비 고장이 발생한 경우 고장 부분이 정상 부분으로 파급되지 않게 전기적으로 자동 분리할 수 있어야 하며, 예비설비를 사용하여 정상 운용할 수 있어야 한다.

421.2 변전소 등의 계획
1. 전기철도 노선, 전기철도차량의 특성, 차량운행계획 및 철도망건설계획 등 부하특성과 연장 급전 등을 고려하여 변전소 등의 용량을 결정하고, 급전계통을 구성하여야 한다.
2. 변전소의 위치는 가급적 수전선로의 길이가 최소화 되도록 하며, 전력수급이 용이하고, 변전소 앞 절연구간에서 전기철도차량의 타행운행이 가능한 곳을 선정하여야 한다. 또한 기기와 시설자재의 운반이 용이하고, 공해, 염해, 각종 재해의 영향이 적거나 없는 곳을 선정하여야 한다.
3. 변전설비는 설비운영과 안전성 확보를 위하여 원격 감시 및 제어방법과 유지보수 등을 고려하여야 한다.

421.3 변전소의 용량
1. 변전소의 용량은 급전구간별 정상적인 열차부하조건에서 1시간 최대출력 또는 순시 최대출력을 기준으로 결정하고, 연장급전 등 부하의 증가를 고려하여야 한다.
2. 변전소의 용량 산정 시 현재의 부하와 장래의 수송수요 및 고장 등을 고려하여 변압기 뱅크를 구성하여야 한다.

421.4 변전소의 설비
1. 변전소 등의 계통을 구성하는 각종 기기는 운용 및 유지보수성, 시공성, 내구성, 효율성, 친환경성, 안전성 및 경제성 등을 종합적으로 고려하여 선정하여야 한다.
2. 급전용변압기는 직류 전기철도의 경우 3상 정류기용 변압기, 교류 전기철도의 경우 3상 스코트결선 변압기의 적용을 원칙으로 하고, 급전계통에 적합하게 선정하여야 한다.
3. 차단기는 계통의 장래계획을 감안하여 용량을 결정하고, 회로의 특성에 따라 기종과 동작책무 및 차단시간을 선정하여야 한다.

4. 개폐기는 선로 중 중요한 분기점, 고장발견이 필요한 장소, 빈번한 개폐를 필요로 하는 곳에 설치하며, 개폐상태의 표시, 쇄정장치 등을 설치하여야 한다.
5. 제어용 교류전원은 상용과 예비의 2계통으로 구성하여야 한다.
6. 제어반의 경우 디지털계전기방식을 원칙으로 하여야 한다.

(430 전기철도의 전차선로)

431 전차선로의 일반사항

431.1 전차선 가선방식

전차선의 가선방식은 열차의 속도 및 노반의 형태, 부하전류 특성에 따라 적합한 방식을 채택하여야 하며, 가공방식, 강체방식, 제3레일방식을 표준으로 한다.

431.2 전차선로의 충전부와 건조물 간의 절연이격

1. 건조물과 전차선, 급전선 및 전기철도차량 집전장치의 공기절연 이격거리는 [표 431.2-1]에 제시되어 있는 정적 및 동적 최소 절연이격거리 이상을 확보하여야 한다. 동적 절연이격의 경우 팬터그래프가 통과하는 동안의 일시적인 전선의 움직임을 고려하여야 한다.
2. 해안 인접지역, 공해지역, 열기관을 포함한 교통량이 과중한 곳, 오염이 심한 곳, 안개가 자주 끼는 지역, 강풍 또는 강설 지역 등 특정한 위험도가 있는 구역에서는 최소 절연이격거리보다 증가시켜야 한다.

[표 431.2-1] 전차선과 건조물 간의 최소 절연이격거리

시스템 종류	공칭전압 (V)	동적(mm)		정적(mm)	
		비오염	오염	비오염	오염
직류	750	25	25	25	25
	1,500	100	110	150	160
단상교류	25,000	170	220	270	320

431.3 전차선로의 충전부와 차량 간의 절연이격

1. 차량과 전차선로나 충전부 간의 절연이격은 [표 431.3-1]에 제시되어 있는 정적 및 동적 최소 절연이격거리 이상을 확보하여야 한다. 동적 절연이격의 경우 팬터그래프가 통과하는 동안의 일시적인 전선의 움직임을 고려하여야 한다.
2. 해안 인접지역, 공해지역, 안개가 자주 끼는 지역, 강풍 또는 강설 지역 등 특정한 위험도가 있는 구역에서는 최소 절연이격거리보다 증가시켜야 한다.

[표 431.3-1] 전차선과 차량 간의 최소 절연이격거리

시스템 종류	공칭전압(V)	동적(mm)	정적(mm)
직류	750	25	25
	1,500	100	150
단상교류	25,000	170	270

431.4 급전선로

1. 급전선은 나전선을 적용하여 가공식으로 가설을 원칙으로 한다. 다만, 전기적 이격거리가 충분하지 않거나 지락, 섬락 등의 우려가 있을 경우에는 급전선을 케이블로 하여 안전하게 시공하여야 한다.
2. 가공식은 전차선의 높이 이상으로 전차선로 지지물에 병가하며, 나전선의 접속은 직선접속을 원칙으로 한다.
3. 신설 터널 내 급전선을 가공으로 설계할 경우 지지물의 취부는 C찬넬 또는 매입전을 이용하여 고정하여야 한다.
4. 선상승강장, 인도교, 과선교 또는 교량 하부 등에 설치할 때에는 최소 절연이격거리 이상을 확보하여야 한다.

431.5 귀선로

1. 귀선로는 비절연보호도체, 매설접지도체, 레일 등으로 구성하여 단권변압기 중성점과 공통접지에 접속한다.
2. 비절연보호도체의 위치는 통신유도장해 및 레일전위의 상승의 경감을 고려하여 결정하여야 한다.
3. 귀선로는 사고 및 지락 시에도 충분한 허용전류용량을 갖도록 하여야 한다.

431.6 전차선 및 급전선의 높이

전차선과 급전선의 최소 높이는 [표 431.6-1]의 값 이상을 확보하여야 한다. 다만, 전차선 및 급전선의 최소 높이는 최대 대기온도에서 바람이나 팬터그래프의 영향이 없는 안정된 위치에 놓여 있는 경우 사람의 안전측면에서 건널목, 터널, 교량, 과선교 등을 고려하여 궤도면상 높이로 정의한다. 전차선의 최소높이는 항상 열차의 통과 게이지보다 높아야 하며 전기적 이격거리와 팬터그래프의 최소 작동높이를 고려하여야 한다.

[표 431.6-1] 전차선 및 급전선의 최소 높이

시스템 종류	공칭전압(V)	동적(㎜)	정적(㎜)
직류	750	4,800	4,400
	1,500	4,800	4,400
단상교류	25,000	4,800	4,570

431.7 전차선의 기울기

전차선의 기울기는 해당 구간의 열차 통과 속도에 따라 [표 431.7-1]을 따른다. 다만 구분장치 또는 분기 구간에서는 전차선에 기울기를 주지 않아야 한다. 또한, 궤도면상으로부터 전차선 높이는 같은 높이로 가선하는 것을 원칙으로 하되 터널, 과선교 등 특정 구간에서 높이 변화가 필요한 경우에는 가능한 한 작은 기울기로 이루어져야 한다.

[표 431.7-1] 전차선의 기울기

설계속도 V (km/시간)	속도등급	기울기(천분율)
300<V≤350	350킬로급	0
250<V≤300	300킬로급	0
200<V≤250	250킬로급	1
150<V≤200	200킬로급	2
120<V≤150	150킬로급	3
70<V≤120	120킬로급	4
V≤70	70킬로급	10

431.8 전차선의 편위

1. 전차선의 편위는 오버랩이나 분기 구간 등 특수 구간을 제외하고 레일면에 수직인 궤도 중심선으로부터 좌우로 각각 200㎜를 표준으로 하며, 팬터그래프 집전판의 고른 마모를 위하여 지그재그 편위를 준다.
2. 전차선의 편위는 선로의 곡선반경, 궤도조건, 열차속도, 차량의 편위량, 바람과 온도의 영향 등을 고려하여 최악의 운행환경에서도 전차선이 팬터그래프 집전판의 집전 범위를 벗어나지 않아야 한다.
3. 제3레일방식에서 전차선의 편위는 차량의 집전장치의 집전범위를 벗어나지 않아야 한다.

431.9 전차선로 지지물 설계 시 고려하여야 하는 하중

1. 전차선로 지지물 설계 시 선로에 직각 및 평행방향에 대하여 전선 중량, 브래킷, 빔 기타 중량, 작업원의 중량을 고려하여야 한다.
2. 또한 풍압하중, 전선의 횡장력, 지지물이 특수한 사용조건에 따라 일어날 수 있는 모든 하중을 고려하여야 한다.
3. 지지물 및 기초, 지선기초에는 지진 하중을 고려하여야 한다.

431.10 전차선로 설비의 안전율

하중을 지탱하는 전차선로 설비의 강도는 작용이 예상되는 하중의 최악 조건 조합에 대하여 다음의 최소 안전율이 곱해진 값을 견디어야 한다.

1. 합금전차선의 경우 2.0 이상
2. 경동선의 경우 2.2 이상
3. 조가선 및 조가선 장력을 지탱하는 부품에 대하여 2.5 이상
4. 복합체 자재(고분자 애자 포함)에 대하여 2.5 이상
5. 지지물 기초에 대하여 2.0 이상
6. 장력조정장치 2.0 이상
7. 빔 및 브래킷은 소재 허용응력에 대하여 1.0 이상
8. 철주는 소재 허용응력에 대하여 1.0 이상
9. 브래킷의 애자는 최대 만곡하중에 대하여 2.5 이상
10. 지선은 선형일 경우 2.5 이상, 강봉형은 소재 허용응력에 대하여 1.0 이상

431.11 전차선 등과 식물사이의 이격거리

교류 전차선 등 충전부와 식물사이의 이격거리는 5 m 이상이어야 한다. 다만, 5m 이상 확보하기 곤란한 경우에는 현장여건을 고려하여 방호벽 등 안전조치를 하여야한다.

435 전기철도의 원격감시제어설비

435.1 원격감시제어시스템(SCADA)

1. 원격감시제어시스템은 열차의 안전운행과 현장 전철전력설비의 유지보수를 위하여 제어, 감시대상, 수준, 범위 및 확인, 운용방법 등을 고려하여 구성하여야 한다.
2. 중앙감시제어반의 구성, 방식, 운용방식 등을 계획하여야 한다.
3. 전철변전소, 배전소 등의 운용을 위한 소규모 제어설비에 대한 위치, 방식 등을 고려하여 구성하여야 한다.

435.2 중앙감시제어장치 및 소규모감시제어장치

1. 전철변전소 등의 제어 및 감시는 전기사령실에서 이루어지도록 한다.
2. 원격감시제어시스템(SCADA)는 열차집중제어장치(CTC), 통신집중제어장치와 호환되도록 하여야 한다.
3. 전기사령실과 전철변전소, 급전구분소 또는 그 밖의 관제 업무에 필요한 장소에는 상호 연락할 수 있는 통신 설비를 시설하여야 한다.
4. 소규모감시제어장치는 유사시 현지에서 중앙감시제어장치를 대체할 수 있도록 하고, 전원설비 운용에 용이하도록 구성한다.

(440 전기철도의 전기철도차량 설비)

441 전기철도차량 설비의 일반사항

441.1 절연구간

1. 교류 구간에서는 변전소 및 급전구분소 앞에서 서로 다른 위상 또는 공급점이 다른 전원이 인접하게 될 경우 전원이 혼촉되는 것을 방지하기 위한 절연구간을 설치하여야 한다.
2. 전기철도차량의 교류-교류 절연구간을 통과하는 방식은 역행 운전방식, 타행 운전방식, 변압기 무부하 전류방식, 전력소비 없이 통과하는 방식이 있으며, 각 통과방식을 고려하여 가장 적합한 방식을 선택하여 시설한다.
3. 교류-직류(직류-교류) 절연구간은 교류구간과 직류 구간의 경계지점에 시설한다. 이 구간에서 전기철도차량은 노치 오프(notch off) 상태로 주행한다.
4. 절연구간의 소요길이는 구간 진입 시의 아크 시간, 잔류전압의 감쇄시간, 팬터그래프 배치간격, 열차속도 등에 따라 결정한다.

441.2 팬터그래프 형상

전차선과 접촉되는 팬터그래프는 헤드, 기하학적 형상, 집전범위, 집전판의 길이, 최대넓이, 헤드의 왜곡 등을 고려하여 제작하여야 한다.

441.3 전차선과 팬터그래프간 상호작용

1. 전차선의 전류는 열차속도, 열차중량, 차량운행간격, 선로기울기, 전차선 가선방식 등에 따라 다르고, 팬터그래프와 전차선간에는 과열이 일어나지 않도록 하여야 한다.
2. 정지시 팬터그래프당 최대전류값은 전차선 재질 및 수량, 집전판 수량 및 재질, 접촉력, 열차속도, 환경조건에 따라 다르게 고려되어야 한다.
3. 팬터그래프의 압상력은 전류의 안전한 집전에 부합하여야 한다.

441.4 전기철도차량의 역률

1. 411.2에서 규정된 비지속성 최저전압에서 비지속성 최고전압까지의 전압범위에서 유도성 역률 및 전력소비에 대해서만 적용되며, 회생제동 중에는 전압을 제한 범위내로 유지시키기 위하여 유도성 역률을 낮출 수 있다. 다만, 전기철도차량이 전차선로와 접촉한 상태에서 견인력을 끄고 보조전력을 가동한 상태로 정지해 있는 경우, 가공 전차선로의 유효전력이 200 kW 이상일 경우 총 역률은 0.8보다는 작아서는 안된다.

【비고】 정지구간을 포함하여 전기철도차량의 전체 이동간 평균 λ값의 계산은 유효전력 W_P(MWh) 및 컴퓨터 시뮬레이션 또는 실측된 무효전력 W_Q(MVArh)로부터 도출된다.

$$\lambda = \sqrt{\frac{1}{1+\left(\dfrac{W_Q}{W_P}\right)^2}}$$

[표 441.4-1] 팬터그래프에서의 전기철도차량 순간전력 및 유도성 역률

팬터그래프에서의 전기철도차량 순간전력P(MW)	전기철도차량의 유도성 역률 λ
P>6	λ≥0.95
2≤P≤6	λ≥0.93

2. 역행 모드에서 전압을 제한 범위 내로 유지하기 위하여 용량성 역률이 허용되며, 411.2에서 규정된 비지속성 최저전압에서 비지속성 최고전압까지의 전압범위에서 용량성 역률은 제한받지 않는다.

441.5 회생제동

1. 전기철도차량은 다음과 같은 경우에 회생제동의 사용을 중단해야 한다.
   가. 전차선로 지락이 발생한 경우
   나. 전차선로에서 전력을 받을 수 없는 경우
   다. 411.2에서 규정된 선로전압이 장기 과전압 보다 높은 경우
2. 회생전력을 다른 전기장치에서 흡수할 수 없는 경우에는 전기철도차량은 다른 제동시스템으로 전환되어야 한다.
3. 전기철도 전력공급시스템은 회생제동이 상용제동으로 사용이 가능하고 다른 전기철도차량과 전력을 지속적으로 주고받을 수 있도록 설계되어야 한다.

441.6 전기철도차량 전기설비의 전기위험방지를 위한 보호대책

1. 감전을 일으킬 수 있는 충전부는 직접접촉에 대한 보호가 있어야 한다.
2. 간접 접촉에 대한 보호대책은 노출된 도전부는 고장 조건하에서 부근 충전부와의 유도 및 접촉에 의한 감전이 일어나지 않아야 한다. 그 목적은 위험도가 노출된 도전부가 같은 전위가 되도록 보장하는데 있다. 이는 보호용 본딩으로만 달성될 수 있으며 또는 자동급전 차단 등 적절한 방법을 통하여 달성할 수 있다.
3. 주행레일과 분리되어 있거나 또는 공동으로 되어있는 보호용 도체를 채택한 시스템에서 운행되는 모든 전기철도차량은 차체와 고정 설비의 보호용 도체 사이에는 최소 2개 이상의 보호용 본딩 연결로가 있어야 하며, 한쪽 경로에 고장이 발생하더라도 감전 위험이 없어야 한다.

4. 차체와 주행 레일과 같은 고정설비의 보호용 도체 간의 임피던스는 이들 사이에 위험 전압이 발생하지 않을 만큼 낮은 수준인 [표 441.6-1]에 따른다. 이 값은 적용전압이 50 V를 초과하지 않는 곳에서 50 A의 일정 전류로 측정하여야 한다.

[표 441.6-1] 전기철도차량별 최대임피던스

차량 종류	최대 임피던스(Ω)
기관차	0.05
객차	0.15

(450 전기철도의 설비를 위한 보호)

451 설비보호의 일반사항

451.1 보호협조

1. 사고 또는 고장의 파급을 방지하기 위하여 계통 내에서 발생한 사고전류를 검출하고 차단장치에 의해서 신속하고 순차적으로 차단할 수 있는 보호시스템을 구성하며 설비계통 전반의 보호협조가 되도록 하여야 한다.
2. 보호계전방식은 신뢰성, 선택성, 협조성, 적절한 동작, 양호한 감도, 취급 및 보수 점검이 용이하도록 구성하여야 한다.
3. 급전선로는 안정도 향상, 자동복구, 정전시간 감소를 위하여 보호계전방식에 자동재폐로 기능을 구비하여야 한다.
4. 전차선로용 애자를 섬락사고로부터 보호하고 접지전위 상승을 억제하기 위하여 적정한 보호설비를 구비하여야 한다.
5. 가공 선로측에서 발생한 지락 및 사고전류의 파급을 방지하기 위하여 피뢰기를 설치하여야 한다.

451.2 절연협조

변전소 등의 입, 출력 측에서 유입되는 뇌해, 이상전압과 변전소 등의 계통 내에서 발생하는 개폐서지의 크기 및 지속성, 이상전압 등을 고려하고 각각의 변전설비에 대한 절연협조는 [표 451.2-1] 또는 [표 451.2-2]를 적용한다.

[표 451.2-1] 직류 1.5 kV 방식의 절연협조 대조표

항목			변전소용	전차선로용
회로 전압	공칭 (kV)		1.5	1.5
	최고 (kV)		1.8	1.8
뇌 임펄스 내전압 (kV)			12	50
피뢰기의 성능(ZnO)	정격 전압 (kV)		2.1	2.1
	동작 개시 전압 (kV)		2.6 이상	※ 9 이상
	제한 전압 (kV)	(2 kA)	4.5 이하	-
		(3 kA)	-	25 이하
		(5 kA)	5 이하	28 이하
	임펄스 내전압 (kV)		45	50
전차선 애자의 성능	현수 애자 (kV) 180mm 2개 연결		교류 주수 내전압	45
			뇌 임펄스 내전압	160
	장간 애자 (kV)		교류 주수 내전압	65
			뇌 임펄스내전압	180

주) 전차선로용 피뢰기는 ZnO형, 갭(Gap) 부착이며, ※는 방전 개시전압을 나타낸다.

[표 451.2-2] 교류 25 kV 방식의 절연협조 대조표

항목			변전소용	전차선로용
회로 전압	공칭 (kV)		25	25
	최고 (kV)		29	29
뇌 임펄스 내전압 (kV)			200	200
피뢰기의 성능(ZnO)	정격 전압 (kV)		42	42
	동작 개시 전압 (kV)		60	60
	제한 전압 (kV)	(5 kA)	128	128
		(10 kA)	140	140
	내전압 (kV)	교류	70	70
		임펄스	200	200
전차선 애자의 성능	현수 애자 250 mm 4개 연결 (kV)		교류 주수 내전압	160
			뇌 임펄스 내전압	445
	장간 애자 (kV)		교류 주수 내전압	135
			뇌 임펄스 내전압	320

451.3 피뢰기 설치장소

1. 다음의 장소에 피뢰기를 설치하여야 한다.
    가. 변전소 인입측 및 급전선 인출측
    나. 가공전선과 직접 접속하는 지중케이블에서 낙뢰에 의해 절연파괴의 우려가 있는 케이블 단말
2. 피뢰기는 가능한 한 보호하는 기기와 가깝게 시설하되 누설전류 측정이 용이하도록 지지대와 절연하여 설치한다.

451.4 피뢰기의 선정

피뢰기는 다음의 조건을 고려하여 선정한다.
1. 피뢰기는 밀봉형을 사용하고 유효 보호거리를 증가시키기 위하여 방전개시전압 및 제한전압이 낮은 것을 사용한다.
2. 유도뢰서지에 대하여 2선 또는 3선의 피뢰기 동시동작이 우려되는 변전소 근처의 단락 전류가 큰 장소에는 속류차단능력이 크고 또한 차단성능이 회로조건의 영향을 받을 우려가 적은 것을 사용한다.

(460 전기철도의 안전을 위한 보호)

461 전기안전의 일반사항

461.1 감전에 대한 보호조치

1. 공칭전압이 교류 1 kV 또는 직류 1.5 kV 이하인 경우 사람이 접근할 수 있는 보행표면의 경우 가공 전차선의 충전부뿐만 아니라 전기철도차량 외부의 충전부(집전장치, 지붕도체 등)와의 직접 접촉을 방지하기 위한 공간거리가 있어야 하며 [그림 461.1-1]에서 표시한 공간거리 이상을 확보하여야 한다. 단, 제3레일방식에는 적용되지 않는다.

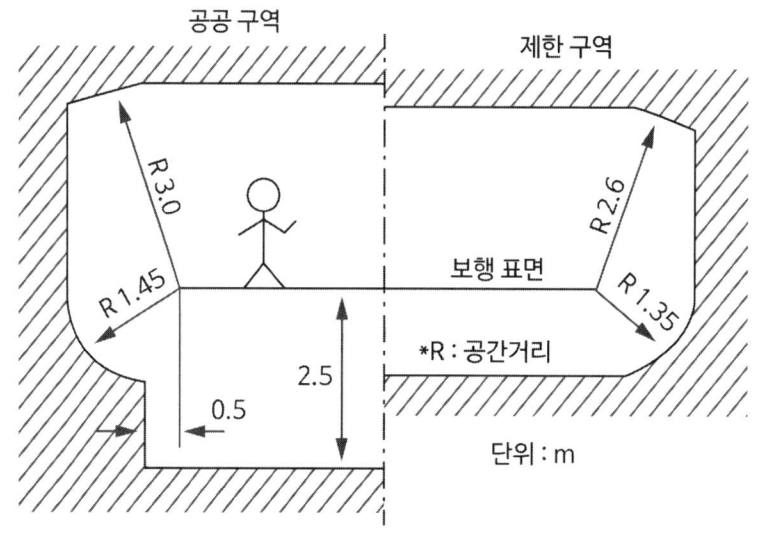

[그림 461.1-1] 공칭전압이 교류 1 kV 또는 직류 1.5 kV 이하인 경우 사람이 접근할 수 있는 보행표면의 공간거리

2. 제1에 제시된 공간거리를 유지할 수 없는 경우 충전부와의 직접 접촉에 대한 보호를 위해 장애물을 설치하여야 한다. 충전부가 보행표면과 동일한 높이 또는 낮게 위치한 경우 장애물 높이는 장애물 상단으로부터 1.35 m의 공간 거리를 유지하여야 하며, 장애물과 충전부 사이의 공간거리는 최소한 0.3 m로 하여야 한다.

3. 공칭전압이 교류 1 kV 초과 25 kV 이하인 경우 또는 직류 1.5 kV 초과 25 kV 이하인 경우 사람이 접근할 수 있는 보행표면의 경우 가공 전차선의 충전부뿐만 아니라 차량외부의 충전부(집전장치, 지붕도체 등)와의 직접접촉을 방지하기 위한 공간거리가 있어야 하며, [그림 461.1-2]에서 표시한 공간거리 이상을 유지하여야 한다.

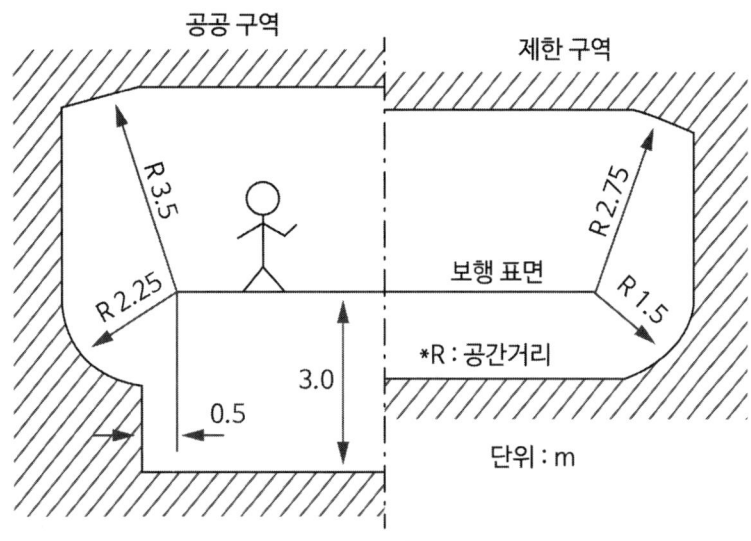

[그림 461.1-2] 공칭전압이 교류 1 kV 초과 25kV 이하인 경우 또는 직류 1.5 kV 초과 25 kV 이하인 경우 사람이 접근할 수 있는 보행표면의 공간거리

4. 제3에 제시된 공간거리를 유지할 수 없는 경우 충전부와의 직접 접촉에 대한 보호를 위해 장애물을 설치하여야 한다.
5. 충전부가 보행표면과 동일한 높이 또는 낮게 위치한 경우 장애물 높이는 장애물 상단으로부터 1.5 m의 공간 거리를 유지하여야 하며, 장애물과 충전부 사이의 공간거리는 최소한 0.6 m로 하여야 한다.

461.2 레일 전위의 위험에 대한 보호

1. 레일 전위는 고장 조건에서의 접촉전압 또는 정상 운전조건에서의 접촉전압으로 구분하여야 한다.
2. 교류 전기철도 급전시스템에서의 레일 전위의 최대 허용 접촉전압은 [표 461.2-1]의 값 이하여야 한다. 단, 작업장 및 이와 유사한 장소에서는 최대 허용 접촉전압을 25 V(실효값)를 초과하지 않아야 한다.

[표 461.2-1] 교류 전기철도 급전시스템의 최대 허용 접촉전압

시간 조건	최대 허용 접촉전압(실효값)
순시조건(t≤0.5초)	670 V
일시적 조건(0.5초<t≤300초)	65 V
영구적 조건(t>300초)	60 V

3. 직류 전기철도 급전시스템에서의 레일 전위의 최대 허용 접촉전압은 [표 461.2-2]의 값 이하하여야 한다. 단, 작업장 및 이와 유사한 장소에서 최대 허용 접촉전압은 60 V를 초과하지 않아야 한다.

[표 461.2-2] 직류 전기철도 급전시스템의 최대 허용 접촉전압

시간 조건	최대 허용 접촉전압
순시조건(t≤0.5초)	535 V
일시적 조건(0.5초<t≤300초)	150 V
영구적 조건(t>300초)	120 V

4. 직류 및 교류 전기철도 급전시스템에서 최대 허용 접촉전압을 초과하는 높은 접촉전압이 발생할 수 있는지를 판단하기 위해서는 해당 지점에서 귀선 도체의 전압강하를 기준으로 하여 정상 동작 및 고장 조건에 대한 레일전위를 평가하여야 한다.
5. 직류 및 교류 전기철도 급전시스템에서 레일전위를 산출하여 평가 할 경우, 주행레일에 흐르는 최대 동작전류와 단락전류를 사용하고, 단락 산출의 경우에는 초기 단락전류를 사용하여야 한다.

461.3 레일 전위의 접촉전압 감소 방법

1. 교류 전기철도 급전시스템은 461.2의 2에 제시된 값을 초과하는 경우 다음 방법을 고려하여 접촉전압을 감소시켜야 한다.
    가. 접지극 추가 사용
    나. 등전위 본딩
    다. 전자기적 커플링을 고려한 귀선로의 강화
    라. 전압제한소자 적용
    마. 보행 표면의 절연
    바. 단락전류를 중단시키는데 필요한 트래핑 시간의 감소
2. 직류 전기철도 급전시스템은 461.2의 3에 제시된 값을 초과하는 경우 다음 방법을 고려하여 접촉전압을 감소시켜야 한다.
    가. 고장조건에서 레일 전위를 감소시키기 위해 전도성 구조물 접지의 보강
    나. 전압제한소자 적용
    다. 귀선 도체의 보강
    라. 보행 표면의 절연
    마. 단락전류를 중단시키는데 필요한 트래핑 시간의 감소

461.4 전식방지대책

1. 주행레일을 귀선으로 이용하는 경우에는 누설전류에 의하여 케이블, 금속제 지중관로 및 선로 구조물 등에 영향을 미치는 것을 방지하기 위한 적절한 시설을 하여야 한다.
2. 전기철도측의 전식방식 또는 전식예방을 위해서는 다음 방법을 고려하여야 한다.
   가. 변전소 간 간격 축소
   나. 레일본드의 양호한 시공
   다. 장대레일채택
   라. 절연도상 및 레일과 침목사이에 절연층의 설치
   마. 기타
3. 매설금속체측의 누설전류에 의한 전식의 피해가 예상되는 곳은 다음 방법을 고려하여야 한다.
   가. 배류장치 설치
   나. 절연코팅
   다. 매설금속체 접속부 절연
   라. 저준위 금속체를 접속
   마. 궤도와의 이격거리 증대
   바. 금속판 등의 도체로 차폐

461.5 누설전류 간섭에 대한 방지

1. 직류 전기철도 시스템의 누설전류를 최소화하기 위해 귀선전류를 금속귀선로 내부로만 흐르도록 하여야 한다.
2. 심각한 누설전류의 영향이 예상되는 지역에서는 정상 운전 시 단위길이당 컨덕턴스 값은 [표 461.5-1]의 값 이하로 유지될 수 있도록 하여야 한다.

[표 461.5-1] 단위길이당 컨덕턴스

견인시스템	옥외(S/km)	터널(S/km)
철도선로(레일)	0.5	0.5
개방 구성에서의 대량수송 시스템	0.5	0.1
폐쇄 구성에서의 대량수송 시스템	2.5	-

3. 귀선시스템의 종 방향 전기저항을 낮추기 위해서는 레일 사이에 저저항 레일본드를 접합 또는 접속하여 전체 종 방향 저항이 5% 이상 증가하지 않도록 하여야 한다.
4. 귀선시스템의 어떠한 부분도 대지와 절연되지 않은 설비, 부속물 또는 구조물과 접속되어서는 안 된다.
5. 직류 전기철도 시스템이 매설 배관 또는 케이블과 인접할 경우 누설전류를 피하기 위해 최대한 이격시켜야 하며, 주행레일과 최소 1 m 이상의 거리를 유지하여야 한다.

461.6 전자파 장해의 방지

1. 전차선로는 무선설비의 기능에 계속적이고 또한 중대한 장해를 주는 전자파가 생길 우려가 있는 경우에는 이를 방지하도록 시설하여야 한다.
2. 제1의 경우에 전차선로에서 발생하는 전자파 방사성 방해 허용기준은 궤도중심선으로부터 측정안테나까지의 거리 10 m 떨어진 지점에서 6회 이상 측정하고, 각 회 측정한 첨두값의 평균값이 「전자파적합성 기준」에 따르도록 하며, 사용 전원별 기준은 [그림 461.6-1]에 적합하여야 한다.

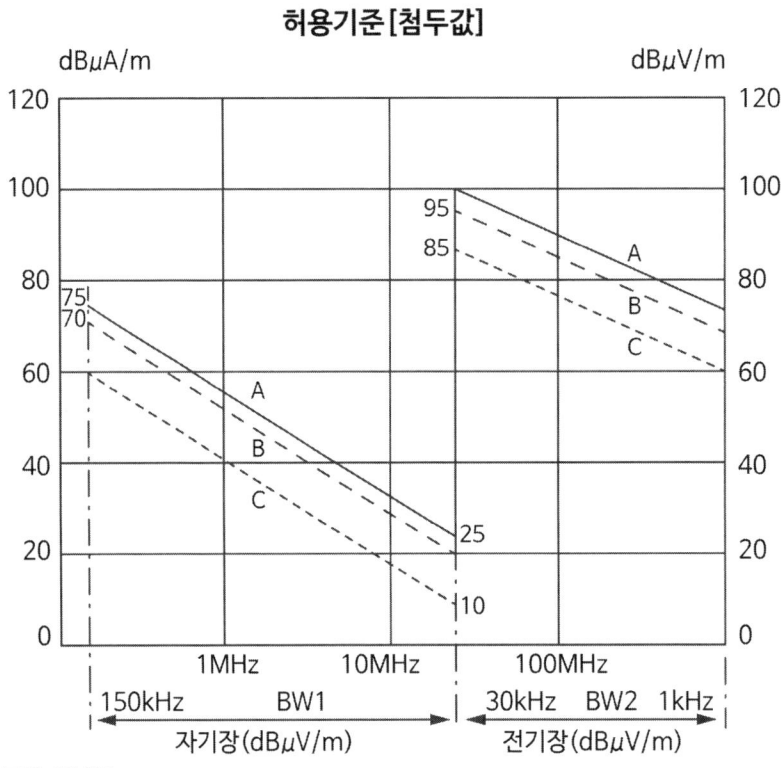

A : 교류 25 kV
B : 직류 1.5 kV
C : 직류 750 V 도체레일

[그림 461.6-1] 전자파 방사성 방해 허용기준

461.7 통신상의 유도 장해방지 시설

교류식 전기철도용 전차선로는 기설 가공약전류 전선로에 대하여 유도작용에 의한 통신상의 장해가 생기지 않도록 시설하여야 한다.

참고문헌

1. KEC 한국전기설비규정 - 법제처(국가법령정보센터)
2. 전기설비기술기준 - 법제처(국가법령정보센터)
3. 전력기술관리법, 시행령, 시행규칙 - 법제처(국가법령정보센터)
4. 전력시설물 공사감리업무 수행지침 - 법제처(국가법령정보센터)
5. 최신전기설비이해 - 기다리
6. 건축전기설비기술계산 핸드북 - 일본전설공업협회
7. 에너지저장치(ESS)의 전력망이용 - 기다리
8. 신편 전기기기 - 형설
9. 모터테크놀러지 - 한진
10. 내선규정 - 대한전기협회
11. 태양광발전과 안전품질 - 청문각
12. 모아 전기안전기술사 - 모아팩토리
13. 모아 건축전기설비기술사 - 모아팩토리
14. 신재생에너지의 이해 - 산업통상자원부
15. 저압전기설비의 SPD 설치에 관한 기술지침 - 대한전기협회
16. 신재생분산전원, 연계 - D.B Info
17. 수변전설비의 계획과 설계 - 기나리
18. 전기설비의 안전과 실무 - 기다리
19. 고조파장해, 억제대책 - 성안당
20. 전기, 전자 재료학 - 복두
21. 최신전기철도개론 - 성안당

전기응용기술사 전문 수험서
모아 전기응용기술사 1권
Professional Engineer Electric Application

발행일	2021년 06월 11일 초판 1쇄
	2021년 09월 15일 초판 2쇄
	2022년 04월 10일 초판 3쇄
지은이	오부영, 황모아
발행인	황모아
발행처	㈜ 모아팩토리
등 록	제2015-000006호 (2015. 1. 16.)
주 소	서울특별시 영등포구 영신로 32길 29 세화빌딩 2층
전 화	02) 2068-2851~2
팩 스	02) 2068-2881
이메일	moate2068@hanmail.net
누리집	www.moate.co.kr
정 가	45,000원

Copyright ⓒ 오부영, 황모아 Co., Ltd. All Rights Reserved.

이 책은 ㈜ 모아팩토리가 저작권자와의 계약에 의해 발행한 것이므로
무단전재와 무단복제를 금지하며, 본사의 서면 허락 없이 어떠한 형태나 수단으로도
이 책 내용의 전부 또는 일부를 이용할 수 없습니다. 사용을 원할 경우에는 반드시
저작권자와 ㈜ 모아팩토리의 서면동의를 받아야 합니다.